高职高专规划教材

建筑工程施工技术

宋功业　焦文俊　袁韶华　主　编

化学工业出版社
·北京·

本书选取了建筑工地临时设施施工、砖混结构房屋施工和框架结构房屋施工3个项目组织教学，以满足高职学生的基本职业需求。项目1介绍了临时设施的设计、临时设施施工和检查验收与评价3个学习情境；项目2介绍了土方开挖施工、砖基础施工、砖混房屋主体结构施工、粗装修施工、屋面卷材防水施工和安装施工的内容；项目3介绍了桩基施工、混凝土独立基础施工、框架结构房屋主体结构施工、室外抹灰装修施工、涂膜防水施工与照明安装施工的内容，使高职学生能由易到难、由浅入深地对建筑工程施工技术有较全面的掌握。

本书为高职高专土木工程类各专业的教材，也可供相关专业和从事工程建设的工程技术人员使用和参考。

图书在版编目（CIP）数据

建筑工程施工技术/宋功业，焦文俊，袁韶华主编．—北京：化学工业出版社，2016.1

高职高专规划教材

ISBN 978-7-122-25792-5

Ⅰ.①建…　Ⅱ.①宋…　②焦…　③袁…　Ⅲ.①建筑工程-工程施工　Ⅳ.①TU74

中国版本图书馆CIP数据核字（2015）第288951号

责任编辑：吕佳丽

责任校对：边　涛　　　装帧设计：张　辉

出版发行：化学工业出版社（北京市东城区青年湖南街13号　邮政编码100011）

印　　装：大厂聚鑫印刷有限责任公司

787mm×1092mm　1/16　印张17　字数432千字　2016年10月北京第1版第1次印刷

购书咨询：010-64518888（传真：010-64519686）　售后服务：010-64518899

网　　址：http://www.cip.com.cn

凡购买本书，如有缺损质量问题，本社销售中心负责调换。

定　　价：45.00元

编写人员名单

主　　编　宋功业　焦文俊　袁韶华

副 主 编　武永锋　李高峰

编写人员　（排名不分先后）

宋功业　焦文俊　袁韶华　武永锋　李高峰

喻海军　李　勇　刘　群　蔡汶青

前言

我国正处于一个新的建设期，城镇化给建筑施工技术的发展创造了新的历史机遇，也为建筑类高职学生的发展创造了条件。

就我国的建筑业来说，正在向着现代化大踏步迈进。建筑业的现代化，就是建筑工业化与建筑信息化的总和。建筑工业化，就是构件生产的工厂化与现场装配化。“十三五”期间，我国将有一部分房屋建筑采用预制装配式混凝土结构。就目前的建筑工程施工技术现状来说，还是以现浇混凝土施工技术为主。

基于上述认识与考虑，笔者通过对形势的分析及教学实践的探索，根据建筑类高职学生的现状，选取了建筑工地临时设施施工、砖混结构房屋施工和框架结构房屋施工 3 个项目组织教学，以满足高职学生的基本职业需求。在项目 1 的学习中，介绍了临时设施的设计、临时设施施工和检查验收与评价 3 个学习情境；在项目 2 的学习中，介绍了土方开挖施工、砖基础施工、砖混房屋主体结构施工、粗装修施工、屋面卷材防水施工和安装施工的内容；在项目 3 的学习中，介绍了桩基施工、混凝土独立基础施工、框架结构房屋主体结构施工、室外抹灰装修施工、涂膜防水施工与照明安装施工的内容，提供三种不同类型的房屋的施工方法供教学使用，使高职学生能由易到难、由浅入深地对建筑工程施工技术有较全面的掌握。

本教材考虑到各学校的课时安排情况及对学生的要求不同，读者可将部分内容列为选修内容，如果在其他课程中有的内容解决得较好，也可列为选修内容。

由于笔者水平有限，不当之处在所难免，欢迎同行专家批评指正。

编者

2016 年 5 月

目录

CONTENTS

建筑工程施工技术 JIANZHUGONGCHENGSHIGONGJISHU

项目1 建筑工地临时设施施工

施工企业的临时设施，是为了保证施工和管理的正常进行而建造的各种临时性生产、生活设施。施工队伍进入新的建筑工地时，为了保证施工的顺利进行，必须搭建一些临时设施。但在工程完工以后，这些临时设施就失去了它原来的作用，必须拆除或做其他处理。

临时设施是指建筑业企业为保证施工和管理的进行而建造的各种简易设施，包括现场临时作业棚、机具棚、材料库、办公室、休息室、厕所、化灰池、储水池、沥青锅灶等设施；临时道路；临时给排水、供电、供热等管线；临时性简易周转房，以及现场临时搭建的职工宿舍、食堂、浴室、医务室、理发室、托儿所等临时福利设施。

临时设施的性质与固定资产既相似又有区别。临时设施在施工生产过程中发挥着劳动资料的作用，其实物形态基本上与作为固定资产的房屋、建筑物相类似。但由于其建造标准较低，一般为临时性或半永久性的建筑物，不可能长时间或永久使用，多数在其可使用期限内就需拆除清理。因此应将临时设施的价值参照固定资产计提折旧的方式采用一定的摊销方法分别计入受益的工程成本。

学习情境1　临时设施的设计

学习目标

能设计临时设施。

关键概念

1. 临时设施

2. 建筑设计

3. 平面图、剖面图

4. 建筑构造

技能点与知识点

1. 技能点

临时设施的设计。

2. 知识点

（1）临时设施的类型；

（2）临时设施的安全位置；

（3）临时设施的布局；

（4）临时设施基础。

提示

1. 临时设施的用途
2. 临时设施与拟建工程之间的关系
3. 临时设施由谁设计

相关知识

1. 建筑设计标准
2. 建筑设计模数
3. 临时设施构造

施工现场的临时设施较多，这里主要指施工期间临时搭建、租赁的各种房屋临时设施。临时设施必须合理选址、正确用材，确保使用功能和安全、卫生、环保、消防要求。

任务 1　临时设施的设计

一、临时设施的种类

(1) 办公设施，包括办公室、会议室、保卫传达室；

(2) 生活设施，包括宿舍、食堂、厕所、淋浴室、阅览娱乐室、卫生保健室；

(3) 生产设施，包括材料仓库，防护棚，加工棚（站、厂，如混凝土搅拌站、砂浆搅拌站、木材加工厂、钢筋加工厂、金屑加工厂和机械维修厂），操作棚；

(4) 辅助设施，包括道路、现场排水设施、临时设施、大门、供水处、吸烟处。

二、临时设施的设计

施工现场搭建的生活设施，办公设施，两层以上、大跨度及其他临时房屋建筑物应当进行结构计算，绘制简单施工图纸，并经企业技术负责人审批方可搭建。

(1) 临时建筑物设计应符合《建筑结构可靠度设计统一标准》(GB 50068)、《建筑结构荷载规范》(GB 50009) 的规定。

临时建筑物使用年限定为 5 年。临时办公用房、宿舍、食堂、厕所等建筑物结构重要性系数 $\gamma_0=1.0$。

(2) 工地非危险品仓库等建筑物结构重要性系数 $\gamma_0=0.9$，工地危险品仓库按相关规定设计。临时建筑及设施设计可不考虑地震作用。

三、临时设施的选址

(1) 办公生活临时设施的选址首先应考虑与作业区相隔离，保持安全距离，其次位置的周边环境必须具有安全性，例如不得设置在高压线下，也不得设置在沟边、崖边、河流边、强风口处、高墙下及滑坡、泥石流等灾害地质带上和山洪可能冲击到的区域。

(2) 安全距离，是指在施工坠落半径和高压线防电距离之外，建筑物高度 2～5m，坠落半径为 2m；高度 30m，坠落半径为 5m（如因条件限制，办公和生活区设置在坠落半径区域内，必须有防护措施）。

(3) 1kV 以下裸露输电线，安全距离为 4m；330～550kV，安全距离为 15m（最外线的投影距离）。

四、临时设施的布置原则

(1) 合理布局，协调紧凑，充分利用地形，节约用地；

(2) 尽量利用建设单位在施工现场或附近能提供的现有房屋和设施；

（3）临时房屋应本着厉行节约，减少浪费的精神，充分利用当地材料，尽量采用活动式或容易拆装的房屋；

（4）临时房屋布置应方便生产和生活；

（5）临时房屋的布置应符合安全、消防和环境卫生的要求。

五、临时设施的布置方式

（1）生活性临时房屋布置在工地现场以外，生产性临时设施按照生产的需要在工地选择适当的位置，行政管理的办公室等应靠近工地或是工地现场出入口；

（2）生活性临时房屋设在工地现场以内时，一般布置在现场的四周或集中于一侧；

（3）生产性临时房屋，如混凝土搅拌站、钢筋加工厂、木材加工厂等，应全面分析比较确定位置。

六、临时房屋的结构类型

（1）活动式临时房屋，如钢骨架活动房屋、彩钢板房（图 1-1）。

（2）固定式临时房屋，主要为砖木结构、砖石结构和砖混结构（图 1-2）。

图 1-1　组合式活动房

图 1-2　现场临时工棚单层砖房

临时房屋应优先选用钢骨架彩板房，生活办公设施不宜选用菱苦土板房。

任务 2　临时设施的构造要求

一、临时设施基础及构造

（1）毛石基础及构造　毛石基础是用乱毛石或平毛石与水泥混合砂浆或水泥砂浆砌成。乱毛石是指形状不规则的石块；平毛石是指形状不规则，但有两个平面大致平行的石块。

毛石基础按其断面形状有矩形、梯形和阶梯形等。基础顶面宽度应比墙基底面宽度大200mm；基础底面宽度依设计计算而定。梯形基础坡角应大于 60°。阶梯形基础每阶高不小于 400mm，每阶挑出宽度不大于 200mm，见图 1-3。

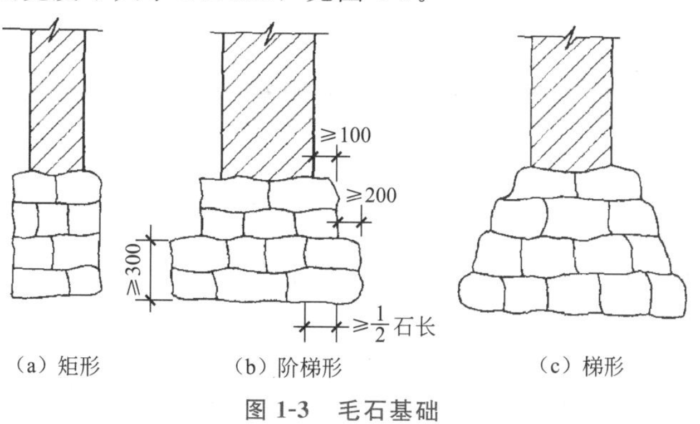

图 1-3　毛石基础

（2）砖基础及构造　砖基础是用烧结普通砖和或水泥砂浆砌筑而成。砖的强度等级应不低于 MU10，砂浆强度等级应不低于 M5。

普通砖基础由墙基和大放脚两部分组成。墙基与墙身同厚，大放脚即墙基下面的扩大部分，有等高式和间隔式两种。等高式大放脚是两皮一收，每收一次两边各收进 1/4 砖长；间隔式大放脚是两皮一收与一皮一收相间隔，每收一次两边各收进 1/4 砖长，见图 1-4。

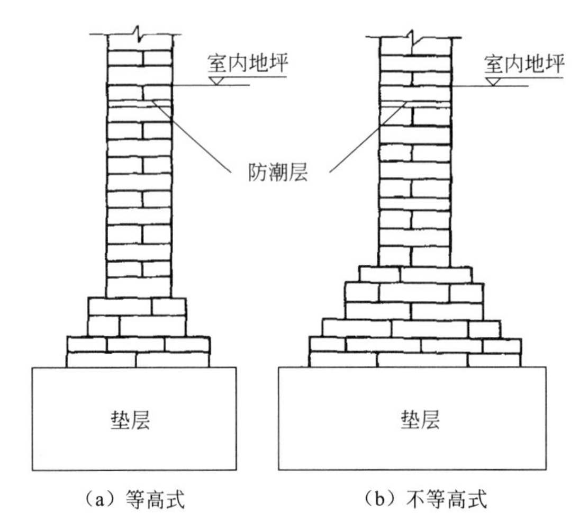

图 1-4　砖基础剖面

大放脚的底宽应根据设计而定。大放脚各皮的宽度应为半砖长的整倍数（包括灰缝）。在大放脚下面为基础垫层，垫层一般用灰土、碎砖三合士或混凝土等。

在墙基顶面应设防潮层，防潮层宜用 1∶2.5（质量比）水泥砂浆加适量防水剂铺设，其厚度一般为 20mm，位置在底层室内地面以下 60mm 处。

二、临时设施墙体及构造

（1）高度　临时设施墙的高度一般为 2.6～3.0m。如果有特殊要求，则按要求的高度砌筑，若没有特殊要求可以按地面以上 2.6～3.0m 砌筑。

（2）厚度　如果用普通砖砌筑，一般采用 24 墙；如果用砌块砌筑，则可以适当增减其厚度。

三、临时设施的室内空间及构造

临时设施的门洞口的檐口高度不得小于 2.6m，门洞口的高度不得小于 2m，便于紧急情况出现时，人员能方便疏散；室内净空高度不得小于 2.2m，悬空的明敷照明线路高度不得小于 2.4m。

四、临时设施的屋面及构造

屋面应具有一定的坡度，便于屋面及时排除雨水。

任务 3　教学实践活动

完成一项工棚设计。

【例】 某项目施工准备阶段，项目工程师要求实习生设计一个工棚，工棚总长 36m，宽 6m，分割成 10 间供作业人员居住。工棚砖墙砌筑，每间房屋设 1 门 1 窗，门高 2m，宽 900mm，窗高宽均 1.5m，最低檐口高度 2.6m。

根据所给条件，绘出工棚平面图、剖面图与部分构件详图（图 1-5～图 1-7）。

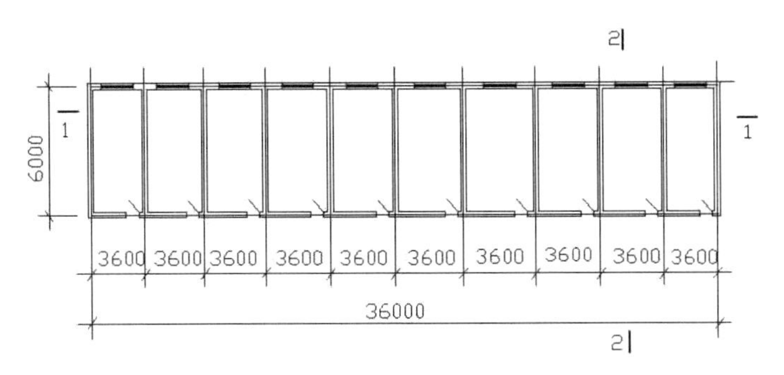

图 1-5　工棚平面图

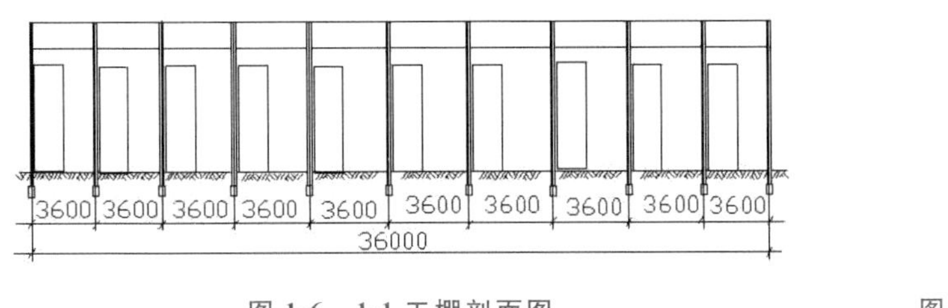

图 1-6　1-1 工棚剖面图

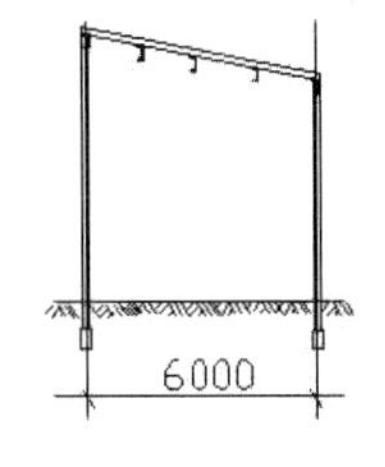

图 1-7　2-2 构件详图

课程小结

本节学习内容的安排是临时设施的设计。通过对课程的学习，要求学生能用简单的平面图与剖面图来表示构思的临时设施。

课外作业

(1) 钢筋棚的设计。

(2) 走访工程项目经理部（或项目部），具体了解各施工项目临时设施的设置，思考改进措施。

课后讨论

(1) 建筑工地有哪些临时设施？

(2) 你对你所接触的项目经理部（或项目部）的认识与看法是什么？

(3) 我国的安全生产管理体制是什么？

(4) 企业安全生产各规章制度的核心是什么？

学习情境 2　临时设施施工

学习目标

能组织临时设施施工。

关键概念

1. 临时设施
2. 建筑设计
3. 建筑施工
4. 砌体、砌块、砂浆

技能点与知识点

1. 技能点

临时设施的设计与施工。

2. 知识点

(1) 临时设施的构造;

(2) 临时设施的用料;

(3) 砌筑工具与机具;

(4) 砌筑工艺。

提示

(1) 临时设施是干什么的?

(2) 临时设施与在建建筑物有什么关系?

(3) 临时设施的设计者、施工者与验收者的关系。

相关知识

1. 施工组织

2. 建筑施工

3. 工程验收

任务 4 临时设施的施工用料与施工工具

图 2-1 组合式活动板房

一、组合式活动板房的材料及安装机具

(一) 组合式活动板房的材料

组合式活动板房大多是用轻钢作骨架，用夹芯彩色钢板（图 2-1）围城的。

1. 组合式活动板房的轻钢骨架

轻钢骨架（图 2-2）是以镀锌钢或薄钢板由特制轧机经多道工艺轧制而成，断面有 U 形、C 形、T 形、L 形。主要用于装备各种类型的夹芯彩色钢板等，用作组合式活动板房的轻钢骨架，具有强度高、防火、耐潮、便于施工等特点。

2. 组合式活动板房的压型钢板

压型钢板（图 2-3）是薄钢板经冷轧成型的钢材。钢板采用有机涂层薄钢板（或称彩色钢板）、镀锌薄钢板、防腐薄钢板（含石棉沥青层）或其他薄钢板等。压型钢板具有单位重量轻、强度高、抗震性能好、施工快速、外形美观等优点，是良好的建筑材料和构件，主要用于围护结构、楼板，也可用于其他构筑物。根据不同使用功能要求，压型钢板可压成波形、双曲波形、肋形、V 形、加筋型等。

图 2-2 轻钢骨架

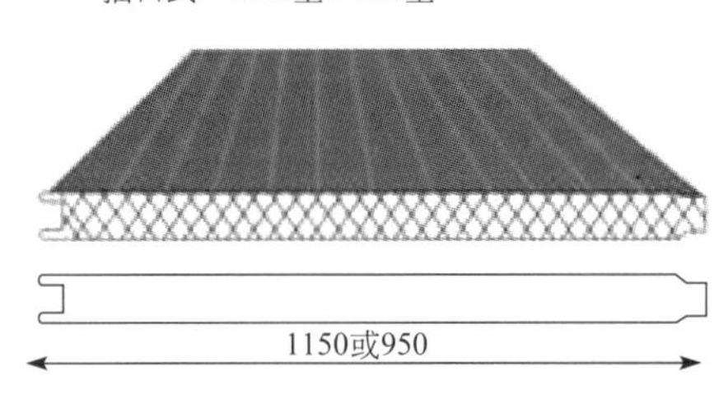

图 2-3 彩压眼型钢板

屋面和墙面常用板厚为0.4～1.6mm；用于承重楼板或筒仓时厚度达2～3mm或以上。波高一般为10～200mm不等。当不加筋时，其高厚比宜控制在200以内。当采用通长屋面板，其坡度可采用2%～5%，则挠度不超过$l/300$（l为计算跨长）。

压型钢板因原板很薄，防腐涂料的质量直接影响使用寿命，为了适应加工和防锈要求，涂层钢板需按有关规定进行各项检验。一般情况下，薄钢板也可根据使用需求，经压型后再涂防锈油漆，或采用不锈钢薄板原板。

压型钢板用作工业厂房屋面板、墙板时，在一般无保温要求的情况下，用钢量约5～11kg/m^2。有保温要求时，可用矿棉板、玻璃棉、泡沫塑料等作绝热材料。压型钢板与混凝土结合做成组合楼板，可省去木模板并可作为承重结构。同时为加强压型钢板与混凝土的结合力，宜在钢板上预焊栓钉或压制双向加筋肋。

按基板镀层分有以下六类。

（1）镀锌钢板　镀锌钢板按ASTM三点测试双面镀层重量为75～700g/m^2，建筑应用中最常用的镀锌钢板为Z275和Z450，其双面镀锌量分别为275g/m^2（钢板单面镀层最小厚度为19μm）和450g/m^2。

（2）镀铝钢板　建筑用镀铝钢板常见的有以下两种：

① 用于耐热要求较高的环境　这类镀铝钢板的金属镀层中含有5%～11%的硅，合金镀层较薄，镀铝层的重量仅为120g/m^2，单面镀层最小厚度为20μm；

② 用于腐蚀性较强的环境　其金属镀层几乎全部是铝，金属镀层较厚，镀层的重量约为200g/m^2，单面镀层的最小厚度为31μm。

（3）镀铝锌钢板　镀铝锌钢板，又称亚铅镀金钢板。

① 镀铝锌钢板是一种双面热浸镀铝锌钢板产品，其钢板基材符合ASTM A792 GRADE 80级或AS1397 G550级，其抗拉强度为5600kg/cm。金属镀层由55%的铝、43.5%（或43.6%）的锌及1.5%（或1.4%）的硅组成。它具备了铝的长期耐腐蚀性和耐热性。锌对切割边及刮痕间隙等的保护作用，而少量的硅则可以有效防止铝锌合金化学反应生成碎片，并使合金镀层更均匀。

② 双面镀层三点测试重量为150g/cm、165g/cm、189g/cm。建筑常用镀铝锌钢板是AZ150，即每平方米镀层重量为150g，钢板单面镀层的最小厚度为20μm。

（4）镀锌铝钢板　是一种含5%锌及铝和混合稀土合金的双面热浸镀层钢板，三点测试双面镀层重量为100～450g/m^2。

（5）镀锌合金化钢板　是一种将热镀锌钢板进行热处理，使其表面的纯锌镀层全部转化为Zn-Fe合金层的双面镀锌钢板产品，按现有工艺条件，其转化镀层重量按锌计算，最大为180g/m^2。

（6）电镀锌钢板　是一种纯电镀锌镀层钢板产品，双面镀层最大重量为180g/m^2，一般不用于室外。在建筑屋面（和幕墙）中最为常用的是彩色镀锌钢板和彩色镀铝锌钢板。

① 规格

a. 彩色镀锌钢板及镀铝锌钢板基板的规格　厚度：0.25～2.3mm；宽度：600～1270mm；长度：通常是卷材，长度视钢厂最低起订量而定。

b. 彩色镀锌钢板及镀铝锌钢板建筑常用的规格　厚度：0.42mm、0.48mm、0.50mm、0.55mm、0.60mm。

c. 镀层厚度　镀锌钢板的镀层厚度有Z100、Z150、Z275、Z450等牌号，屋面通常采用的是Z275和Z450。

镀铝锌钢板的镀层厚度有AZ100、AZ150、AZ200等牌号，屋面通常采用的是AZ150。

② 性能要求　镀锌钢板和镀铝锌钢板的防腐蚀能力见表2-1。

表2-1　镀锌钢板和镀铝锌钢板的防腐蚀能力

环境	普通镀锌钢板/[g/(m²·年)]	镀铝锌钢板/[g/(m²·年)]
严重的海洋腐蚀环境	140	16
工业/海洋腐蚀环境	20	4.2
乡间	4	1.3

注：表中的数据是普通镀锌钢板Z275（双面镀锌量275g/m²）与镀铝锌钢板AZ150（双面金属镀层重量150g/m²）之间的比较。

③ 使用要点　镀铝锌钢板的抗腐蚀能力是镀锌钢板的3～5倍，且腐蚀越严重，差别越大，故在建筑屋面中，应优先选用镀铝锌钢板AZ150。若选用镀锌钢板则不得低于Z275，其使用寿命要比AZ150低很多，故澳大利亚等国家则明确规定：如用镀锌钢板做屋面（墙面），必须采用Z450。

AZ150比Z275的价格贵10%～20%，但其抗腐蚀性能则是3～5倍以上，可见镀铝锌钢板有卓越的性能价格比。

3. 组合式活动板房的夹芯保温板

组合式活动板房的夹芯保温板主要采用聚苯板（EPS）或挤塑板（XPS）。

聚苯板是以聚苯乙烯树脂为主要成分，通过发泡、模塑成型而成的具有闭孔结构的泡沫材料。挤塑板是以聚苯乙烯树脂或其共聚物为主要成分，添加少量添加剂，通过加热挤塑而制成的具有闭孔结构的硬质泡沫材料。其具有以下优点。

（1）经济性　XPS导热系数比EPS小，且具有高热阻、低线性、膨胀比低的特点，其结构的闭孔率达到了99%以上，形成真空层，避免空气流动散热，确保其保温性能的持久性和稳定性，相对于EPS 80%的闭孔率，领先优势不言而喻。实践证明30mm厚的XPS保温板，其保温效果相当于50mm厚EPS保温板，120mm厚水泥珍珠岩。所以为了达到相同的保温效果，XPS的保温厚度可以比EPS薄30%左右。但由于XPS的价格是EPS的2倍左右，所以XPS的经济性不如EPS。

（2）热稳定性　根据国标进行检测（100mm×100mm×原厚，70℃下48h），目前国内使用的（含外企的）XPS的变形量为1.2%左右，而EPS的变形量在0.5%以内，所以使用XPS板的建筑外保温系统外面的保护砂浆和涂料易开裂。而EPS有很好的耐热性和在温度变化时的尺寸稳定性，是国内外应用最广泛的建筑外墙保温隔热材料。

EPS一般是常压下自由发泡的，然后又经过中间熟化、模塑（终发泡）、大板养护等过程，其间经历时间达数天之久，其孔结构基本是圆形的、孔间融合也比较好，所以整体尺寸以及稳定性较好。而XPS几乎是在瞬间发泡的，由于是不高温高压下突然变为常压，发泡过程很难控制，如果后面冷却不好或者急冷也会导致应力集中；XPS在发泡的同时，又受整平机的挤压，使其基本上只能在长度和宽度方向上膨胀，因此，其内部孔结构是梭形的，这种梭形孔的尖端在受到外力作用（如温度应力等）时会导致应力集中；应力集中到一定程度就会引起形变，所以其尺寸稳定性较差。

（3）可黏性　由于生产工艺的不同，EPS的孔隙率比XPS大，即EPS保温板的表面平整度不如XPS，但正因为如此，加上EPS的密度小，EPS板的可黏性比XPS强。尽管现在建筑市场也出现了刨皮的XPS板，但保温行业所要求的相关界面剂及XPS目前尚无行标或地标。所以一般XPS板的保温外立面容易开裂、空鼓、脱落。

（4）表观质量　通过外保温施工工艺可知，保温板粘贴完成后，要进行整体表面打磨找平，但由于XPS板的强度高，导致打磨不容易被控制，异型板也不容易在现场加工，所以一般XPS板的建筑外立面的表观质量不如EPS板。

（5）透气性　XPS板的隔气性能较好、吸水性低，但由于外保温体系是若干保温板拼接且和结构墙之间有一定空腔的立体构造，所以XPS板高抗水蒸气渗透性的优异性能用于外墙外保温，就变成其致命缺点，因为无法提高或避免板缝处的吸水性、防潮性，而板材处却不透气，它阻碍了墙体中的潮气透过，使潮气大量聚集在墙体与XPS保温层之间的空腔内，极易造成在板缝处产生水气集中以致保温层变形和粘贴层的脱落，直接影响外墙外保温系统的使用寿命，以及外墙外保温系统的安全性。而EPS板特殊的材料性能，能隔绝雨水，又能使墙体中的潮气透过，有效地解决了建筑物的透气性问题。

（6）成熟性　目前，在欧美国家广泛应用的外墙外保温系统主要为外贴保温板薄抹灰方式，有两种保温材料：主要是阻燃型的膨胀聚苯板，还有部分为不燃型的岩棉板。欧洲和美国对外墙外保温已有严格的立法，其中包括要求对外墙外保温系统的强制认证标准，以及对于系统中相关组成材料的标准等。由于欧美国家有着相应健全的标准和严格的立法，对于外墙外保温系统的耐久性，一般都可以保证有25年的使用年限。事实上，这种系统在上述地区的实际应用历史已大大超过25年。2000年欧洲技术许可审批组织EOTA发布了名称为《带抹灰层的墙体外保温复合体系技术许可》（ETAG 004）的标准，这个标准是欧洲外墙外保温体系几十年来成功实践的技术总结和规范。

（二）组合式活动板房的安装机具

1. 活络扳手

活络扳手又叫活扳手（图2-4），是一种旋紧或拧松有角螺丝钉或螺母的工具。电工常用的有200mm、250mm、300mm三种，使用时应根据螺母的大小选配。

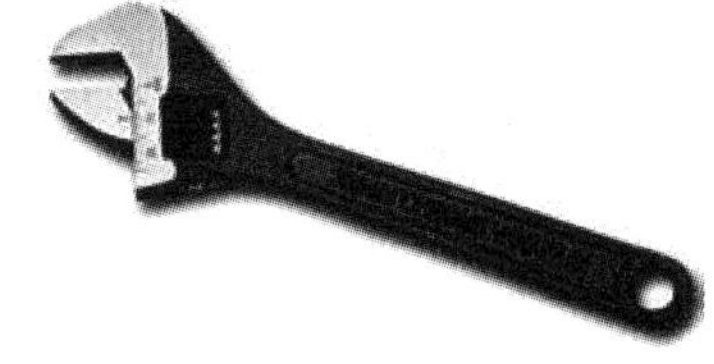

图2-4　活络扳手

使用时，右手握手柄。手越靠后，扳动起来越省力。扳动小螺母时，因需要不断地转动蜗轮，调节扳口的大小，所以手应握在靠近呆扳唇的位置上，并用大拇指调制蜗轮，以适应螺母的大小。活络扳手的扳口夹持螺母时，呆扳唇在上，活扳唇在下。活扳手切不可反过来使用。在扳动生锈的螺母时，可在螺母上滴几滴煤油或机油，这样就好拧动了。在拧不动时，切不可采用钢管套在活络扳手的手柄上来增加扭力，因为这样极易损伤活络扳唇。不得把活络扳手当锤子用。

农村电工还经常用到开口扳手（亦叫呆扳手）。它有单头和双头两种，其开口是和螺钉头、螺母尺寸相匹配的，并根据标准尺寸做成一套。

整体扳手有正方形、六角形、十二角形（俗称梅花扳手）。其中十二角形扳手在农村电工中应用颇广，它只要转过30°，就可改变扳动方向，所以在狭窄的地方工作较为方便。

套筒扳手是由一套尺寸不等的梅花筒组成，使用时用弓形的手柄连续转动，工作效率较高。当螺钉、螺母的尺寸较大或扳手的工作位置很狭窄时，就可用棘轮扳手。这种扳手摆动的角度很小，能拧紧和松开螺钉或螺母。拧紧时手柄作顺时针转动。方形的套筒上装有一只撑杆。当手柄向反方向扳回时，撑杆在棘轮齿的斜面中滑出，因而螺钉或螺母不会跟随反转。如果需要松开螺钉或螺母，只需翻转棘轮扳手朝逆时针方向转动即可。

2. 双头呆扳手

呆扳手又称开口扳手（或称死扳手），主要分为双头呆扳手（图 2-5）和单头呆扳手。它的作用广泛，主要作用于机械检修、设备装置、家用装修、汽车修理等。

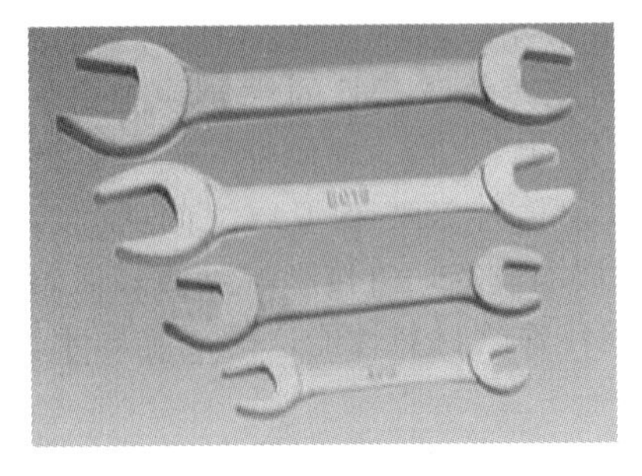

图 2-5　双头呆扳手

双头呆扳手是一种通用工具，是装配机床或备件及交通运输、农用机械维修必需的手工具。

双头呆扳手的制造材料一般选用优质碳钢锻造，通过整体热处理加工而成。产品必须通过质量检验验证，使用过程中避免发生由于产品质量问题造成人身伤害。

双头呆扳手的型号规格（以 mm 为单位）：4×5，5.5×7，8×10，9×11，12×14，13×15，14×17，17×19，19×22，22×24，30×32，32×36，41×46，50×55，65×75。

3. 单头呆扳手

大型工业用单头呆扳手适用于石油、化工、冶金、发电、炼油、造船、石化、机械等行业，是设备安装、装置及设备检修、维修工作中的必需工具。

单头呆扳手（图 2-6）分为公制和英制两种。公制和英制的区别在于公制以 m、cm、mm 等为计量单位，而英制以 in 或 ft 等为计量单位。英制与公制之间的关系是 1in＝25.4mm，主要应用于螺纹标准方面。

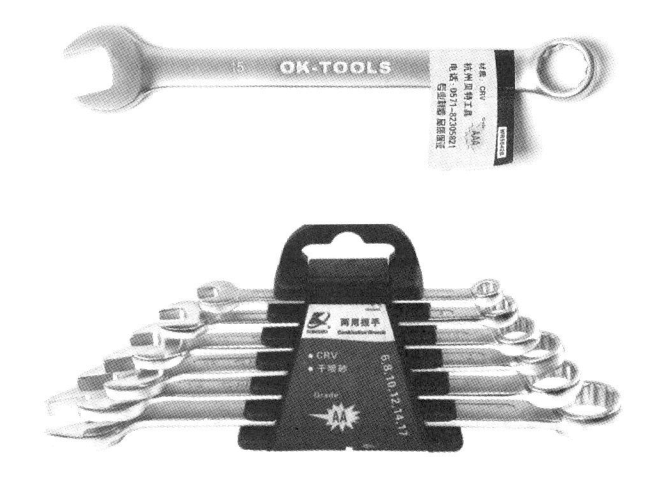

图 2-6　单头呆扳手

单头呆扳手的制造材料一般采用 45 号中碳钢或 40Cr 合金钢。单头呆扳手的制造标准为 GB/T 4392—1995。单头呆扳手的特点：单头呆扳手由优质中碳钢或优质合金钢整体锻造而成，具有设计合理、结构稳定、材质密度高、抗打击能力强，不折、不断、不弯曲，产品尺寸精度高、经久耐用等特点。

4. 敲击呆扳手

图 2-7　敲击呆扳手

敲击呆扳手（图 2-7）适用于石油、化工、冶金、发电、炼油、造船、石化等行业，是设备装置及设备检修、维修工作中的必需工具。敲击呆扳手分为公制和英制两种，一般采用 45 号中碳钢或 40Cr 合金钢整体锻造加工制作。敲击呆扳手的制造标准为 GB/T 4392—1995。敲击呆扳手是最普通的呆扳手样式，它的尾部为敲击端，有固定尺寸的开口为另一端，用以拧转一定尺寸的螺母或螺栓。

5. 高颈呆扳手

高颈呆扳手一般采用工具钢或者40Cr合金钢整体锻造而成，主要适用于工作空间狭小，不能使用普通扳手的场合。转角较小，可用于只有较小摆角的地方（只需转过扳手1/2的转角），且由于接触面大，可用于强力拧紧。

6. 钉锤

钉锤（图2-8）是敲打物体使其移动或变形的工具，最常用来敲钉子，矫正或是将物件敲开。钉锤有着各式各样的形式，常见的形式是一柄把手及顶部。顶部的一面是平坦的，以便敲击，另一面则是锤头。锤头的形状可以像羊角，也可以是楔形，其功能为拔出钉子。另外也有着圆头形的锤头。

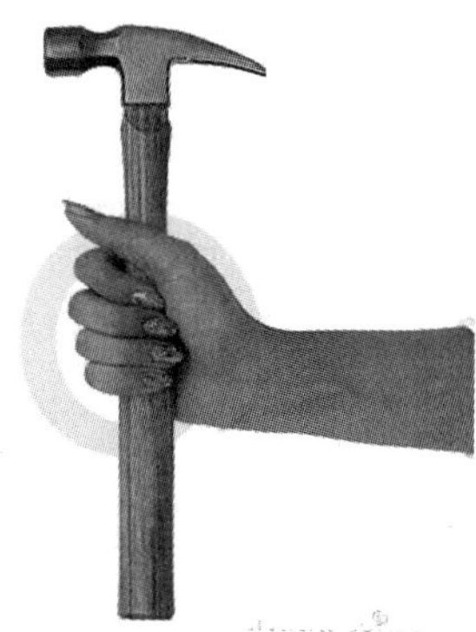
图2-8 钉锤

二、砖砌临时工棚的材料及安装机具

砖砌临时工棚是用砂浆把砖按一定规律砌筑而成的墙体体，再盖上屋面形成的。因此，砖和砂浆是砖砌临时工棚的主要材料。常用的有普通砖、空心砌块等材料。

（一）砖砌临时工棚用普通砖

将规格为240mm×115mm×53mm的无孔或孔洞率小于15%的砖称为普通砖。普通砖尺寸见图2-9。

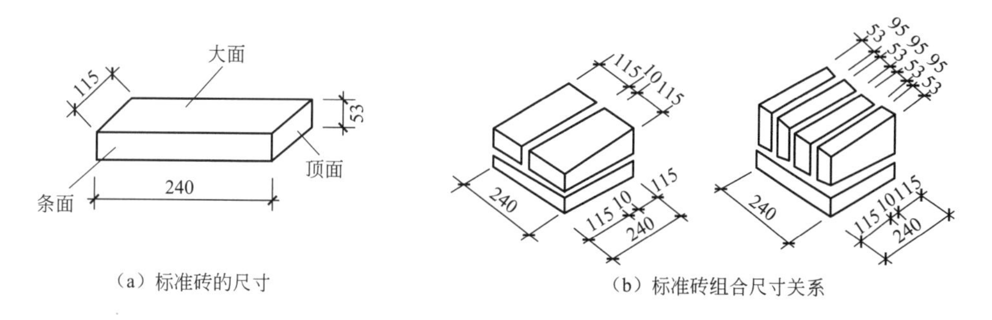

图2-9 普通砖的尺寸及其尺寸关系

普通砖的规格是以（砖厚＋灰缝）∶（砖宽＋灰缝）∶（砖长＋灰缝）为1∶2∶4的基本原则制定的。普通标准砖的进级尺寸为240mm＋10mm＝250mm，与我国现行模数中的M＝100mm的基本模数不一致，因此，在设计构件尺寸时或在砖墙上开设洞口时，必须注意标准砖的这一特性。

普通砖有经过焙烧的黏土砖（称为烧结普通砖）、页岩砖、粉煤灰砖、煤矸石砖和不经过焙烧的粉煤灰砖、炉渣砖、灰砂砖等。

烧结普通砖是指由黏土、页岩、煤矸石或粉煤灰为主要原料，经过焙烧而成的实心或孔洞率不大于规定值。且外形尺寸符合规定的砖，分烧结黏土砖、烧结页岩砖、烧结煤矸石砖、烧结粉煤灰砖等。

（1）砖的外形为直角六面体，其标准尺寸长240mm，宽115mm，高53mm，其尺寸偏差不应超过标准规定。因此，在砌筑使用时，包括灰缝（10mm）在内，4块砖长、8块砖宽、16块砖厚都为1m，512块砖可砌1m^{3}砌体。

(2) 根据抗压强度分为MU30、MU25、MU20、MU15、MU10五个强度等级。

(3) 烧结普通砖强度和抗风化性能合格的砖，根据尺寸偏差、外观质量、泛霜和石灰爆裂分为优等品(A)、一等品(B)、合格品(C)三个质量等级，尺寸允许偏差见表2-2；外观质量允许偏差见表2-3。

表2-2 烧结普通砖尺寸允许偏差

公称尺寸/mm	优等品		一等品		合格品	
	样本平均偏差/mm	样本极差/mm ≤	样本平均偏差/mm	样本极差/mm ≤	样本平均偏差/mm	样本极差/mm ≤
240	±2.0	8	±2.5	8	±3.0	8
115	±1.5	6	±2.0	6	±2.5	7
53	±1.5	4	±1.6	5	±2.0	6

表2-3 外观质量允许偏差

项目		优等品	一等品	合格品
两条面高度差/mm ≤		2	3	5
弯曲/mm ≤		2	3	5
杂质凸出高度/mm ≤		2	3	5
缺棱掉角的三个破坏尺寸不得同时大于/mm		15	20	30
裂纹长度	大面上宽度方向及其延伸至条面的长度/mm ≤	70	70	110
	大面上长度方向及其延伸至顶面的长度或条面上水平裂纹的长度/mm ≤	100	100	150
完整面不得少于		一个条面和一个顶面	一个条面和一个顶面	—
颜色		基本一致	—	—

(4) 泛霜　也称起霜，是砖在使用过程中的盐析现象。砖内过量的可溶盐受潮吸水而溶解，随水分蒸发而沉积于砖的表面，形成白色粉末附着物，影响建筑物美观，若溶盐为硫酸盐，当水分蒸发并结晶析出时，产生膨胀，使砖面剥落。烧结普通砖的泛霜要求见表2-4。

表2-4 烧结普通砖泛霜和石灰爆裂

项目	优等品	一等品	合格品
泛霜	无泛霜	不允许出现中等泛霜	不得严重泛霜
石灰爆裂	不允许出现最大尺寸大于2mm的爆裂区域	最大破坏尺寸大于2mm且小于等于10mm的爆裂区域，每组砖样不得多于15处；不允许出现最大破坏尺寸大于10mm的爆裂区域	最大破坏尺寸大于2mm且小于等于15mm的爆裂区域，每组砖样不得多于15处；其中大于10mm的不得多于7处；不允许出现最大破坏尺寸大于15mm的爆裂区域

(5) 石灰爆裂　石灰爆裂是在砖坯中夹杂有石灰石，在焙烧过程中转变为石灰，砖吸水后，石灰逐渐熟化而膨胀，产生的爆裂现象。烧结普通砖石灰爆裂要求见表2-4。

(6) 砖的外形应该平整、方正。外观无明显的弯曲、缺棱、掉角、裂缝等缺陷，敲击时发出清脆的金属声，色泽均匀一致。

(二) 砖砌临时工棚用混凝土空心砌块

普通混凝土小型空心砌块以水泥、砂、碎石或卵石、水等预制而成。普通混凝土小型空心砌块主规格尺寸为390mm×190mm×190mm，有两个方形孔，最小外壁厚应不小于30mm，最小肋厚应不小于25mm，空心率应不小于25%，见图2-10。普通混凝土小型空心砌块按其强度，分为MU5、MU7.5、MU10、MU15、MU20五个强度等级。普通混凝土小型空心砌块按其尺寸偏差。外观质量可分为优等品、一等品、合格品。

普通混凝土小型空心砌块的尺寸允许偏差和外观质量应符合表2-5、表2-6的规定。

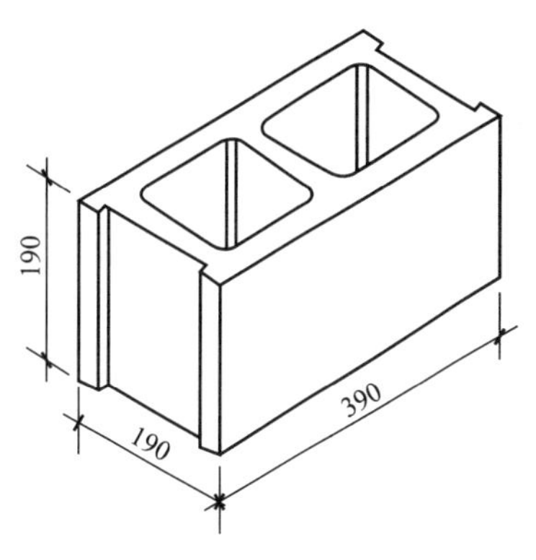

图 2-10　混凝土空心砌块

表 2-5　普通混凝土小型空心砌块的尺寸允许偏差

项目	优等品	一等品	合格品
长度/mm	±2	±3	±3
宽度/mm	±2	±3	±3
高度/mm	±2	±3	+3，−4

表 2-6　普通混凝土小型空心砌块的外观质量

项目		优等品	一等品	合格品
弯曲/mm ≤		2	2	3
掉角缺棱	个数 ≤	0	2	2
	三个方向投影尺寸的最小值/mm ≤	0	20	30
裂纹延伸的投影尺寸累计/mm ≤		0	20	30

(三) 砖砌临时工棚用粉煤灰小型空心砌块

粉煤灰小型空心砌块是以粉煤灰、水泥及各种骨料加水拌和制成的砌块。其中粉煤灰用量不应低于原材料重量的10%，生产过程中也可加入适量的外加剂调节砌块的性能。

1. 性能

粉煤灰小型空心砌块具有轻质高强、保温隔热、抗震性能好的特点，可用于框架结构的填充墙等结构部位。

粉煤灰小型空心砌块按抗压强度，分为MU2.5、MU3.5、MU5.0、MU7.5、MU10和MU15六个强度等级。

2. 质量要求

粉煤灰小型空心砌块按孔的排数，分为单排孔、双排孔、三排孔和四排孔四种类型。其主规格尺寸为390mm×190mm×190mm，其他规格尺寸可由供需双方协商确定。根据尺寸允许偏差、外观质量、碳化系数、强度等级可分为优等品、一等品和合格品三个等级。

粉煤灰小型空心砌块的尺寸允许偏差和外观质量应分别符合表 2-7 和表 2-8 的要求。

表 2-7 粉煤灰小型空心砌块尺寸允许偏差

项目名称	优等品	一等品	合格品
长度/mm	±2	±3	±3
宽度/mm	±2	±3	±3
高度/mm	±2	±3	+3，-4

注：最小外壁厚不应小于 25mm，肋厚不应小于 20mm。

表 2-8 粉煤灰小型空心砌块外观质量

项目名称		优等品	一等品	合格品
掉角缺棱	≤	0	2	2
三个方向投影尺寸最小值/mm	≤	0	20	20
裂纹延伸的投影尺寸累计/mm	≤	0	20	30
弯曲/mm		2	3	4

（四）砖砌临时工棚基础用石材

砖砌临时工棚基础所用的石材主要是毛石，应质地坚实，无风化剥落和裂纹。毛石分为乱毛石和平毛石两种。乱毛石是指形状不规则的石块；平毛石是指形状不规则，但有两个子面大致平行的石块。毛石应呈块状，其中部厚度不宜小于 200mm，长度为 300～400mm，见图 2-11、图 2-12。

图 2-11 毛石外形

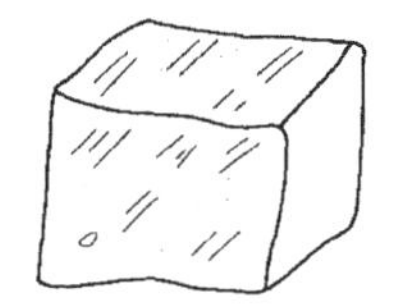

图 2-12 方块石外形

（五）砖砌临时工棚用砂浆

由于建筑工地临时设施为临时构筑物，砌筑临时设施用砂浆大多为非水泥砂浆。非水泥砂浆指不含水泥的砂浆，如石灰砂浆、黏土砂浆。

石灰砂浆是由石灰、砂和水组成的，宜用于砌筑干燥环境中以及强度要求不高的砌体，不宜用于潮湿环境的砌体与基础。因为石灰属气硬性胶凝材料，在潮湿环境中，石灰膏不但难以硬结，而且会出现溶解流散现象。

（六）砌筑工具

1. 瓦刀

又称泥刀、砖刀，分为片刀和条刀两种（图 2-13）。

(a) 片刀　(b) 条刀

图 2-13 瓦刀

(1) 片刀　叶片较宽，重量较大。我国北方打砖用。

(2) 条刀　叶片较窄，重量较轻。我国南方砌筑各种砖墙的主要工具。

2. 斗车

斗车的轮轴小于900mm，容量约0.12m^3，用于运输砂浆和其他散装材料（图2-14）。

3. 砖笼

当采用塔吊施工时，砖笼是用来吊运砖块的工具（图2-15）。

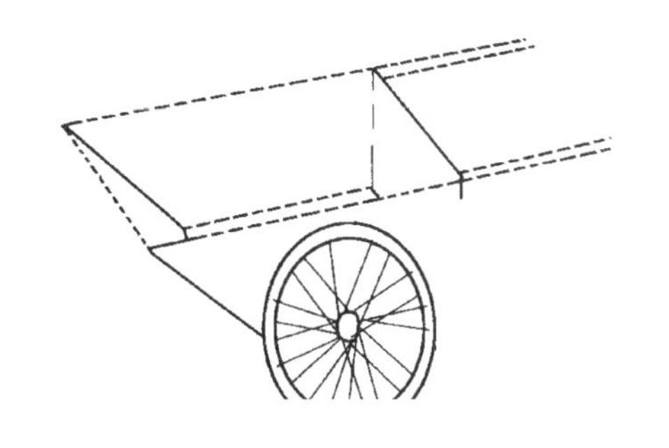

图2-14　斗车

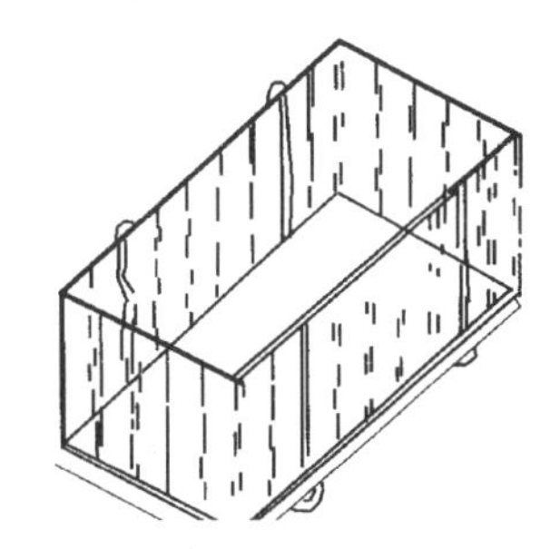

图2-15　砖笼

4. 料斗

当采用塔吊施工时，料斗是用来吊运砂浆的工具，按工作时的状态又分立式料斗和卧式料斗（图2-16）。

5. 灰斗

灰斗又称灰盆，用1～2mm厚的黑铁皮或塑料制成[图2-17(a)]，用于存放砂浆。

6. 灰桶

灰桶又称泥桶，分铁制、橡胶和塑料制三种。其作用为供短距离传递砂浆及临时贮存砂浆用[图2-17(b)]。

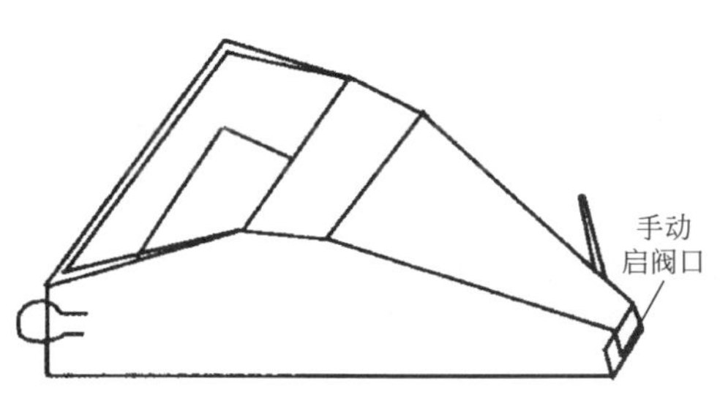

图2-16　卧式料斗

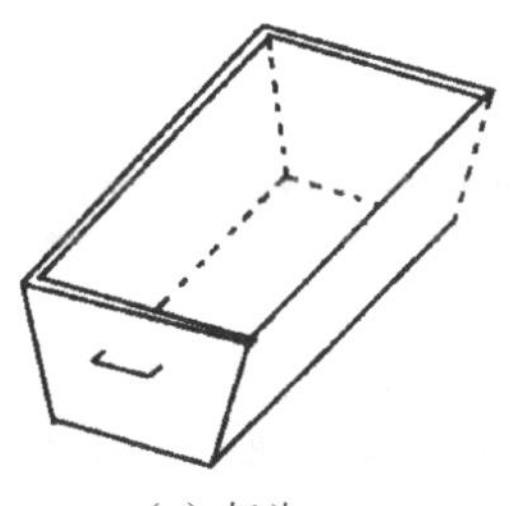

(a) 灰斗

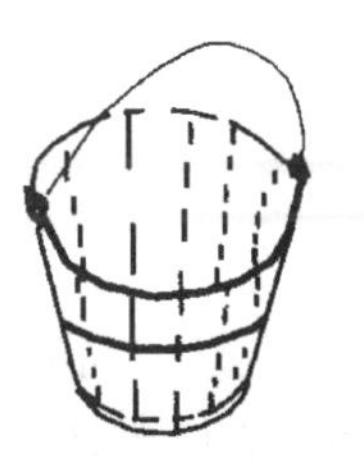

(b) 灰桶

图2-17　灰斗和灰桶

7. 大铲

大铲是用于铲灰、铺灰和刮浆的工具，也可以在操作中用它随时调和砂浆。大铲以桃形者居多，也有长三角形大铲、长方形大铲和鸳鸯大铲。大铲是实施“三一”（一铲灰、一块砖、一揉挤）砌筑法的关键工具，如图 2-18 和图 2-19 所示。

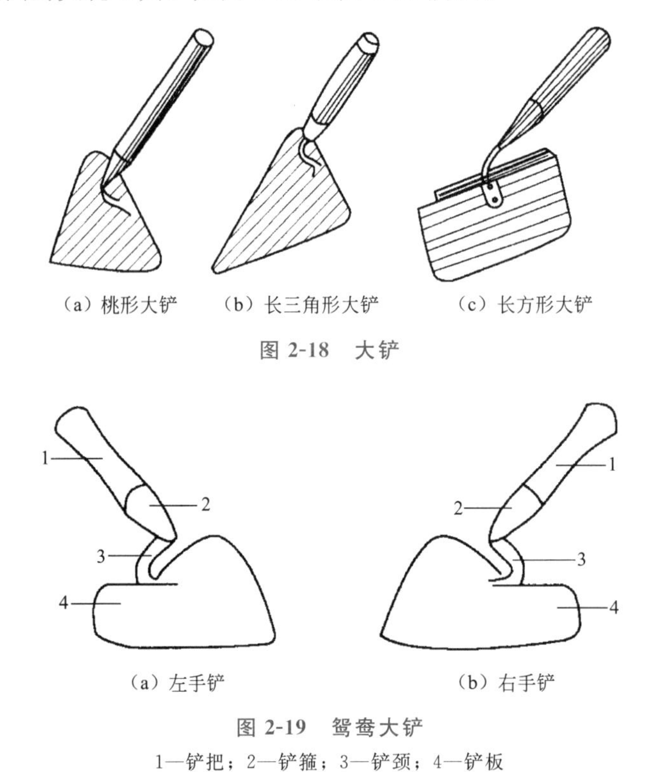

（a）桃形大铲　（b）长三角形大铲　（c）长方形大铲

图 2-18　大铲

（a）左手铲　（b）右手铲

图 2-19　鸳鸯大铲

1—铲把；2—铲箍；3—铲颈；4—铲板

8. 灰板

灰板又叫托灰板，在勾缝时用其承托砂浆。灰板用不易变形的木材制成，如图 2-20 所示。

9. 摊灰尺

摊灰尺用于控制灰缝及摊铺砂浆。它用不易变形的木材制成，如图 2-21 所示。

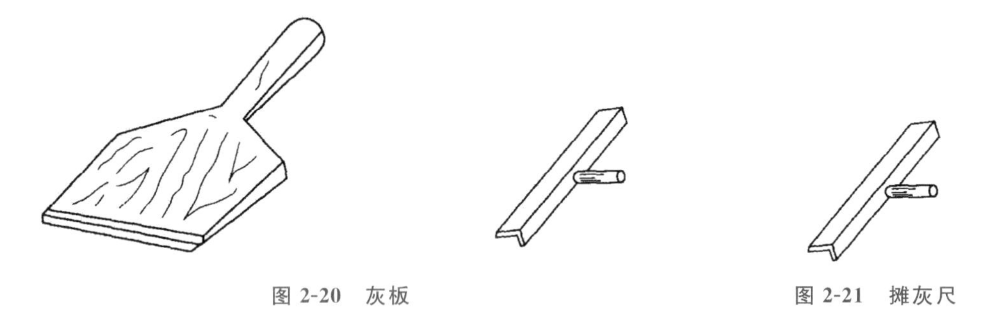

图 2-20　灰板

图 2-21　摊灰尺

10. 溜子

溜子又叫灰匙、勾缝刀，一般以 $\phi 8$ 钢筋打扁制成，并装上木柄，通常用于清水墙勾缝。用 0.5～1mm 厚的薄钢板制成较宽的溜子，则用于毛石墙的勾缝，如图 2-22 所示。

11. 抿子

抿子用于石墙抹缝、勾缝，多用 0.8～1mm 厚钢板制成，并在尾部安装木柄，如图 2-23所示。

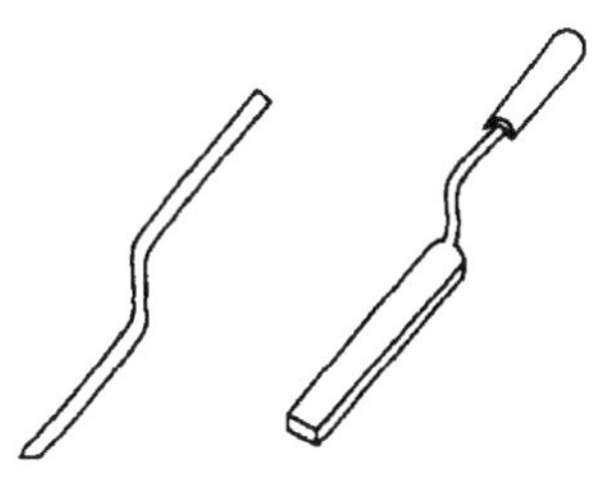

图 2-22　溜子

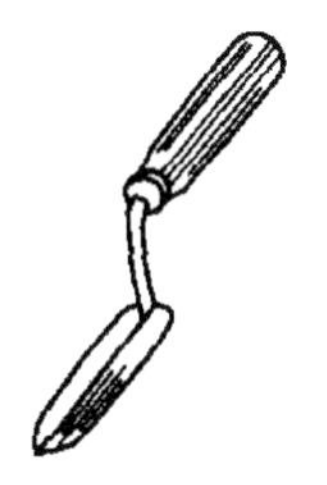

图 2-23　抿子

12. 刨锛

刨锛用以打砍砖块，也可与小锤或大铲配合使用，如图 2-24 所示。

13. 钢凿

钢凿又称錾子，与手锤配合，用于开凿石料、异形砖等。其直径为 20～28mm，长为 150～250mm，端部有尖、扁两种，如图 2-25 所示。

14. 手锤

手锤俗称小榔头，用于敲凿石料和开凿异形砖，如图 2-26 所示。

图 2-24　刨锛

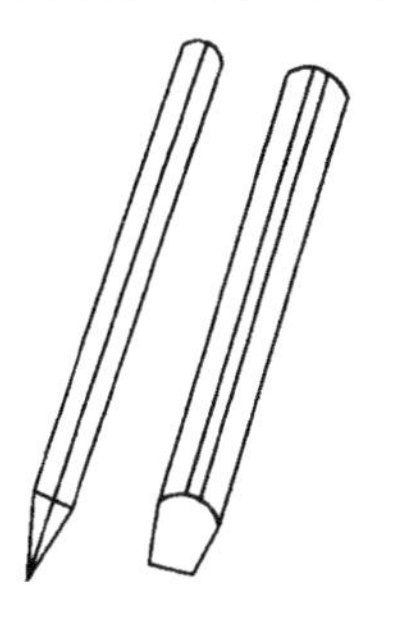

图 2-25　钢凿

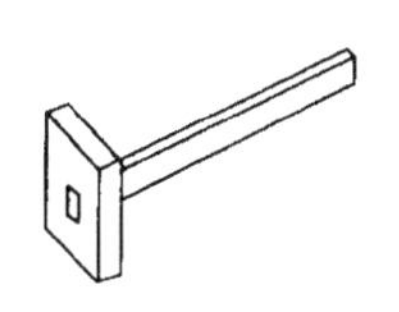

图 2-26　手锤

15. 砖夹

施工单位自制的夹砖工具。可用 $\phi16$ 钢筋锻造，一次可以夹起 4 块标准砖，用于装卸砖块，如图 2-27 所示。

16. 筛子

筛子用于筛砂。筛孔常用尺寸有 4mm、6mm、8mm 等几种，有手筛、立筛、小方筛三种，如图 2-28 所示。

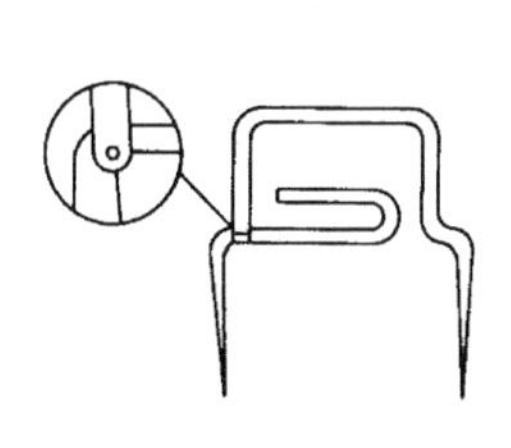

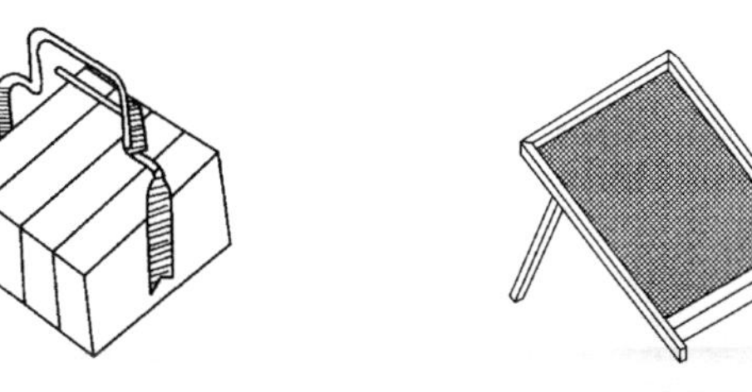

图 2-27　砖夹

图 2-28　立筛

17. 锹、铲等工具

人工拌制砂浆用的各类锹、铲等工具，如图 2-29～图 2-33 所示。

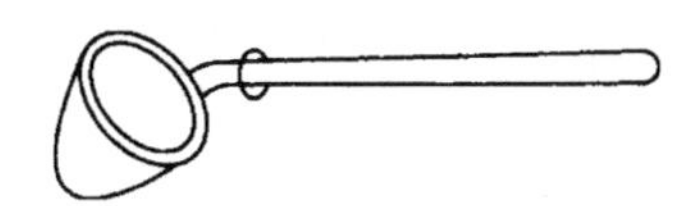

图 2-29　灰勺

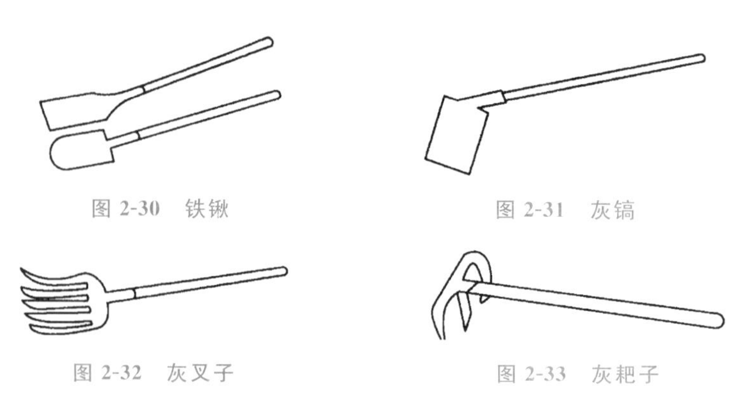

图 2-30 铁锹　　图 2-31 灰镐

图 2-32 灰叉子　　图 2-33 灰耙子

（七）砌筑用脚手架

砖砌临时工棚用脚手架最好用碗扣式脚手架，也可以采用多立杆脚手架。

1. 碗扣式脚手架

碗扣式钢管脚手架立杆与水平杆靠特制的碗扣接头连接（图 2-34）。碗扣分为上碗扣和下碗扣，下碗扣焊在钢管上，上碗扣对应地套在钢管上，其销槽对准并焊在钢管上的限位销，即能上下滑动。连接时，只需将横杆接头插入下碗扣内，将上碗扣沿限位销扣下，并顺时针旋转，靠上碗扣螺旋面使之与限位销顶紧，从而将横杆与立杆牢固地连在一起，形成框架结构。碗扣式接头可同时连接四根横杆，横杆既可相互垂直亦可组成其他角度，因而可以搭设各种形式的脚手架，特别适合于搭设扇形表面、高层建筑施工和装修作用两用外脚手架，还可作为模板的支承。

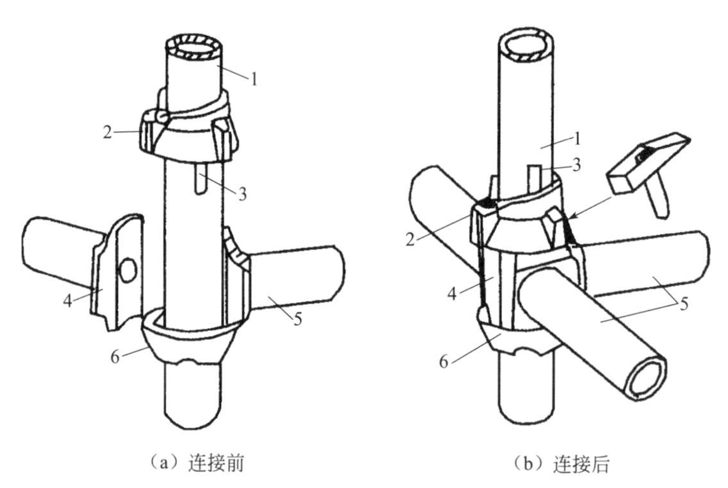

（a）连接前　　（b）连接后

图 2-34 碗扣接头构造

1—立杆；2—上碗扣；3—限位销；4—横杆接头；5—横杆；6—下碗扣

2. 扣件式脚手架

钢管扣件式脚手架由钢管（ϕ48mm×3.5mm）和扣件（图 2-35），采用扣件连接，既牢固又便于装拆，并且可以重复周转使用，因而应用广泛。这种脚手架在纵向外侧每隔一定距离需设置斜撑，以加强其纵向稳定性和整体性。另外，为了防止整片脚手架外倾和抵抗风力，整片脚手架还需均匀设置连墙杆，将脚手架与建筑物主体结构相连，依靠建筑物的刚度来加强脚手架的整体稳定性。

（1）扣件式脚手架的基本组成和一般构造　扣件式脚手架主要由杆件、扣件与脚手板组成。杆件由立杆、纵向水平杆（大横杆）、横向水平杆（小横杆）、斜撑等组成（图 2-35）。

扣件由直角扣件、回转扣件与对接扣件组成（图 2-36）。脚手板通常有木脚手板、竹脚手板与钢板脚手板等几种。

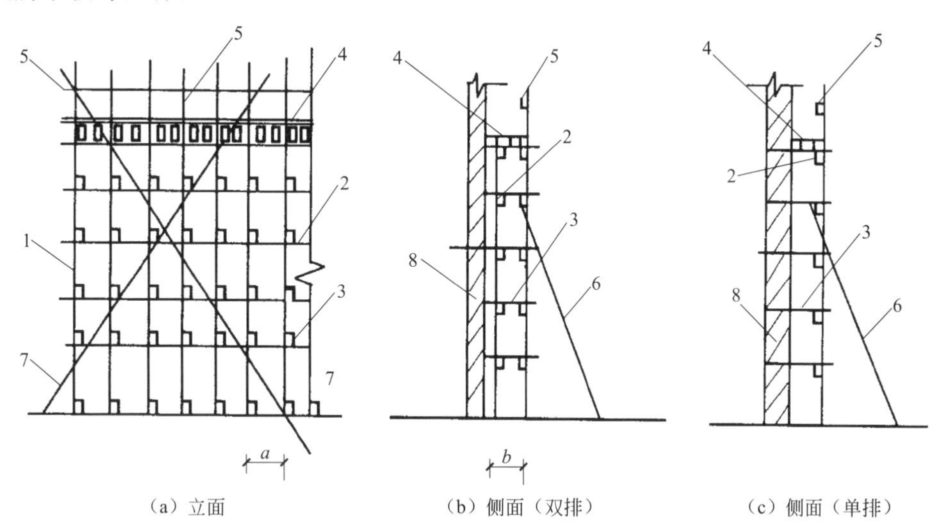

(a) 立面　(b) 侧面（双排）　(c) 侧面（单排）

图 2-35　扣件式脚手架

1—立柱；2—大横杆；3—小横杆；4—脚手板；5—栏杆；6—抛撑；7—斜撑；8—墙体

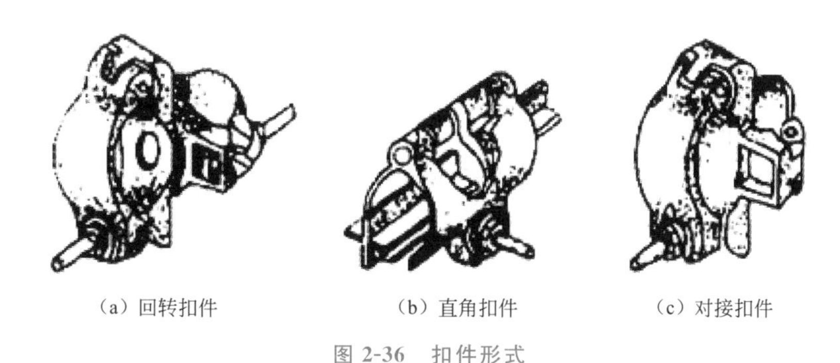

(a) 回转扣件　(b) 直角扣件　(c) 对接扣件

图 2-36　扣件形式

（2）扣件式脚手架的构造要求　扣件式脚手架的一般构造要求见表 2-9。

表 2-9　扣件式外脚手架的一般构造要求

<table>
<tr><th colspan="2" rowspan="2">项目名称</th><th colspan="2">结构脚手架</th><th colspan="2">装修脚手架</th></tr>
<tr><th>单排</th><th>双排</th><th>单排</th><th>双排</th></tr>
<tr><td colspan="2">双排脚手架里立杆离墙面的距离/m</td><td>—</td><td>0.35～0.5</td><td>—</td><td>0.35～0.5</td></tr>
<tr><td colspan="2">小横杆里端离墙面的距离或插入墙体的长度/m</td><td>0.35～0.5</td><td>0.1～0.15</td><td>0.35～0.5</td><td>0.15～0.2</td></tr>
<tr><td colspan="2">小横杆外端伸出大横杆外的长度/m</td><td colspan="4">>0.15</td></tr>
<tr><td colspan="2">双排脚手架内外立杆横距/m</td><td>1.35～1.80</td><td>1.00～1.50</td><td>1.15～1.50</td><td>1.15～1.20</td></tr>
<tr><td colspan="2">单排脚手架立杆与墙面距离/m</td><td colspan="4"></td></tr>
<tr><td rowspan="2">立杆纵距/m</td><td>单立杆</td><td colspan="4">1.00～2.00</td></tr>
<tr><td>双立杆</td><td colspan="4">1.50～2.00</td></tr>
<tr><td colspan="2">大横杆间距（步高）/m</td><td colspan="2">≤1.50</td><td colspan="2">≤1.80</td></tr>
<tr><td colspan="2">第一步架步高/m</td><td colspan="4">一般为 1.60～1.80，且≤2.00</td></tr>
</table>

续表

项目名称	结构脚手架		装修脚手架	
	单排	双排	单排	双排
小横杆间距/m	≤1.10		≤1.50	
15～18m 高度段内铺板层和作业层的限制	铺板层不多于 6 层，作业层不超过 2 层			
不铺板时，小横杆的部分拆除	每步保留、相间抽拆，上下两步错开。抽拆后的距离、结构架子≤1.50m；装修架子≤3.00m			
剪刀撑	沿脚手架纵向两端和转角处起，每隔 10m 左右设一组，斜杆与地面夹角为 45°～60°，并沿全高度布置			
与结构拉结（联墙杆）	每层设置，垂直距离≤4.0m，水平距离≤6.0m，且在高度段的分界面上必须设置			
水平斜拉杆	设置在联墙杆相同的水平面上		视需要	
护身栏杆和挡脚板	设置在作业层、栏杆高 1.00m；挡脚板高 0.40m			
杆件对接或搭接位置	上下或左右错开，设置在不同的步架和纵墙网格内			

(3) 扣件式脚手架的承力结构　脚手架的承力结构主要指作业层、横向构架和纵向构架三部分。

作业层是直接承受施工荷载，荷载由脚手板传给小横杆，再传给大横杆和立柱；横向构架由立杆和小横杆组成，是脚手架直接承受和传递垂直荷载的部分。它是脚手架的受力主体；纵向构架是由各榀横、构架通过大横杆相互之间连成的一个整体，它应沿房屋的周围形成一个连续封闭的结构，所以房屋四周脚手架的大横杆在房屋转角处要相互交圈，并确保连续。若实在不能交圈时，脚手架的端头应采取有效措施来加强其整体性。常用的措施是设置抗侧力构件、加强与主体结构的拉结等。

(4) 扣件式脚手架的支撑体系　脚手架的支撑体系包括纵向支撑（剪刀撑）、横向支撑和水平支撑。这些支撑应与脚手架这一空间构架的基本构件很好连接。设置支撑体系的目的是使脚手架成为一个几何稳定的构架，加强其整体刚度，以增大抵抗侧向力的能力，避免出现节点的可变状态和过大的位移。

① 纵向支撑（剪刀撑）　纵向支撑是指沿脚手架纵向外侧隔一定距离由下而上连续设置的剪刀撑，具体布置如下：

脚手架高度在 25m 以下时，在脚手架两端和转角处必须设置，中间每隔 12～15m 设一道，且每片架子不少于三道。剪刀撑宽度宜取 3～5 倍立杆纵距，斜杆与地面夹角宜在 45°～60°范围内，最下面的斜杆与立杆的连接点离地面不宜大于 500mm。

脚手架高度在 25～50m 时，除沿纵向每隔 12～15m 自下而上连续设置一道剪刀撑外，在相邻两排剪刀撑之间，尚需沿高度每隔 10～15m 加设一道沿纵向通长的剪刀撑。

对高度大于 50m 的高层脚手架，应沿脚手架全长和全高连续设置剪刀撑。

② 横向支撑　是指在横向构架内从底到顶沿全高呈之字形设置的连续的斜撑。具体设置要求如下：

脚手架的纵向构架因条件限制不能形成封闭形，如一字形、L 形或凹字形的脚手架，其两端必须设置横向支撑，并于中间每隔六个间距加设一道横向支撑。

脚手架高度超过 25m 时，每隔六个间距要设置横向支撑一道。

③ 水平支撑　水平支撑是指在设置联墙拉结杆件的所在水平面内连续设置的水平斜杆。

一般可根据需要设置，如在承力较大的结构脚手架中或在承受偏心荷载较大的承托架、防护棚、悬挑水平安全网等部位设置，以加强其水平刚度。

④ 抛撑和联墙杆　脚手架由于其横向构架本身是一个高跨比相差悬殊的单跨结构，仅依靠结构本身尚难以保持结构的整体稳定、防止倾覆和抵抗风力。对于高度低于三步的脚手架，可以采用加设抛撑来防止其倾覆，抛撑的间距不超过 6 倍立杆间距，抛撑与地面的夹角为 45°～60°，并应在地面支点处铺设垫板。对于高度超过三步的脚手架，防止倾斜和倒塌的主要措施是将脚手架整体依附在整体刚度很大的主体结构上，依靠房屋结构的整体刚度来加强和保证整片脚手架的稳定性。其具体做法是在脚手架上均匀地设置足够多的牢固的联墙点，间距不宜大于 3000mm。

设置一定数量的联墙杆后，整片脚手架的倾覆破坏一般不会发生。但要求与联墙杆连接一端的墙体本身要有足够的刚度，所以联墙杆在水平方向应设置在框架梁或楼板附近，竖直方向应设置在框架柱或横隔墙附近。联墙杆在房屋的每层均需布置一排。一般竖向间距为脚手架步高的 2～4 倍，不宜超过 4 倍，且绝对值在 3～4m 范围内；横向间距宜选用立杆纵距的 3～4 倍，不宜超过 4 倍，且绝对值在 4.5～6.0m 范围内。

（5）搭设要求　脚手架搭设时应注意地基平整坚实，设置底座和垫板，并有可靠的排水措施，防止积水浸泡地基引起不均匀沉陷。杆件应按设计方案进行搭设，并注意搭设顺序，扣件拧紧程度应适度，一般扭力矩应在 40～60kN·m 之间。禁止使用规格和质量不合格的杆和配件。相邻立柱的对接扣件不得在同一高度，应随时校正杆件的垂直和水平偏差。脚手架处于顶层连墙点之上的自由高度不得大于 6m。当作业层高出其下连墙件二步或 4m 以上，且其上尚无连墙件时，应采取适当的临时撑拉措施。脚手板或其他作业层板铺板的铺设应符合有关规定。

任务 5　临时设施施工方法

临时设施是指为施工人员修建的临时住处，一般有组合式活动房、砖砌的临时简易房屋等，还有用帐篷、集装箱等制成的临时房屋。帐篷和集装箱不需要建造，故选取组合式活动房和砖砌的临时简易房屋来供初学人员学习。

一、组合式活动房施工方法

（一）施工流程

放线确定活动房搭设位置→清表→基础开挖、夯实→绑扎基础钢筋、浇注基础混凝土→安装活动房→内部装修→验收。

（二）施工要点

（1）放线　按照图纸尺寸，利用全站仪、水准仪确定活动房的位置及标高。

（2）清表　根据放线成果，将高于房屋基础部分的土方清理掉，并整平。

（3）基础开挖、夯实　按照图纸尺寸，将基础梁开挖，并用蛙式打夯机将基底夯实。

（4）绑扎基础钢筋、浇注混凝土　在处理好的基底上绑扎基础梁钢筋、支立模板、浇注混凝土。混凝土采用 C20 商品混凝土。

（5）安装活动房。

① 放线安装地梁　按照图纸尺寸，利用墨斗在板房基础上弹出板房安装位置线。并用水平管在基础四周定出相对标高点，标高点数量每根地梁上不少于 2 个点。

将地梁抬放至板房基础上，根据板房安装位置线找正地梁，地梁与轴线位置允许偏差控制在 3mm 内。根据基础四周的相对标高点找正地梁标高，调整地梁标高时，应以最高点基础为基准，利用水平尺进行。地梁找正后，利用电锤打孔，安装膨胀螺栓，膨胀螺栓数量应符合设计要求，钻孔深度应与螺栓长度相符，螺栓安装后应与基础面保持垂直。

② 立柱安装　安装顺序：柱→圈梁→调节拉杆。

将立柱抬至安装位置竖起，使柱下卡码卡于地梁上，角立柱用 3 个 M12×30 螺栓与地梁连接，中间立柱、山墙立柱用 2 个 M12×30 螺栓连接到地梁上。走道托架可随柱一起安装。即在地面将走道托架与柱连接，使之为一体。立柱安装完，应立即安装圈梁和调节拉杆。柱与拉杆最好交替安装。安装圈梁和调节拉杆的同时，校正立柱垂直度（沿墙板方向）。

柱垂直度用磁力线坠测量，柱垂直度允许偏差为 $L/100$，≤10mm。

③ 楼面一字梁系统安装　安装顺序：一字梁→水平支撑→楼面檩条。

借助柱上二层调节拉杆基座设置单滑轮，将一字梁吊起至安装位置。一字梁每端用 4 个 M12×30 镀锌螺栓与柱连接。将水平支撑在地面组对好，呈剪刀状。安装水平支撑时，校正立柱垂直度，方向同上。柱垂直度校正完毕后，将一字梁、水平支撑、调节拉杆上的安装螺栓全部紧固。

安装楼面檩条均采用 M12×30 镀锌螺栓分别与立柱、檩挡连接。

④ 走道系统安装　安装顺序：走道托架→转角平台托架→梯→栏杆→走道板。

将转角平台托架与其下立柱用 8 个 M12×30 螺栓连接好，用单滑轮将转角平台托架吊起至安装位置。

走道托架上端用 2 个 M12×30 螺栓与柱上角钢托连接，下端用 2 个 M5×30 自攻钉连接于柱上。

⑤ 转角平台　托架的长边与山墙柱和角立柱用 3 个 M12×30 螺栓连接好。用水平尺在相互垂直的两个方向上找正转角平台托架，紧固螺栓。将梯梁与踏步组装成梯，踏步与梯梁用 4 个 M12×30 螺栓连接。

⑥ 安装钢梯　钢梯用 M12×30 螺栓 2 个与转角平台托架连接。

⑦ 安装门扇　根据门扇上门锁位置，安装锁扣板，确保门窗上的锁主体舌头与门框上的锁扣板位置吻合，锁舌自由进出。

门扇安装前，检查门扇有无破损，翘曲变形，扇框搭接间隙是否合适，有问题时应调整或更换。

⑧ 屋面系统安装　安装顺序：人字架→水平支撑→檩条安装→屋面板→屋脊瓦→山墙收边→打胶。

将人字架在地面拼装完成，借助柱头设置单滑车，架人字架吊至安装位置，再将屋架翻转 180°，使人字架两端底脚螺栓与立柱支托螺栓孔对正，落实人字架，拧紧螺栓。在人字架跨中处，用线坠测量人字架垂直度，允许偏差 $h/250$，≤15mm。安装水平支撑，将檩条安装在檩档上，穿好螺栓，带好螺帽。在屋脊上方沿板房长度方向通长拉线，校正屋面直线度，直线度允许偏差 15mm。校正完后将螺栓全部紧固。然后开始安装屋面板，屋面板与檩条用自攻钉连接，脊瓦接缝及拉铆钉处用密封胶密封。屋面各构件接缝，拉铆钉，自攻钉用密封胶密封后，严禁人员在其上行走。

⑨ 楼板安装　楼板采用木夹板，施工顺序：裁口→铺板→钻孔拉铆钉→打胶。

从板房一端向另一端，将木夹板铺于楼面檩条上，木夹板接缝应与檩条中心重合，其偏差应小于 2mm。用电钻在木夹板上打孔，且穿透钢檩条，木夹板与檩条间用 M5×25 拉铆钉连接。木夹板间接缝超过 2mm 时，应用玻璃胶灌缝。

⑩ 内隔墙板安装　施工顺序：墙位置放线→内隔墙上码→内隔墙→内隔墙下卡码→打胶。

利用垂线法放出内隔墙安装位置线，将内隔墙板上的卡码安装，上卡码用职工定固定在人字梁下弦上，上卡码与屋架中心位移允许偏差应小于2.0mm。墙板从墙一侧向另一侧安装用靠尺监测内隔墙板垂直度，直线度及错边量，垂直度允许偏差为$L/1000$，直线度允许偏差5mm，板间错边量允许偏差3.0mm。对监测合格的内隔墙板应立即安装下卡码，下卡码用2个水泥钉固定在地面或楼板上。内隔墙板缝隙用玻璃胶密封，内隔墙板接缝允许偏差3.0mm。

二、单层砖房施工方法

（一）施工流程

基槽开挖→基础砌筑→门窗定位→墙体砌筑→屋架架设→屋面架设→室内抹灰。

（二）施工要点

1. 基槽开挖

基槽开挖时，主要考虑边坡坡度与工作面。

（1）土方放坡系数　土方放坡系数（m）是指土壁边坡坡度的底宽b与基高h之比，即$m=b/h$计算，放坡系数为一个数值，如图2-37所示（例如：b为0.3m，h为0.6m，则放坡系数为0.5）。

（2）边坡坡度　边坡坡度是指基高h与底宽b之比，即$h:b=1:x$，即平常所说的按$1:x$放坡（例如：h为0.6m，b为0.3m，则坡度为1：0.5）。在建筑中，放坡并非一概全以垫层下平开始放坡，要视垫层材料而确定；管线土方工程定额，对计算挖沟槽土方放坡系数规定如下：

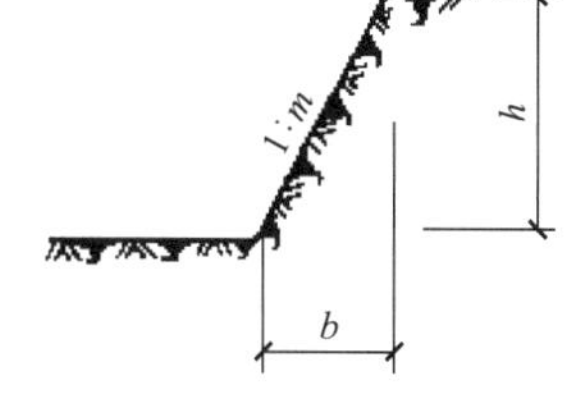

图2-37　土方放坡系数

① 挖土深度在1m以内，不考虑放坡；

② 挖土深度在1.01～2.00m，按1：0.5放坡；

③ 挖土深度在2.01～4.00m，按1：0.7放坡；

④ 挖土深度在4.01～5.00m，按1：1放坡；

⑤ 挖土深度大于5m，按土体稳定理论计算后的边坡进行放坡。

（3）基础施工工作面　基础施工工作面是根据基础施工的材料和做法不同而不同。

① 采用砖基础，每边各增加工作面宽度200mm；

② 采用浆砌毛石、条石基础，每边各增加工作面宽度150mm；

③ 采用混凝土基础垫层需支模板，每边各增加工作面宽度300mm；

④ 采用混凝土基础需支模板，每边各增加工作面宽度300mm；

⑤ 基础垂直面需做防水层，每边各增加工作面宽度800mm。

（4）注意事项主要包括以下几点：

① 计算工程量时，地槽交接处放坡产生的重复工程量不予扣除。

② 因土质不好，基础处理采用挖土、换土时，其放坡点应从实际挖深开始。

③ 在挖土方、槽、坑时，如遇不同土壤类别，应根据地质勘测资料分别计算。

④ 边坡放坡系数可根据各土壤类别及深度加权取定。

⑤ 土类单一土质时，普通土（一类、二类）开挖深度大于1.2m开始放坡（$K=0.50$），坚土（三类、四类）开挖深度大于1.7m开始放坡（$K=0.30$）。

⑥ 土类混合土质时，开挖深度大于1.5m开始放坡，然后按照不同土质加权计算放坡系数K。

⑦ 沟槽、基坑中土壤类别不同时，分别按其土壤类别、放坡比例以不同土壤厚度分别计算。

⑧ 表2-10的数据并不是在每个地方都适用，只是通用规则。

表 2-10 放坡高度、比例确定表

土壤类别	放坡深度规定/m	高与宽之比		
		人工挖土	机械挖土	
			坑内作业	坑上作业
一类、二类土	超过 1.20	1∶0.5	1∶0.33	1∶0.75
三类土	超过 1.50	1∶0.33	1∶0.25	1∶0.67
四类土	超过 2.00	1∶0.25	1∶0.10	1∶0.33

2. 基础砌筑

(1) 毛石基础的砌筑方法　毛石基础是用乱毛石或平毛石与水泥砂浆砌成。乱毛石是指形状不规则的石块；平毛石是指形状不规则，但有两个平面大致平行的石块。毛石基础可作墙下条形基础或柱下独立基础。

毛石基础按其断面形状有矩形、梯形和阶梯形等。基础顶面宽度应比墙基底面宽度大 200mm，基础底面宽度根据设计计算而定。梯形基础坡角应大于 60°。阶梯形基础每阶高度不小于 400mm，每阶挑出宽度不大于 200mm，见图 2-38。

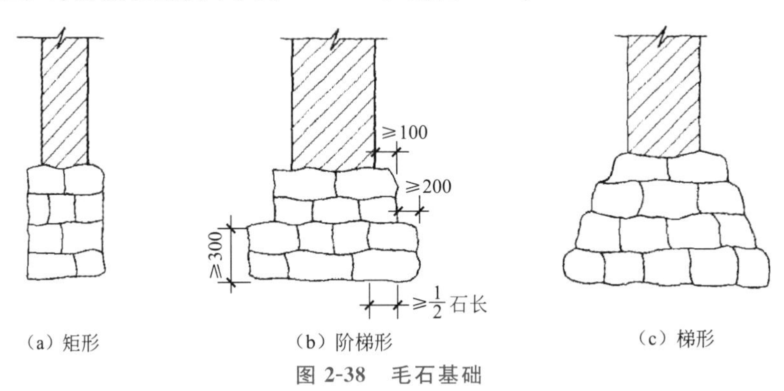

图 2-38　毛石基础

在基槽两端的转角处，每端各立两根木杆，再横钉一木杆连接，在立杆上标出各大放脚的标高。在横杆上钉上中心线钉及基础边线钉，根据基础宽度拉好立线，见图 2-39。然后根据边线和阴阳角（内、外角）处先砌两层较方整的石块，以此固定准线。砌阶梯形毛石基础时，应将横杆上的立线按各阶梯宽度向中间移动，移到退台所需要的宽度，再拉水平准线。还有一种拉线方法是砌矩形或梯形断面的基础时，按照设计尺寸用 50mm×50mm 的小木条钉成基础断面形状（样架），立于基槽两端，在样架上注明标高，两端样架相应标高用准线连接作为砌筑的依据，见图 2-40。立线控制基础宽窄，水平线控制每层高度及平整。砌筑时应采用双面挂线，每次起线高度大放脚以上 800mm 为宜。

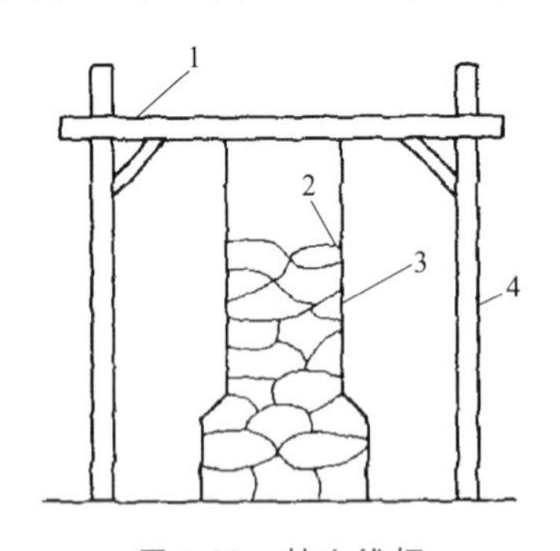

图 2-39　挂立线杆

1—横杆；2—准线；3—立线；4—立杆

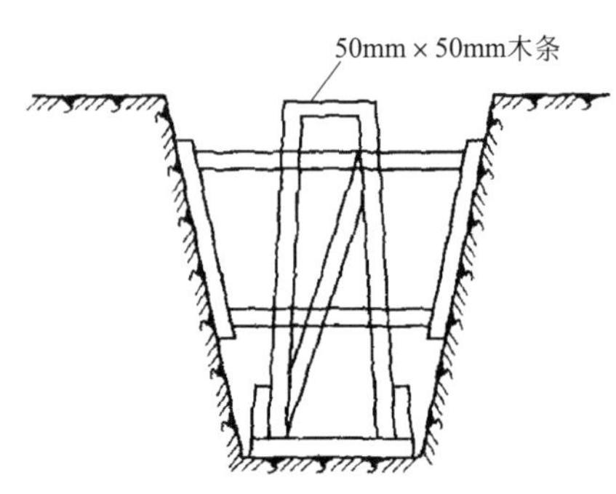

图 2-40　断面样架

（2）毛石基础砌筑要点如下。

① 砌第一皮毛石时，应选用有较大平面的石块，先在基坑底铺设砂浆，再将毛石砌上，并使毛石的大面向下，分皮卧砌，并应上下错缝，内外搭砌，不得采用先砌外面石块后中间填心的砌筑方法。石块间较大的空隙应先填塞砂浆，后用碎石嵌实，不得采用先摆碎石后塞砂浆或干填碎石的方法。

② 砌筑第二皮及以上各皮时，应采用坐浆法分层卧砌，砌石时首先铺好砂浆，砂浆不必铺满，可随砌随铺，在角石和面石处，坐浆略厚些，石块砌上去将砂浆挤压成要求的灰缝厚度。

③ 砌石时搬取石块应根据空隙大小、槎口形状选用合适的石料先试砌试摆一下，尽量使缝隙减少，接触紧密。但石块之间不能直接接触形成干研缝，同时也应避免石块之间形成空隙。

④ 砌石时，大、中、小毛石应搭配使用，以免将大块都砌在一侧，而另一侧全用小块，造成两侧不均匀，使墙面不平衡而倾斜。

⑤ 砌石时，先砌里外两面，长短搭砌，后填砌中间部分，但不允许将石块侧立砌成立斗石，也不允许先把里外皮砌成长向两行。

⑥ 毛石基础每 0.7m^2 且每皮毛石内间距不大于 2m 设置一块拉结石，上下两皮拉结石的位置应错开，立面砌成梅花形。拉结石宽度：如基础宽度等于或小于 400mm，拉结石宽度应与基础宽度相等；若基础宽度大于 400mm，可用两块拉结石内外搭接，搭接长度不应小于 150mm，且其中一块长度不应小于基础宽度的 2/3。

⑦ 阶梯形毛石基础，上阶的石块应至少压砌下阶石块的 1/2，见图 2-41；相邻阶梯毛石应相互错缝搭接。

⑧ 毛石基础最上一皮，宜选用较大的平毛石砌筑。转角处、交接处和洞口处应选用较大的平毛石砌筑。

⑨ 有高低台的毛石基础，应从低处砌起，并由高台向低台搭接，搭接长度不小于基础高度。

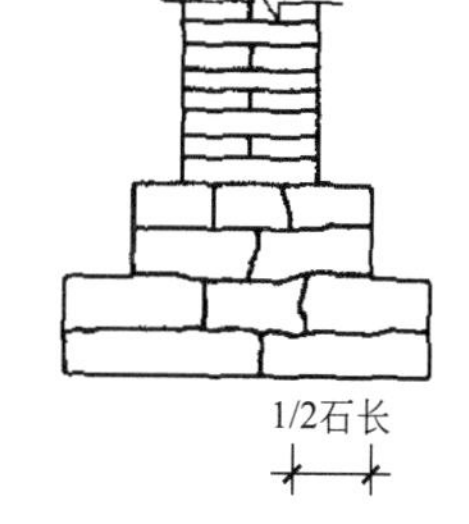

图 2-41　毛石基础砌法

⑩ 毛石基础转角处和交接处应同时砌起，如不能同时砌起又必须留槎时，应留成斜槎，斜槎长度应不小于斜槎高度，斜槎面上毛石不应找平，继续砌时应将斜槎面清理干净，浇水湿润。毛石基础是用乱毛石或平毛石与水泥混合砂浆或水泥砂浆砌成。乱毛石是指形状不规则的石块；平毛石是指形状不规则，但有两个平面大致平行的石块。

（3）普通砖基础的砌筑方法　砖基础是用烧结普通砖和或水泥砂浆砌筑而成。砖的强度等级应不低于 MU10，砂浆强度等级应不低于 M5。由于建筑工地临时设施是临时构筑物，可以采用石灰膏代替水泥砂浆砌筑，砖的强度等级也可以不受限制。

普通砖基础由墙基和大放脚两部分组成。墙基与墙身同厚，大放脚即墙基下面的扩大部分，有等高式和间隔式两种。等高式大放脚是两皮一收，每收一次两边各收进 1/4 砖长；间隔式大放脚是两皮一收与一皮一收相间隔，每收一次两边各收进 1/4 砖长，见图 2-42。

大放脚的底宽应根据设计而定。大放脚各皮的宽度应为半砖长的整倍数（包括灰缝）。在大放脚下面为基础垫层，垫层一般用炉渣、灰土、碎砖三合土或混凝土等。在墙基顶面应设防潮层，防潮层宜用 1∶2.5（质量比）水泥砂浆加适量防水剂铺设，其厚度一般为 20mm，位置在底层室内地面以下 60mm 处。

1）作业条件　普通砖基础砌筑应具备以下作业条件。

① 基槽或基础垫层已完成，并验收，办完隐检手续。

② 置龙门板或龙门桩，标出建筑物的主要轴线，标出基础及墙身轴线及标高，并弹出基础轴线和边线；立好皮数杆（间距为 15～20m，转角处均应设立），办完预检手续。

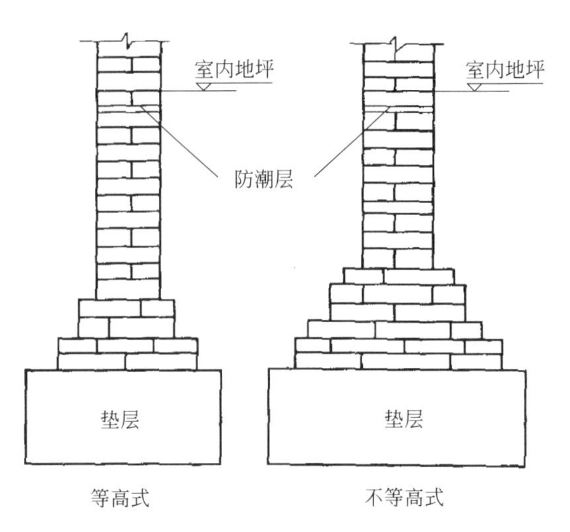

图 2-42　砖基础剖面

③ 根据皮数杆最下面一层砖的标高，拉线检查基础垫层、表面标高是否合适，如第一层砖的水平灰缝大于 20mm 时，应用细石混凝土找平，不得用砂浆或在砂浆中掺细砖或碎石处理。

④ 常温施工时，砌砖前 1d 应将砖浇水湿润，砖以水浸入表面下 10～20mm 深为宜；雨天作业不得使用含水率饱和状态的砖。

⑤ 砌筑部位的灰渣、杂物应清除干净，基层浇水湿润。

⑥ 砂浆配合比已经试验室根据实际材料确定。准备好砂浆试模。应按试验确定的砂浆配合比拌制砂浆，并搅拌均匀。常温下拌好的砂浆应在拌和后 3～4h 内用完；当气温超过 30℃时，应在 2～3h 内用完。严禁使用过夜砂浆。

⑦ 基槽安全防护已完成，无积水，并通过了质检员的验收。

⑧ 脚手架应随砌随搭设；运输通道通畅，各类机具应准备就绪。

2）放线尺寸校核　砌筑基础前，应校核放线尺寸，允许偏差应符合表 2-11 的规定。

表 2-11　放线尺寸的允许偏差

长度 L、宽度 B/m	允许偏差/mm
L（或 B）≤30	±5
60<L（或 B）≤90	±5
30<L（或 B）≤60	±10
L（或 B）>90	±20

3）砌筑顺序　基底标高不同时，应从低处砌起，并应由高处向低处搭砌。当设计无要求时，搭接长度不应小于基础扩大部分的高度。基础的转角处和交接处应同时砌筑。当不能同时砌筑时，应按规定留槎、接槎。

4）基础弹线　在基槽四角各相对龙门板的轴线标钉上拴上白线挂紧，沿白线挂线锤，找出白线在垫层面上的投影点，把各投影点连接起来，即基础的轴线。按基础图所示尺寸，用钢尺向两侧量出各道基础底部大脚的边线，在垫层上弹上墨线。如果基础下没有垫层，无法弹线，可将中线或基础边线用大钉子钉在槽沟边或基底上，以便挂线。

5）设置基础皮数杆　基础皮数杆的位置，应设在基础转角（图 2-43），内外墙基础交接处及高低踏步处。基础皮数杆上应标明大放脚的皮数、退台、基础的底标高、顶标高以及防潮层的位置等。如果相差不大，可在大放脚砌筑过程中逐皮调整，灰缝可适当加厚或减薄（俗称提灰或杀灰），但要注意在调整中防止砖错层。

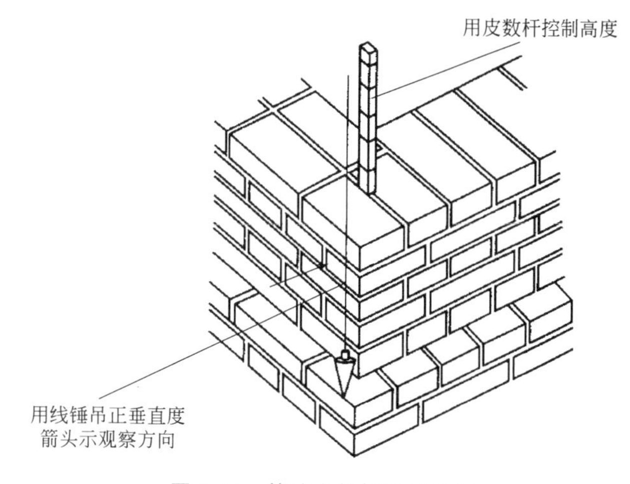

图 2-43　基础皮数杆设置示意

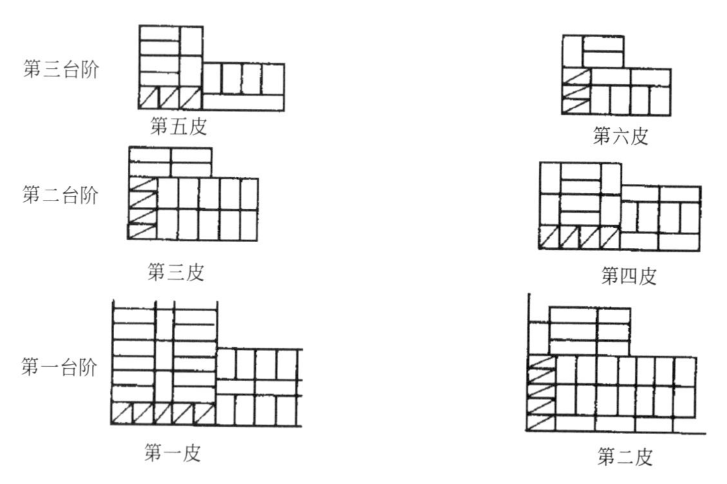

图 2-44　六皮三收等高式大放脚

6）排砖撂底　砌筑基础大放脚时，可根据垫层上弹好的基础线按“退台压丁”的方法先进行摆砖撂底。具体方法是，根据基底尺寸边线和已确定的组砌方式及不同的砂浆，用砖在基底的一段长度上干摆一层，摆砖时应考虑竖缝的宽度，并按“退台压丁”的原则进行，上、下皮砖错缝达 1/4 砖长，在转角处用“七分头”来调整搭接，避免立缝重缝。摆完后应经复核无误才能正式砌筑。为了砌筑时有规律可循，必须先在转角处将角盘起，再以两端转角为标准拉准线，并按准线逐皮砌筑。当大放脚退台到实墙后，再按墙的组砌方法砌筑。排砖撂底工作的好坏，影响到整个基础的砌筑质量，必须严肃认真地做好。

常见撂底排砖方法，有六皮三收等高式大放脚（图 2-44）和六皮四收间隔式大放脚（图 2-45）。

7）盘角　即在房屋的转角、大角处立皮数杆砌好墙角。每次盘角高度不得超过五皮砖，并需用线锤检查垂直度和用皮数杆检查其标高有无偏差。如有偏差时，应在砌筑大放脚的操作过程中逐皮进行调整（俗称提灰缝或刹灰缝）。在调整中，应防止砖错层，即要避免“螺丝墙”情况。

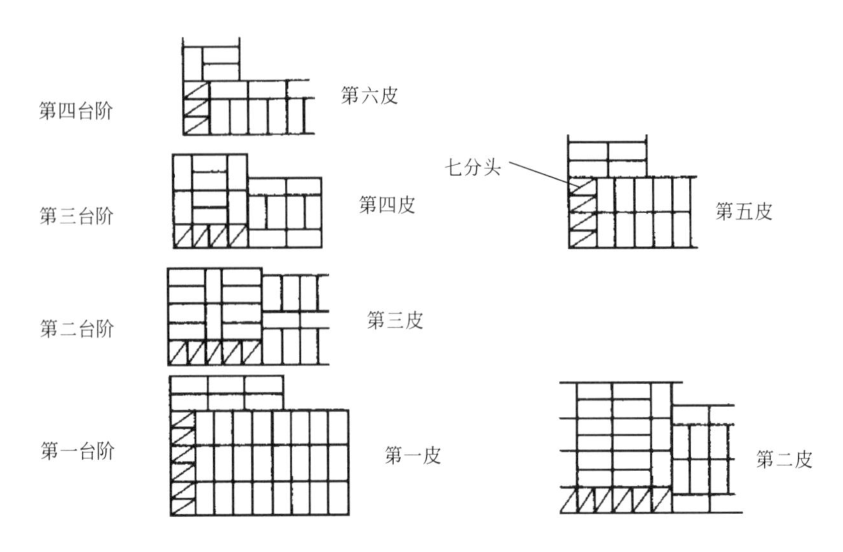

图 2-45　六皮四收间隔式大放脚

8）收台阶　基础大放脚每次收台阶必须用尺量准尺寸，其中部的砌筑应以大角处准线为依据，不能用目测或砖块比量，以免出现误差。在收台阶完成后和砌基础墙之前，应利用龙门板的“中心钉”拉线检查墙身中心线，并用红铅笔将“中”字画在基础墙侧面，以便随时检查复核。

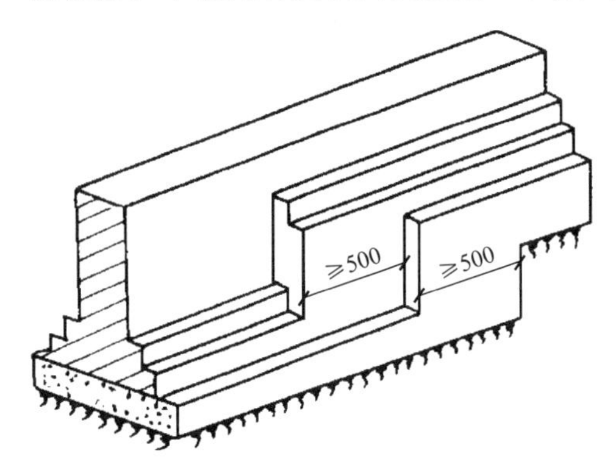

图 2-46　砖基础高低接头处砌法

9）砌筑要点　内外墙的砖基础均应同时砌筑。如因特殊原因不能同时砌筑时，应留设斜槎（踏步槎），斜槎长度不应小于斜槎的高度。基础底标高不同时，应由低处砌起，并由高处向低处搭接；如设计无具体要求时，其搭接长度不应小于大放脚的高度（图 2-46）。

在基础墙的顶部、首层室内地面（±0.000）以下一皮砖处 60mm 处，应设置防潮层。如设计无具体要求，防潮层宜采用 1∶2.5 的水泥砂浆加适量的防水剂经机械搅拌均匀后铺设，其厚度为 20mm。抗震设防地区的建筑物严禁使用防水卷材作基础墙顶部的水平防潮层。

建筑物首层室内地面以下部分的结构为建筑物的基础，但为了施工方便，砖基础一般均只做到防潮层。

基础大放脚的最下一皮砖、每个大放脚台阶的上表层砖，均应采用横放丁砌砖所占比例最多的排砖法砌筑，此时不必考虑外立面上下“一顺一丁”相间隔的要求，以便增强基础大放脚的抗剪强度。基础防潮层下的顶皮砖也应采用丁砌为主的排砖法。

砖基础水平灰缝和竖缝宽度应控制在 8～12mm 之间，水平灰缝的砂浆饱满度用百格网检查不得小于 80%。砖基础中的洞口、管道、沟槽和预埋件等，砌筑时应留出或预埋，宽度超过 300mm 的洞口应设置过梁。

基底宽度为二砖半的大放脚转角处的组砌方法如图 2-47 所示。

基础转角处组砌的特点是：穿过交接处的直通墙基础的应采用一皮砌通与一皮从交接处断开相间隔的组砌型式；转角处的非直通墙的基础与交接处也应采用一皮搭接与一皮断开相间隔的组砌型式，并在其端头加七分头砖（3/4 砖长，实长应为 177～178mm）。

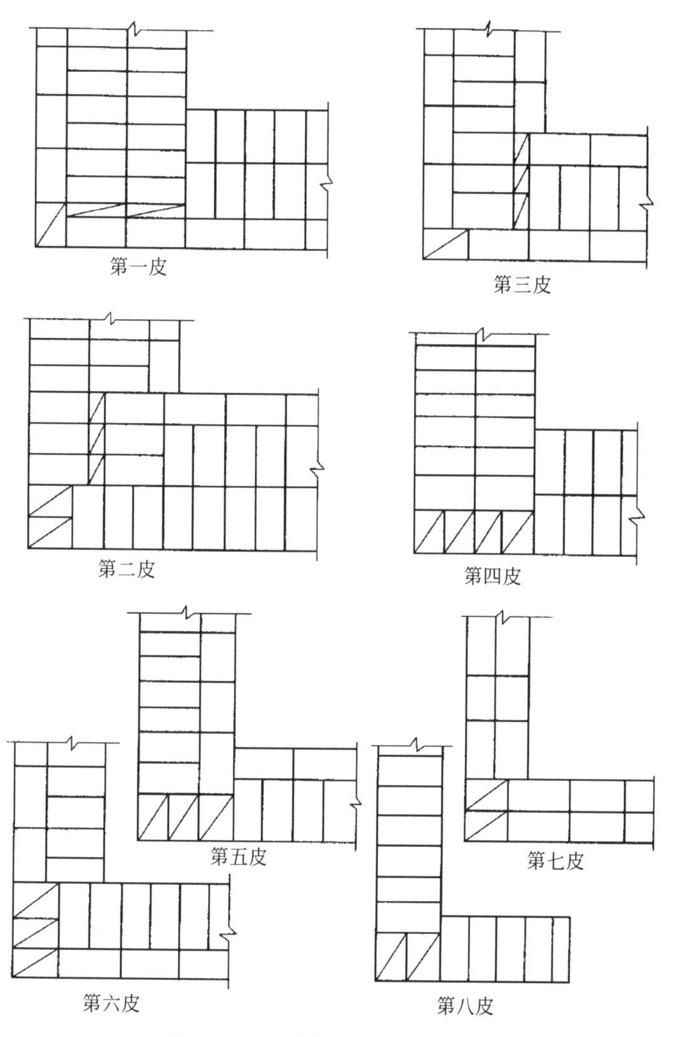

图 2-47 二砖半大放脚转角砌法

砖基础底标高不同时，应从低处砌起，并应由高处向低处搭砌，当设计无要求时，搭砌长度不应小于砖基础大放脚的高度（图 2-46）。

砖基础的转角处和交接处应同时砌筑，当不能同时砌筑时，应留置斜槎。

3. 门窗定位

临时设施的门窗安装，一般都采用“先立口”法（图 2-48）安装。

所谓“先立口”法安装门窗，即在砌筑前将门窗定位，将门窗框预先支设在待安装的位置后进行砌筑的方法。

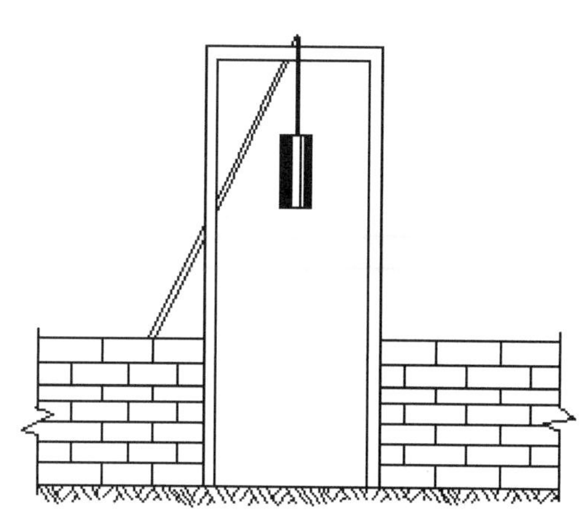

图 2-48 先立口法安装门

4. 墙体砌筑

（1）砖的加工与摆放　在砌筑时根据需要打砍加工的砖，按其尺寸不同可分为“七分头”、“半砖”、“二寸头”、“二寸条”，如图 2-49 所示。

砌入墙内的砖，由于摆放位置不同，又分为卧砖（也称顺砖或眠砖）、陡砖（也称侧砖）、立砖以及顶砖，如图 2-50 所示。

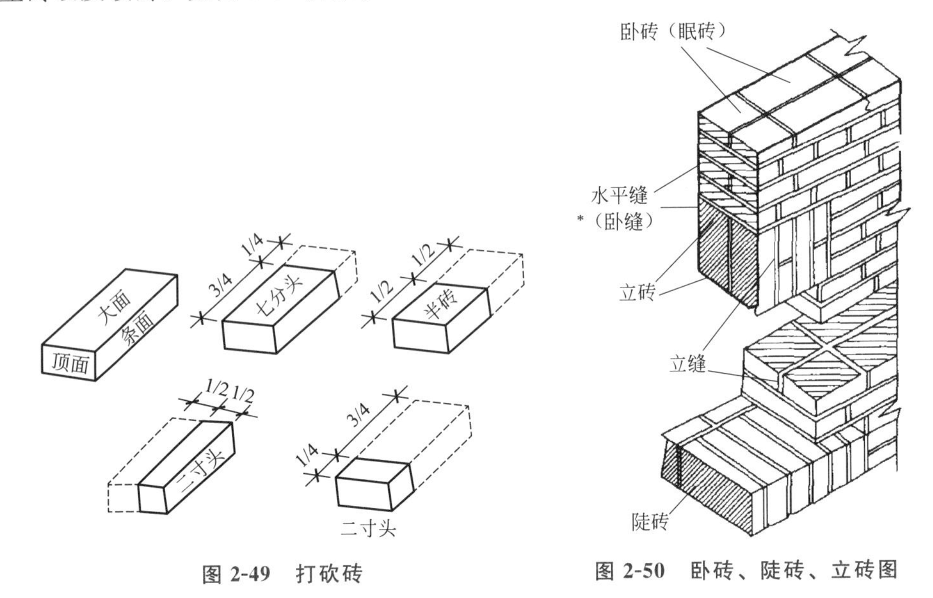

图 2-49　打砍砖

图 2-50　卧砖、陡砖、立砖图

砖与砖之间的缝统称灰缝。水平方向的叫水平缝或卧缝；垂直方向的缝叫立缝（也称头缝）。

在实际操作中，运用砖在墙体上的位置变换排列，有各种叠砌方法。

(2) 砖砌体的组砌原则　砖砌体的组砌，要求上下错缝，内外搭接，以保证砌体的整体性和稳定性。同时组砌要有规律，少砍砖，以提高砌筑效率，节约材料。组砌方式必须遵循以下三个原则。

① 砌体必须错缝　砖砌体是由一块一块的砖，利用砂浆作为填缝和黏结材料，砌成墙体和柱子。为避免砌体出现连续的垂直通缝，保证砌体的整体强度，必须上下错缝，内外搭砌，并要求砖块最少应错缝 1/4 砖长，且不小于 60mm。在墙体两端采用“七分头”、“二寸条”来调整错缝，如图 2-51 所示。

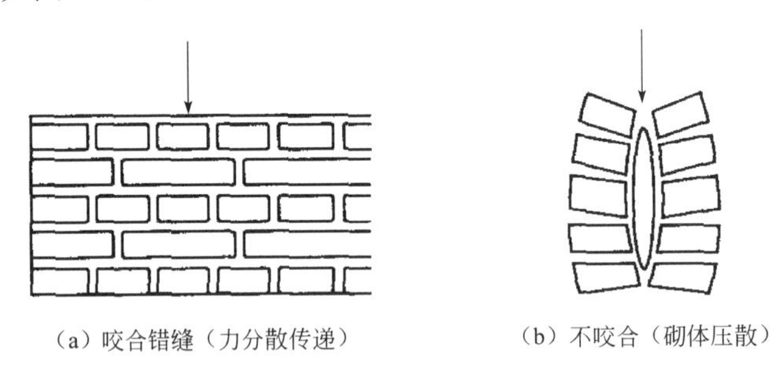

(a) 咬合错缝（力分散传递）　(b) 不咬合（砌体压散）

图 2-51　砖砌体错缝

② 墙体连接必须有整体性　为了使建筑物的纵横墙相连搭接成一个整体，增强其抗震能力，要求墙的转角和连接处要尽量同时砌筑；如不能同时砌筑，必须先在墙上留出接槎（俗称留槎），后砌的墙体要镶入接槎内（俗称咬槎）。砖墙接槎的砌筑方法合理与否、质量好坏，对建筑物的整体性影响很大。正常的接槎按规范规定采用两种形式：一种是斜槎，俗称“退槎”或“踏步槎”，方法是在墙体连接处将待接砌墙的槎口砌成台阶形式，其高度一般不大于 1.2m，长度不少于高度的 2/3。另一种是直槎，俗称“马牙槎”，是每隔一皮砌出

墙外 1/4 砖，作为接槎之用，高度每隔 500mm 加 2ϕ 6 拉结钢筋。每边伸入墙内不宜小于 500mm。斜槎的做法如图 2-52 所示，直槎的做法如图 2-53 所示。

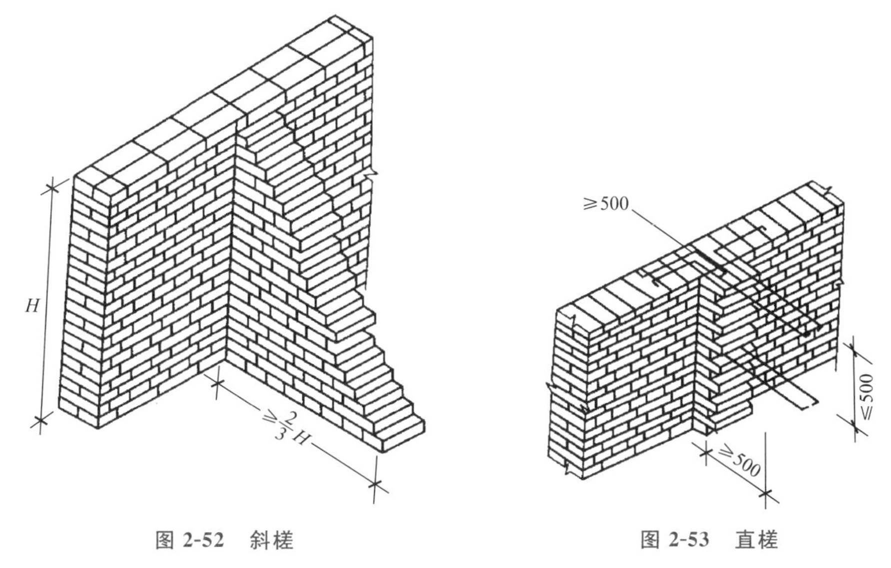

图 2-52　斜槎　　　　图 2-53　直槎

③ 控制水平灰缝厚度　砌体水平方向的缝叫卧缝或水平缝。砌体水平灰缝规定为 8～12mm，一般为 10mm。如果水平灰缝太厚，会使砌体的压缩变形过大，砌上去的砖会发生滑移，对墙体的稳定性不利；水平灰缝太薄则不能保证砂浆的饱满度和均匀性，对墙体的黏结、整体性产生不利影响。

砌筑时，在墙体两端和中部架设皮数杆、拉通线来控制水平灰缝厚度，同时要求砂浆的饱满程度应不低于 80%。

(3) 单片墙的组砌方法　单片墙组砌方法主要包括以下几种。

① 一顺一丁法（又叫满丁满条法）　这种砌法第一皮排顺砖，第二皮排丁砖，操作方便，施工效率高，又能保证搭接错缝，是一种常见的排砖形式（图 2-54）。一顺一丁法根据墙面形式不同又分为“十字缝”和“骑马缝”两种。两者的区别仅在于顺砌时条砖是否对齐。

② 梅花丁　梅花丁是一面墙的每一皮中均采用丁砖与顺砖左右间隔砌成，每一块丁砖均在上下两块顺砖长度的中心，上下皮竖缝相错 1/4 砖长（图 2-55）。该砌法灰缝整齐，外表美观，结构的整体性好，但砌筑效率较低，适合于砌筑一砖或一砖半的清水墙。当砖的规格偏差较大时，采用梅花丁砌法有利于减少墙面的不整齐性。

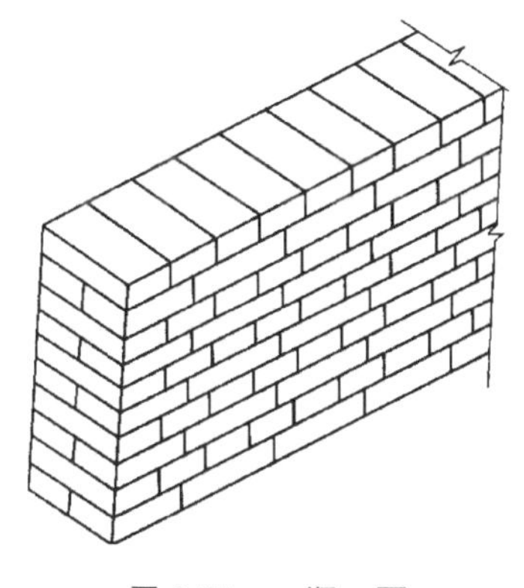

图 2-54　一顺一丁

图 2-55　梅花丁

③ 三顺一丁　三顺一丁是一面墙的连续三皮中全部采用顺砖与一皮中全部采用丁砖上下间隔砌成，上下相邻两皮顺砖间的竖缝相互错开 1/2 砖长（125mm），上下皮顺砖与丁砖间竖缝相互错开 1/4 砖长（图 2-56）。该砌法因砌顺砖较多，所以砌筑速度快，但因丁砖拉结较少，结构的整体性较差，在实际工程中应用较少，适合于砌筑一砖墙和一砖半墙（此时墙的另一面为一顺三丁）。

④ 两平一侧　两平一侧是一面墙连续两皮平砌砖与一皮侧立砌的顺砖上下间隔砌成。当墙厚为 3/4 砖时，平砌砖均为顺砖，上下皮平砌顺砖的竖缝相互错开 1/2 砖长，上下皮平砌顺砖与侧砌顺砖的竖缝相错 1/2 砖长；当墙厚为 $1\frac{1}{4}$砖时，只上下皮平砌丁砖与平砌顺砖或侧砌顺砖的竖缝相错 1/4 砖长，其余与墙厚为 3/4 砖的相同（图 2-57）。两平一侧砌法只适用于 3/4 砖和砖 $1\frac{1}{4}$墙。

图 2-56　三顺一丁

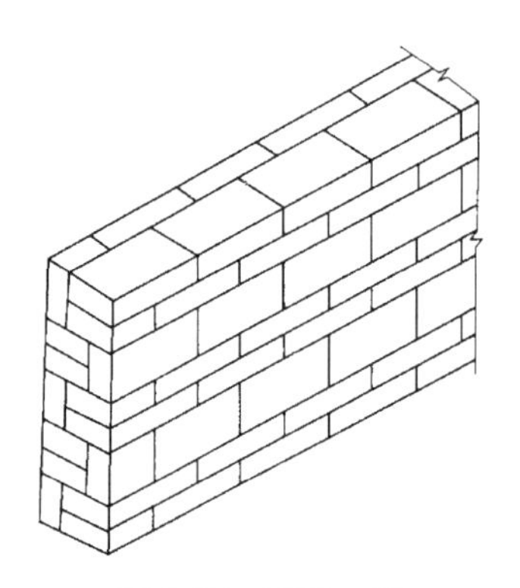

图 2-57　两平一侧

⑤ 全顺砌法　全顺砌法是一面墙的各皮砖均为顺砖，上下皮竖缝相错 1/2 砖长（图 2-58）。此砌法仅适用于半砖墙。

⑥ 全丁砌法　全丁砌法是一面墙的每皮砖均为丁砖，上下皮竖缝相错 1/4 砖长，适于砌筑一砖、一砖半、二砖的圆弧形墙、烟囱筒身和圆井圈等（图 2-59）。

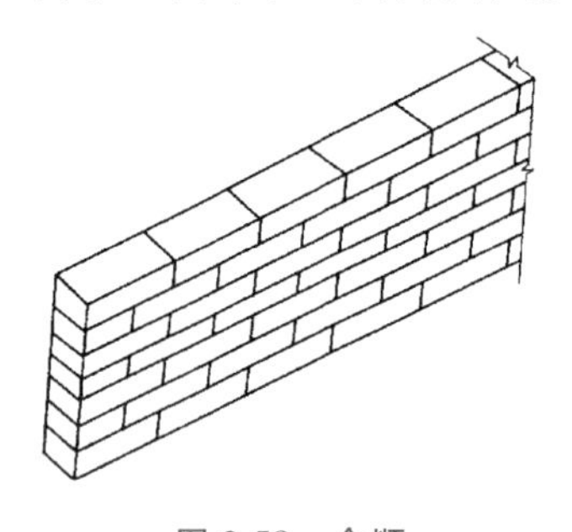

图 2-58　全顺

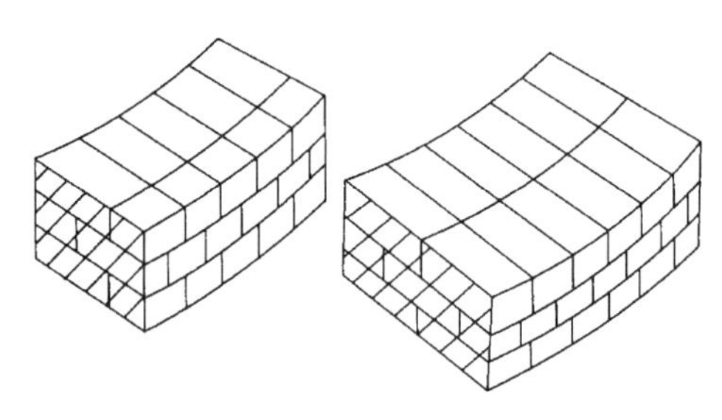

图 2-59　全丁

（4）矩形砖柱的组砌方法　砖柱一般分为矩形、圆形、正多角形和异形砖柱等几种。矩形砖柱分为独立柱和附墙柱两类；圆形柱和正多角形柱一般为独立砖柱；异型砖柱较少，现在通常由钢筋混凝土柱代替。普通矩形砖柱截面尺寸不应小于 240mm×365mm。

240mm×365mm 砖柱组砌，只用整砖左右转换叠砌，但砖柱中间始终存在一道长 130mm 的垂直通缝，一定程度上削弱了砖柱的整体性，这是一道无法避免的竖向通缝；如要承受较大荷载时每隔数皮砖在水平灰缝中放置钢筋网片。图 2-60 所示是 240mm×365mm 砖柱的分皮砌筑法。

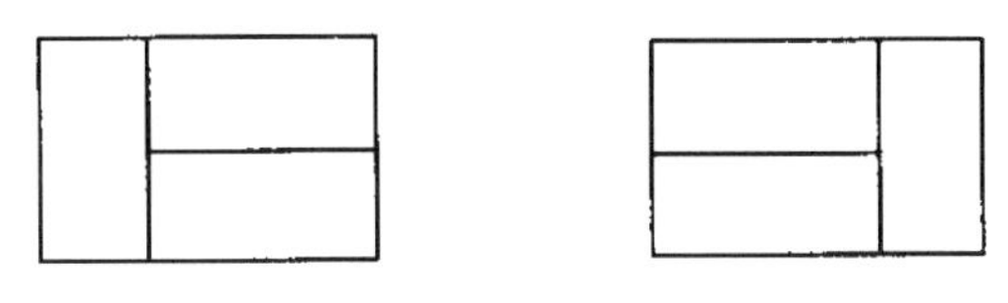

图 2-60 240mm×365mm 砖柱分皮砌筑

365mm×365mm 砖柱有两种组砌方法，一种是每皮中采用三块整砖与两块配砖组砌，但砖柱中间有两条长 130mm 的竖向通缝；另一种是每皮中均用配砖砌筑，如配砖用整砖砍成，则费工费料。图 2-61 所示是 365mm×365mm 砖柱的两种组砌筑方法。

365mm×490mm 砖柱有三种组砌方法。第一种砌法是隔皮用 4 块配砖，其他都用整砖，但砖柱中间有两道长 250mm 的竖向通缝。第二种砌法是每皮中用 4 块整砖、两块配砖与一块半砖组砌，但砖柱中间有三道长 130mm 的竖向通缝。第三种砌法是隔皮用一块整砖和一块半砖，其他都用配砖，平均每两皮砖用 7 块配砖，如配砖用整砖砍成，则费工费料。图 2-62 所示是 365mm×490mm 砖柱的三种分皮砌筑法。

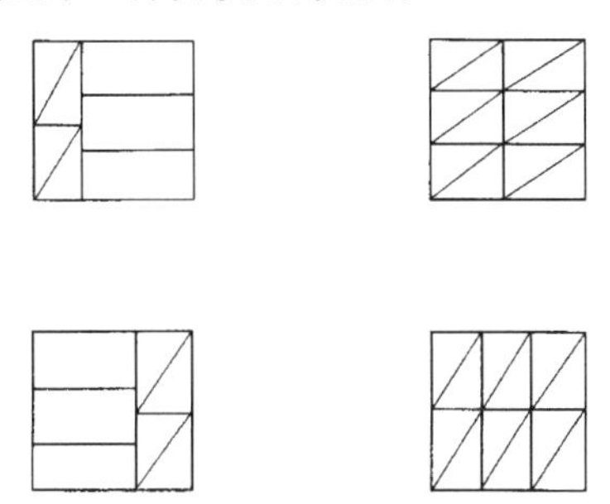

图 2-61 365mm×365mm 砖柱分皮砌筑

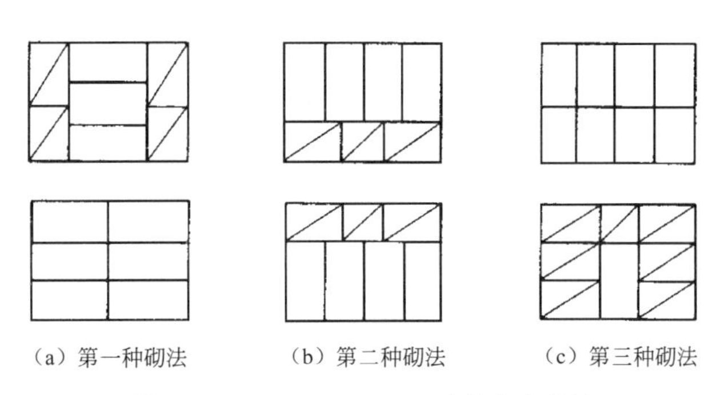

图 2-62 365mm×490mm 砖柱分皮砌筑

490mm×490mm 砖柱有三种组砌方法。第一种砌法是两皮全部整砖与两皮整砖、配砖、1/4 砖（各 4 块）轮流叠砌，砖柱中间有一定数量的通缝，但每隔一两皮便进行拉结，使之有效地避免竖向通缝的产生。第二种砌法是全部由整砖叠砌，砖柱中间每隔三皮竖向通缝才有一皮砖进行拉结。第三种砌法是每皮砖均用 8 块配砖与两块整砖砌筑。无任何内外通缝，但配砖太多，如配砖用整砖砌成，则费工费料。图 2-63 所示是 490mm×490mm 砖柱分皮砌法。

365mm×615mm 砖柱组砌，一般可采用图 2-64 所示的分皮砌法，每皮中都要采用整砖与配砖，隔皮还要用半砖，半砖每砌一皮后，与相邻丁砖交换一下位置。

490mm×615mm 砖柱组砌，一般可采用图 2-65 所示分皮砌法。砖柱中间存在两条长 60mm 的竖向通缝。

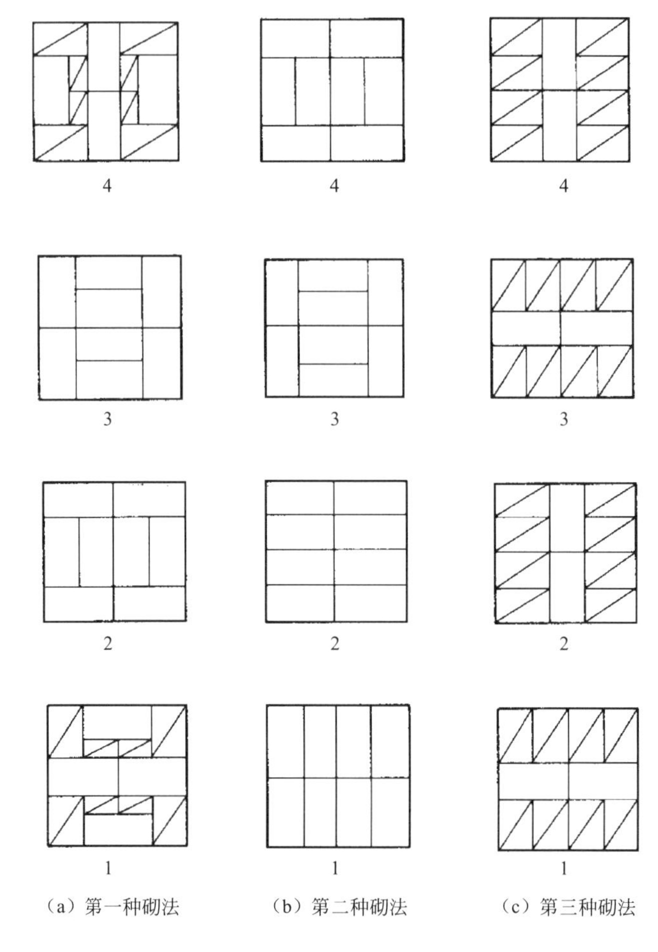

图 2-63　490mm×490mm 砖柱分皮砌法

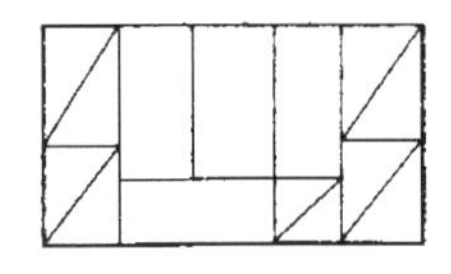

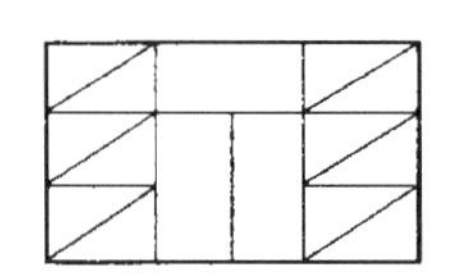

图 2-64　365mm×615mm 砖柱分皮砌法图

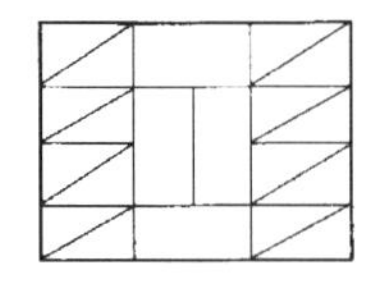

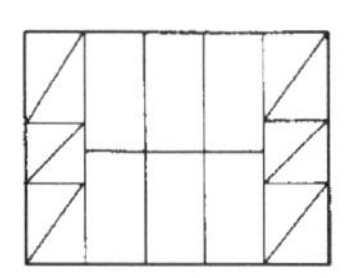

图 2-65　490mm×615mm 砖柱分皮砌法

（5）砖砌体转角及交接处的组砌方法。

① 砖砌体转角的组砌方法　砖墙的转角处，为了使各皮间竖缝相互错开，必须在外角处砌七分头砖。当采用一顺一丁组砌时，七分头的顺面方向依次砌顺砖，丁面方向依次砌丁砖。图 2-66 所示是一顺一丁砌一砖墙转角；图 2-67 所示是一顺一丁砌一砖半墙转角。

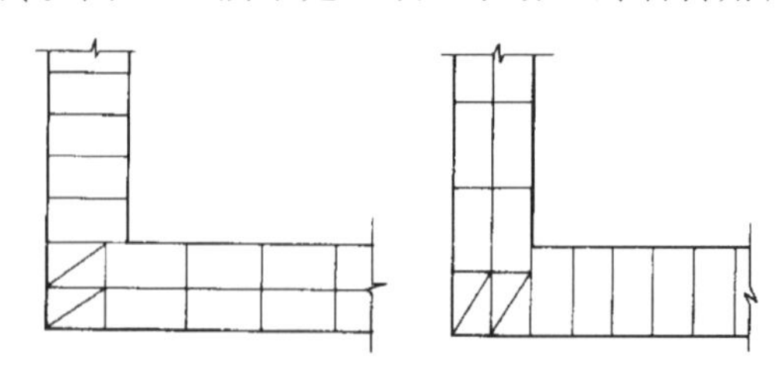

图 2-66　一砖墙转角（一顺一丁）

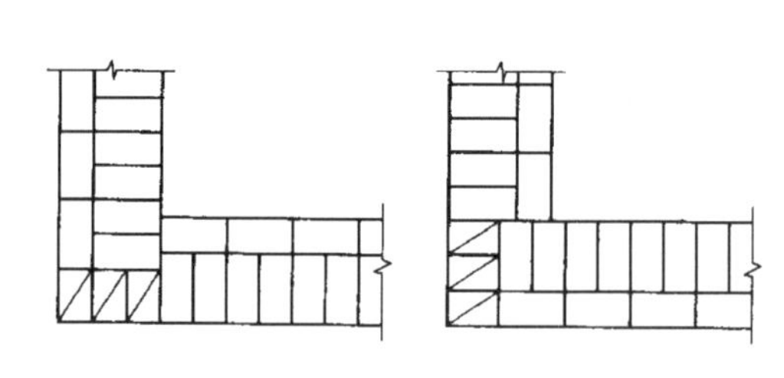

图 2-67　一砖半墙转角（一顺一丁）

当采用梅花丁组砌时，在外角仅砌一块七分头砖，七分头砖的顺面相邻砌丁砖，丁面相邻砌顺砖。图 2-68 所示是梅花丁砌一砖墙转角；图 2-69 所示是梅花丁砌一砖半墙转角。

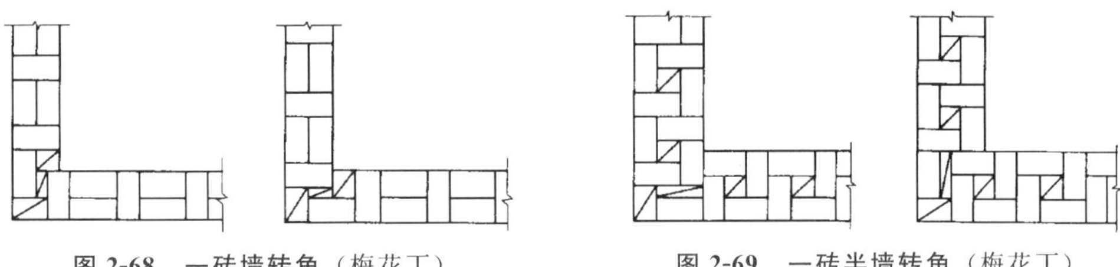

图 2-68　一砖墙转角（梅花丁）　　图 2-69　一砖半墙转角（梅花丁）

② 砖砌体交接处的组砌方法　在砖墙的丁字交接处，应分皮相互砌通，内角相交处竖缝应错开 1/4 砖长，并在横墙端头处加砌七分头砖。图 2-70 所示是一顺一丁砌一砖墙丁字交接处；图 2-71 所示是一顺一丁砌一砖半墙丁字交接处。

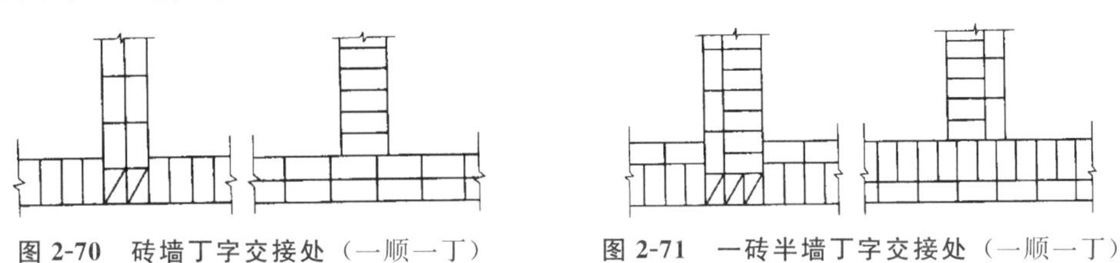

图 2-70　砖墙丁字交接处（一顺一丁）　　图 2-71　一砖半墙丁字交接处（一顺一丁）

砖墙的十字交接处，应分皮相互砌通，交角处的竖缝相互错开 1/4 砖长。图 2-72 所示是一顺一丁一砖墙十字交接处；图 2-73 所示是一顺一丁一砖半墙十字交接处。

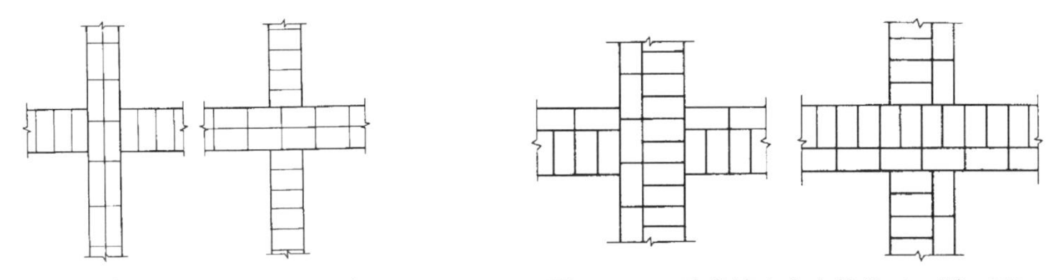

图 2-72　一砖墙十字交接处（一顺一丁）　　图 2-73　一砖半墙十字交接处（一顺一丁）

(6) 砖砌体砌筑操作方法　我国广大建筑工人在长期的操作实践中，积累了丰富的砌筑经验，并总结出各种不同的操作方法。这里介绍目前常用的几种操作方法。

① 瓦刀披灰法　瓦刀披灰法又称满刀灰法或带刀灰法，是指在砌砖时，先用瓦刀将砂浆抹在砖黏结面上和砖的灰缝处，然后将砖用力按在墙上的方法，见图 2-74。该法是一种常见的砌筑方法，适用于砌空斗墙、1/4 砖墙、平拱、弧拱、窗台、花墙、炉灶等的砌筑。但其要求稠度大、黏性好的砂浆与之配合，也可使用黏土砂浆和白灰砂浆。

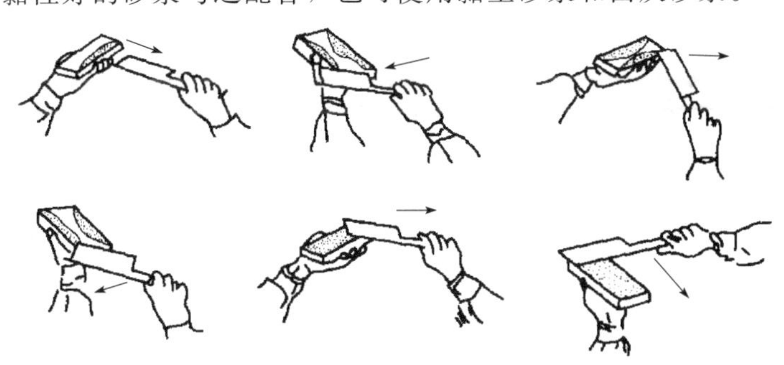

图 2-74　瓦刀披灰法砌砖

通常使用瓦刀，操作时右手拿瓦刀，左手拿砖，先用瓦刀把砂浆正手刮在砖的侧面，然后反手将砂浆抹满砖的大面，并在另一侧刮上砂浆。要刮布均匀，中间不要留空隙，四周可以厚一些，中间薄些。与墙上已砌好的砖接触的头缝即碰头灰也要刮上砂浆。当砖块刮好砂浆后，放在墙上，挤压至准线平齐。如有挤出墙面的砂浆，须用瓦刀刮下填于竖缝内。

用瓦刀披灰法砌筑，能做到刮浆均匀、灰缝饱满，有利于初学砖瓦工者的手法锻炼。此法历来被列为砌筑基本工训练之一。但其工效低，劳动强度大。

②"三一"砌砖法　"三一"砌砖法的基本操作是"一铲灰、一块砖、揉一揉"。

操作时人应顺墙体斜站，左脚在前离墙约 15cm，右脚在后，距墙及左脚跟 30～40cm。砌筑方向是由前往后退着走，这样操作可以随时检查已砌好的砖是否平直。砌完 3～4 块砖后，左脚后退一大步（70～80cm），右脚后退半步，人斜对墙面可砌约 50cm，砌完后左脚后退半步，右脚后退一步，恢复到开始砌砖时位置，见图 2-75。

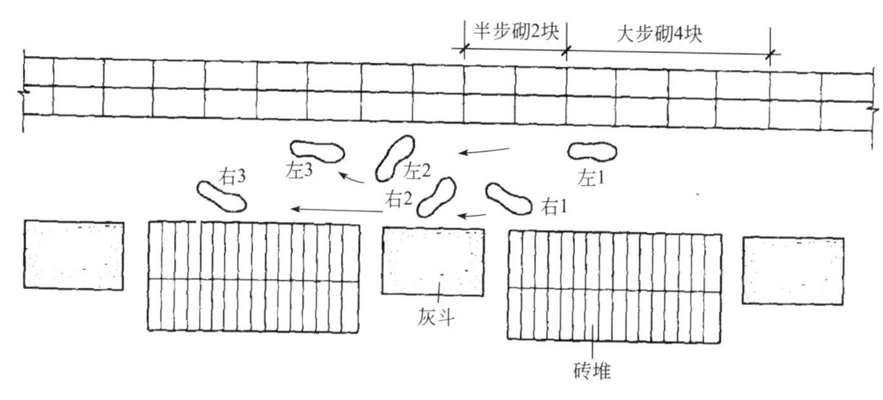

图 2-75　"三一"砌砖法步法平面

a. 铲灰取砖　铲灰时应先用铲底摊平砂浆表面（便于掌握吃灰量），然后用手腕横向转动来铲灰，减少手臂动作，取灰量要根据灰缝厚度，以满足一块砖的需要量为准。取砖时应随拿砖随挑选好下一块砖。左手拿砖，右手拿砂浆，同时拿起来，以减少弯腰次数，争取砌筑时间。

b. 铺灰　将砂浆铺在砖面上的动作可分为甩、溜、丢、扣等几种。

在砌顺砖时，当墙砌得不高且距操作处较远时，一般采用溜灰方法铺灰；当墙砌得较高近身砌砖时，常用扣灰方法铺灰。此外，还可采用甩灰方法铺灰，见图 2-76。

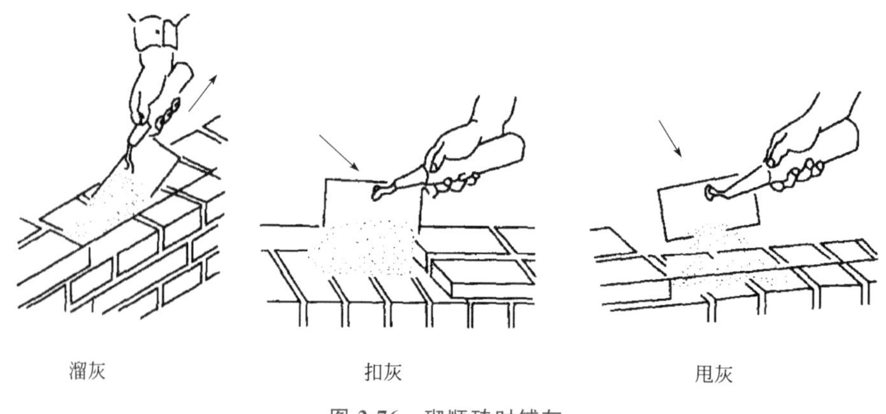

图 2-76　砌顺砖时铺灰

在砌丁砖时，当砌墙较高且近身砌筑时常用丢灰方法铺灰；在其他情况下，还经常用扣灰方法铺灰，见图2-77。

不论采用哪一种铺灰动作，都要求铺出灰条要近似砖的外形，长度比一块砖稍长1～2cm，宽8～9cm，灰条距墙外面约2cm，并与前一块砖的灰条相接。

c. 揉挤　左手拿砖在离已砌好的前砖3～4cm处开始平放推挤，并用手轻揉。在揉砖时，眼要上边看线，下边看墙皮，左手中指随即同时伸下，摸一下上、下砖棱是否齐平。砌好一块砖后，随即用铲将挤出的砂浆刮回，放在竖缝中或随手投入灰斗中。揉砖的目的是使砂浆饱满。铺在砖上的砂浆如果较薄，揉的劲要小些；砂浆较厚时，揉的劲要稍大一些。根据已铺砂浆的位置要前后揉或左右揉，总之以揉到下齐砖棱上齐线为适宜，要做到平开、轻放、轻揉，见图2-78。

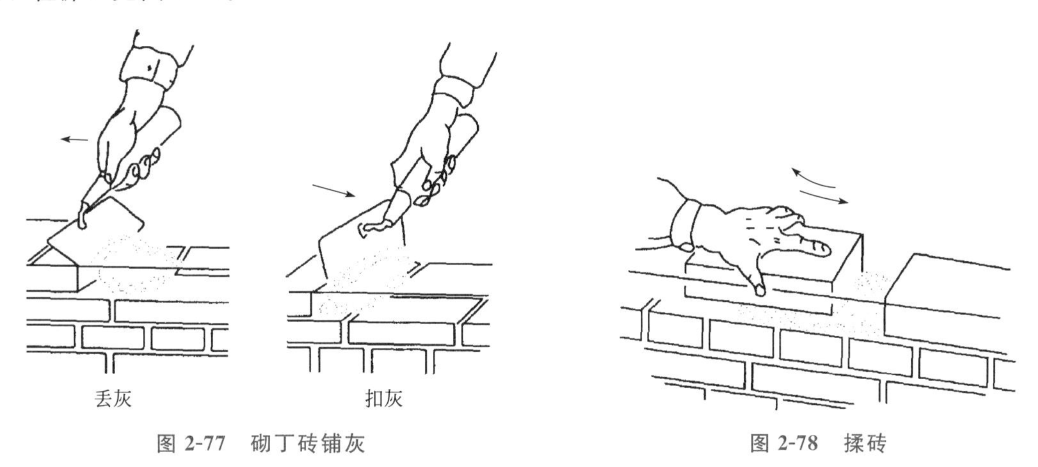

图2-77　砌丁砖铺灰　　　　图2-78　揉砖

“三一”砌砖法的优点是：由于铺出来的砂浆面积相当于一块砖的大小，并且随即揉砖，因此灰缝容易饱满，黏结力强，能保证砌筑质量；在挤砌时随手刮去挤出的砂浆，使墙保持清洁；缺点是：一般是个人操作，操作时取砖、铲灰、铺灰、转身、弯腰等繁琐动作较多，影响砌筑效率，因而可用两铲灰砌砌三块砖或三铲灰砌砌四块砖的办法来提高效率。

这种操作方法适合于砌窗间墙、砖柱、砖垛、烟囱等较短的部位。

③ 坐浆砌砖法（又称摊尺砌砖法）　坐浆砌砖法是指在砌砖时，先在墙上铺50cm左右的砂浆，用摊尺找平，然后在已铺设好的砂浆上砌砖的方法，见图2-79。该法适用于砌门窗洞较多的砖墙或砖柱。

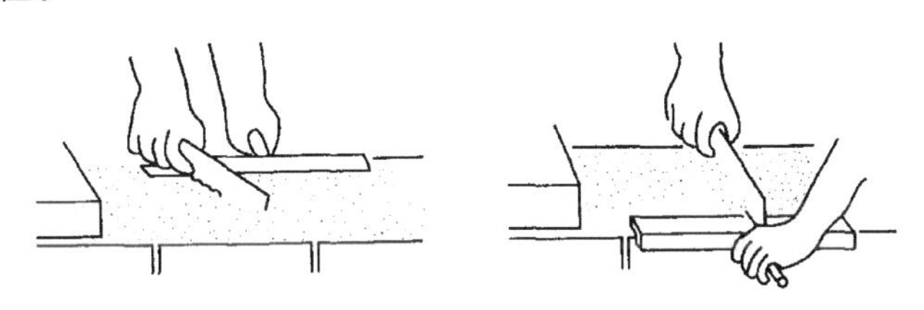

图2-79　坐浆砌砖法

a. 操作要点　操作时人站立的位置以距墙面10～15cm为宜，左脚在前，右脚在后，人斜对墙面，随着砌筑前进方向退着走，每退一步可砌3～4块顺砖长。

通常使用瓦刀，操作时用灰勺和大铲舀砂浆，均匀地倒在墙上，然后左手拿摊尺刮平。砌砖时左手拿砖，右手用瓦刀在砖的头缝处打上砂浆，随即砌上砖并压实。砌完一段铺灰长度后，将瓦刀放在最后砌完的砖上，转身再舀灰，如此逐段铺砌。每次砂浆摊铺长度应看气温高低、砂浆种类及砂浆稠度而定，每次砂浆摊铺长度不宜超过 75cm（气温在 30℃以上，砂浆摊铺长度不超过 50cm）。

b. 注意事项　在砌筑时应注意，砖块头缝的砂浆另外用瓦刀抹上去，不允许在铺平的砂浆上刮取，以免影响水平灰缝的饱满程度。摊尺铺灰砌筑时，当砌一砖墙时，可一人自行铺灰砌筑；墙较厚时，可组成两人小组，一人铺灰，一人砌墙，分工协作密切配合，这样会提高工效。

这种方法，因摊尺厚度同灰缝一样为 10mm，故灰缝厚度能够方便控制，便于掌握砌体的水平缝平直。又由于铺灰时摊尺靠墙阻挡砂浆流到墙面，所以墙面清洁美观，砂浆耗损少。但由于砖只能摆砌，不能挤砌；同时铺好的砂浆容易失水变稠干硬，因此黏结力较差。

④ 铺灰挤砌法　铺灰挤砌法是采用一定的铺灰工具，如铺灰器等，先在墙上用铺灰器铺一段砂浆，然后将砖紧压砂浆层，推挤砌于墙上的方法。铺灰挤砌法分为单手挤浆法和双手挤浆法两种。

a. 单手挤浆法　用铺灰器铺灰，操作者应沿砌筑方向退着走。砌顺砖时，左手拿砖距前面的砖块 5～6cm 处将砖放下，砖稍稍蹭灰面，沿水平方向向前推挤，把砖前灰浆椎起作为立缝处砂浆（俗称挤头缝）（图 2-80），并用瓦刀将水平灰缝挤出墙面的灰浆刮清甩填于立缝内。

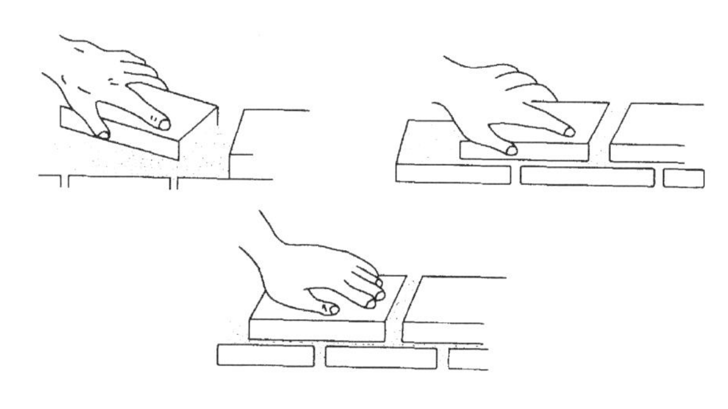

图 2-80　单手挤浆法

当砌丁砖时，将砖擦灰面放下后，用手掌横向往前挤，挤浆的砖口要略呈倾斜，用手掌横向往前挤，到将接近一指缝时，砖块略向上翘，以便带起灰浆挤入立缝内，将砖压至与准线平齐为止，并将内外挤出的灰浆刮清，甩填于立缝内。

当砌墙的内侧顺砖时，应将砖由外向里靠，水平向前挤推，这样立缝处砂浆容易饱满，同时用瓦刀将反面墙水平缝挤出的砂浆刮起，甩填于挤砌的立缝内。挤浆砌筑时，手掌要用力，使砖与砂浆密切结合。

b. 双手挤浆法　双手挤浆法操作时，使靠墙的一只脚脚尖稍偏向墙边，另一只脚向斜前方踏出 40cm 左右（随着砌砖动作灵活移动），使两脚很自然地站成 T 字形。身体离墙约 7cm，胸部略向外倾斜，这样便于操作者转身拿砖、挤砖和看棱角。

拿砖时，靠墙的一只手先拿，另一只手跟着上去，也可双手同时取砖；两眼要迅速查看砖的边角，将棱角整齐的一边先砌在墙的外侧；取砖和选砖几乎同时进行。操作必须熟练，无论是砌丁砖还是顺砖，靠墙的一只手先挤，另一只手迅速跟着挤砌（图 2-81）。其他操作方法与单手挤浆法相同。

如砌丁砖，当手上拿的砖与墙上原砌的砖相距 5～6cm 时；如砌顺砖距离约 13cm 时，把砖的一头（或一侧）抬起约4cm，将砖插入砂浆中，随即将砖放平，手掌不要用力挤压，只需依靠砖的倾斜自坠力压住砂浆，平推前进。若竖缝过大，可用手掌稍加压力，将灰缝压实至1cm为止。然后看准砖面，如有不平，用手掌加压，使砖块平整。由于顺砖长，因而要特别注意砖块下齐边棱上平线，以防墙面产生凹进凸出和高低不平现象。

这种方法，在操作时减少了每块砖要转身、铲灰、弯腰、铺灰等动作，可大大减轻劳动强度。还可以组成两人或三人小组，铺灰。砌砖分工协作，密切结合，提高工效。此外，由于挤浆时平推平挤，使灰缝饱满，充分保证墙体质量。但要注意，如砂浆保水性能不好时，砖湿润又不合要求，操作不熟练，推挤动作稍慢，往往会出现砂浆于硬，造成砌体黏结不良。因此在砌筑时要求快铺快砌，挤浆时严格掌握平推平挤，避免前低后高，以免把砂浆挤成沟槽使灰浆不饱满。

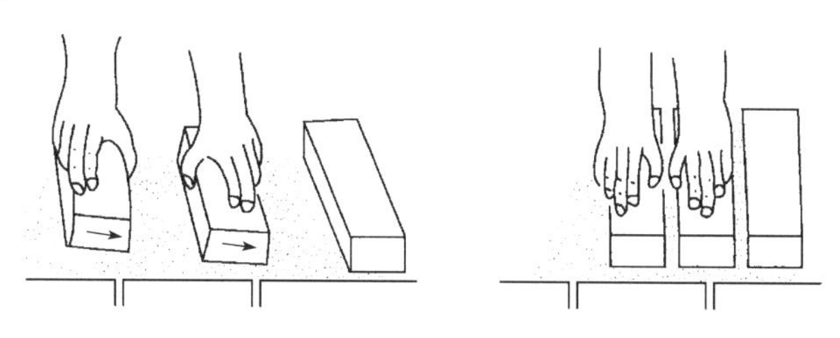

图 2-81　双手挤浆砌丁砖

⑤“快速”砌筑法　“快速”操作法就是把砌筑工砌砖的动作过程归纳为两种步法、三种弯腰姿势、八种铺灰手法、一种挤浆动作，称为“快速砌砖动作规范”，简称“快速”操作法。

“快速”砌筑法中的两种步法，即操作者以丁字步与并列步交替退行操作；三种身法，即操作过程中采用侧弯腰、丁字步弯腰与并列步弯腰三种弯腰形式进行操作；八种铺灰手法，即砌条砖采用甩、扣、溜、泼四种手法和砌丁砖采用扣、溜、泼、一带二四种手法；一种挤浆动作，即平推挤浆法。

“快速”砌筑法把砌砖动作复合为4个：即双手同时铲灰和拿砖→转身铺灰→挤浆和接刮余灰→甩出余灰。大大简化了操作，使身体各部肌肉轮流运动，减少疲劳。

a. 两种步法　砌砖时采用“拉槽取法”，操作者背向砌砖前进方向退步砌筑。开始砌筑时，人斜站成丁字步，左足在前、右足在后，后腿紧靠灰斗。这种站立方法稳定有力，可以适应砌筑部位的远近高低变化，只要把身体的重心在前后之间变换，就可以完成砌筑任务。

后腿靠近灰斗以后，右手自然下垂，就可以方便地在灰斗中取灰。右足绕足跟稍微转动一下，又可以方便地取到砖块。

砌到近身以后，左足后撤半步，右足稍稍移动即成为并列步，操作者基本上面对墙身，又可完成50cm长的砖墙砌筑。在并列步时，靠两足的稍稍旋转来完成取灰和取砖的动作。

一段砌筑全部砌完后，左足后撤半步，右足后撤一步，第二次又站成丁字步，再继续重复前面的动作。每一次步法的循环，可以完成1.5m的墙体砌筑，所以要求操作面上灰斗的排放间距也是1.5m。这一点与“三一”砌筑法是一样的。

b. 三种弯腰姿势　侧身弯腰当操作者站成丁字步的姿势铲灰和取砖时，应采取侧身弯腰的动作，利用后腿微弯、斜肩和侧身弯腰来降低身体的高度，以达到铲灰和取砖的目的。侧身弯腰时动作时间短，腰部只承担轻度的负荷。在完成铲灰取砖后，可借助伸直后腿和转身的动作，使身体重心移向前腿而转换成正弯腰（砌低矮墙身时）。

丁字步正弯腰当操作者站成丁字步，并砌筑离身体较远的矮墙身时，应采用丁字步正弯腰的动作。

并列步正弯腰。丁字步正弯腰时重心在前腿，当砌到近身砖墙并改换成并列步砌筑时，操作者就取并列步正弯腰的动作。三种弯腰姿势的动作分解如图 2-82 所示。

（a）丁字步弯腰　（b）丁字步弯腰　（c）并列步正弯腰

（d）侧身弯腰　（e）侧身弯腰　（f）丁字步正弯腰

图 2-82　三种弯腰姿势的动作分解

⑥ 八种铺灰手法。

a. 砌条砖时的三种手法包括甩法、扣法和泼法，具体操作如下。

甩法是“三一”砌筑法中的基本手法，适用于砌离身体部位低而远的墙体。铲取砂浆要求呈均匀的条状，当大铲提到砌筑位置时，将铲面转 90°，使手心向上，同时将灰顺砖面中心甩出，使砂浆呈条状均匀落下，甩灰的动作分解如图 2-83 所示。

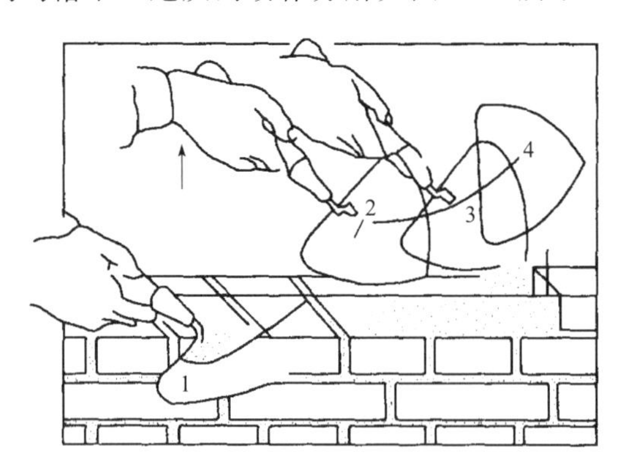

图 2-83　甩灰的动作分解

扣法适用于砌近身和较高部位的墙体，人站成并列步。铲灰时以后腿足跟为轴心转向灰斗，转过身来反铲扣出灰条，铲面的运动路线与甩法正好相反，也可以说是一种反甩法，尤其在砌低矮的近身墙时更是如此。扣灰时手心向下，利用手臂的前推力和落砂浆，其动作形式，如图 2-84 所示。

泼法适用于砌近身部位及身体后部的墙体，用大铲铲取扁平状的灰条，提到砌筑面上，将铲面翻转，手柄在前．平行向前推泼出灰条，其手法如图 2-85 所示。

图 2-84　扣灰的动作分解

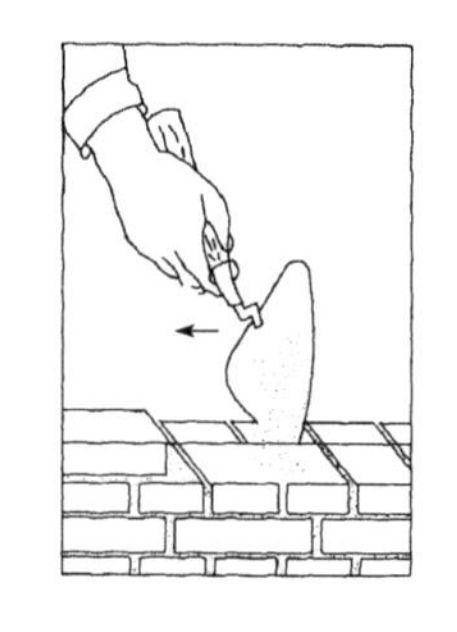

图 2-85　泼灰动作分解

b. 砌丁砖时的三种手法包括溜法、扣法和泼法。

砌里丁砖的溜法：溜法适用砌一砖半墙的里丁砖，铲取的灰条要求呈扁平状，前部略厚，铺灰时将手臂伸过准线，使大铲边与墙边取平，采用抽铲落灰的办法，如图 2-86 所示。

砌丁砖的扣法：铲灰条时要求做到前部略低，扣到砖面上后，灰条外口稍厚，其动作如图 2-87 所示。

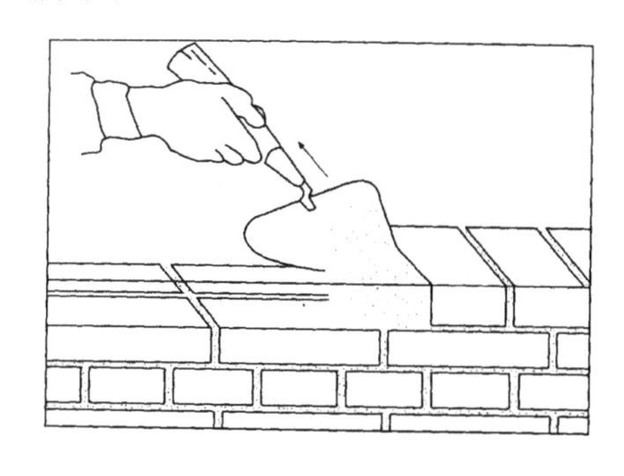

图 2-86　砌里丁砖的溜法

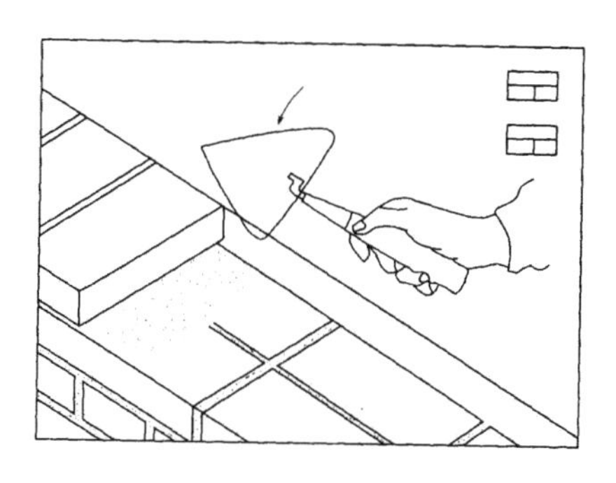

图 2-87　砌里丁砖“扣”的铺灰动作

砌外丁砖的泼法：当砌三七墙外丁砖时可采用泼法。大铲铲取扁平状的灰条，泼灰时落点向里移一点，可以避免反面刮浆的动作。砌离身体较远的砖可以平拉反泼，砌近身处的砖采用正泼，其手法如图 2-88 所示。

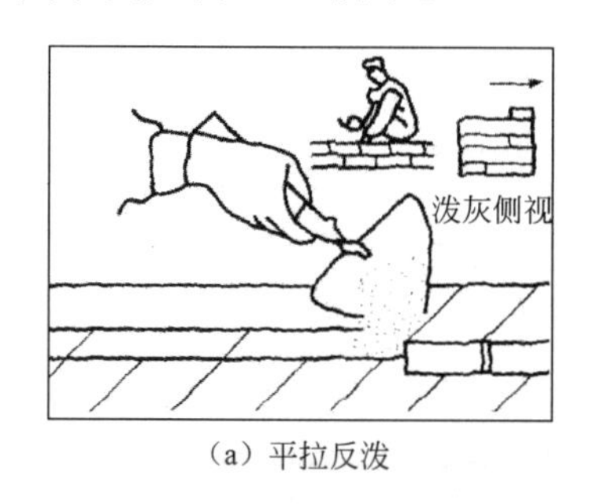

(a) 平拉反泼

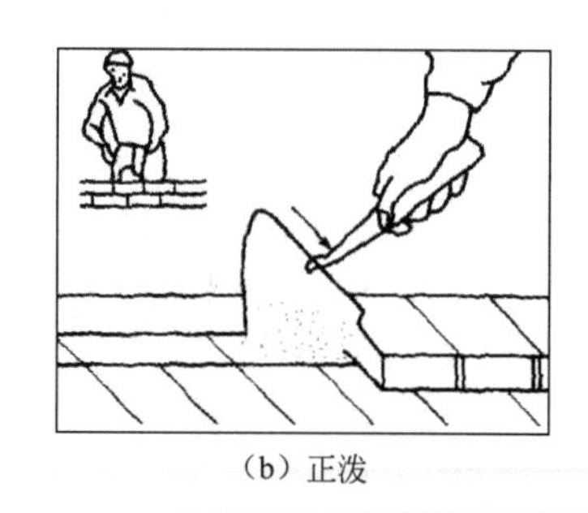

(b) 正泼

图 2-88　砌外丁砖“泼”法

c. 砌角砖时的溜法：砌角砖时，用大铲铲起扁平状的灰条，提送到墙角部位并与墙边取齐，然后抽铲落灰。采用这一手法可减少落地灰，如图 2-89 所示。

d. 一带二铺灰法：由于砌丁砖时，竖缝的挤浆面积比条砖大 1 倍，外口砂浆不易挤严，可以先在灰斗处将丁砖的碰头灰打上，再铲取砂浆转身铺灰砌筑，这样做就多了一次打灰动作。一带二铺灰法是将这两个动作合并起来，利用在砌筑面上铺灰时，将砖的丁头伸入落灰处接打碰头灰。这种做法铺灰后要摊一下，砂浆才可摆砖挤浆，在步法上也要作相应变换，其手法如图 2-90 所示。

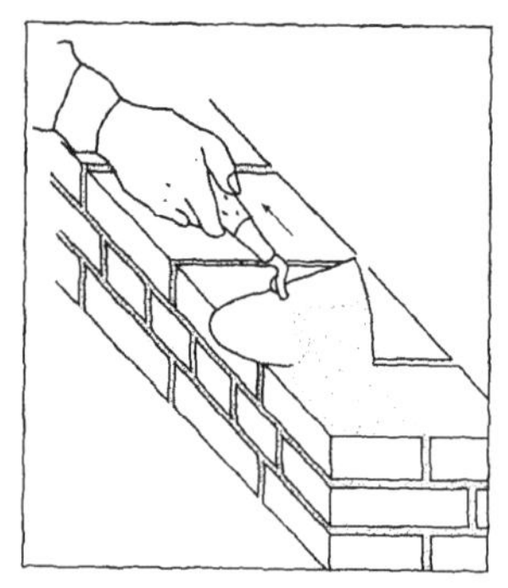

图 2-89　砌角砖“溜”的铺灰动作

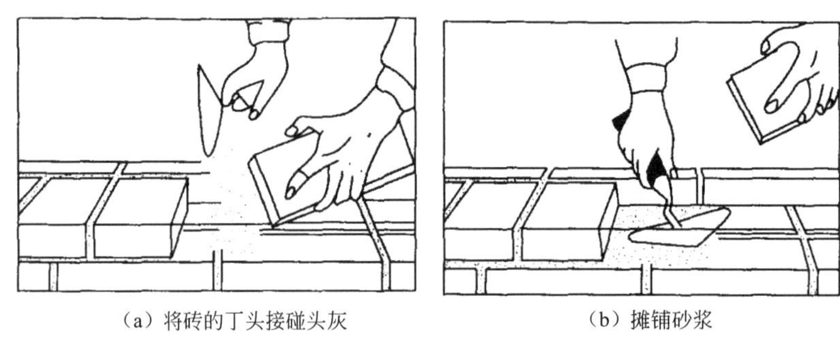

（a）将砖的丁头接碰头灰　　（b）摊铺砂浆

图 2-90　“一带二”铺灰动作（适用于砌外丁砖）

（7）一种挤浆动作　挤浆时应将砖落在灰条 2/3 的长度或宽度处，将超过灰缝厚度的那部分砂浆挤入竖缝内。如果铺灰过厚，可用揉搓的办法将过多的砂浆挤出。

在挤浆和揉搓时，大铲应及时接刮从灰缝中挤出的余浆并甩入竖缝内，当竖缝严实时也可甩入灰斗中。如果是砌清水墙，可以用铲尖稍稍伸入平缝中刮浆，这样不仅刮了浆，而且减少了勾缝的工作量和节约了材料，挤浆和刮浆的动作如图 2-91 所示。

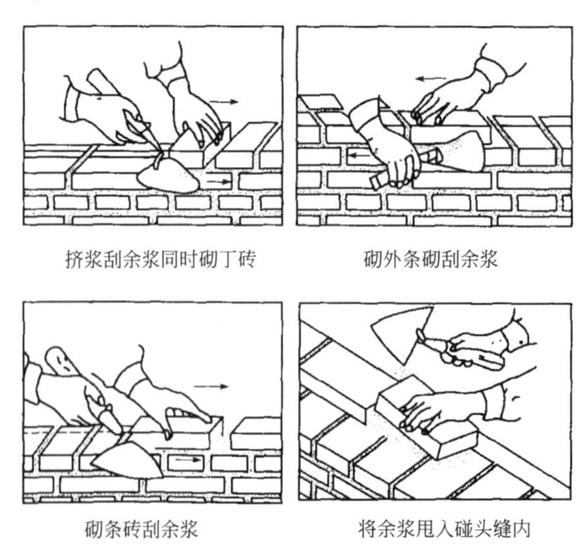

挤浆刮余浆同时砌丁砖　　砌外条砌刮余浆

砌条砖刮余浆　　将余浆甩入碰头缝内

图 2-91　挤浆和刮余浆的动作

（8）实施“快速”操作法必须具备的条件。

① 工具准备大铲是铲取灰浆的工具，砌筑时，要求大铲铲起的灰浆刚好能砌一块砖，再通过各种手法的配合才能达到预期的效果。铲面呈三角形，铲边弧线平缓，铲柄角度合适的大铲才便于使用。可以利用废带锯片根据各人的条件和需要自行加工。

② 材料准备砖必须浇水达到合适的程度，即砖的里层吸够一定水分，而且表面阴干。一般可提前1～2d浇水，停半大后使用。吸水合适的砖，可以保持砂浆的稠度，使挤浆顺利进行。砂子一定要过筛，不然在挤浆时会因为有粗颗粒而造成挤浆困难。除了砂浆的配合比

和稠度必须符合要求外，砂浆的保水性也很重要，离析的砂浆很难进行挤浆操作。

③ 操作面的要求同“三一”砌筑法。

（9）砖砌体砌筑的基本操作要点　砌筑施工过程中，工人常用到的一些顺口溜有：执一、备二、眼观三；上跟线、下跟棱、左右相跟、要对平；三皮一吊、五皮一靠。

① 选砖　砌筑中必须学会选砖，尤其是砌清水墙面。砖面的选择很重要，砖选好，砌出墙来好看；选不好，砌出的墙粗糙难看。

选砖时，当一块砖拿在手中用手掌托起，将砖在手掌上旋转（俗称滑砖）或上下翻转，在转动中察看哪一面完整无损。有经验者，在取砖时，挑选第一块砖就选出第二块砖，做到“执一、备二、眼观三”，动作轻巧，自如得心应手，才能砌出整齐美观的墙面。当砌清水墙时，应选用规格一致、颜色相同的砖，把表面方整光滑不弯曲和不缺棱掉角的砖放在外面，砌出的墙才能颜色灰缝一致。因此，必须练好选砖的基本功，才能保证砌筑墙体的质量。

② 放砖　砌在墙上的砖必须放平。往墙上按砖时，砖必须均匀水平地按下，不能一边高一边低，造成砖面倾斜。如果养成这种不好的习惯，砌出的墙会向外倾斜（俗称往外张或冲）或向内倾斜（俗称向里背或眠）。有的墙虽然也垂直，但因每皮砖放不平，每层砖出现一点马蹄楞形成鱼鳞墙，使墙面不美观，而且影响砌体强度。

③ 跟线穿墙　砌砖必须跟着准线走，叫“上跟线下跟棱，左右相跟要对平”。就是说砌砖时，砖的上棱边要与线约离1mm，下棱边要与下层已砌好的砖棱对平，左右前后位置要准。当砌完一皮砖时，看墙面是否平直，有无高出、低洼、拱出或拱进准线的现象，有了偏差应及时纠正。

不但要跟线，还要做到用眼“穿墙”。即从上面第一块砖往下穿看，穿到底，每层砖都要在同一平面上，如果有出入，应及时修理。

④ 自检　在砌筑中，要随时随地进行自检。一般砌三层砖用线锤吊大角直不直，五层砖用靠尺靠一靠墙面垂直平整度。俗语叫“三皮一吊，五皮一靠”。当墙砌起一步架时，要用托线板全面检查一下垂直及平整度，特别要注意墙大角要绝对垂直平整，发现有偏差应及时纠正。

⑤ 不能砸不能撬　砌好的墙千万不能砸或撬。如果墙面砌出鼓肚，用砖往里砸使其平整，或者当墙面砌出洼凹，往外撬砖，都不是好习惯。因砌好的砖砂浆与砖已黏结，甚至砂浆已凝固，经砸和撬以后砖面活动，黏结力破坏，墙就不牢固，如发现墙有大的偏差，应拆掉重砌，以保证质量。

⑥ 留脚手眼　砖墙砌到一定高度时，就需要脚手架。当使用单排立杆架子时，它的排木的一端就要支放在砖墙上。为了放置排木，砌砖时就要预留出脚手眼。一般在1m高处开始留，间距1m左右一个。脚手眼孔洞见图2-92。采用铁排木时，在砖墙上留一顶头大小孔洞即可，不必留大孔洞。对脚手眼的位置不能随便乱留，必须符合质量要求中的规定。

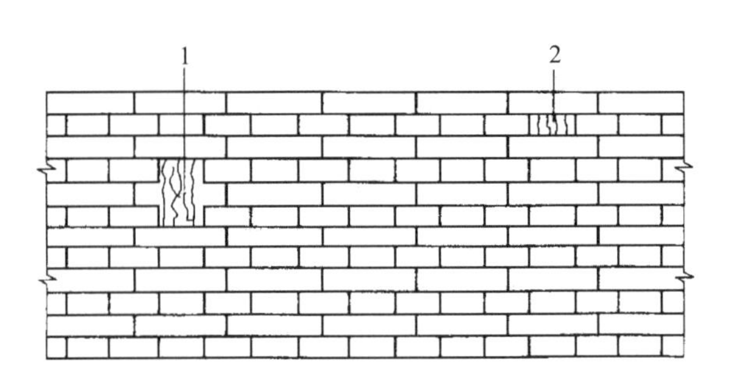

图 2-92 留脚手眼

1—木排木脚手眼；2—铁排木脚手眼

⑦ 留施工洞口 在施工中经常会遇到管道通过的洞口和施工用洞口。这些洞口必须按尺寸和部位进行预留。不允许砌完砖后凿墙开洞。凿墙开洞震动墙身，会影响砖的强度和整体性。

对大的施工洞口，必须留在不重要的部位。如窗台下的墙可暂时不砌，作为内外通道用；或在山墙（无门窗的山墙）中部预留洞，其形式是高度不大于 2m，下口宽 1.2m 左右，上头成尖顶形式，才不致影响墙的受力。

⑧ 浇砖 在常温施工时，砖必须在砌筑前 1～2d 浇水浸湿，一般以水浸入砖四边 1cm 左右为宜。不要在使用时浇，更不能在架子上及地槽边浇砖，以防止造成塌方或架子增加重量而沉陷。

浇砖是砌好砖的重要一环。如果用于砖砌墙，砂浆中的水分会被干砖全部吸去，使砂浆失水过多。这样不易操作，也不能保证水泥硬化所需的水分，从而影响砂浆强度的增长。这对整个砌体的强度和整体性都不利。反之，如果把砖浇得过湿或当时浇砖当时砌墙，表面水还未能吸进砖内，这时砖表面水分过多，形成一层水膜，这些水在砖与砂浆黏结时，反使砂浆增加水分，使其流动性变大。这样，砖的重量往往容易把灰缝压薄，使砖面总低于挂的小线，造成操作困难，更严重的会导致砌体变形。此外，稀砂浆也容易流淌到墙面上弄脏墙面。所以这两种情况对砌筑质量都不能起到积极作用，必须避免。

浇砖还能把砖表面的粉尘、泥土冲于净，对砌筑质量有利。砌筑灰砂砖时亦可适当洒水后再砌筑。冬季施工由于浇水砖会发生冰冻，在砖表面结成冰膜不能和砂浆很好结合，此外冬季水分蒸发量也小，所以冬季施工不要浇砖。

⑨ 文明操作 砌筑时要保持清洁，文明操作。当砌混水墙时要当清水墙砌。每砌至十层砖高（白灰砂浆可砌完一步架），墙面必须用刮缝工具划好缝，划完后用扫帚扫净墙面。在铺灰挤浆时注意墙面清洁，不能污损墙面。砍砖头不要随便往下砍扔，以免伤人。落地灰要随时收起，做到工完、料净、场清，确保墙面清洁美观。

综上所述，砌砖操作要点概括为：横平竖直，注意选砖，灰缝均匀，砂浆饱满，上下错缝，咬槎严密，上跟线，下跟棱，不游顶，不走缝。

总之，要把墙砌好，除了要掌握操作的基本知识操作规则及操作方法外，还必须在实践中注意练好基本功，好中求快，逐渐达到熟练、优质、高效的程度。

⑩ 檩条架设 临时设施的屋面找坡都是结构找坡，砌筑时，一般都将山墙顶面砌筑成斜坡，再用混凝土浇筑斜梁，浇筑斜梁前，将檩条就位，浇筑斜梁混凝土时将檩条嵌固。架设檩条后在上部铺盖屋面板。

檩条大多由 10～16 号槽钢制作，两端用混凝土嵌固在山墙上。檩条的大小、根数视房屋的开间、进深、屋面载荷的大小确定。

⑪ 屋面架设　屋面一般用夹芯彩色钢板制作，也有用瓦楞铁、石棉瓦等材料制作的，一般垂直于屋脊方向铺设。屋面板与檩条之间可以用自攻螺丝连接，也可用钩头螺丝、开花螺丝等连接，螺丝穿过屋面板处必须经过密封处理。

经过上述过程，临时设施的结构施工就全部完成。

⑫室内抹灰　临时设施的主体结构施工结束后，可以进行室内抹灰施工，一般用混合砂浆抹灰，一次成活。

任务6　项目实践活动

一、活动内容

每8人一个项目部，每个学生用普通砖砌筑一道长2m、高1.5m的24墙，合围成两个独立小房，墙角部位留置240mm×240mm构造柱。每间房留一道门（门洞宽900mm，位于墙的正中）和一道窗（宽1.5m，位于墙正中），当砌筑到1.2m高度时，搭设砌筑脚手架。

二、活动组织

（一）人员组织

将学生按项目部分组，每组6～8人，按施工员、质量员、安全员、材料员、标准员、机械员、资料员、劳务员进行分工，在他们中间选举产生项目经理、技术负责人。

（二）岗位职责

（1）项目经理：对训练负权责，组织讨论施工方案，负责对项目部人员的组织管理与考核。

（2）技术负责人：负责起草施工方案，并进行技术交底。

（3）施工员：训练过程中的实施组织。

（4）质量员：组织对训练成果进行检测，并记录。

（5）安全员：进行训练安全注意事项交底，并检查落实。

（6）材料员：负责训练所需材料的组织保管并归还。

（7）标准员：对材料用量进行计算，交技术负责人编制方案，交材料员备料。

（8）机械员：负责训练所需工具的组织保管并归还。

（9）劳务员：负责组织劳务人员进行施工。

（10）资料员：保管训练及检测的技术资料。

三、活动方法

砌筑训练分两个阶段进行。第1阶段为第1周的第1天上午，主要练习盘角，掌握基本砌筑手法与盘角方法。第2阶段为第1周的第1天下午，主要练习砖混结构砌筑。

（一）砌筑材料与工具准备

1. 材料准备

砌筑材料主要是普通砖与砂浆。对训练所剩下的材料要清理，储存，不得造成污染。

（1）普通砖　将普通砖运至现场，学生根据要求计算砖的需求量进行领取。浇砖由学生自己根据天气情况自己掌握。

（2）砂浆　为方便重复使用，砂浆采用黏土砂浆或石灰砂浆。石灰砂浆按1∶3，黏土砂浆按1∶2由学生自己配置、拌和。砂浆稠度自行调节。

2. 工具准备

砌砖工具为大铲和刨锛。大铲是用于铲取砂浆，砌筑时，用大铲铲取能正好满足一块砖挤浆所需要的砂浆，再通过运用铺灰技巧，使打在砌筑面上的灰条长宽合适，厚度均匀，一次成形。

大铲的铲面呈三角形．铲边弧线比较平缓，便于铲取合适的灰条。铲柄的角度合适，使握铲的手腕受力平缓，过大过小的角度，都会让手腕关节处产生疲劳。铲面用废带锯条制成，手柄用软质木材（如杨木）等制作，握着比檀木手柄柔和舒适，并能吸收手汗。铲重为0.25kg左右，操作起来比较灵巧。

（二）砌筑施工程序

抄平放线→摆砖→立皮数杆→盘角→挂线→砌筑→高度到1.2m时搭脚手架→砌筑。

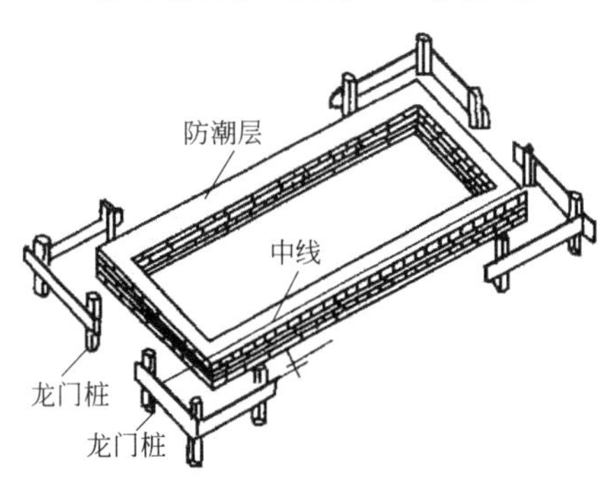

图2-93　抄平放线

（三）操作要点

1. 抄平放线

先在地面定出地面标高，用砂浆找平，然后根据龙门板上标志的轴线，弹出墙身轴线、边线及门窗洞口位置（见图2-93）。

2. 摆砖

摆砖，又称摆脚，是指在放线的基面上按选定的组砌方式用干砖试摆。目的是为了校对所放出的墨线在门窗洞口、附墙垛等处是否符合砖的模数，以尽可能减少砍砖，并使砌体灰缝均匀，组砌得当。一般在房屋外纵墙方向摆顺砖，在山墙方向摆丁砖，具体由窗台口进行计算。摆砖由一个大角摆到另一个大角，砖与砖留10mm缝隙。

3. 盘角、挂线

墙角是控制墙面横平竖直的主要依据，所以，一般先砌墙角，墙角砖层高度必须与皮数杆相符合，做到“三皮一吊，五皮一靠”。墙角必须双向垂直。

墙角砌好后，即可挂小线，作为砌筑中间墙体的依据，以保证墙面平整，一般一砖墙可用单面挂线，一砖半墙及一砖半以上墙体则应采用双面挂线。

四、考核与纪律要求

（一）纪律要求

（1）学生要明确实训的目的和意义。

（2）实训过程需谦虚、谨慎、刻苦、重视并积极自觉地参加实训；好学、爱护国家财产，遵守国家法令，遵守学校及施工现场的规章制度。

（3）服从指导教师的安排，同时每个同学必须服从本班长与项目经理的安排和指挥。

（4）项目部成员应团结一致，互相督促、相互帮助；人人动手，共同完成任务。

（5）遵守学院的各项规章制度，不得迟到、早退、旷课。点名两次不到者或请假超过两天者，实训成绩为不及格。

（二）实训成果要求

（1）在实训过程中应按指导书上的要求达到实训的目的。学生必须每天编写实训日记，实训日记应记录当天的实训内容、必要的技术资料以及所学到的知识，实训日记要求当天完成。

（2）实训过程结束后两天内，学生必须上交实训总结。实训总结应包括：实训内容、技术总结、实训体会等方面的内容，要求字数不少于3000字。

（三）成绩评定

成绩由指导教师根据每位学生的实训日记、实训报告、操作成果得分情况以及个人在实训中的表现进行综合评定。

（1）实训日记、实训报告：30%（按个人资料评分）占比。

（2）实训操作：60%（按项目部评分）占比。

（3）个人在实训中的表现：10%（按项目部和教师评价）占比。

课程小结

本项目的学习内容是临时设施的施工。通过对课程的学习，要求学生能组织临时设施的施工。

课外作业

（1）写实训日记、实训报告。

（2）自学《砌体结构工程施工质量验收规范》（GB 50203—2011）。

课后讨论

（1）建筑工地有哪些临时设施？

（2）什么是“三一”砌砖法？

（3）砌体结构质量检查包括哪些内容？

（4）砌筑安全包括哪些方面？

学习情境3　检查验收与评价

学习目标

能检查验收完工的临时设施。

关键概念

1. 检查
2. 验收
3. 质量
4. 安全

技能点与知识点

1. 技能点

临时设施检查的内容与检查方法。

2. 知识点

（1）脚手架的搭设要求；

（2）临时设施砌筑的安全要求；

（3）临时设施砌筑的质量要求。

提示

（1）脚手架的搭设主要注意哪些问题？

（2）临时设施砌筑怎样组织？

相关知识

1. 扣件式脚手架、碗扣式脚手架、门型脚手架
2. 安全与安全防护
3. 质量与质量管理体系

任务 7 临时设施施工的检查

临时设施虽然是临时工程，也必须进行检查，主要包括施工前的检查、施工过程中的检查和施工后的检查。

一、施工前的检查

(1) 检查临时设施的设计部位对待建的正式工程施工有无影响。临时设施是为正式工程服务的，它的位置的确定，不能与待建的正式工程相抵触，也不能影响正式工程施工。

(2) 必须具有足够的安全距离，应当远离危险源。

(3) 方便交通运输。

(4) 必须满足施工要求，方便施工与管理。

二、施工过程中的检查

必须按照设计要求施工，杜绝随意性与盲目性，加强对人、机、料、法、环诸因素的控制，确保工程质量。注意检查施工过程中的安全管理，注意检查临时设施的成本控制。此外，施工过程中还要进行下列检查。

(一) 施工过程中的脚手架检查

(1) 脚手架的搭设必须严格按照《建筑施工扣件式钢管脚手架安全技术规范》(JGJ 130—2001)、《建筑施工安全检查标准》(JGJ 59—2003) 的规定执行，验收合格后方可使用。

(2) 搭设脚手架的材料应有合格证，各部件的焊接质量必须检验合格并符合要求。脚手架上的铺板必须严密平整、防滑、固定可靠，孔洞应设盖板封严。

(3) 钢管脚手架应用外径 48～51mm，壁厚 3～3.5mm，无严重锈蚀、弯曲、压扁或裂纹的钢管。钢管脚手架的杆件连接必须使用合格的钢扣件，不得使用钢丝和其他材料绑扎。

(4) 木脚手架应用小头有效直径不得小于 80mm，无腐朽、折裂、枯节的杉木杆，杉木杆脚手架的杆件绑扎应使用 8 号钢丝，搭设高度在 6m 以下的杉木杆脚手架可使用直径不小于 10mm 的专用绑扎绳；脚手杆件不得钢木混搭。

(5) 脚手架的搭设必须由专业架工操作，脚手架架工应持证上岗，凡患有高血压、心脏病或其他不适应上架操作和疾病未愈者，严禁上架作业。

(6) 脚手架必须按楼层与结构拉接牢固，拉结点垂直距离不得超过 4m，水平距离不超过 6m。拉结所用的材料强度不得低于双股 8 号钢丝的强度。

(7) 脚手架的操作面必须满铺脚手板，高出墙面不得大于 200mm，不得有空隙和探头板。操作面外侧应设两道护身栏杆和一道挡脚板或设一道护身栏杆，防护高度应为 1m。

(8) 脚手架必须保证整体结构不变形，必须设置斜支撑。

(9) 承重脚手架，使用荷载不得超过 $2700N/m^2$。

(10) 钢脚手架不得搭设在距离 35kV 以上的高压线路 4.5m 以内的地区和距离 1～10kV 高压线路 3m 以内的地区。钢脚手架在架设和使用期间，要严防与带电体接触，需要穿过或靠近 380V 以内的电力线路，距离在 2m 以内时，则应断电或拆除电源，如不能拆除，应采

取可靠的绝缘措施。

（11）搭设在旷野、山坡上的钢脚手架，如在雷击区域或雷雨季节时，应设避雷装置，接地电阻不大于10Ω。

（12）各种脚手架在投入使用前，必须由施工负责人组织有支搭和使用脚手架的负责人及安全人员共同进行检查，履行交接验收手续。特殊脚手架，在支搭、拆装前，要由技术部门编制安全施工方案，并报上一级技术领导审批后，方可施工。

（13）未经施工负责人同意，不得随意拆改脚手架，暂未使用而又不需拆除时，亦应保持其完好性，并应清除架上的材料、杂物。在搭、拆脚手架过程中若杆件尚未绑稳扣牢或绑扣已拆开、松动时，严禁中途停止作业。

（14）在六级以上大风、大雾、暴雨、雷击天气或夜间照明不足时严禁在架上操作。

（15）在脚手架上操作时严禁人员聚集一处，严禁在脚手架上打闹、跑跳。

（16）酒后、穿硬底鞋或拖鞋以及敞袖口、裤口等衣着不整者，不得上架操作。

（17）坚持三检制度，架子使用中必须坚持自检、互检、交换检和班前检查制度，并落实到人。若发现有松动、变形处，必须先加固，后使用。大风、大雨、下雪或停工后在使用前，必须进行全面检查。

（二）墙体砌筑检查

（1）不准站在墙顶上进行划线、刮缝及清扫墙面或检查大角垂直等工作。不准用不稳固的工具或物体在脚手板上垫高操作。

（2）砍砖时应面向墙面，工作完毕应将脚手板和砖墙上的碎砖、灰浆清扫干净。

（3）正在砌筑的墙上不准走人。山墙砌完后，应立即安装檩条或临时支撑，防止倒塌。

（4）雨天或每日下班时，应做好防雨措施准备，以防雨水冲走砂浆，致使砌体倒塌。

（5）冬期施工时，脚手板上如有冰霜、积雪，应先清除后才能上架子进行操作。

（6）不准勉强在超过胸部的墙上进行砌筑，以免将墙体碰撞倒塌或上石时失手掉下造成安全事故。脚手板要钉装牢固，并钉防滑条及扶手栏杆。

（7）对有部分破裂和脱落危险的砌块，严禁起吊；起吊砌块时，严禁将砌块停留在操作人员上空或在空中整修；砌块吊装时，不得在下一层楼面上进行其他任何工作；卸下砌块时应避免冲击，砌块堆放应尽量靠近楼板两端，不得超过楼板的承重能力；砌块吊装就位时，应待砌块放稳后，方可松开夹具。

三、施工后的检查

（1）检查临时设施的数量、质量是否满足需求。

（2）检查主要受力构件是否有损伤，结构使用是否安全。

（3）检查相关设施是否齐全、完整、配套。

任务8 临时设施的验收评价

一、临时设施的地基处理与排水验收

（1）地基处理验收　如果地基处理不好，临时设施在使用过程中发生不均匀沉降或基础发生位移，都会导致临时设施倒塌。因此，临时设施基础砌筑前，项目部必须对地基进行验收。

（2）排水　即使地基处理得合乎要求，但是由于排水不畅，阴雨天临时设施基础部位有积水，致使地基土被浸泡，也会导致临时设施倒塌。因此必须检查临时设施附近的排水是否通畅。

二、基础验收

（1）砌基础时，应检查和注意基坑土质的变化情况。堆放砖石材料应离开坑边 1m 以上。

（2）砌墙高度超过地坪 1.2m 以上时，应搭设脚手架。架上堆放材料不得超过规定荷载值，堆砖高度不得超过三皮侧砖，同一块脚手板上的操作人员不应超过两个人。

（3）人工抬运钢筋钢管等材料时要相互配合，上下传递时不得在同一垂直线上。

三、结构验收

（1）由于是临时构筑物，施工时用黏土砂浆砌筑，砂浆本身黏结力不强，黏土砂浆在雨水冲刷下丧失了黏结能力，导致临时设施倒塌。因此，要检查砌筑砂浆的质量，如果用黏土砂浆砌筑，则墙体表面必须抹纸筋石灰予以保护。

（2）通缝验收，临时设施整体性不好，导致临时设施倒塌。因此必须控制通缝。一般来说，每 5m 距离 3～6 皮的通缝不允许超过 6 处，7 皮砖及以上的通缝不允许出现 1 处。

课程小结

本项目的学习内容是临时设施的施工。通过对课程的学习，要求学生能组织临时设施设计与的施工。

课外作业

（1）熟悉砌筑质量检查工具并掌握应用方法。

（2）自学《砌体结构工程施工质量验收规范》（GB 50203—2011）。

课后讨论

怎样检查脚手架是否符合要求？

项目2 砖混结构房屋施工

砖混结构是指建筑物中竖向承重结构的墙、柱等采用砖或者砌块砌筑，横向承重的梁、楼板、屋面板等采用钢筋混凝土结构。也就是说砖混结构是以小部分钢筋混凝土及大部分砖墙承重的结构。砖混结构是混合结构的一种，是采用砖墙来承重，钢筋混凝土梁柱板等构件构成的混合结构体系。适合开间进深较小、房间面积小、多层或低层的建筑，对于承重墙体不能改动，而框架结构则对墙体大部可以改动。

19世纪中叶以后，随着水泥、混凝土和钢筋混凝土的应用，砖混结构建筑迅速兴起。高强度砖和砂浆的应用，推动了高层砖承重建筑的发展。19世纪末期，美国芝加哥建成16层的砖承重墙大楼。1958年，瑞士用600号多孔砖建造19层塔式公寓，墙厚仅为380mm。世界各国都很重视用来砌筑墙体的砌块材料的生产。砌块材料有砖、普通混凝土砌块、轻混凝土砌块等。当前，黏土砖仍是砌筑墙体的一种基本材料。

一、砖混结构的特点

(1) 承重特点　框架结构住宅的承重结构是梁、板、柱，而砖混结构的住宅承重结构是楼板和墙体。

(2) 抗震特点　在牢固性上，理论上说框架结构能够达到的牢固性要大于砖混结构，所以砖混结构在做建筑设计时，楼高不能超过6层，而框架结构可以做到几十层。但在实际建设过程中，国家规定了建筑物要达到的抗震等级，无论是砖混还是框架，都要达到这个等级，而开发商即使用框架结构盖房子，也不会为了提高建筑坚固程度而增加投资，只要满足抗震等级就可以了。

(3) 隔声效果　在隔声效果上来说，砖混住宅的隔声效果是中等的，框架结构的隔声效果取决于隔断材料的选择，一些高级的隔断材料的隔声效果要比砖混好，而普通的隔断材料，如水泥空心板之类的，隔声效果很差。

(4) 砖混结构的优点

① 便于就地取材　砖是由黏土烧制而成的，能制砖的黏土及烧砖的燃料（如煤炭和柴草）几乎到处都有。因此砖瓦厂可以说到处都有，制砖技术也比较普及，各地都能制砖。砂、石也是地方材料，可以说有山的地方都有砂石原料，有的江河湖海中也可捞取到砂子。

② 便于施工　砖墙的砌筑只需要技术熟练的工人进行手工操作，当楼板采用预制多孔板时就更不需要特别的机械设备。它适宜于山区和小城镇建造，也适宜于旧城的街坊改造。

③ 造价低廉　与现浇钢筋混凝土相比，砖混结构可节约大量的水泥、钢筋和木材。寒冷季节可以采用成本最低的冻结法施工，它所用的地方材料多、运输距离短、价格便宜。

④ 耐火、耐久　砖石具有良好的耐火性和较好的耐久性，所以，就发展趋势而言，砖混结构依然是不可取代的一种建筑结构。

（5）砖混结构的缺点　如果你要进行室内空间的改造，框架结构因为多数墙体不承重，所以改造起来比较简单，敲掉墙体就可以了，而砖混结构中很多墙体是承重结构，不允许拆除，你只能在少数非承重墙体上做文章。区别承重墙和非承重墙的一个简单方法是看原始结构图，通常墙体厚度在 240mm 的墙体是承重的，120mm 或者更薄的墙体是非承重的，但有时为了和梁或者承重墙齐平，非承重墙也会做到 240mm 的厚度。

二、砖混结构建筑的墙体的布置方式

砖混结构建筑的墙体的布置方式如下：

（1）横墙承重　用平行于山墙的横墙来支承楼层。常用于平面布局有规律的住宅、宿舍、旅馆、办公楼等小开间的建筑。横墙兼作隔墙和承重墙之用，间距为 3～4m。

（2）纵墙承重　用檐墙和平行于檐墙的纵墙支承楼层，开间可以灵活布置，但建筑物刚度较差，立面不能开设大面积门窗。

（3）纵横墙混合承重　部分用横墙、部分用纵墙支承楼层，多用于平面复杂、内部空间划分多样化的建筑。

（4）砖墙和内框架混合承重　内部以梁柱代替墙承重，外围护墙兼起承重作用。这种布置方式可获得较大的内部空间，平面布局灵活，但建筑物的刚度不够，常用于空间较大的大厅。

（5）底层为钢筋混凝土框架，上部为砖墙承重结构　常用于沿街底层为商店，或底层为公共活动的大空间，上面为住宅、办公用房或宿舍等的建筑。

三、砖混结构的设计

以承重砖墙为主体的砖混结构建筑，在设计时应注意：门窗洞口不宜开得过大，排列有序；内横墙间的距离不能过大；砖墙体型宜规整和便于灵活布置。构件的选择和布置应考虑结构的强度和稳定性等要求，还要满足耐久性、耐火性及其他构造要求，如外墙的保温隔热、防潮、表面装饰和门窗开设，以及特殊功能要求。建于地震区的房屋，要根据防震规范采取防震措施，如配筋，设置构造柱、圈梁等。砖混结构建筑可以在质感、色彩、线条图案、尺度等方面造成朴实、亲切而具有田园气氛的风格。设计时还可以统一考虑附属建筑和庭园环境布置，以取得和谐的艺术效果。

（一）基础平面图及详图

（1）在墙下条基宽度较宽（大于 2m，部分地区可能更窄）或地基不均匀及地基较软时宜采用柔性基础。应考虑节点处基础底面积双向重复使用的不利因素，适当加宽基础。

（2）当基础上留洞、首层开大洞的洞口宽度大于洞底至基底高度时，如要考虑洞口范围内地基的承载力，洞口下基础应做暗梁，或将基础局部降低。

（3）素混凝土基础下不必做垫层，但其内有暗梁时应注明底部钢筋保护层厚为 70mm，或做垫层。地下水位较高时或冬季施工时，不得做灰土基础。刚性基础一般 300mm 厚。

（4）建筑地段较好，基础埋深大于 3m 时，应建议甲方做地下室。地下室底板，当地基承载力满足设计要求时，可不再外伸。地下室内墙可采用砖墙，外墙宜用混凝土墙。每隔 30～40m 设一后浇带，并注明两个月后用微膨胀混凝土浇筑。不应设局部地下室，且地下室应有相同的埋深。地下室顶板应考虑施工时材料堆积荷载。

（5）地面以下墙体如被管沟削弱较多，应考虑抗震的不利影响，地下墙体宜加厚。

（6）抗震缝、伸缩缝在地面以下可不设缝。但沉降缝两侧墙体基础一定要分开。

（7）新建建筑物基础不宜深于周围已有基础。如深于原有基础，其基础间的净距应不少于基础之间的高差的1.5～2倍。

（8）条形基础偏心不能过大，柔性基础必要时可作成三面支承一面自由板（类似筏基中间开洞）。一般情况下，基础底部不应因荷载的偏心而与地基脱开。

（9）当有独立柱基时，独立基础受弯配筋不必满足最小配筋率要求，除非此基础非常重要，但配筋也不得过小。独立基础是介于钢筋混凝土和素混凝土之间的结构。

（10）基础圈梁在建筑入口处或底层房间地面下降处应调低标高。当基础圈梁顶标高为－0.060时可取消防潮层。当地基不均匀时基底应增设一道基础圈梁。

（11）基础平面图上应加指北针。

（12）基础底板混凝土不宜大于C30。

（13）在软土地基上的建筑应控制建筑的总沉降量，在地基较不均匀地区应控制建筑的沉降差，砖混结构对差异沉降很敏感。因建筑的实际沉降和计算值是有差异的，很难算准，所以应从构造上入手，采用整体性强的基础形式。

（14）可用JCCAD软件自动生成基础布置和基础详图。应注意，在使用砖混抗震验算菜单产生的砖混荷载生成基础图时，其墙下荷载为整片墙的平均压力，墙体各段的荷载差异较大时，荷载较大处的墙下基础是不安全的，应人工调整。

请参照《建筑地基基础设计规范》（GB J7—89）和各地方的地基基础规程。

（二）暖沟图及基础留洞图

（1）沟盖板在遇到楼梯间和电线管时下降（500mm），室外暖沟上一般有400mm厚的覆土。

（2）注明暖沟两侧墙体的厚度及材料作法。暖沟较深时应验算强度。

（3）基础留洞大于400mm的应加过梁，暖沟应加通气孔。

（4）基础埋深较浅时暖沟入口底及基础留洞有可能比基础还低，此时基础应局部降低。

（5）首层有门洞处不能用挑砖支承沟盖板。

（6）湿陷性黄土地区或膨胀土地区暖沟做法不同于一般地区，应按湿陷性黄土地区或膨胀土地区的特殊要求设计。

（7）暖沟一般做成1200mm宽，1000mm宽的暖沟在维修时偏小。

（三）楼梯详图

（1）应注意：梯梁至下面的梯板高度是否够，以免碰头，尤其是建筑入口处。

（2）梯段高度高差不宜大于20mm，以免易摔跤

（3）两倍的梯段高度加梯段长度约等于600mm。幼儿园楼梯踏步宜120mm高。

（4）楼梯折板、折梁阴角在下时纵筋应断开，并锚入受压区内L_a，折梁还应加附加箍筋。

（5）楼梯的建筑做法一般与楼面做法不同，注意楼梯板标高与楼面板的衔接。

（6）楼梯梯段板计算方法：当休息平台板厚为80～100mm，梯段板厚100～130mm，梯段板跨度小于4m时，应采用1/10的计算系数，并上下配筋；当休息平台板厚为80～100mm，梯段板厚160～200mm，梯段板跨度约6m时，应采用1/8的计算系数，板上配筋可取跨中的1/4～1/3，并不得过大。此两种计算方法是偏于保守的。任何时候休息平台与梯段板平行方向的上筋均应拉通，并应与梯段板的配筋相应。

（7）注意当板式楼梯跨度大于5m时，挠度不容易满足，应注明加大反拱。

（四）梁、柱详图

（1）梁上集中力处应附加箍筋和吊筋，宜优先采用附加箍筋。梁上小柱和水箱下，架在板上的梁，不必加附加筋。

（2）折梁阴角在下时纵筋应断开，并锚入受压区内 L_a，还应加附加箍筋。

（3）梁上有次梁时，应避免次梁搭接在主梁的支座附近，否则应考虑由次梁引起的主梁抗扭，或增加构造抗扭纵筋和箍筋。

（4）有圆柱时，地下部分应改为方柱，方便施工。圆柱纵筋根数最少为 8 根，箍筋用螺旋箍，并注明端部应有一圈半的水平段。方柱箍筋宜使用井字箍，并按规范加密。角柱应增大纵筋并全柱高加密箍筋。幼儿园不宜用方柱。

（5）原则上柱的纵筋宜大直径大间距，但间距不宜大于 200mm。梁纵筋宜小直径小间距，有利于抗裂，但应注意钢筋间距要满足要求，并与梁的断面相应。布筋时应将纵筋等距，箍筋肢距可不等。

（6）梁高大于 300mm，并与构造柱相连接的进深梁，在梁端 1.5 倍梁高范围内箍筋宜加密。端部与框架梁相交或弹性支承在墙体上的次梁，梁端支座可按简支考虑，但梁端箍筋应加密。

（7）考虑抗扭的梁，纵筋间距不应大于 300mm 和梁宽，即要求加腰筋，并且纵筋和腰筋锚入支座内 L_a。箍筋要求同抗震设防时的要求。

（8）反梁的板吊在梁底下，板荷载宜由箍筋承受，或适当增大箍筋。梁支承偏心布置的墙时宜做下挑沿。

（9）挑梁宜作成等截面（大挑梁外露者除外）。与挑板不同，挑梁的自重占总荷载的比例很小，作成变截面不能有效减轻自重。变截面挑梁的箍筋，每个都不一样，难以施工。变截面梁的挠度也大于等截面梁。挑梁端部有次梁时，注意要附加箍筋或吊筋。

（10）梁上开洞时，不但要计算洞口加筋，更应验算梁洞口下偏拉部分的裂缝宽度。一般挑梁根部不必附加斜筋，除非受剪承载力不足。梁从构造上能保证不发生冲切破坏和斜截面受弯破坏。

（11）梁净高大于 500mm 时，宜加腰筋，间距 200mm，否则易出现垂直裂缝。挑梁出挑长度小于梁高时，应按牛腿计算。

（12）梁应按层编号，如 L-1-××，1 指 1 层，××为梁的编号。

（五）砖混结构构造措施

楼梯间的墙体水平支撑较弱，顶层墙体较高，在 8°和 9°时，顶层楼梯间横墙和外墙宜沿墙高每隔 500 设 2 根 $\phi 6$ 的通长筋，9°时，在休息平台处宜增设一钢筋带。顶层，为防止墙体裂缝，保温层聚苯板可由 45mm 加厚。为防止聚苯板在施工时被踩薄，可用水泥聚苯板代替普通聚苯板。圈梁加高，纵筋直径加大。架设隔热层，不采用现浇板带加预制板（为了解决挑檐抗倾覆）的方式。顶部山墙全部、纵墙端部（宽度为建筑宽度 B/4 范围）在过梁以上范围加钢筋网片。构造柱至洞口的墙长度小于 300mm 时，应全部做成混凝土的，否则难以砌筑。小截面的墙（＜600mm）如窗间墙应做成混凝土的，否则无法砌墙或受压强度不够。

［注意］在砖混结构中（尤其是 3 层及以下），可以取消部分横墙，改为轻隔墙，以减轻自重和地震力，减小基础开挖，也方便以后的房间自由分隔，不必每道墙均为砖墙。多层砌体房屋的局部尺寸限值过严，一般工程难以满足，在增设构造柱后可放宽。

（六）砖混结构设计注意事项

（1）抗震验算时不同的楼盖及布置（整体性）决定了采用刚性、刚柔、柔性理论计算。抗震验算时应特别注意场地土类别。大开间房屋，应注意验算房屋的横墙间距。小进深房屋，应注意验算房屋的高宽比。外廊式或单面走廊建筑的走廊宽度不计入房间宽度，应加强垂直地震作用的设计，从震害分析，规范要求的垂直地震作用明显不足。

（2）雨篷、阳台、挑沿及挑梁的抗倾覆验算，挑梁入墙长度为 1.2L（楼层）、2L（屋面）。大跨度雨篷、阳台等处梁应考虑抗扭。考虑抗扭时，扭矩为梁中心线处板的负弯矩乘以跨度的一半。

（3）梁支座处局部承压验算（尤其是挑梁下）及梁下梁垫是否需要（6m 以上的屋面梁和 4.8m 以上的楼面梁一般要加）。支承在独立砖柱上的梁，不论跨度大小均加梁垫。与构造柱相连接的梁进行局部抗压计算时，宜按砌体抗压强度考虑。梁垫与现浇梁应分开浇注。局部承压验算应留有余地。

（4）由于某些原因造成梁或过梁等截面较大时，应验算构件的最小配筋率。

（5）较高层高（5m 以上）的墙体的高厚比验算，不能满足时增加一道圈梁。

（6）楼梯间和门厅阳角的梁支撑长度为 500mm，并与圈梁连接。

（7）验算长向板或受荷面积较大的板下预制过梁承载力。

（8）跨度超过 6m 的梁下 240mm 墙应加壁柱或构造柱，跨度不宜大于 6.6m，超过时应采取措施。如梁垫宽小于墙宽，并与外墙皮平，以调整集中力的偏心。

（9）当采用井字梁时，梁的自重大于板自重，梁自重不可忽略不计。周边一般加大截面的边梁或构造柱。

（10）问清配电箱的位置，防止配电箱与洞口相临，如相临，洞口间墙应大于 360mm，并验算其强度。否则应加一大跨度过梁或采用混凝土小墙垛，小墙垛的顶、底部宜加大断面。严禁电线管沿水平方向埋设在承重墙内。

（11）电线管集中穿板处，板应验算抗剪强度或开洞。竖向穿梁处应验算梁的抗剪强度。

（12）构件不得向电梯井内伸出，否则应验算是否能装下。

（13）验算水箱下、电梯机房及设备下结构强度。水箱不得与主体结构做在一起。

（14）当地下水位很高时，砖混结构的暖沟应做防水。一般可做 U 形混凝土暖沟，暖气管通过防水套管进入室内暖沟。有地下室时，混凝土应抗渗，等级 S6 或 S8，混凝土等级应大于等于 C25，混凝土内应掺入膨胀剂。混凝土外墙应注明水平施工缝做法（阶梯式、企口式或加金属止水片），一般加金属止水片，较薄的混凝土墙做企口较难。

（15）上下层（含暖沟）洞口错开时，过梁上墙体有可能不能形成拱，所以过梁所受荷载不应按一般过梁所受荷载计算，并应考虑由于洞口错开产生的小墙肢的截面强度。

（16）突出屋面的楼电梯间的构造柱应向下延伸一层，不得直接锚入顶层圈梁。错层部位应采取加强措施。出屋面的烟筒四角应加构造柱或按 97G329（七）P3 地震区做法。女儿墙内加构造柱，顶部加压顶。出入口处的女儿墙不管多高，均加构造柱，并应加密。错层处可加一大截面圈梁，上下层板均锚入此圈梁。

（17）砖混结构的长度较长时应设伸缩缝。高差大于 6m 和两层时应设沉降缝。

（18）在地震区不宜采用墙梁，因地震时可能造成墙体开裂，墙和混凝土梁不能整体工作。如果采用，建议墙梁按普通混凝土梁设计，也不宜采用内框架。

（19）当建筑布局很不规则时，结构设计应根据建筑布局做出合理的结构布置，并采取相应的构造措施。如建筑方案为两端较大体量的建筑中间用很小的结构相连时（哑铃状），此时中间很小的结构的板应按偏拉和偏压考虑。板厚应加厚，并双层配筋。

（20）较大跨度的挑廊下墙体内跨板传来的荷载将大于板荷载的一半。挑梁道理相同。

（21）挑梁、板的上部筋，伸入顶层支座后水平段即可满足锚固要求时，因钢筋上部均为保护层，应适当增大锚固长度或增加一个 10d 的垂直段。

（22）应避免将大梁穿过较大房间，在住宅中严禁梁穿房间。

（23）构造柱不得作为挑梁的根。

常用砖墙自重（含双面抹灰）：120墙为2.86kN/m²，240墙为5.24kN/m²，360墙为7.62kN/m²，490墙为9.99kN/m²。

关于降水问题：当有地下水时，应在图纸上注明采取降水措施，并采取措施防止周围建筑及构筑物因降水不能正常使用（开裂及下沉），及何时才能停止降水（通过抗浮计算决定）。

进行普通砖混结构设计时，设计人员还应掌握建筑结构荷载规范、抗震规范、混凝土结构设计规范等，并应考虑当地地方性的建筑法规。设计人员应熟悉当地的建筑材料的构成、货源情况、大致造价及当地的习惯做法，设计出经济合理的结构体系。

四、砖混结构施工顺序

（1）基础施工顺序　施工放线→基槽开挖→检查轴线、标高→浇垫层混凝土→养护→砌条型基础→地圈梁。

（2）主体结构施工顺序　砖砌体砌筑→构造柱、圈梁钢筋绑扎→构造柱、圈梁模板施工→板模板施工→板钢筋绑扎→浇筑混凝土。

五、砖混结构发展趋势

砖混结构的发展趋势主要有以下几个方面：

（1）研制轻质、高强、大型化、多功能的材料和预制砌体。

（2）研究合理的结构设计和构造类型，以适应多层、高层建筑和地震区的要求。

（3）改进材料生产工艺和建筑施工方法，研究代用材料，以节约制砖用地，提高劳动效率，节约能源。

（4）同现代化的建筑设备和技术结合，以创造出舒适良好的室内环境。

总体而言，砖石结构、砖木结构都属于砖混结构。随着水泥和混凝土技术的发展，由于钢筋混凝土构件的不可替代的优越性，砖混结构中的柱、梁、板都改由钢筋混凝土来制作。因此可以给砖混结构房屋下个定义：砖混结构房屋是指以砖砌体和钢筋混凝土梁、板作承重构件的房屋。广义的说也指石材、混凝土块体等砌体作承重墙（柱），其他材料（如木材、石材、钢材等）作梁、板形成承重结构的房屋。

学习情境4　土方开挖施工

学习目标

1. 能组织土方开挖施工
2. 能参与地基验槽工作

关键概念

1. 边坡
2. 土方开挖
3. 地基验槽
4. 基槽支护

技能点与知识点

1. 技能点

（1）基槽开挖与开挖深度范围确定；

（2）地基验槽准备。

2. 知识点

(1) 边坡系数；

(2) 相对标高与绝对标高；

(3) 原状土地基。

提示

(1) 定位放线的基桩被土方开挖破坏掉，怎样处理？

(2) 开挖边线与定位轴线之间是什么关系？

(3) 开挖深度与设计的基础底板标高是什么关系？

相关知识

1. 建筑测量知识

2. 图纸与文件管理知识

3. 项目有关各方的制约关系知识

任务 9　建筑物的放线定位

一、定位放线

现场放线是指为了方便工人干活，也是为了能够严格按照设计图纸进行施工。一般来说，所有的建筑轴线可称之为大线，相应的小线就是结构构件的边线和尺寸线。放线的主要思路就是将设计图纸的尺寸按照图示尺寸，照搬到地面上，整个工程的尺寸是否按照设计图纸尺寸施工取决于放线。另外，放线是为了所有的施工有个尺寸依据。钢筋工绑扎钢筋要以线为依据，找准位置；木工支模板也要以线为依据，瓦工砌墙也要以线为依据，不能没有尺寸约束随便在那乱绑、盲支、瞎砌。

对于建筑物来说放线至关重要，如果每层的轴线不在一个垂直面上，那建造出来的也就不一定是四方四正的传统建筑了。

建筑物定位放线是房屋建筑工程开工后的第一次放线。建筑物定位放线有两种方法，一种是根据施工平面定位图放线（图 4-1），另一种是以现有建筑物的轴线作为基准线来进行放线。

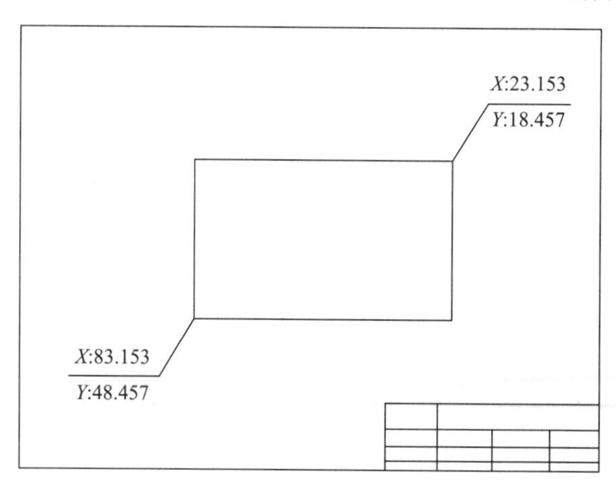

图 4-1　施工平面定位图

对建筑物定位要求高，就必须按照施工平面定位图放线，建筑物定位参加的人员是城市规划部门（下属的测量队）及施工单位的测量人员（专业的）。根据建筑规划定位图进行定位，最后在施工现场形成（至少）4 个定位桩。放线工具为“全站仪”或“比较高级的经纬仪”。

对于对建筑物定位要求不太高的，可以按照以现有建筑物的轴线作为基准线来进行放线。

定位放线的成果，是在建筑物轴线的交点处钉若干根长150～200mm，截面边长为20～30mm的小木桩，木桩的顶部钉小铁钉，小铁钉的位置就是轴线交点的位置。由于基坑开挖时，这些小木桩都会被挖掉，故必须在待开挖的基坑边线2m以外，设置龙门板（图4-2）或龙门桩。

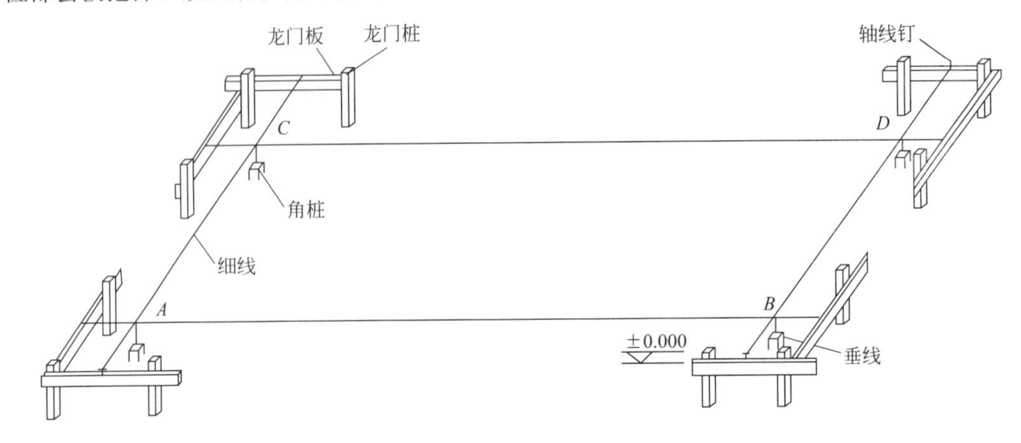

图 4-2 龙门板

龙门桩一般用两根2m的短钢管在轴线两侧，距离基坑（基槽）边缘约2m处打入地下（露出部分高于±0.000），在±0.000部位加设一横杆，用红油漆在横杆上做一倒三角标记，倒三角的下底部就是轴线位置，倒三角的水平部位就是±0.000标高线。

龙门板是用木板制作的，设置方法与作用和龙门桩相同。

二、基槽开挖范围的确定

确定基槽开挖范围（图4-3），首先根据轴线的位置，结合图纸要求的基础尺寸，确定基础的边线，再确定基础垫层的边线。基础边线到基础垫层的边线，一般为100mm。一般来说，基坑周围应设置排水沟，排水沟边缘到基础垫层边线和到基坑边线的距离都是300mm，排水沟的上口宽度一般也取300mm。由此，可以确定基坑底边线。再根据放坡要求，确定基坑上口的开挖边线。

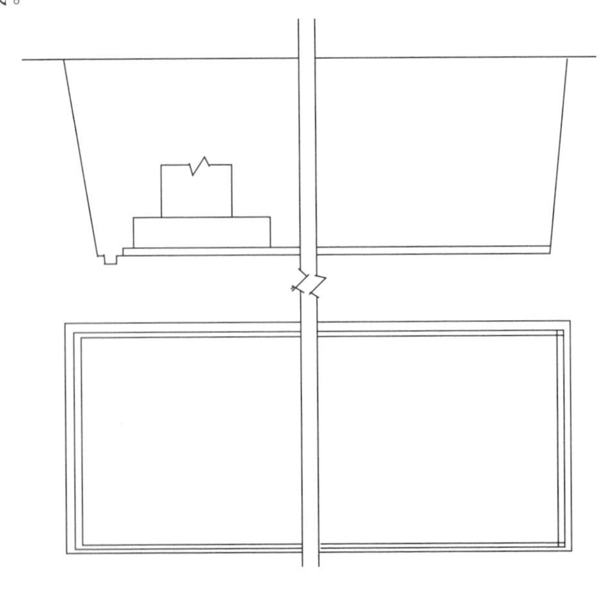

图 4-3 基槽开挖边线示意图

三、开挖深度的确定

基坑开挖深度是由基础的底标高确定的。如图 4-4 所示，如果图纸给定的基础底面标高为－5.457m，基础下的混凝土垫层一般为 0.1m，则基坑开挖的底标高则为－5.557m。

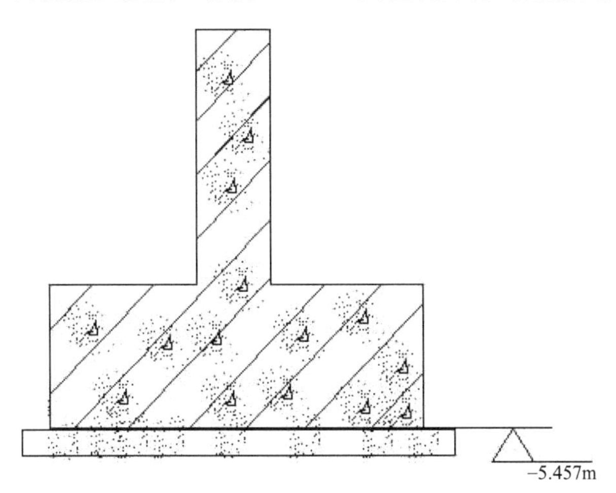

图 4-4 基础底标高示意图

任务 10 项目开工

项目开工是指建设项目设计文件中规定的任何一项永久性工程第一次破土、正式打桩，建设工期则是从开工时算起。

一、开工的基本条件

正常情况下，项目开工必须符合本章规定的项目开工基本条件。公司所属项目公司经过检查确认，符合条件规定后方可批准监理单位签发开工报告。如遇有特殊情况，不具备项目开工基本条件就需要开工时，公司所属项目公司必须报公司工程管理部核准。项目开工基本条件如下：

（1）政府部门已审核发给建筑工程施工许可证。

（2）测量坐标点、高程控制点埋设牢固，核对无误，已完好移交施工单位并签认坐标点、高程控制点现场移交记录表。

（3）建筑物放线已经政府规划部门指定的测量机构复验并予以书面确认。

（4）施工现场已正式移交施工单位管理并办理了书面移交手续。移交内容应包括：

① 施工用配电站（核准电表读数）；

② 施工用水表井（水表读数）、施工排污口；

③ 工地围栏设施；

④ 施工占道、施工道路情况；

⑤ 地下管线情况、地下障碍物情况、水文地质情况；

⑥ 周边建筑物结构及基础情况、区域社会环境等。

（5）施工单位现场给水、排水、供电已经按照施工组织设计接通，或已确定接通期限，并有过渡措施。

（6）技术交底及图纸会审已进行，并已将会审纪要签发。

（7）各项计划已经完成，并已发至相关部门和相关方。

(8) 第一次协调会已经成功举行。

(9) 监理单位已在现场办公，监理工程师已到位，且相关人员名单及资料已报送公司所属工程管理部备案。

(10) 监理规划、监理实施细则已获得审查通过。

(11) 施工单位项目经理部已在现场办公，项目经理、技术负责人、质检员、安全员、工长、材料员等主要管理人员已到位，且相关人员名单已报送公司所属工程管理部备案。

(12) 监理、施工质保体系已健全，管理制度已建立。

(13) 施工组织设计编制完成并经过审查批准。

(14) 基础工程施工机械进场，安装就位并可正常运转。

(15) 材料、设备见证检验试验室已经过考核并确认。

(16) 基础工程材料、劳动力供应计划已落实，能满足连续施工要求。

(17) 施工单位施工预算已编制完成。

(18) 施工人员已进行班组技术交底、安全、防火教育。

(19) 施工单位现场办公用房、材料库房、材料堆场、门卫已可使用。

(20) 施工单位后勤基地生产、生活服务设施已可投入使用。

(21) 施工现场安全保卫制度已建立。

完成以上检查核准工作，按照真实情况填写《重点监管部位质量监管计划》《施工准备工作完成状况检查表》《材料设备质量监管计划》，并签字审批完成。

二、开工报告

开工报告是建设项目或单项（位）工程开工的依据，包括建设项目开工报告和单项（位）工程开工报告。

（一）开工报告的类型

(1) 总体开工报告　承包人开工前应按合同规定向监理工程师提交开工报告，主要内容应包括：施工机构的建立、质检体系、安全体系的建立和劳力安排，材料、机械及检测仪器设备进场情况，水电供应，临时设施的修建，施工方案的准备情况等。虽有以上规定，并不妨碍监理工程师根据实际情况及时下达开工令。

(2) 分部工程开工报告　承包人在分部工程开工前14d向监理工程师提交开工报告单，其内容包括：施工地段与工程名称；现场负责人名单；施工组织和劳动安排；材料供应、机械进场等情况；材料试验及质量检查手段；水电供应；临时工程的修建；施工方案进度计划以及其他需说明的事项等，经监理工程师审批后，方可开工。

(3) 中间开工报告　长时间因故停工或休假（7d以上）重新施工前，或重大安全、质量事故处理完后，承包人应向监理工程师提交中间开工报告。

（二）开工报告的前提条件

(1) 建设单位需要办理的手续

① 建设工程规划许可证（包括附件）；

② 建设工程开工审查表；

③ 建设工程施工许可证；

④ 规划部门签发的建筑红线验线通知书；

⑤ 在指定监督机构办理的具体监督业务手续；

⑥ 经建设行政主管部门审查批准的设计图纸及设计文件；

⑦ 建筑工程施工图审查备案证书；

⑧ 图纸会审纪要；

⑨ 施工承包合同（副本）；

⑩ 水准点、坐标点等原始资料；

⑪ 工程地质勘察报告、水文地质资料；

⑫ 建设单位驻工地代表授权书；

⑬ 建设单位与相关部门签订的协议书。

（2）施工单位需要办理的手续

① 施工企业资质证书、营业执照及注册号；

② 企业资质等级证书、信用等级证书；

③ 施工企业安全资格审查认可证；

④ 企业法人代码书；

⑤ 质量体系认证书；

⑥ 施工单位的试验室资质证书；

⑦ 工程预标书、工程中标价明细表；

⑧ 工程项目经理、主任工程师及管理人员资格证书、上岗证。

（上述资料均为复印件）

⑨ 建设工程特殊工种人员上岗证审查表及上岗证复印件（安全员、电工须持建设行业与劳动部门双证）。

⑩ 建设单位提供的水准点和坐标点复核记录；

⑪ 施工组织设计报审与审批，施工组织设计方案；

⑫ 施工现场质量管理检查记录；

⑬ 建设工程开工报告。

最先做的就是施工组织设计、公司资质、相关管理人员证书、报实验室资质、和办理施工许可证、报开工报告。

（三）开工报告范本

工程开工报告应准备的资料与填写的内容见表4-1。

监理对开工报告提供的资料进行逐项审查，并对现场测量放线情况进行实际检查，没有问题时，由总监批准开工报告，工程可以开工。

任务11　土方开挖

土方开挖是工程初期以至施工过程中的关键工序。将土和岩石进行松动、破碎、挖掘并运出的工程。按岩土性质，土石方开挖分土方开挖和石方开挖。

一、土方开挖方式

在施工前，需根据工程规模和特性，地形、地质、水文、气象等自然条件，施工导流方式和工程进度要求，施工条件以及可能采用的施工方法等，研究选定开挖方式。明挖有全面开挖、分部位开挖、分层开挖和分段开挖等。全面开挖适用于开挖深度浅、范围小的工程项目。开挖范围较大时，需采用分部位开挖。如开挖深度较大，则采用分层开挖，对于石方开挖常结合深孔梯段爆破（见深孔爆破）按梯段分层。分段开挖则适用于长度较大的渠道、溢洪道等工程。对于洞挖，则有全断面掘进、分部开挖和导洞法等开挖方式。

表 4-1 工程开工报告

工程名称			
工程地址			
建设单位		施工单位	
监理单位			
预算造价/万元		计划总投资/万元	
结构类型		建筑面积/m^2	
开工日期		合同工期	

资料与文件	准备（落实）情况
批建的建设立项文件或年度计划	
征用土地批准文件及红线图	
规划许可证	
设计文件及施工图审查报告	
投标、中标文件	
施工许可证	
施工合同协议书	
资金落实情况的文件资料	
三通一平的文件资料	
施工方案及现场平面布置图	
主要材料、设备落实情况	

申请开工意见：

施工单位公章（公章）
项目负责人
年 月 日

建设单位审批意见：

建设单位（公章）
项目负责人
年 月 日

二、土方施工方法

土方开挖施工，包括松动、破碎、挖装、运输出渣等工序。石方开挖，除松软岩石可用松土器以凿裂法开挖外，一般需用爆破的方法进行松动、破碎。人工和半机械化开挖，使用锹镐、风镐、风钻等简单工具，配合挑抬或者简易小型的运输工具进行作业，适用于小型水利工程。有些灌溉排水沟渠的施工直接使用开沟机，可以一次成形。大中型水利工程的土石方开挖，多用机械施工。

（一）明挖

除使用各类凿岩、钻孔机械钻孔进行爆破作业外，主要使用挖掘机械，如各种单斗挖掘机（图 4-5）或多斗挖掘机（图 4-6）；铲运机械（图 4-7），如推土机（图 4-8）、铲运机和装载机（图 4-9）；有轨运输机械，如机车牵引矿车；无轨运输机械，如自卸汽车等。根据不同条件，采用各种配合方式，进行挖、装、运、卸等各项作业。要根据工程规模、施工条件，合理选用适宜的施工机械和相应的施工方法，特别要注意机械设备的配套协调，避免存在薄弱环节。在特定条件下，可采用水力开挖的方法开挖土方；也有采用爆破开挖的方法，即用抛掷爆破或扬弃爆破技术，不仅将土石破碎，并全部或部分地将其抛弃到设计边界以外。

图 4-5 单斗挖掘机

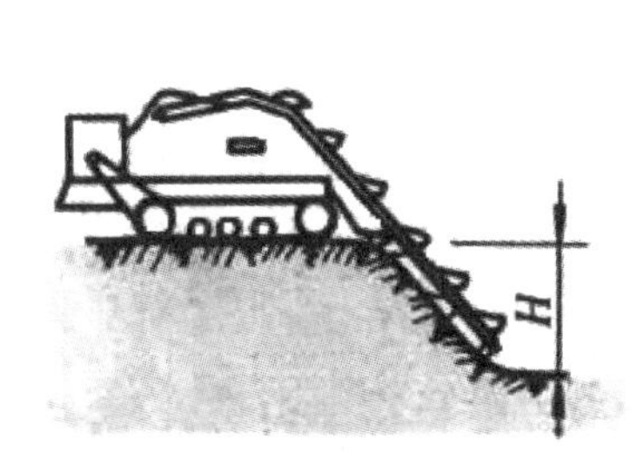

（a）链斗式挖沟机

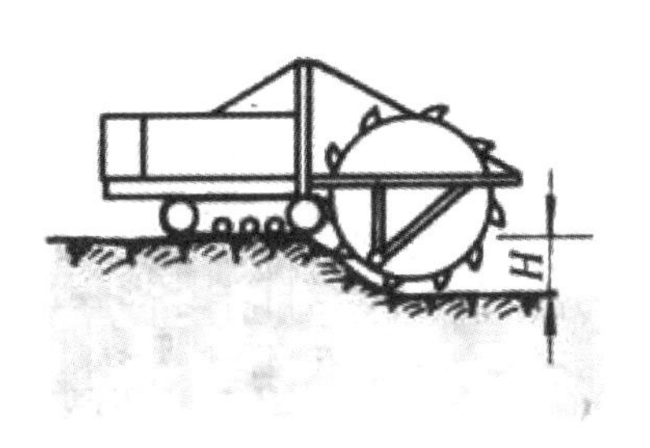

（b）轮斗式挖沟机

（c）斗轮式挖沟机

（d）横向挖掘链斗式挖沟机

图 4-6 多斗挖掘机

H 为挖掘深度

图 4-7　铲运机械

图 4-8　推土机

图 4-9　装载机

（二）洞挖

一般常用钻孔爆破法掘进，用机械进行挖装、运卸作业；也可采用全断面隧洞掘进机开挖隧洞；在土质或松软岩层中可用盾构法施工（见隧洞开挖、地下厂房开挖）。

（三）水下开挖

可以采用索铲、抓斗等陆上开挖机械，但通常多使用各式挖泥船，配合拖轮、驳船等水上运输设备进行联合作业。

三、土方开挖施工方案的编制

在满足设计要求、工程质量、施工安全和工期要求等条件下，通过技术经济比较，进行施工方案的优化选择。编制施工方案时，一般应考虑：

(1) 开挖方式和施工方法能满足开挖进度要求，与施工导流和混凝土浇筑等前后工序相衔接，并满足防洪要求。

(2) 根据水文、季节和施工条件，合理安排施工顺序，快速施工，均衡生产。

(3) 根据开挖工程规模、土石特性、工作条件、施工方法，选择适用的施工机械设备，挖、装、运、卸各项设备要合理配套。

(4) 因地制宜，安排好交通运输路线和施工总平面布置，以及风、水、电等系统。

(5) 搞好土石方平衡调配，注意安排挖采结合、弃填结合，避免重复倒运。弃渣、弃土场地尽量少占农田，并尽可能造地还田。弃渣要避免侵占河道，避免阻碍行洪或抬高电站尾水位影响发电效益。

(6) 做好施工排水措施，将妨碍施工作业和工程质量的雨水、地表水、地下水和施工废水排至场地以外，为工程创造良好的施工条件。

(7) 按设计和施工技术规范的要求，保证施工质量。对施工中可能遇到的问题，如流砂现象、边坡稳定、隧洞塌方等，要进行技术分析，提出解决的措施。

(8) 注意施工安全，按照安全、防火、环境保护、工业卫生等方面规程的规定，制定施工安全技术措施。

四、土方开挖安全措施

(1) 在施工组织设计中，要有单项土方工程施工方案，对施工准备、开挖方法、放坡、排水、边坡支护应根据有关规范要求进行设计，边坡支护要有设计计算书。

(2) 人工挖基坑时，操作人员之间要保持安全距离，一般大于 2.5m；多台机械开挖，挖土机间距离应大于 10m，挖土要自上而下，逐层进行，严禁先挖坡脚的危险作业。

(3) 挖土方前对周围环境要认真检查，不能在危险岩石或建筑物下面进行作业。

(4) 基坑开挖应严格按要求放坡，操作时应随坡的稳定情况，发现问题及时加固处理。

(5) 机械挖土，多台阶同时开挖土方时，应验算边坡的稳定。根据规定和验算确定挖土机离边坡的安全距离。

(6) 深基坑四周设防护栏杆，人员上下要有专用爬梯。

(7) 运土道路的坡度、转弯半径要符合有关安全规定。

(8) 爆破土方要遵守爆破作业安全有关规定。

五、放坡系数

土方放坡系数（m）：是指土壁边坡坡度的底宽 b 与基高 h 之比，即 $m=b/h$ 计算。

(1) 在建筑中，放坡应该从垫层的上表面开始。

(2) 管线土方工程定额，对计算挖沟槽土方放坡系数规定如下：

① 挖土深度在 1m 以内，不考虑放坡；

② 挖土深度在 1.01～2.00m，按 1∶0.5 放坡；

③ 挖土深度在 2.01～4.00m，按 1∶0.7 放坡；

④ 挖土深度在 4.01～5.00m，按 1∶1 放坡；

⑤ 挖土深度大于 5m，按土体稳定理论计算后的边坡进行放坡。

六、土方开挖注意事项

(1) 计算工程量时，地槽交接处放坡产生的重复工程量不予扣除。

(2) 因土质不好，基础处理采用挖土、换土时，其放坡点应从实际挖深开始。

(3) 在挖土方、槽、坑时，如遇不同土壤类别，应根据地质勘测资料分别计算。

(4) 边坡放坡系数可根据各土壤类别及深度加权取定。

(5) 通用规则的数据并不是在每个地方都适用。

(6) 土类单一土质时，普通土（一类、二类）开挖深度大于 1.2m 开始放坡（$K=0.50$），坚土（三类、四类）开挖深度大于 1.7m 开始放坡（$K=0.30$）。

(7) 土类混合土质时，开挖深度大于 1.5m 开始放坡，然后按照不同土质加权计算放坡系数 K（表 4-2）。

表 4-2 对放坡系数的规定放坡高度、比例确定表

土壤类别	放坡深度规定/m	高于宽之比		
		人工挖土	机械挖土	
			坑内作业	坑上作业
一类、二类土	超过 1.20	1∶0.5	1∶0.33	1∶0.75
三类土	超过 1.50	1∶0.33	1∶0.25	1∶0.67
四类土	超过 2.00	1∶0.25	1∶0.10	1∶0.33

注：1. 沟槽、基坑中土壤类别不同时，分别按其土壤类别、放坡比例以不同土壤厚度分别计算；

2. 计算放坡工程量时交接处的重复工程量不扣除，符合放坡深度规定时才能放坡，放坡高度应自垫层下表面至设计室外地坪标高计算。

七、土方开挖技术

（一）人工开挖

(1) 挖土前根据安全技术交底了解地下管线、人防及其他构筑物情况和具体位置。地下构筑物外露时，必须进行加固保护。作业工程中应避开管线和构筑物。在现场电力、通信电缆 2m 范围内和现场燃气、热力、给排水等管道 1m 范围内挖土时，必须在主管单位人员监护下采取人工开挖。

(2) 开挖槽、坑、沟深度超过 1.5m，必须根据土质和深度情况，按安全技术交底放坡或加可靠支撑。遇边坡不稳、有坍塌危险征兆时，必须立即撤离现场并及时报告施工负责

人，采取安全可靠排险措施后方可继续挖土。

(3) 槽、坑、沟必须设置人员上下坡道或安全梯。严禁攀登固壁支撑上下沟、坑边壁上挖洞攀登爬上或跳下。间歇时，不得在槽、坑坡脚下休息。

(4) 挖土过程中遇有古墓、地下管道、电缆或其他不能辨认的异物和液体、气体时应立即停止作业应报告负责人，待查明处理后，再继续挖土。

(5) 槽、坑、沟边 1m 以内不得推土、堆料停放机具。堆土高度不得超过 1.5m。槽、坑、沟与建筑物、构筑物的距离不得小于 1.5m。开挖深度超过 2m 时，必须在周边设两道牢固护身栏杆，并张挂密目式安全网。

(6) 人工挖土、前后操作人员横向间距离不应小于 2～3m，纵向间距不得小于 3m。严禁掏洞挖土，抠底挖槽。

(7) 每日或雨后必须检查土壁及支撑稳定情况，在确保安全的情况下继续工作，并且不得将土和其他物件堆在支撑上，不得在支撑上行走或站立。混凝土支撑梁底板上附着的黏物必须及时清除。

(二) 机械开挖

(1) 施工机械进场前必须经过验收，合格后方能使用。

(2) 机械挖土，应严格控制开挖面坡度和分层厚度，防止边坡和挖土机下的土体滑动。挖土作业半径内不得有人进入。司机必须持证作业。

(3) 机械挖土，启动前应检查离合器、液压系统及各铰接等部分，经空车试车运转正常后在开始作业。机械操作中进铲不应过深，提升不应过猛，作业中不得碰撞支撑。

(4) 机械不得在输电线路和线路一侧工作，不论在任何情况下，机械的任何部位与架空输电线路的最近距离应符合安全操作规程要求（根据现场进输电线路的电压等级定）。

(5) 机械应停在坚实的地基上，如基础过差，应采取走道板等加固措施，不得将挖土机履带与挖空的基坑平行 2m 进行停、驶。运土汽车不宜靠近基坑平行行驶，防止塌方翻车。

(6) 配合挖机的清坡、清底工人，不准在机械回转半径下工作。

(7) 向汽车上卸土应在车子停稳后进行，禁止铲斗从汽车驾驶室上越过。

(8) 场内道路应及时整修，确保车辆安全通畅，各种车辆应有专人负责指挥引导。

(9) 车辆进出门口的人行道下，如有地下管线（道）必须铺设厚钢板，或浇筑混凝土加固。车辆出大门口前应将轮胎冲洗干净，不污染道路。

八、施工方案

一个好的土方开挖施工方案能让施工更好、更高质量地完成施工，土方开挖施工方案一般包括：土方开挖施工准备、测量放样、开挖要求及土方外运。

(一) 准备工作

(1) 勘查现场，清除地面及地上障碍物。

(2) 保护测量基准桩，以保证土方开挖标高位置与尺寸准确无误。

(3) 备好开挖机械、人员、施工用电、用水、道路及其他设施。

(二) 清理表面

凡工程范围内的表层杂草、块石、杂物、腐殖土、树根等均应清除干净，平整压实，清理厚度不得小于 0.3m，清除出来的废渣不得随地弃置，采用自卸汽车外运至弃料场。

(三) 土方开挖

这里所指土方开挖主要为招标人指定范围内的土方开挖，开挖的土方外运至招标人指定地点，堆土高度不得超过 1.50m。

1. 施工准备

(1) 施工资料准备　土方开挖受天气、地质条件及原有建筑物的影响，开挖前应做好以下工作：

① 施工图纸的审阅、分析，及施工方案的拟订。

② 当地的水文、气象条件的了解。

③ 施工场地的地质条件的了解。

④ 施工范围内的建筑物及管线埋设情况。

⑤ 绘制土方开挖的平面图和横断面图。

(2) 现场准备

① 塔吊必须安装完毕，并经过安全验收。

② 开挖边线必须放线完毕，并经监理验收合格。

③ 有关人员、设备、材料必须进场。

2. 测量放样

利用布设的临时控制点，放样定出开挖边线和开挖深度等。在开挖边线放样时，应在设计边线外增加 300～500mm，并做上明显的标记。基坑底部开挖尺寸，除建筑物轮廓要求外，还应考虑排水设施和安装模板等要求。

3. 土方开挖要求

(1) 施工准备　土方开挖前，应根据施工方案的要求，将施工区域内的地下、地上障碍物清除和处理完毕。建筑物或构筑物的位置或场地的定位控制线（桩）、标准水平桩及开槽的灰线尺寸，必须经过检验合格；并办完预检手续。夜间施工时，应有足够的照明设施；在危险地段应设置明显标志，并要合理安排开挖顺序，防止错挖或超挖。开挖有地下水位的基坑槽、管沟时，应根据当地工程地质资料，采取措施降低地下水位。一般要降至开挖面以下 0.5m，然后才能开挖。施工机械进入现场所经过的道路、桥梁和卸车设施等，应事先经过检查，必要时要进行加固或加宽等准备工作。选择土方机械，应根据施工区域的地形与作业条件、土的类别与厚度、总工程量和工期综合考虑，以能发挥施工机械的效率来确定，编好施工方案。施工区域运行路线的布置，应根据作业区域工程的大小、机械性能、运距和地形起伏等情况加以确定。在机械施工无法作业的部位和修整边坡坡度、清理槽底等，均应配备人工进行。熟悉图纸，做好技术交底。

挖土机械有：挖土机、推土机、铁锹（尖、平头两种）、手推车、小白线或 20 号铅丝和钢卷尺以及坡度尺等。

(2) 操作工艺　确定开挖的顺序和坡度→分段分层平均下挖→修边和清底。

坡度的确定：本工程开挖坡度按设计要求，若在施工中仍不能确保稳定，则跟设计方面联系，更改开挖方案。

机械开挖：开挖应合理确定开挖顺序、路线及开挖深度。本工程采用挖掘机配合推土机进行开挖，土方开挖宜从上到下分层分段依次进行。随时作成一定坡势，以利泄水。在开挖过程中，应随时检查边坡的状态。开挖基坑，不得挖至设计标高以下，如不能准确地挖至设计基底标高时，可在设计标高以上暂留一层土不挖，以便在抄平后，由人工挖出。

人工修挖：在机械施工挖不到的土方，应配合人工随时进行挖掘，并用手推车把土运到机械挖到的地方，以便及时用机械挖走。修帮和清底时在距槽帮底设计标高 500mm 处，抄出水平线，钉上小木橛，然后用人工将暂留土层挖走，水泥搅拌桩头要沿桩开挖，不得破坏，开挖到基底高程，根据截桩高程要求对水泥搅拌桩进行截桩，桩顶修平。同时由轴线（中心线）引桩拉通线（用小线或铅丝），检查距槽边尺寸，确定槽宽标准，以此修整槽边。

最后清除槽底土方。

(3) 雨、冬期施工　土方开挖一般不宜在雨、冬季进行，工作面不宜过大，应逐段、逐片分期完成。

(4) 质量、安全控制措施　按图纸要求仔细放样，土方开挖后的坡度要符合设计要求规定，避免因边坡过陡而造成塌陷，为保证边坡质量，反铲要紧靠坡线开挖，以确保边坡平整度，并尽量避免欠挖或超挖的出现。

开挖并完成清理后，应及时恢复桩号、坐标、高程等，并做出醒目的标志。雨天应在开挖边坡顶设置截水沟，开挖区内设置排水沟和集水井，及时做好排水工作，以防基坑积水。开挖过程中，应始终保持设计边坡线逐层开挖，避免开挖工程中因临时边坡过陡造成塌方，同时加强边坡稳定性观察。开挖边坡顶严禁堆置重物，避免塌方。

(四) 土方外运

本工程土方采用5t自卸汽车运输，运至招标人指定地点，按招标人要求堆放。施工期间对弃土场进行管理，严禁本工程以外的土方运至本工程弃土场。工程运输污染所涉及的道路，按照路政部门的要求及时清理运输造成的污染。

九、基槽土方开挖与支护

土壁的稳定主要是由土体内摩擦阻力和黏结力来保持平衡的。一旦土体失去平衡，土体就会塌方，这不仅会造成人身安全事故、影响工期，有时还会危及附近的建（构）筑物。

(一) 造成土壁塌方的原因

(1) 边坡过陡；

(2) 雨水、地下水渗入基坑；

(3) 基坑上口边缘堆载过大；

(4) 土方开挖顺序、方法未遵守“从上至下、分层开挖；开槽支撑、先撑后挖”的原则。

(二) 防治塌方的措施

1. 放足边坡

边坡的留设应符合规范的要求。挖填高度大则坡度系数大，高度小则坡度系数小，甚至不放坡。土的工程性质，如土的类别、含水量，有无地下水等有影响。土的类别低（密度小）、含水量大，则坡度系数大；土的类别高（密度大）、含水量小，则坡度系数小。坡顶是否有荷载，施工期长短，施工季节，人工作业还是机械作业等施工特点也要考虑。

对坡顶有荷载（尤其是有动荷载）、使用时间长、且跨越冬雨季施工的边坡应留有充足的安全系数。

2. 土壁支护

为缩小施工面，减少土方，或受场地的限制不能放坡时，则可设置土壁支撑。

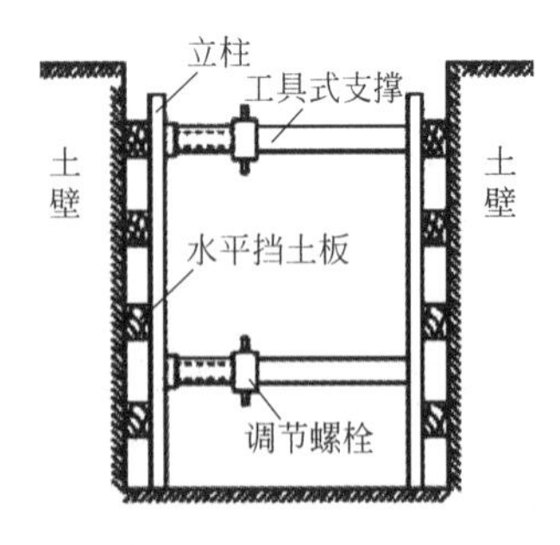

图 4-10　横撑式土壁支撑

(1) 基槽支护　基（沟）槽开挖一般采用横撑式土壁支撑（图 4-10）。根据挡土板的不同，分为水平挡土板及垂直挡土板两类。前者挡土板的布置又分为间断式和连续式两种。湿度小的黏性土挖土深度小于3m时，可用间断式水平挡土板支撑。

对松散、湿度大的土可用连续式水平挡土板支撑，挖土深度可达5m。对松散和湿度很高的土可用垂直挡土板式支撑，其挖土深度不限。

(2) 一般基坑的支护方法　一般基坑的支护方法有：斜柱支

撑法（图 4-11）、锚拉支撑法（图 4-12）、短柱横隔板支撑法(图 4-13)、临时挡土墙支撑法（图 4-14）等，施工时按适用条件进行选择。

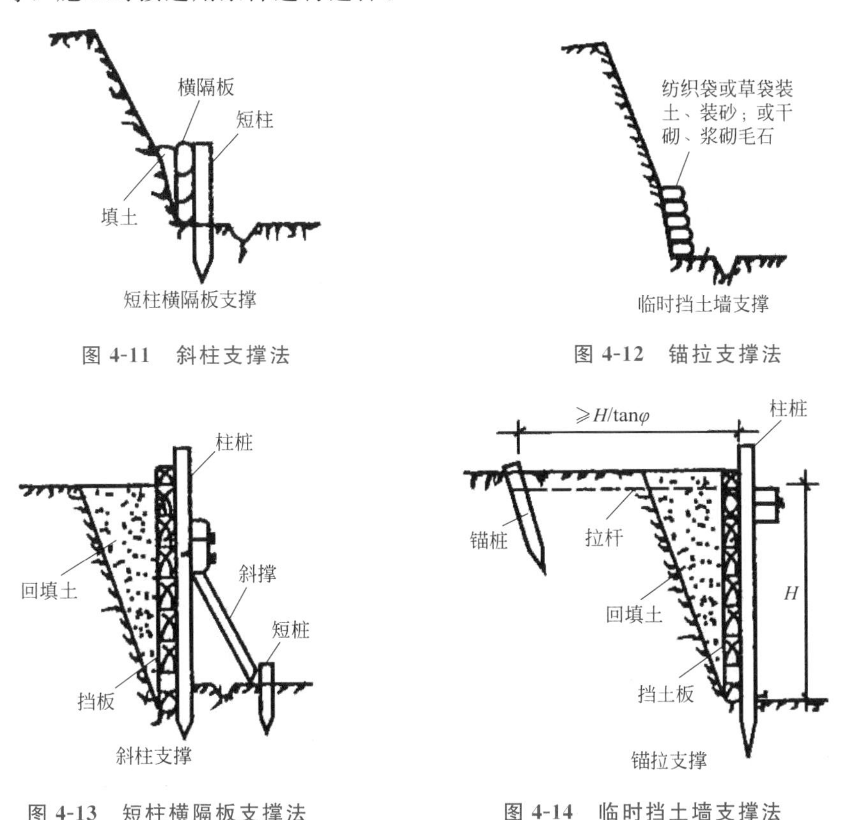

图 4-11　斜柱支撑法

图 4-12　锚拉支撑法

图 4-13　短柱横隔板支撑法

图 4-14　临时挡土墙支撑法

① 简易支护。

② 斜柱支撑　先沿基坑边缘打设柱桩，在柱桩内侧支设挡土板并用斜撑支顶，挡土板内侧填土夯实。

③ 锚拉支撑　先沿基坑边缘打设柱桩，在柱桩内侧支设挡土板，柱桩上端用拉杆拉紧，挡土板内侧填土夯实。

十、土方处置

土方施工中，挖方对于表层腐殖土要求进行处理，不允许进行填土作业。需要填方的地方要进行清淤或耕植土换填。土方要求在含水量规定值的进行填土，压实。土方回填高度虚铺厚度为 30cm。

任务 12　地基验槽

验槽是建筑物施工第一阶段基槽开挖后的重要工序，也是一般岩土工程勘察工作最后一个环节。验槽是为了普遍探明基槽的土质和特殊土情况，据此判断异常地基是否需要进行局部处理：原钻探是否需补充，原基础设计是否需修正，对自己所接受的资料和工程的外部环境进行确认。当施工单位挖完基槽并普遍钎探后，由建设单位邀请相关部门到施工现场进行验槽。

基坑开挖到设计的标高后，由监理单位组织建设单位、勘察单位、设计单位、施工单位、监理单位的项目负责人或技术质量负责人共同检查验收。地基是否满足设计、规范等有关要求。是否与地质勘查报告中土质情况相符，如基坑（槽)、基地开挖到设计标高后，应进行工程地质检验，对各种组砌基础、混凝土基础（包括设备基础）、桩基础、人工地基等做好隐蔽纪录。

一、地基验槽的目的

（1）检验勘察成果是否符合实际　通常勘探孔的数量有限，布设在建筑物外围轮廓线四角与长边的中点。基槽全面开挖后，地基持力层土层会完全暴露出来，首先检验勘察成果与实际情况是否一致，勘察成果报告的结论与建议是否正确和切实可行，地基土层是否到达设计时由地质部门给的数据的土层，是否有差别，如有不相符的情况，应协商解决，修改设计方案，或对地基进行处理等措施。

（2）基础深度是否达到设计深度，持力层是否到位或超挖，基坑尺寸是否正确，轴线位置及偏差、基础尺寸是否符合设计要求，基坑是否积水，基底土层是否被扰动。

（3）解决遗留和新发现的问题　有时勘察成果报告遗留当时无法解决的问题，例如，某地质勘查单位对一幢学生宿舍楼的岩土工程勘察工作时，场地上有一户人家不让进院内钻孔，成为一个遗留问题，后来在验槽中解决。

二、验槽内容

（1）校核基槽开挖的平面位置与槽底标高是否符合勘察、设计要求。

（2）检验槽底持力层土质与勘察报告是否相同。

（3）当发现基槽平面土质显著不均匀，或局部存在古井、菜窖、坟穴、河沟等不良地基，可用钎探查明其平面范围与深度。

（4）检查基槽钎探结果。

三、记录要求

基坑（槽）挖土验槽，要求记录以下内容：

（1）验收时间为各方共同检查验收日期。

（2）基槽（坑）位置、几何尺寸、槽底标高均按验收实测纪录填写。

（3）土层走向、厚度、土质有变化的部位，用图示加以说明。

（4）槽底土质类别、颜色及坚硬均匀情况。

（5）地下水位及水浸情况等。

（6）遇有古坟、钻井、洞穴、电缆、旧房基础，以及流沙等应在图中标明位置、标高、处理情况说明或写明变更文件编号。

检查验收意见：写明地基是否满足设计、规范等有关要求。是否与地质勘查报告中土质情况向情况相符，验槽由建设单位组织地质勘查部门、设计院、建设、监理单位及施工有关人员参加，共同检验做出记录并签字。无验槽手续不得进行下道工序施工。

四、地基验槽工作的开展

验槽工作，尤其是岩土专业的技术人员验槽细致与否，是关系整个建筑安全的关键。每一位工程技术人员，对每一个基槽都应做到慎之又慎，绝不能出现任何疏忽。在建筑施工时，对安全要求为二级和二级以上的建筑物必须施工验槽。

（一）验槽时的资料和条件

验槽时必须具备以下资料和条件：

（1）勘察、设计、质监、监理、施工及建设方有关负责人员及技术人员到场；

（2）附有基础平面和结构总说明的施工图阶段的结构图；

（3）详勘阶段的岩土工程勘察报告；

（4）开挖完毕，槽底无浮土、松土（若分段开挖，则每段条件相同），条件良好的基槽。

（二）验槽前准备工作

验槽前准备以下工作：

（1）察看结构说明和地质勘察报告，对比结构设计所用的地基承载力、持力层与报告所提供的是否相同；

（2）询问、察看建筑位置是否与勘察范围相符；

（3）察看场地内是否有软弱下卧层；

（4）场地是否为特别的不均匀场地、勘察方要求进行特别处理的情况，而设计方没有进行处理；

（5）要求建设方提供场地内是否有地下管线和相应的地下设施；

（6）场地是否处与采空影响区而未采取相应的地基、结构措施。

（三）地基验槽的方法

1. 清槽

验槽前要清槽，应注意以下几点：

① 设计要求应把槽底清平，槽帮修直，土清到槽外。

② 观察及钎探基槽的过软过硬部位，要挖到老土。

③ 柱基如有局部加深，必须将整个基础加深，使整个基础做到同一标高。条形基础基槽内局部有问题，必须按槽的宽度挖齐。

④ 槽外如有坟、坑、井等，如在槽底标高以下基础侧压扩散角范围内时，必须挖到老土，加深处理。

⑤ 基槽加深部分，如果挖土较深，应挖成阶梯形。

2. 观察验槽

工地验槽主要是以现场观察为主，一般现场观察验槽重点放在用肉眼观察已挖地基的土质，看这些土是不是合乎设计要求。观察时，先看原基地是不是有变动，有没有浮土覆盖层，如遇到覆盖层或表面出现了已经风干了的、水浸湿过的，或受冻过的土层，应当铲除，一定要找到原基土。当确认为原基土后，应查看该土层是不是设计要求的那种土，有没有带草根、树皮、垃圾的回填土，土的颜色与其他土是不是有明显差别，有无过干或湿的土，有无过硬的土，如遇到这些常见土质情况，必须局部下挖，进行分析，最后确定到达老土层深度，并采取相应的局部加固措施，对重点部位更要详细观察，在柱基墙角、承重墙下及其他受力较大部位，通常需进行详细的全面观察。一般是观察地基土的结构、孔隙、湿度、含有物等，并做出判定。

基础施工平面图的说明中常有这样一句：基础必须坐落在老土以下≥500mm 的土层上。它的含义是基础不准坐落在回填土层上，也不准坐落在老土层的顶面上，只准坐落在老土层面往下≥500mm 深度处。这一条要求很重要。

根据老土和回填土的组成及特征，在一般情况下就可以鉴别它们了，当然特殊情况还必须通过试验来鉴别。野外鉴别的主要方法如下：

① 用眼看，用手捏，用钎触，用镐掘，老土给人的感觉是密实、坚硬，回填土给人的感觉是松散、松软。

② 老土的组成比较单纯，回填土的组成比较混杂，杂填土当中往往含有建筑垃圾、工业废料或生活垃圾。

③ 老土层理比较明显，回填土没有层理或层理不明显。

④ 老土卵石窝面光滑，回填土卵石窝面不够光滑，有时呈蜂窝或麻面状。

⑤ 老土表面往往有植物层，因此老土与回填土之间往往形成明显的界面。

⑥ 老土顶层的颜色与回填土的颜色往往不同。

⑦ 同一类土，老土渗水性差；回填土渗水性强。因此，对黏性土来讲，当有水时，老土含水少，回填土含水多。所以，回填土钻钎比老土严重。

⑧ 同一类土，当挖基槽时，回填土容易塌方，老土不易塌方；回填土稳定边坡的坡度缓，老土稳定边坡的坡度陡。

观察验槽只能对槽底表面土层进行检查，而对槽底表面以下一定深度的土质变化情况就无法判别。因此，必要时还要进行钎探或铲探。

3. 钎探或铲探

钎探是将一定长度的钢钎打入槽底的基土内，根据每打入一定深度的击数来判断地基地质情况的一种简单勘察方法。

铲探采用洛阳铲进行探查，一般每 3～5 铲看一次土，查看土质变化和含有物的情况，遇到土质有变化或含有杂质，应测量深度并用文字记录清楚。遇到古墓、地道、废井等，应缩小铲孔距离，细查其大小、深浅、形状，并在铲孔平面图中标明，处理完后应尽快填土夯实。

（四）无法验槽情况

有下列条件之一者，不能达到验槽的基本要求，无法验槽：

（1）基槽底面与设计标高相差太大。

（2）基槽底面坡度较大，落差悬殊。

（3）槽底有明显的机械车辙痕迹，槽底土扰动明显。

（4）槽底有明显的机械开挖、未加人工清除的沟槽、铲齿痕迹。

（5）现场没有详勘阶段的岩土工程勘察报告或附有结构设计总说明的施工图阶段的图纸。

（五）推迟验槽情况

有下列情况之一时应推迟验槽或请设计方说明情况：

（1）设计所使用承载力和持力层与勘察报告所提供不符。

（2）场地内有软弱下卧层而设计方未说明相应的原因。

（3）场地为不均匀场地，勘察方需要进行地基处理而设计方未进行处理。

五、浅基础验槽

深、浅基坑的划分，在我国目前还没有统一的标准。一般就建筑物来说，浅基础是指埋深小于基础宽度的或小于一定深度的基础，国外建议把深度超过 6m 的基坑定为深基坑，国内有些地区建议把深度超过 5m 的基坑定为深基坑。本文采用此种方法，即基础埋深小基础宽度、深度小于 5m 的基坑为浅基坑。

一般情况下，除质控填土外，填土不宜作持力层使用，也不允许新近沉积土和一般黏性土共同作持力层使用。因此浅基础的验槽应着重注意以下几种情况：

（1）场地内是否有填土和新近沉积土；

（2）槽壁、槽底岩土的颜色与周围土质颜色不同或有深浅变化；

（3）局部含水量与其他部位有差异；

（4）场地内是否有条带状、圆形、弧形（槽壁）异常带；

（5）是否有因雨、雪、天寒等情况使基底岩土的性质发生了变化；

（6）场地内是否有被扰动的岩土；

（7）填土的识别

① 土内无杂物，但也无节理面、层理、孔隙等原状结构；

② 局部土体颜色与槽内其他部位不同，有可能是在颜色较浅部位的填土颜色较深，也可能是深色部位填土的颜色较浅；

③ 包含物与其他部位不同，以黏性土为主的素填土主要表现在钙质结核的含量与其他部位的明显差异上；

④ 土内含有木炭屑、煤渣、砖瓦陶瓷碎片、碎石屑等人类活动遗迹（尤其是木炭屑应仔细辨认）；

⑤ 土内含有孔隙、白色菌丝体等原生产物，仿佛是原状土，但孔隙大而乱，排列无规则，土质松散；

⑥ 以粗粒土为主要场地，主要表现在矿物成分与其他部位有所差异，粒径差异明显，充填物的不同等；

⑦ 所含钙质结核是否光洁，是否为次生或再搬运所致。

(8) 新近沉积土的识别　新近沉积土具有承载力低、变形大、有湿陷性等特点（在大部分情况下，其力学性质不如沉积时间 10 年以上的素填土），可能会产生较大的不均匀沉降，对建筑物有较大的危害。但在勘察工作中，由于孔内取土的限制，有时不能全部辨认出，在基础验槽时应特别加以注意。

① 堆积环境：主要存在于土、岩丘的坡脚和斜坡后缘，冲沟两侧及沟口处的洪积扇和山前坡积地带，河道拐弯处的内侧，河漫滩及低阶地，山间凹地的表部，平原上被淹埋的池沼洼地和冲沟内。

② 颜色：一般表现为灰黄、黄褐、棕褐，常相杂或相间。

③ 结构：土质不均、松散，大孔排列杂乱。常混有岩性不一的土块，多虫孔和植物根孔，锹挖容易。

④ 包含物：常含有机质，斑状或条带状氧化铁；有的混砂、砾或岩石碎屑；有的混有砖瓦陶瓷碎片或朽木片等人类活动的遗物，在大孔壁上常有白色钙质粉末。在深色土中，白色物呈菌丝状或条纹状分布；在浅色土中，白色物呈星点状分布，有时混钙质结合，呈零星分布。

(9) 地基基础应尽量避免在雨季施工。无法避开时，应采取必要的措施防止地面水和雨水进入槽内，槽内水应及时排出，使基槽保持无水状态，水浸部分应全部清除。

(10) 严禁局部超挖后用虚土回填。

(11) 本地区季节性冻土的冻深为 0.40m，因此基础埋深从自然地面起不得小于 0.40m。

(12) 当建筑场地为耕地（草地）时，一般耕土深度在 0.6～0.7m 之间，因此基础埋深不得小于 0.70m。

六、深基础验槽

就建筑物来说，深基础是指基础埋深大于其整体宽度且超过 5m 的基础（包括桩基、沉井、沉管、管柱架等形式）。本文所说的深基础指当基坑深度超过 5m（含 5m）时所对应的基础。当用深基础时，一般情况下出现填土的可能性不大，此时应着重查明下列情况：

(1) 基槽开挖后，地质情况与原提供地质报告是否相符。

(2) 场地内是否有新近沉积土。

(3) 是否有因雨、雪、天寒等情况使基底岩土的性质发生了变化。

(4) 边坡是否稳定。

(5) 场地内是否有被扰动的岩土。

(6) 地基基础应尽量避免在雨季施工。无法避开时，应采取必要的措施防止地面水和雨水进入槽内，槽内水应及时排出，使基槽保持无水状态，水浸部分应全部清除。

(7) 严禁局部超挖后用虚土回填。

七、复合地基验槽

复合地基是指采用人工处理后的，基础不与地基土发生直接作用或仅发生部分直接作用的地基，与天然地基相对应，包括用换土垫层、强夯法、各种预压法（先期固结）、灌浆法、振冲桩法、挤密桩法处理等。复合地基的验槽，应在地基处理之前或之间、之后进行，主要有以下几种情况：

(1) 对换土垫层，应在进行垫层施工之前进行，根据基坑深度的不同，分别按深、浅基础的验槽进行。经检验符合有关要求后，才能进行下一步施工。

(2) 对各种复合桩基，应在施工之中进行。主要为查明桩端是否达到预定的地层。

(3) 对各种采用预压法、压密、挤密、振密的复合地基，主要是用试验方法（室内土工试验、现场原位测试）来确定是否达到设计要求。

八、桩基验槽

对桩基的验槽，主要有以下两种情况：

(1) 机械成孔的桩基，应在施工中进行。干施工时，应判明桩端是否进入预定的桩端持力层；泥浆钻进时，应从井口返浆中，获取新带上的岩屑，仔细判断，认真判明是否已达到预定的桩端持力层。

(2) 人工成孔桩，应在桩孔清理完毕后进行。

① 对摩擦桩，应主要检验桩长；

② 对端承桩，应主要查明桩端进入持力层长度、桩端直径；

③ 在混凝土浇灌之前，应清净桩底松散岩土和桩壁松动岩土；

④ 检验桩身的垂直度；

⑤ 对大直径桩，特别是以端承为主的大直径桩，必须做到每桩必验。检验的重点是桩端进入持和层的深度、桩端直径等。

桩端全断面进入持力层的深度应符合下列要求：对于黏性土、粉土不宜小于 $2d$，砂土不宜小于 $1.5d$，碎石土类不宜小于 $1d$；季节冻土和膨胀土，应超过大气影响急剧深度并通过抗拔稳定性验算，且不得小于 4 倍桩径及 1 倍扩大端直径，最小深度应大于 1.5m。对岩面较为平整且上覆土层较厚的嵌岩桩，嵌岩深度宜采用 $0.2d$ 或不小于 0.2m。桩进入液化层以下稳定土层中的长度（不包括桩尖部分）应按计算确定，对于黏性土、粉土不宜小于 $2d$，砂土类不宜小于 $1.5d$，碎石土类不宜小于 $1d$，且对碎石土、砾、粗、中砂，密实粉土，坚硬黏土尚不应小于 500mm，对其他非岩类土尚不应小于 1.5m。

课程小结

本次任务的学习内容是对基槽进行开挖施工，并进行验槽。通过对课程的学习，要求学生能组织基槽的土方开挖施工与基槽验收。

课外作业

(1) 以项目部为单位，课外模拟地基验槽进行一次活动。

(2) 自学《土方与爆破工程施工及验收规范》(GB 50201—2012)。

课后讨论

地基验槽的准备工作有哪些？

学习情境5　砖基础施工

学习目标

能组织砖基础施工。

关键概念

1. 地基与基础
2. 基础垫层
3. 砖砌体通缝
4. 基础验收

技能点与知识点

1. 技能点

（1）基础放线；

（2）基础验收准备。

2. 知识点

（1）一顺一丁、三顺一丁、梅花丁；

（2）回填土质量；

（3）土方密实。

提示

（1）什么情况下基础必须验收？

（2）怎样鉴别回填土的含水量？

（3）回填土质量有哪些要求？

相关知识

1. 土的密实度
2. 砌筑方法与砌筑质量要求
3. 施工准备

任务13　垫层浇筑

混凝土垫层是钢筋混凝土基础与地基土的中间层，作用是使其表面平整便于在上面绑扎钢筋，也起到保护基础的作用，都是素混凝土的，无需加钢筋。如有钢筋则不能称其为垫层，应视为基础底板。

一、混凝土垫层的浇筑时间

混凝土垫层是在地基验槽后进行，而且地基验槽后应立即进行。因此，地基验槽前就要做好垫层浇筑的准备，地基验槽记录签字后，及时进行垫层浇筑。

二、混凝土垫层的浇筑要求

（1）水泥混凝土垫层铺设在基土上，当气温长期处于0℃以下，设计无要求时，垫层应设置伸缩缝。

（2）水泥混凝土垫层的厚度一般为100mm，不应小于60mm。

（3）垫层铺设前，其下一层表面应湿润。

(4) 室内地面的水泥混凝土垫层，应设置纵向缩缝和横向缩缝；纵横向缩缝间距均不得大于 6m。

(5) 垫层的纵向缩缝应做平头缝或加肋板平头缝。当垫层厚度大于 150mm 时，可做企口缝。横向缩缝应做假缝。

平头缝和企口缝的缝间不得放置隔离材料，浇筑时应互相紧贴。企口缝的尺寸应符合设计要求，假缝宽度为 5～20mm，深度为垫层厚度的 1/3，缝内填水泥砂浆。

(6) 工业厂房、礼堂、门厅等大面积水泥混凝土垫层应分区段浇筑。分区段应结合变形缝位置、不同类型的建筑地面连接处和设备基础的位置进行划分，并应与设置的纵向、横向缩缝的间距相一致。

(7) 水泥混凝土施工质量检验尚应符合现行国家标准《混凝土结构工程施工质量验收规范》(GB 50204) 的有关规定。

三、混凝土垫层的浇筑质量要求

(一) 主控项目

(1) 水泥混凝土垫层采用的粗骨料，其最大粒径不应大于垫层厚度的 2/3；含泥量不应大于 2%；砂为中粗砂，其含泥量不应大于 3%。

检验方法：观察检查和检查材质合格证明文件及检测报告。

(2) 混凝土的强度等级应符合设计要求，且不应小于 C15。

检验方法：观察检查和检查配合比通知单及检测报告。

(二) 一般项目

水泥混凝土垫层表面的允许偏差应符合表 5-1 的规定。

检验方法：应按 GB 50209—2002 中的检验方法检验。

表 5-1　水泥混凝土垫层表面的允许偏差及检验方法

序号	检查项目	允许偏差或允许值/mm	检验方法
1	表面平整度	10	用 2m 靠尺或者用楔形塞尺检查
2	标高	±10	用水准仪检查
3	坡度	坡度不大于房间相应尺寸的 2/1000，且不大于 30	用坡度尺检查
4	厚度	厚度在个别地方不大于设计厚度的 1/10	用钢尺检查

四、成品保护

(1) 在已浇筑的垫层混凝土强度达到 1.2MPa 以后，才可允许人员在其上走动和进行其他工序。

(2) 在施工操作过程中，注意运混凝土小车不要碰动门框（应预先有保护措施），并在铺设混凝土时要保护好电气等设备等。

(3) 混凝土垫层浇筑完满足养护时间后，可继续进行面层施工，如继续施工时，应对垫层加以覆盖保护，并避免在垫层上搅拌砂浆。存放油漆桶等物以免污染垫层，影响面层与垫层的黏结力，而造成面层空鼓。

五、常见的质量问题

(1) 混凝土不密实　主要由于漏振和振捣不密实，或配合比不准及操作不当而造成。基底未洒水，太干燥和垫层过薄，也会造成不密实。

(2) 表面不平、标高不准　操作时未认真找平。铺混凝土时必须根据所拉水平线掌握混凝土的铺设厚度，振捣后再次拉水平线检查平整度，去高填平后，用木刮杠以水平堆（或小木桩）为标准进行刮平。

（3）不规则裂缝 垫层面积过大、未分段分仓进行浇筑、首层暖沟盖板上未浇混凝土、首层地面回填土不均匀下沉或管线太多垫层厚度不足60mm等因素，都能导致裂缝产生。

任务14 基础放线

混凝土垫层浇筑完12h后，即可在垫层上进行基础放线。基础放线由施工单位的专业测量人员对基础工程进行放线及测量复核（监理人员主要是旁站监督、验证），最后放出所有建筑物轴线的定位桩（根据建筑物大小也可轴线间隔放线），所有轴线定位桩是根据规划部门的定位桩（至少4个）及建筑物底层施工平面图进行放线的。放线工具为“经纬仪”。

基础定位放线完成后，由施工现场的测量员及施工员依据定位的轴线放出基础的边线，进行基础开挖。放线工具：经纬仪、龙门板、线绳、线坠子、钢卷尺等。小工程可能没有测量员，就是施工员放线。

［注意］基础轴线定位桩在基础放线的同时必须引到拟建建筑物周围的永久建筑物或固定物上，防止轴线定位桩破坏了，用来补救。

任务15 砖基础砌筑

砖混结构房屋基础一般为条形基础。2～3层砖混结构房屋可以用毛石基础，也可以用砖基础。4层及以上的房屋一般用钢筋混凝土条形基础。

砖基础是以砖为砌筑材料形成的建筑物基础，是我国传统的砖木结构砌筑方法，现代常与混凝土结构配合修建住宅、校舍、办公等低层建筑。常见的砌筑方法为：“一皮一收”或“一皮一收与两皮一收相间”。砌筑时为保证最底层的整体性良好，底层采用“全丁法”砌筑。砖基础主要指由烧结普通砖和毛石砌筑而成的基础，均属于刚性基础范畴。这种基础的特点是抗压性能好，整体性、抗拉性能、抗弯性能、抗剪性能较差，材料易得，施工操作简便，造价较低。适用于地基坚实、均匀，上部荷载较小，7层和7层以下的一般民用建筑和墙承重的轻型厂房基础工程。

一、砖基础技术要求

（1）砖基础一般做成阶梯形，即大放脚，大放脚有等高式和间隔式。

（2）砌筑时，灰缝砂浆要饱满，严禁用冲浆法灌缝。砖基础的水平灰缝厚度和垂直灰缝宽度宜为10mm。水平灰缝的砂浆饱满度不得小于80％。每皮砖要挂线，它与皮数杆的偏差值不得超过10mm。

（3）砖基础底标高不同时，应从低处砌起，并应由高处向低处搭砌；当设计无要求时，搭砌长度不应小于砖基础大放脚的高度。砖基础的转角处和交接处应同时砌筑；当不能同时砌筑时，应留置斜槎。

（4）基础墙的防潮层，当设计无具体要求，宜用1∶2水泥砂浆加适量防水剂铺设，其厚度宜为20mm。防潮层位置宜在室内地面标高以下一皮砖处。

二、砖基础划分

（1）基础与墙（柱）身使用同一种材料时，以设计室内地面为界（有地下室者，以地下室室内设计地面为界），以下为基础，以上为墙（柱）身。

（2）基础与墙（柱）身使用不同材料时，位于设计室内地面±300mm以内时，以不同材料为分界线，以下为基础，以上为墙（柱）身；超过±300mm时，以设计室内地面为分界线。

（3）砖、石围墙，以设计室外地坪为界线，以下为基础，以上为墙身。

三、计算规则

（1）砖石基础以设计图示尺寸按体积计算。包括附墙垛基础宽出部分体积，扣除地梁（圈梁）、构造柱所占体积。砖石基础长度：外墙墙基按外墙中心线长度计算；内墙墙基按内墙净长计算。石砌基础如为台阶式断面时，可按下式计算基础的平均宽度：

$$B = A/H$$

式中　B——基础断面平均宽度（m）；

A——基础断面面积（m）；

H——基础深度（m）。

（2）嵌入砖石基础的钢筋、铁件、管子、基础防潮层、单个孔洞面积≤0.3m以及砖石基础放大脚的T形接头重叠部分，均不扣除。但靠墙暖气沟的挑砖、石基础洞口上的砖平碹亦不另计算。

四、砖基础的砌筑要求

砖基础有带形基础和独立基础，基础下部扩大部分称为大放脚、上部为基础墙。大放脚有等高式和不等高式两种，如图5-1所示。

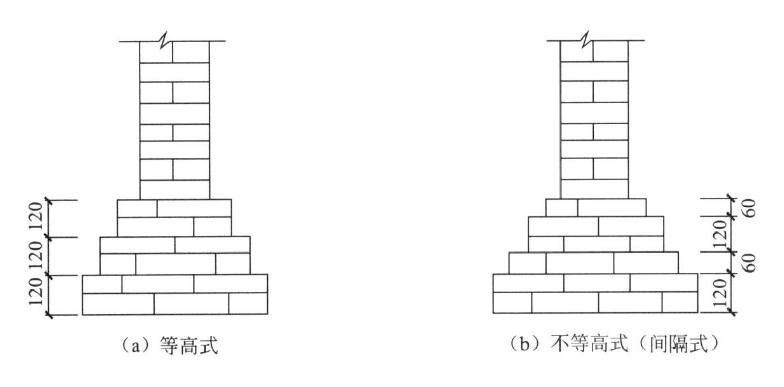

图5-1　砖基础大放脚形式

等高式大放脚是两皮一收，两边各收进1/4砖长；不等高大放脚是两皮一收和一皮一收相间隔，两边各收进1/4砖长。大放脚一般采用一顺一丁砌法，上下皮垂直灰缝相互错开60mm。砖基础的转角处、交接处，为错缝需要应加砌配砖（3/4砖、半砖或1/4砖）。在这些交接处，纵横墙要隔皮砌通；大放脚的最下一皮及每层的最上一皮应以丁砌为主。底宽为2砖半，等高式砖基础大放脚转角处分皮砌法如图5-2所示。

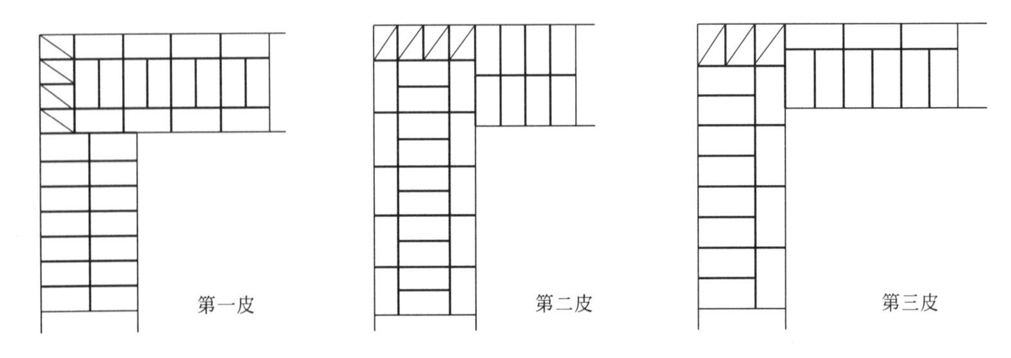

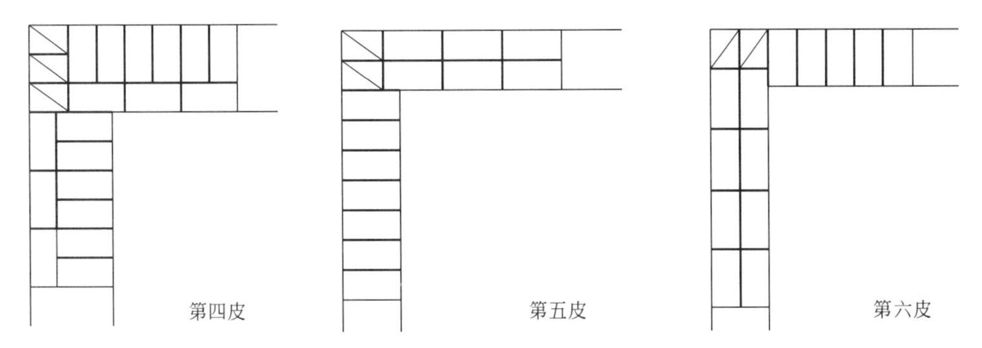

图 5-2　等高式砖基础大放脚转角处分皮砌法

五、砖基础的砌筑质量要求

砌筑砖基础前，应校核放线尺寸的允许偏差应符合表 5-2 的规定。

表 5-2　放线尺寸的允许偏差

长度 L、宽度 B/m	允许偏差/mm	长度 L、宽度 B/m	允许偏差/mm
L（或 B）≤30	±5	60＜L（或 B）≤90	±15
30＜L（或 B）≤60	±10	L（或 B）＞90	±20

任务 16　砖基础验收

基础施工完毕后，如果需要回填，则必须组织基础验收，如果不回填则基础不需要验收，可以和结构验收同时进行。

基础验收的方法、步骤、参加验收的单位、人员，与地基验槽基本相同，只是地质勘探单位的人员可以不参加。

一、地基与基础分部工程质量监督验收的程序和要求

（1）地基与基础分部（子分部）施工完成后，施工单位应组织相关人员检查，在自检合格的基础上报监理机构项目总监理工程师（建设单位项目负责人）。

（2）地基与基础分部工程验收前，施工单位应将分部工程的质量控制资料整理成册报送项目监理机构审查，监理核查符合要求后由总监理工程师签署审查意见，并于验收前 3 个工作日通知质监站与相关单位。

（3）总监理工程师（建设单位项目负责人）收到上报的验收报告应及时组织参建五方对地基与基础分部工程进行验收，验收合格后应填写地基与基础分部工程质量验收记录，并签注验收结论和意见。相关责任人签字加盖单位公章，并附分部工程观感质量检查记录。

（4）总监理工程师（建设单位项目负责人）组织对地基与基础分部工程验收时，必须有以下人员参加：总监理工程师、建设单位项目负责人、设计单位项目负责人、勘察单位项目负责人、施工单位技术质量负责人及项目经理等。

二、基础验收的资料准备

应准备以下资料：

（1）地基验槽记录；

（2）预检工程记录；

（3）工程定位测量及复测记录；

（4）地基钎探记录；

（5）土方分项工程质量验收记录；

（6）回填土分项工程质量验收记录；

（7）钢筋分项工程质量验收记录；

（8）砌体基础分项工程质量验收记录。

三、地基与基础分部工程验收应具备的条件

地基与基础分部验收前，基础墙面上的施工孔洞须按规定镶堵密实，并作隐蔽工程验收记录。未经验收不得进行回填土分项工程的施工，对确需分阶段进行地基与基础分部工程质量验收时，建设单位项目负责人在质监交底会上向质监人员提交书面申请，并及时向质监站备案。

工程技术资料存在的问题均已悉数整改完成。施工合同和设计文件规定的地基与基础分部工程施工的内容已完成，检验、检测报告（包括环境检测报告）应符合现行验收规范和标准的要求。安装工程中各类管道预埋结束，相应测试工作已完成，其结果符合规定要求。地基与基础分部工程施工中，质监站发出整改（停工）通知书要求整改的质量问题都已整改完成，完成报告书已送质监站归档。

四、地基与基础分部工程监督抽查、检查的主要内容

对实体质量抽查的规定有：

① 抽查施工作业面的施工质量，突出对强制性标准的执行情况的检查。

② 重点检查结构质量、环境质量和使用功能。其中重点监督地基基础和涉及结构安全的关键部位。

③ 抽查涉及结构安全和使用功能的主要材料、构配件和设备的出厂合格证、试验报告、见证取样送检资料及结构实体检测报告。

④ 抽查结构混凝土及承重砌体施工过程的质量控制情况。

⑤ 实体质量检查要辅以必要的监督检测。

对地基与基础分部工程外观的观感质量检查。检查工程参建各方质量行为和质量制度履行情况。

五、基础验收方法

施工单位准备验收签到表，提出基础验收申请。建设单位、监理预验（包括现场实体建筑物和资料整理），合格后通知质检站、设计院、勘察单位验收时间。正式举行验收。验收通过后，几方共同签字认可。

六、不符合地基与基础分部工程质量验收的处理办法

（1）地基与基础分部工程验收监督过程中，发现有不符合验收程序、不具备验收条件的情况应责令重新组织验收。

（2）验收监督过程中，发现存在严重质量问题或涉及结构安全的质量问题时，应签发书面整改通知书或局部停工通知书，待问题整改完成后重新组织分部工程的验收。

（3）验收监督过程中，发现工程施工质量违反国家强制性标准或质量责任主体违法违规行为，应签发局部停工通知书责令停工整改，并将情况及时上报行政主管部门予以处罚。

（4）地基与基础分部工程未经验收或验收不合格，责任方擅自进行上部施工的，应签发局部停工通知书责令整改，并按有关规定处理。

（5）参建责任方签署的地基与基础分部工程质量验收记录，应在签字盖章后3个工作日内由项目监理人员报送质监存档。

七、基础验收签字

需施工单位填写好基础分部（桩基子分部）验收表。需要甲方、监理、设计院、施工单位共同在验收表上签字盖章认可。

任务 17 基础回填

建筑工程的填土，主要有地基填土、基坑（槽）或管沟回填、室内地坪回填、室外场地回填平整等。对地下设施工程（如地下结构物、沟渠、管线沟等）的两侧或四周及上部的回填土，应先对地下工程进行各项检查，办理验收手续后方可回填。

一、回填材料要求

（1）碎石类土、砂土（使用细、粉砂时应取得设计单位同意）和爆破石渣，可用作表层以下填料。其最大粒径不得超过每层铺填厚度的 2/3 或 3/4（使用振动碾压时），含水率应符合规定。

（2）黏性土应检验其含水率，必须达到设计及施工规范规定要求方可使用。

（3）盐渍土一般不可使用。但填料中不得含有盐晶、盐块或含盐植物的根茎，并符合《土方与爆破工程施工及验收规范》。

二、主要机具

（1）装运土方机械：铲土机、自卸汽车、推土机、铲运机、翻半斗车等。

（2）碾压机械：手碾、羊足碾和振动碾等。

（3）一般工具：蛙式或柴油打夯机、手推车、铁锹（平头及尖头两种）、2m 钢卷尺、20 号铅丝、胶皮管等。

三、作业条件

施工前应根据工程特点、填方土料种类、密实度要求、施工条件等合理确定填方土料含水率控制范围、虚铺厚度和压实遍数等参数；重要回填土方工程，其参数应通过压实试验来确定。

填土前，应对填方基底和已完工程进行检查和中间验收，合格后要做好记录及验收手续。

施工前，应做好水平高程标志的布置。如基坑或沟边上每 10m 钉上水平桩橛或在邻近的固定建筑物上找上标准高程点。大面积场地上每隔 10m 左右也可钉上水平桩。

四、回填方法

（1）人工填土方法。

（2）机械填土方法。一般有推土机填土、铲运机填土、汽车填土。

（3）压实方法。一般有碾压法、夯实法和振动压实法，以及利用运土工具压实。对于大面积填土工程，多采用碾压和利用运土工具压实。较小面积的填土工程，则宜用夯实工具进行压实。

（4）填土前，应将基底表面上的垃圾或树根等杂物、洞穴都处理完，清理干净。

（5）检验土质。检验各种土料的含水率是否在控制范围内。如含水率偏高，可采用翻松、晾晒等措施；如含水率偏低，可采用预先浇水润湿等措施。

（6）填土应分层铺摊。每层铺土的厚度应根据土质、密实度要求和机具性能确定，或按表 5-3 选用。碾压时，轮（夯）迹应互相搭接，防止漏压、漏夯。

表 5-3　填土每层的铺土厚度和压实遍数

压实机具	每层铺土厚度/mm	每层压实遍数/遍
平碾	200～300	6～8
羊足碾	200～350	8～16
蛙式打夯机	200～250	3～4
推土机	200～300	6～8
拖拉机	200～300	6～16
人工打夯	不大于 200	3～4

注：人工打夯时，土块粒径不应大于 5cm。

五、土方回填工艺流程

基坑（槽）底地坪上清理→检验土质→分层铺土、耙平→夯打密实→检验密实度→修整找平验收。

六、土方回填要点

（1）填土前应将基坑（槽）底或地坪上的垃圾等杂物清理干净；基槽回填前，必须清理到基础底面标高，将回落的松散垃圾、砂浆、石子等杂物清除干净。

（2）检验回填土的质量有无杂物，粒径是否符合规定，以及回填土的含水量是否在控制的范围内。如含水量偏高，可采用翻松、晾晒或均匀掺入干土等措施；如遇回填上的含水量偏低，可采用预先洒水润湿等措施。

（3）回填土应分层铺摊。每层铺土厚度应根据土质、密实度要求和机具性能确定。一般蛙式打夯机每层铺土厚度为 200～250mm；人工打夯不大于 200mm。每层铺摊后，随之耙平。

（4）回填上每层至少夯打 3 遍。打夯应一夯压半夯，夯夯相接，行行相连，纵横交叉，并且严禁采用水浇使土下沉的所谓“水夯”法。

（5）深浅两基坑（槽）相连时，应先填夯深基础；填至浅基坑相同的标高时，再与浅基础一起填夯。如必须分段填夯时，交接处应填成阶梯形，梯形的高宽比一般为 1∶2。上下层错缝距离不小于 1.0m。

（6）基坑（槽）回填应在相对两侧或四周同时进行。基础墙两侧标高不可相差太多，以免把墙挤歪；较长的管沟墙，应采用内部加支撑的措施，然后再在外侧回填土方。

（7）回填房心及管沟时，为防止管道中心线位移或损坏管道，应用人工先在管子两侧填土夯实；并应由管道两侧同时进行，直至管顶 0.5m 以上时，在不损坏管道的情况下，方可采用蛙式打夯机夯实。在接口处，防腐绝缘层或电缆周围，应回填细粒料。

（8）回填土每层填土夯实后，应按规范规定进行环刀取样，测出干土的质量密度，达到要求后，再进行上一层的铺土。

（9）修整找平。填土全部完成后，应进行表面拉线找平，凡超过标准高程的地方，及时依线铲平；凡低于标准高程的地方，应补土夯实。

任务 18　项目实践活动

一、活动内容

每 8 人一个项目部，每个学生用普通砖砌筑一道长 2m、高 1.5m 的 24 墙，合围成两个独立小房，墙角部位留置240mm×240mm构造柱。每间房留一道门（门洞宽900mm，位于墙的正中）和一道窗（宽1.5m，位于墙正中），当砌筑到1.2m高度时，搭设砌筑脚手架。

二、活动组织

（一）人员组织

将学生按项目部分组，每组6～8人，按施工员、质量员、安全员、材料员、标准员、机械员、资料员、劳务员进行分工，在他们中间选举产生项目经理、技术负责人。

（二）岗位职责

（1）项目经理：对训练负责，组织讨论施工方案，负责对项目部人员的组织管理与考核。

（2）技术负责人：负责起草施工方案，并进行技术交底。

（3）施工员：训练过程中的实施组织。

（4）质量员：组织对训练成果进行检测，并记录。

（5）安全员：进行训练安全注意事项交底，并检查落实。

（6）材料员：负责训练所需材料的组织保管并归还。

（7）标准员：对材料用量进行计算，交技术负责人编制方案，交材料员备料。

（8）机械员：负责训练所需工具的组织保管并归还。

（9）劳务员：负责组织劳务人员进行施工。

（10）资料员：保管训练及检测的技术资料。

三、活动方法

砌筑训练分两个阶段进行。第1阶段为第1周的第1天上午，主要练习盘角，掌握基本砌筑手法与盘角方法。第2阶段为第1周的第1天下午，主要练习砖混结构砌筑。

（一）砌筑材料与工具准备

（1）材料准备　砌筑材料主要是普通砖与砂浆。对训练所剩下的材料要清理，储存，不得造成污染。

① 普通砖　将普通砖运至现场，学生根据要求计算砖的需求量进行领取。浇砖由学生根据天气情况自己掌握。

② 砂浆　为方便重复使用，砂浆采用黏土砂浆或石灰砂浆。石灰砂浆按1∶3，黏土砂浆按1∶2由学生自己配置、拌和。砂浆稠度自行调节。

（2）工具准备　砌砖工具为大铲和刨锛；大铲是用于铲取砂浆。砌筑时，用大铲铲取能正好满足一块砖挤浆所需要的砂浆，再通过运用铺灰技巧，使打在砌筑面上的灰条长宽合适，厚度均匀，一次成形。

大铲的铲面呈三角形。铲边弧线比较平缓，便于铲取合适的灰条。铲柄的角度合适，使握铲的手腕受力平缓，过大或过小的角度，都会让手腕关节处产生疲劳。铲面用废带锯条制成，手柄用软质木材（如杨木）等制作，握着比檀木手柄柔和舒适，并能吸收手汗。铲重为0.25kg左右，操作起来比较灵巧。

（二）砌筑施工程序

安装构造柱钢筋→摆砖→立皮数杆→挂线→砌筑→高度到1.2m时搭脚手架→砌筑。

（三）操作要点

1. 抄平放线

先在地面定出地面标高，用砂浆找平，然后根据龙门板上标志的轴线，弹出墙身轴线、边线及门窗洞口位置（图5-3）。

2. 摆砖

摆砖，又称摆脚，是指在放线的基面上按选定的组砌方式用干砖试摆。目的是为了校对所放出的墨线在门窗洞口、附墙垛等处是否符合砖的模数，以尽可能减少砍砖，并使砌体灰缝均匀，组砌得当。一般在房屋外纵墙方向摆顺砖，在山墙方向摆丁砖，具体由窗台口进行计算。摆砖由一个大角摆到另一个大角，砖与砖留 10mm 缝隙。

3. 立皮数杆

皮数杆是指在其上划有每皮砖和灰缝厚度，以及门窗洞口、过梁、楼板等高度位置的一种木制标杆。砌筑时用来控制墙体竖向尺寸及各部位构件的竖向标高，并保证灰缝厚度的均匀性（图 5-4）。

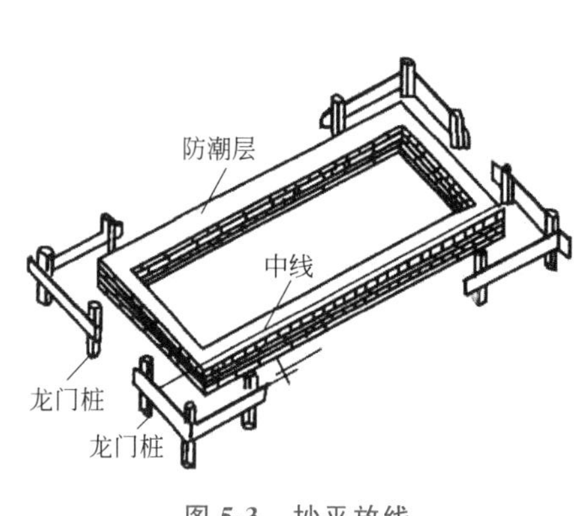

图 5-3 抄平放线

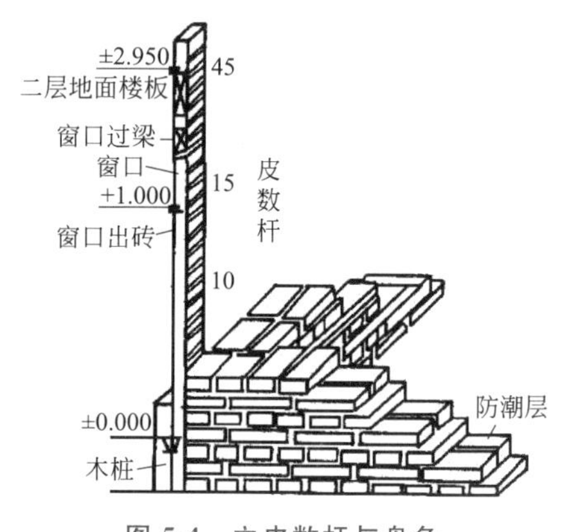

图 5-4 立皮数杆与盘角

4. 砌筑

砌筑操作方法各地不一，但应保证砌筑质量要求。通常采用“三一”砌砖法，即一块砖、一铲灰、一揉压，并随手将挤出的砂浆刮去的砌筑方法。这种砌法的优点是灰缝容易饱满，黏结力好，墙面整洁。

刨锛是用于打砖的工具。目前使用的刨锛就可以满足要求。

四、考核与纪律要求

（一）纪律要求

（1）学生要明确实训的目的和意义。

（2）实训过程需谦虚、谨慎、刻苦，重视并积极自觉地参加实训；好学、爱护国家财产，遵守国家法令，遵守学校及施工现场的规章制度。

（3）服从指导教师的安排，同时每个同学必须服从本班长与项目经理的安排和指挥。

（4）项目部成员应团结一致，互相督促、相互帮助；人人动手，共同完成任务。

（5）遵守学院的各项规章制度，不得迟到、早退、旷课。点名 2 次不到者或请假超过 2d 者，实训成绩为不及格。

（二）实训成果要求

（1）在实训过程中应按指导书上的要求达到实训的目的。学生必须每天编写实训日记，实训日记应记录当天的实训内容、必要的技术资料及所学到的知识，实训日记要求当天完成。

（2）实训过程结束后 2d 内，学生必须上交实训总结。实训总结应包括：实训内容、技术总结、实训体会等方面的内容，要求字数不少于 3000 字。

（三）成绩评定

成绩由指导教师根据每位学生的实训日记、实训报告、操作成果得分情况以及个人在实训中的表现进行综合评定。

（1）实训日记、实训报告：30%（按个人资料评分）占比。

（2）实训操作：60%（按项目部评分）占比。

（3）个人在实训中的表现：10%（按项目部和教师评价）占比。

课程小结

本次任务的学习内容是进行砖基础施工，并进行基础验收与回填。通过对课程的学习，要求学生能组织砖基础砌筑施工与基础验收准备工作。

课外作业

（1）以项目部为单位，组织参观基础砌筑。

（2）自学《建筑地基基础工程施工质量验收规范》（GB 50202—2002）。

课后讨论

基础验收工作有哪些内容？

学习情境6　砖混房屋主体结构施工

学习目标

能组织砖混结构房屋施工。

关键概念

1. 圈梁
2. 构造柱
3. 结构验收

技能点与知识点

1. 技能点

砖墙砌筑质量检查与验收。

2. 知识点

（1）砌体；

（2）砂浆；

（3）脚手架；

（4）结构验收。

提示

（1）脚手架的搭设有哪些要求？

（2）构造柱、圈梁有什么作用？它们与砌体有什么关系？

（3）怎样进行结构验收？

相关知识

1. 砌体结构验收规范
2. 模板、钢筋、混凝土的相关知识
3. 施工组织的知识

任务19 地圈梁施工

一、主体施工放线

基础工程施工出正负零后，紧接着就是主体一层、二层……直至主体封顶的施工及放线工作。放线工具有经纬仪、线坠子、线绳、墨斗、钢卷尺等。根据轴线定位桩及外引的轴线基准线进行施工放线。用经纬仪将轴线打到建筑物上，在建筑物的施工层面上弹出轴线，再根据轴线放出柱子、墙体等边线等，每层如此，直至主体封顶。

二、圈梁与地圈梁设置

砌体结构房屋中，在砌体内沿水平方向设置封闭的钢筋混凝土梁，以提高房屋空间刚度，增加建筑物的整体性，提高砖石砌体的抗剪、抗拉强度，防止由于地基不均匀沉降、地震或其他较大振动荷载对房屋的破坏。在房屋基础上部的连续的钢筋混凝土梁叫基础圈梁，也叫地圈梁（图6-1）；而在墙体上部，紧挨楼板的钢筋混凝土梁叫上圈梁。因为圈梁是连续围合的梁，所以叫做环梁。

圈梁是在房屋的檐口、窗顶、楼层、吊车梁顶或基础顶面标高处，沿砌体墙水平方向设置封闭状的按构造配筋的混凝土梁式构件。圈梁通常设置在基础墙、檐口和楼板处，其数量和位置与建筑物的高度、层数、地基状况和地震强度有关。圈梁是沿建筑物外墙四周及部分内横墙设置的连续封闭的梁。其目的是为了增强建筑的整体刚度及墙身的稳定性。圈梁可以减少因基础不均匀沉降或较大振动荷载对建筑物的不利影响及其所引起的墙身开裂。在抗震设防地区，利用圈梁加固墙身就显得更加必要。

钢筋砖圈梁就是将前述的钢筋砖过梁沿外墙和部分内墙一周连通砌筑而成。钢筋混凝土圈梁的高度不小于120mm，宽度与墙厚相同。当圈梁被门窗洞口截断时，应在洞口上部增设相同截面的附加圈梁，其配筋和混凝土强度等级均不变（图6-2）。

图6-1 地圈梁

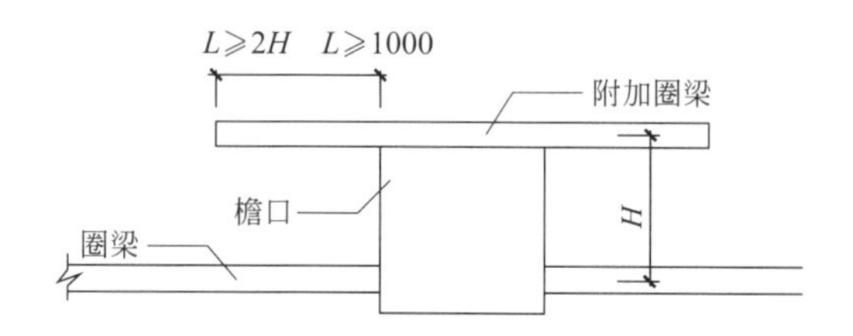

图6-2 圈梁在洞口被截断的处理

三、圈梁与地圈梁的作用

圈梁与地圈梁的作用是配合楼板和构造柱，增加房屋的整体刚度和稳定性，减轻地基不均匀沉降对房屋的破坏，抵抗地震力的影响。设置在基础顶面部位和檐口部位的圈梁对抵抗不均匀沉降作用最为有效。当房屋中部沉降较两端为大时，位于基础顶面部位的圈梁作用较大；当房屋两端沉降比中部大时，檐口部位的圈梁作用较大。

四、规范规定

（一）设置要求

圈梁应设置成封闭状。圈梁可以提高建筑物的整体刚度，抵抗不均匀沉降，圈梁的设置要求是宜连续设置在同一水平面上，不能截断，不可避免有门窗洞口堵截时，在门窗洞口上方设置附加圈梁，附加圈梁伸入支座不得小于2倍的高度（为被堵截圈梁的上平到附加圈梁的下平），且不得小于1000mm，过梁设置在门窗洞口的上方，宜与墙同厚，每边伸入支座不小于240mm。

厂房、仓库、食堂等空旷单层房屋应按下列规定设置圈梁：

① 砖砌体结构房屋，檐口标高为5～8m时，应在檐口标高处设置圈梁一道；当檐口标高大于8m时，应增加设置数量。

② 砌块及料石砌体房屋，檐口标高为4～5m时；应设置圈梁一道；当檐口标高大于5m时，应增加设置数量。

③ 对有吊车或较大振动设备的单层工业房屋，除在檐口或窗顶标高处设置现浇钢筋混凝土圈梁外，尚应增加设置数量。

④ 住宅、办公楼等多层砌体结构民用房屋，且层数为3～4层时，应在檐口标高处设置圈梁一道；当层数超过4层时，除应在底层和檐口标高处各设置一道圈梁外，至少应在所有纵、横墙上隔层设置。多层砌体工业房屋，应每层设置现浇混凝土圈梁。设置墙梁的多层砌体结构房屋，应在托梁、墙梁顶面和檐口标高处设置现浇钢筋混凝土圈梁。

（二）圈梁与地圈梁的构造要求

圈梁宜连续地设在同水平面上，沿纵横墙方向应形成封闭状。当圈梁被门窗洞口截断时，应在洞口上部增设相同截面的附加圈梁。附加圈梁与圈梁的搭接长度不应小于其中垂直间距的2倍，且不得小于1m。

圈梁在纵横墙交接处应有可靠的连接，在房屋转角及丁字交叉处的常用连接构造见图6-3。刚弹性和弹性方案房屋，圈梁应保证与屋架、大梁等构件的可靠连接。

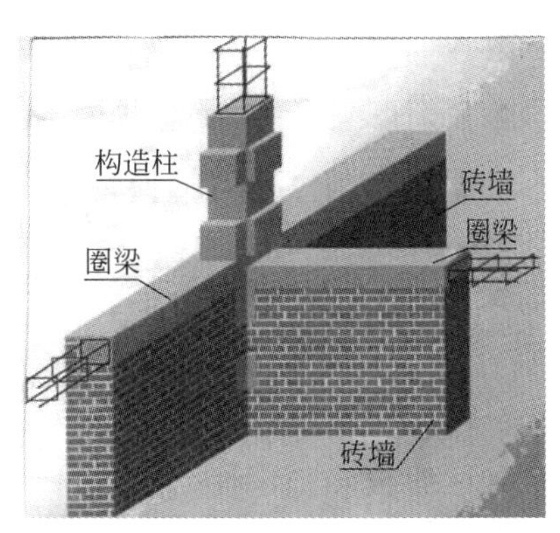

图6-3　常用连接构造

钢筋混凝土圈梁的宽度宜与墙厚相同。当墙厚$h \geqslant 240$mm时，其宽度不宜小于$2h/3$。圈梁高度不应小于120mm。纵向钢筋不宜少于4ϕ10，绑扎接头的搭接长度按受拉钢筋考虑。箍筋间距不宜大于300mm。现浇混凝土强度等级不应低于C20。

圈梁兼作过梁时，过梁部分的钢筋应按计算用量另行增配。采用现浇楼（屋）盖的多层砌体结构房屋，当层数超过5层，在按相关标准隔层设置现浇钢筋混凝土圈梁时应将梁板和圈梁一起现浇。未设置圈梁的楼面板嵌入墙内的长度不应小于120mm，其厚度宜根据所采用的块体模数而确定，并沿墙长配置不少于2ϕ10mm的纵向钢筋。

任务20　砖墙砌筑

用砖块和混凝土砌筑的墙，具有较好的承重、保温、隔热、隔声、防火、耐久等性能，为低层和多层房屋所广泛采用。砖墙可作承重墙、外围护墙和内分隔墙。

一、砖墙砌筑材料

砌筑砖墙的基本材料是砖和砂浆。

（一）砖

砖按材料分为黏土砖、灰砂砖、页岩砖、煤矸石砖、水泥砖及各种工业废料砖（如粉煤灰砖、炉渣砖等）；按生产形状分为实心砖、多孔砖、空心砖等。

普通砖以黏土为原料焙烧而成，因生产方法的不同分为红砖和青砖。砖的规格尺寸，长、宽、厚的比例关系为4∶2∶1。中国于1952年将普通黏土砖的标准规格定为240mm×

115mm×53mm。世界各国也多采用近似的尺寸。20世纪50年代国际标准化组织模数协调的意见是：公制国家采用10mm为基本模数，30mm为扩大模数；英制国家采用4in（等于10.16cm）为基本模数，1ft（等于30.48cm）为扩大模数。由于所定标准砖尺寸不能同基本模数协调，给设计和施工造成困难，所以近年来一些地区出现了190mm×190mm×90mm和190mm×90mm×90mm等规格的砖块，使砖砌体的基本尺度与10cm的基本模数相协调。

砖的强度用标号表示。标号根据抗压强度来确定，分为200号、150号、100号、75号、50号五级。用得最多的是100号和75号。

普通黏土砖强度高，抗冻性好，制作方便，应用广泛。但因制砖原料取之于黏土，毁坏农田，所以近年来各地区都改用其他材料制成灰砂砖、粉煤灰砖、炉渣砖、煤矸石砖、页岩砖等代替黏土砖。

（二）砂浆

砂浆由胶结料、细骨料和水搅拌而成，分为水泥砂浆、石灰砂浆和混合砂浆等。砂浆强度也用标号表示，分为100号、50号、25号、10号、4号五种，常用的为25号和50号。

二、组砌方式

组砌方式是指砖块在砌体中的排列方式。为了使砌体坚固稳定并形成整体，必须将上下皮砖块之间的垂直砌缝有规律地错开，称为错缝。错缝还能使清水墙立面构成有规则的图案。实砌墙的基本组砌方式为上下皮一顺一丁和多顺一丁等。

三、砖墙的厚度

砖墙的厚度一般取决于对墙体的强度和稳定性的要求。有采暖要求的建筑的外墙厚度又需考虑保温要求，但在砌筑时还必须结合砖的规格来确定。以标准砖为例，墙体厚度可砌成半砖（12墙）、3/4砖（18墙）、一砖（24墙）、一砖半（37墙）、二砖（49墙）、二砖半（62墙）等各种厚度。

四、强度和稳定性

砖砌体的强度随着砖和砂浆的强度等级提高而增大。砖砌体的强度约为所用砖块强度的20%～35%；在砌缝中设置钢筋网片能够提高砌体的强度。如每隔两皮砖放置直径4～6mm钢筋网的砌体，其容许应力可以提高1.5～2倍。在多层房屋中，砖墙的稳定性是通过相邻垂直的墙体和上下楼板（或屋顶层）的连接而得到加强。

五、砖墙的构造处理

砖墙应根据需要作好保温、洞口、防水防潮、饰面等方面的构造处理。

（一）保温构造

在寒冷地区的外墙体，可采用空气间层墙或复合墙提高墙体的保温性能。空气间层墙是在两层实体墙之间留一道密封空气间层；复合墙是用保温性能好的轻质多孔材料，如保温块或保温板同砖墙组作成夹层墙或保温板贴面。

（二）洞口处理

砖墙上开设门洞窗洞后，上口为防塌落应设置过梁。过梁可用木头、型钢、钢筋混凝土或用砖砌成拱。钢筋混凝土过梁坚固耐久，一般多采用预制的。窗洞的下口为窗台，室外应作好防水处理。

（三）防水防潮处理

外墙同室内外地面接近部位称为勒脚，常遭雨水浸溅，土壤中的水或潮气也会通过毛细管作用，经墙基侵入墙身。为了防止地下潮气及地表积水侵蚀墙体，墙身勒脚应作防潮处理和设置防潮层。防潮层可用防水卷材、加筋混凝土带或防水砂浆作成。

饰面处理即墙面装修，作法较多。常在墙面抹灰粉刷，砌清水砖墙则用水泥砂浆勾缝。饰面要求较高的房屋可用面砖、天然的或人工的石材等贴面。

六、砖墙结构发展展望

砖墙有很多优点，至今仍广泛采用。但砖墙强度低于其他结构材料的墙，砌筑多为手工操作，装修工作量大。发展的方向是：

（1）砖墙材料正向高强轻质砖块和高效能的胶结材料发展，以提高砌体强度并减轻自重。

（2）创造小型轻便灵活的机具和快速的施工方法，以提高施工效率。

（3）改进饰面处理，发展彩色砖和釉面砖，取代外抹灰；采用各种成品饰面板，以取代室内的湿作业抹灰等。

七、砖墙的砌筑要求

（1）横平竖直，砂浆饱满，搭接错缝。

（2）砖强度等级必须符合设计要求。

（3）砂浆强度等级必须符合设计要求。

（4）砖砌体转角处和交接处应同时砌筑，严禁无可靠措施的内外墙分砌施工，断处砌成斜槎，斜槎水平投影长度不应小于高度的2/3。

（5）砖混结构的要留马牙槎。留槎要正确，拉结筋应按间隔50cm设置。

（6）砂浆饱满度应大于80%。

（7）轴线位移不能大于10mm。

（8）垂直度偏差应小于10mm。

（9）水平灰缝厚度应控制在8～12mm。

（10）表面平整度应控制在8mm内。

（11）门窗洞口宽度应控制在±5mm内。

（12）水平灰缝平直度应控制在10mm内。

八、砖墙的砌筑方法

砖墙砌筑施工通常包括抄平、放线、摆砖样、立皮数杆、挂准线、铺灰、砌砖等工序。如是清水墙，则还要进行勾缝。下面以房屋建筑砖墙砌筑为例，说明各工序的具体做法。

（1）抄平　砌砖墙前，先在基础面或楼面上按标准的水准点定出各层标高，并用水泥砂浆或C10细石混凝土找平。

（2）放线　建筑物底层墙身可按龙门板上轴线定位钉为准拉麻线，沿麻线挂下线锤，将墙身中心轴线放到基础面上，并据此墙身中心轴线为准弹出纵横墙身边线，并定出门洞口位置。为保证各楼层墙身轴线的重合，并与基础定位轴线一致，可利用预告引测在外墙面上的墙身中心轴线，借助经纬仪把墙身中心轴线引测到楼层上去；或用线锤挂，对准外墙面上的墙身中心轴线，从而向上引测。轴线的引测是放线的关键，必须按图纸要求尺寸用钢皮尺进行校核。然后，按楼层墙身中心线，弹出各墙边线，划出门窗洞口位置。

（3）摆砖样　按选定的组砌方法，在墙基顶面放线位置试摆砖样（生摆，即不铺灰），尽量使门窗垛符合砖的模数，偏差小时可通过竖缝调整，以减小斩砖数量，并保证砖及砖缝排列整齐、均匀，以提高砌砖效率。摆砖样在清水墙砌筑中尤为重要。

（4）立皮数杆　立皮数杆可以控制每皮砖砌筑的竖向尺寸，并使铺灰、砌砖的厚度均匀，保证砖皮水平。皮数杆上划有每皮砖和灰缝的厚度，以及门窗洞、过梁、楼板等的标高。它立于墙的转角处，其基准标高用水准仪校正。如墙的长度很大，可每隔10～20m再立一根。

（5）铺灰砌砖　铺灰砌砖的操作方法很多，与各地区的操作习惯、使用工具有关。常用的有满刀灰砌筑法（也称提刀灰），夹灰器、大铲铺灰及单手挤浆法，铺灰器、灰瓢铺灰及双手挤浆法。实心砖砌体大都采用一顺一顶、三顺一顶、梅花顶等组砌方法。砖柱不得采用包心砌法。每层承重墙的最上一皮砖或梁、梁垫下面，或砖砌体的台阶水平面上及挑出部分最上一皮砖均应采用丁砌层砌筑。

砖砌通常先在墙角以皮数杆进行盘角，然后将准线挂在墙侧，作为墙身砌筑的依据，每砌一皮或两皮，准线向上移动一次。

总之，为了保证砌块间的有效连接，砖基础砌筑前，应先检查垫土层施工是否符合质量要求，然后清扫垫层表面，将浮土及垃圾清除干净。砖墙的砌筑应遵循内外搭接，上下错缝的原则，上下错缝不小于60mm，避免出现垂直通缝。无论怎样砌，必须保证横平竖直，灰浆饱满，错缝搭接，接茬可靠。

九、构造柱留设

在砌体房屋墙体的规定部位，按构造配筋，并按先砌墙后浇灌混凝土柱的施工顺序制成的混凝土柱，通常称为混凝土构造柱，简称构造柱（图6-4）。

图6-4　构造柱

构造柱主要不是承担竖向荷载的，而是抗击剪力，抗震等横向荷载的。构造柱通常设置在楼梯间的休息平台处，纵横墙交接处，墙的转角处，墙长达到5m的中间部位要设构造柱。为提高砌体结构的承载能力或稳定性而又不增大截面尺寸，墙中的构造柱已不仅仅设置在房屋墙体转角、边缘部位，而按需要设置在墙体的中间部位。

从施工角度讲，构造柱要与圈梁地梁、基础梁整体浇筑。与砖墙体要在结构工程有水平拉接筋连接。如果构造柱在建筑物、构筑物中间位置，要与分布筋做连接。

（一）构造柱设置规范

（1）当无混凝土墙（柱）分隔的直段长度，120mm（或100mm）厚墙超过3.6m，180mm（或190mm）厚墙超过5m时，在该区间加混凝土构造柱分隔。

（2）120mm（或100mm）厚墙当墙高小于等于3m时，开洞宽度小于等于2.4m，若不满足时应加构造柱或钢筋混凝土水平系梁。

（3）180mm（或190mm）厚墙当墙高小于等于4m，开洞宽度小于等于3.5m，若不满足时应加构造柱或钢筋混凝土水平系梁。

（4）墙体转角处无框架柱时、不同厚度墙体交接处，应设置构造柱。

（5）当墙长大于8m（或墙长超过层高2倍）时，应该在墙长中部（遇有洞口在洞口边）设置构造柱。

（6）较大洞口两侧、无约束墙端部应设置构造柱，构造柱与墙体拉结筋为2根ϕ6@500，沿墙体全高布置。

（二）构造柱设置原则

（1）应根据砌体结构体系设置。砌体类型结构或构件的受力或稳定要求，以及其他功能或构造要求，在墙体中的规定部位设置现浇混凝土构造柱。

（2）对于大开间荷载较大或层高较高，以及层数大于等于8层的砌体结构房屋，宜按下列要求设置构造柱。

① 墙体的两端。

② 较大洞口的两侧。

③ 房屋纵横墙交界处。

④ 构造柱的间距，当按组合墙考虑构造柱受力时，或考虑构造柱提高墙体的稳定性时，其间距不宜大于 4m，其他情况不宜大于墙高的 1.5～2 倍或 6m，或按有关的规范执行。

⑤ 构造柱应与圈梁有可靠的连接。

(3) 下列情况宜设构造柱

① 受力或稳定性不足的小墙垛。

② 跨度较大的梁下墙体的厚度受限制时，于梁下设置。

③ 墙体的高厚比较大如自承重墙或风荷载较大时，可在墙的适当部位设置构造柱，以形成带壁柱的墙体满足高厚比和承载力的要求，此时构造柱的间距不宜大于 4m，构造柱沿高度横向支点的距离，与构造柱截面宽度之比不宜大于 30，构造柱的配筋应满足水平受力的要求。

(三) 构造柱和圈梁的关系

(1) 为提高多层建筑砌体结构的抗震性能，规范要求应在房屋的砌体内适宜部位设置钢筋混凝土柱并与圈梁连接，共同加强建筑物的稳定性。这种钢筋混凝土柱通常就被称为构造柱。

(2) 在多层砌体房屋，底层框架及内框架砖砌体中，它的作用一般为：加强纵墙间的连接，是由于构造柱与其相邻的纵横墙以及牙搓相连接并沿墙高每隔 500mm 设置 2 根 $\phi 6$ 拉结筋，钢筋每边伸入墙内大于 1000mm。一般施工时先砌砖墙后浇筑混凝土柱，这样能增加横墙的结合，可以提高砌体的抗剪承载能力 10%～30%，提高的比例幅度虽然不高但能明显约束墙体开裂，限制出现裂缝。构造柱与圈梁的共同工作，可以把砖砌体分割包围，当砌体开裂时能迫使裂缝在所包围的范围之内，而不至于进一步扩展。砌体虽然出现裂缝，但能限制它的错位，使其维持承载能力并能抵消振动能量而不易较早倒塌。砌体结构作为垂直承载构件，地震时最怕出现四散错落倒地，从而使水平楼板和屋盖坠落，而构造柱则可以阻止或延缓倒塌时间，以减少损失。构造柱与圈梁连接又可以起到类似框架结构的作用，其作用非常明显。

在砌体结构中，构造柱的主要作用一是和圈梁一起作用形成整体性，增强砌体结构的抗震性能；作用二是减少、控制墙体的裂缝产生，另外还能增强砌体的强度。

在框架结构中，构造柱的作用是当填充墙长超过 2 倍层高或开了比较大的洞口，中间没有支撑，纵向刚度就弱了，就要设置构造柱加强，防止墙体开裂。

(四) 构造柱的抗震作用

以唐山地震为例，唐山地震后，有 3 幢带有钢筋混凝土构造柱且与圈梁组成封闭边框的多层砌体房屋，震后其墙体裂而未倒。其中市第一招待所招待楼的客房，房屋墙体均有斜向或交叉裂缝，滑移错位明显，4 层、5 层纵墙大多倒塌，而设有构造柱的楼梯间，横墙虽也每层均有斜裂缝，但滑移错位较一般横墙小得多，纵墙未倒，仅 3 层有裂缝，靠内廊的两根构造柱都遇破坏，以 3 层柱头最严重，靠外纵墙的构造柱破坏较轻。由此可见，钢筋混凝土构造柱在多层砌体房屋的抗震中起到了不可低估的作用。

多层砌体房屋应按抗开裂和抗倒塌的双重准则进行设防，而设置钢筋混凝土构造柱则是其中一项重要的抗震构造措施。

黑龙江省的许多地区基本裂度为 6°～7°，位于这些地区的多层砖混建筑均需设防，抗震构造柱的设置是必不可少的。构造柱应当设置在震害较重，连接构造比较薄弱和易于应力集中的部位。其设置根据房屋所在地区的烈度、房屋的用途、结构部位、承担地震作用的大小来设置。由于钢筋混凝土构造柱的作用主要在于对墙体的约束，构造断面不必大，但必须同各层纵横墙的圈梁连接，无圈梁的楼层亦须设置配筋砖带，才能发挥约束作用。关于抗震柱的设置，《建筑抗震设计规范》（GB 50011—2010）中作了详细的规定。

抗震设计时多层普通砖、多孔砖房屋的构造柱应符合下列要求：

（1）构造柱最小截面可采用 240mm×180mm，纵向钢筋宜采用 4ϕ12，箍筋间距不宜大于 250mm，且在柱上下端宜适当加密；7°时超过 6 层、8°时超过 5 层，构造柱纵向钢筋宜采用 4ϕ14，箍筋间距不应大于 200mm；房屋四角的构造柱可适当加大截面及配筋。

（2）构造柱与墙连接处应砌成马牙槎，并应沿墙高每隔 500mm 设 2ϕ6 拉结钢筋，每边伸入墙内不宜小于 1m。

（3）构造柱与圈梁连接处，构造柱的纵筋应穿过圈梁，保证构造柱纵筋上下贯通。

（4）构造柱可不单独设置基础，但应伸入室外地面下 500mm，或与埋深小于 500mm 的基础圈梁相连。

（5）房屋高度和层数接近相关限值时，纵、横墙内构造柱间距尚应符合下列要求：

① 横墙内的构造柱间距不宜大于层高的 2 倍，下部 1/3 楼层的构造柱间距适当减小；

② 当外纵墙开间大于 3.9m 时，应另设加强措施，内纵墙的构造柱间距不宜大于 4.2m。

（五）马牙槎

与构造柱连接处的墙应砌成马牙槎（见图 6-5），每一个马牙槎沿高度方向的尺寸不应超过 300mm 或五皮砖高，马牙槎从每层柱脚开始，应先退后进，进退相差 1/4 砖。

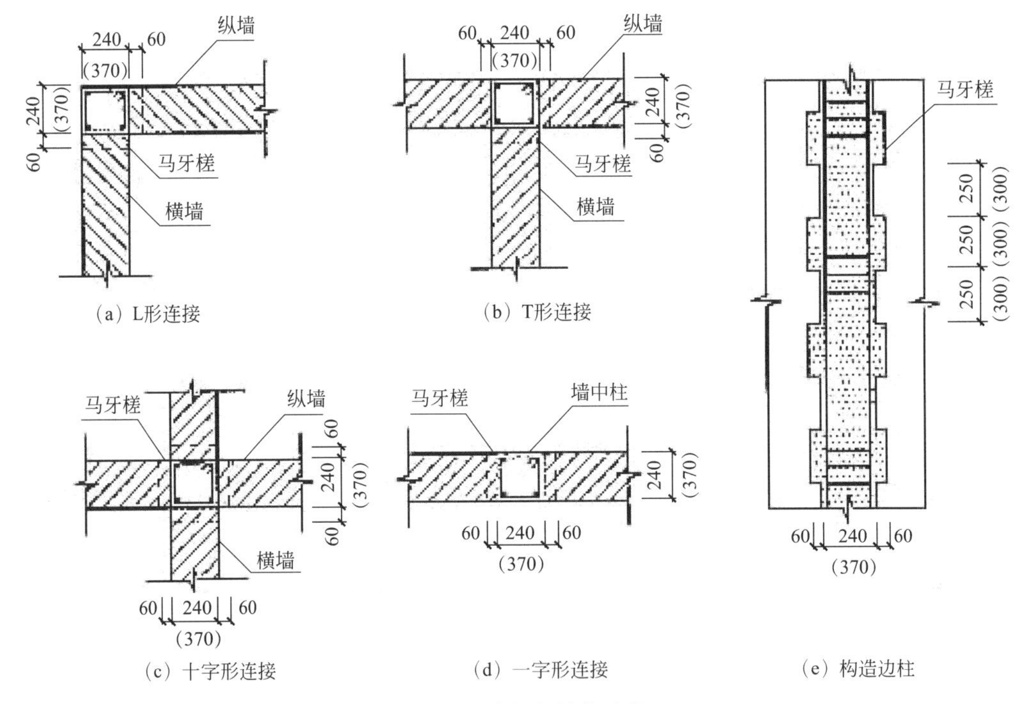

图 6-5　构造柱与墙体连接

（六）工程量

构造柱是为了加固墙体，先砌墙后浇筑混凝土的柱子。首先根据图纸统计图各种型号构造柱的数量，然后按下述公式计算混凝土和钢筋工程量。

（1）混凝土工程量（m^3）＝柱高×断面面积×柱根数。

式中：柱高为自柱基上表面至柱顶面高度，或自地圈梁顶面至屋顶圈梁顶面高度。

（2）钢筋工程量：一般主筋为 4C12；箍筋为 6@200。

主筋（kg）＝主筋长×根数×比重（kg/m）×柱根数。

箍筋（kg）＝（柱断面周长－8×保护层厚度＋2 弯钩增加长度）×[（柱高－2×保护层厚度）/箍筋间距@]×比重（kg/m）×柱根数。

式中：主筋长＝柱高＋伸入地圈梁长＋上下的直钩长＋42.5dn（n 为层数）。

（3）有马牙槎的构造柱　有的构造柱有马牙槎，其宽一般为 60mm。

其模板面积＝（构造柱宽＋马牙槎宽）×柱高。

混凝土体积＝柱底面积×柱高＝[（柱截面长＋2×马牙槎/2）×墙厚]×柱高。

（七）构造柱的计算规则

（1）构造柱只适用先砌筑墙后浇注的情况，如构造柱为先浇筑后砌墙者，不论断面大小，均按周长 1.2m 以内捣制矩形柱定额执行。墙心柱按构造柱定额及相应说明执行。

（2）构造柱按全高计算，与砖墙嵌接部分的体积并入柱身内体积计算。

任务 21　外脚手架搭设

脚手架是为了便于施工活动和安全操作的一种临时设施。脚手架的种类很多，常用的有扣件式钢管脚手架、碗扣式脚手架和门式脚手架三大类。按脚手架搭设的方法又可分为落地式脚手架、悬挑式脚手架和升降式脚手架等。

外脚手架统指在建筑物外围所搭设的脚手架。外脚手架使用广泛，各种落地式外脚手架、挂式脚手架、挑式脚手架、吊式脚手架等，一般均在建筑物外围搭设。外脚手架多用于外墙砌筑、外立面装修以及钢筋混凝土工程。

一、施工准备

（一）构配件

1. 钢管

（1）脚手架钢管采用 ϕ48mm，壁厚 3.5mm；横向水平杆最大长度 2200mm，其他杆最大长度 6500mm，且每根钢管最大质量不应大于 25kg。

（2）钢管尺寸和表面质量应符合下列规定：新钢管应有质量合格证、质量检查报告；钢管表面应平直光滑，不应有裂缝、结疤、分层、错位、硬弯、毛刺、压痕和深的划道；钢管允许偏差见表 6-1。钢管上禁止打眼。

表 6-1　钢管允许偏差

序号	项目	允许偏差/mm	检查工具
1	焊接钢管尺寸外径 48，壁厚 3.5	－0.5	游标卡尺
2	钢管两端面切斜偏差	1.7	塞尺、拐角尺
3	钢管外表面锈蚀深度	≤0.50	游标卡尺
4	各种杆件的端部弯曲 L≤1.5m	≤5	钢板尺
5	立杆弯曲 3m＜L≤4m 4m＜L≤6.5m	≤12 ≤20	
6	水平杆、斜杆的钢管弯曲 L≤6.5m	≤30	

2. 扣件

（1）扣件式钢管脚手架采用可锻铸铁制作的扣件，其材质应符合现行国家标准《钢管脚手架扣件》（GB 15831）的规定；采用其他材料制作的扣件，应经试验证明其质量符合该标准的规定后方可使用。

(2) 脚手架采用的扣件，在螺栓拧紧扭矩达 6.5N·m 时，不得发生破坏。

3. 脚手板

脚手板采用由毛竹或楠竹制作的竹串片板，每块质量不宜大于 30kg。

(二) 连墙件

连墙件的材质应符合现行国家标准《碳素结构钢》(GB/T 700) 中 Q 235A 的规定。

(1) 经检验合格的构配件应按品种、规格分类，堆放整齐、平稳，堆放场地不得有积水。

(2) 应清除搭设场地杂物，平整搭设场地，并使排水畅通。

(3) 当脚手架基础下有设备基础、管沟时，在脚手架使用过程中不应开挖，否则必须采取加固措施。

(三) 脚手架的地基与基础

(1) 立杆地基应平整坚实，立杆底部应插入金属底座并设置垫木 (图 6-6)，在立杆底端 100～300mm 处设置一道扫地杆。

(2) 垫木下应设置道渣或三七灰土地基，并在旁边设置排水沟 (图 6-7)。

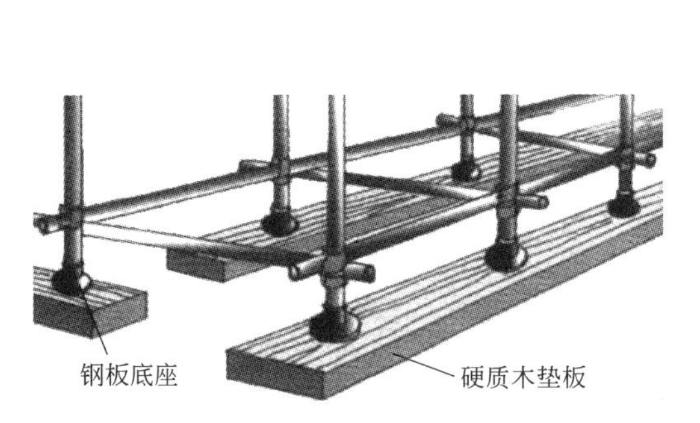

图 6-6　立杆底部插入金属底座并设置垫木

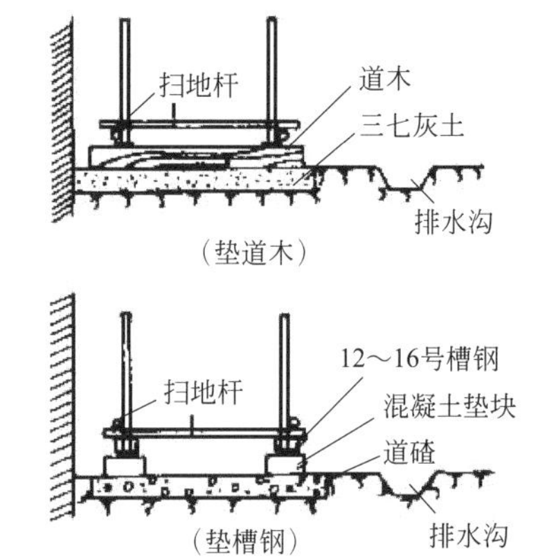

图 6-7　垫木下设置道渣或三七灰土地基

(3) 垫木下应设置排水孔进排水沟 (图 6-8)。

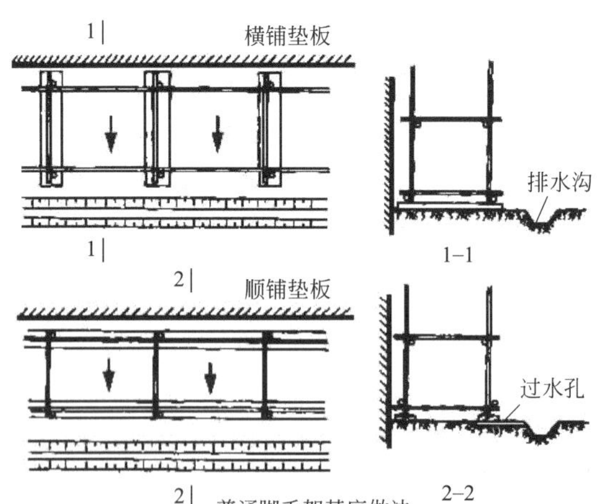

图 6-8　垫木下排水设施

(4) 脚手架底座底面标高宜高于自然地坪 50mm。

(5) 脚手架基础经验收合格后，应按要求放线定位。

二、脚手架搭设

(一) 脚手架安全要求

(1) 搭设高层脚手架，所采用的各种材料均必须符合质量要求。

(2) 高层脚手架基础必须牢固，搭设前经计算，满足荷载要求，并按施工规范搭设，做好排水措施。

(3) 脚手架搭设技术要求应符合有关规范规定。

(4) 必须高度重视各种构造措施：剪刀撑、拉结点等均应按要求设置。

(5) 水平封闭：应从第一步起，每隔一步或二步，满铺脚手板或脚手笆，脚手板沿长向铺设，接头应重叠搁置在小横杆上，严禁出现空头板。并在里立杆与墙面之间每隔四步铺设统长安全底笆。

(6) 垂直封闭：从第二步至第五步，每步均需在外排立杆里侧设置 1.00m 高的防护栏杆和挡脚板或设立网，防护杆（网）与立杆扣牢；第五步以上除设防护栏杆外，应全部设安全笆或安全立网；在沿街或居民密集区，则应从第二步起，外侧全部设安全笆或安全立网。

(7) 脚手架搭设应高于建筑物顶端或操作面 1.5m 以上，并加设围护。

(8) 搭设完毕的脚手架上的钢管、扣件、脚手板和连接点等不得随意拆除。施工中必要时，必须经工地负责人同意，并采取有效措施，工序完成后，立即恢复。

(9) 脚手架使用前，应由工地负责人组织检查验收，验收合格并填写交验单后方可使用。在施工过程中应有专业管理、检查和保修，并定期进行沉降观察，发现异常应及时采取加固措施。

(10) 脚手架拆除时，应先检查与建筑物连接情况，并将脚手架上的存留材料，杂物等清除干净，自上而下，按先装后拆，后装先拆的顺序进行，拆除的材料应统一向下传递或吊运到地面，一步一清。不准采用踏步拆法，严禁向下抛掷或用推（拉）倒的方法拆除。

(11) 搭拆脚手架，应设置警戒区，并派专人警戒。遇有 6 级以上大风和恶劣气候，应停止脚手架搭拆工作。

(12) 对地基的要求，地基不平时，请使用可垫底座脚，达到平衡。地基必须有承受脚手架和工作时压强的能力。

(13) 工作人员搭建和高空工作中必须系有安全带，工作区域周边请安装安全网，防止重物掉落，砸伤他人。

(14) 脚手架的构件、配件在运输、保管过程中严禁严重摔、撞；搭接、拆装时，严禁从高处抛下，拆卸时应从上向下按顺序操作。

(15) 使用过程注意安全，严禁在架上打闹嬉戏，杜绝意外事故发生。

(16) 工作固然重要，安全、生命更加重要，请务必牢记以上内容。

(二) 脚手架搭设方法

1. 搭设

(1) 脚手架必须配合施工进度搭设，一次搭设高度不应超过相邻连墙件以上两步。

(2) 每搭完一步脚手架后，应校正步距、纵距、横距及立杆的垂直度。

2. 底座与垫板

(1) 底座、垫板均应准确地放在定位线上。

(2) 垫板宜采用长度不小于 2 跨、厚度不小于 50mm 的木垫板，也可采用槽钢。

3. 立杆

(1) 严禁将外径 48mm 与 51mm 的钢管混合使用。

(2) 立杆接长除顶层顶步可采用搭接外，其他各层各步接头必须采用对接扣件连接；相邻立杆的对接扣件不得在同一高度内，且应符合下列规定：

① 两根相邻立杆的接头不应设置在同步内，同步内隔一根立杆的两个相隔接头在高度方向错开的距离不小于 500mm；各接头中心至主接点的距离不宜大于步距的 1/3；

② 搭接长度不应于 1m，应采用不少于 2 个旋转扣件固定，端部扣件盖板的边缘至杆端距离不应小于 100mm。

(3) 开始搭设立杆时，应每隔 6 跨设置一根抛撑，直至连墙件安装稳固后，方可根据情况拆除。

(4) 当搭至有连墙件的构造点时，在搭设完该处的立杆、纵向水平杆、横向水平杆后，应立即设置连墙件。

(5) 立杆顶端宜高出女儿墙上皮 1m，高出檐口上皮 1.5m。

4. 纵向水平杆

(1) 纵向水平杆宜设置在立杆内侧，其长度不宜小于 3 跨。

(2) 纵向水平杆接长宜用对接扣件，也可采用搭接。对接、搭接应符合下列规定：

① 纵向水平杆的对接扣件应交错布置各接头至最近主接点的距离不宜大于纵距的 1/3。

② 搭接长度不应小于 1m，应等间距设置 3 个旋转扣件固定，端部扣件盖板的边缘至杆端距离不应小于 100mm。

(3) 纵向水平杆应作为横向水平杆的支座，用直角扣件固定在立杆上。

(4) 在封闭型脚手架的同一步中，纵向水平杆应四周交圈，用直角扣件与内外角部立杆固定。

5. 横向水平杆

(1) 主接点必须设置一根横向水平杆，用直角扣件扣接且严禁拆除。主接点处两个直角扣件的中心距不应大于 150mm。

(2) 作业层上非主节点处的横向水平杆，宜根据支承脚手板的需要等间距设置，最大间距不应大于纵距的 1/2。

(3) 双排脚手架横向水平杆的靠墙一端至装饰面的距离不应大于 100mm。

6. 扫地杆

脚手架必须设置纵、横向扫地杆。纵向扫地杆应采用直角扣件固定在距底座上皮不大于 200mm 处的立杆上。横向扫地杆也应采用直角扣件固定在紧靠纵向扫地杆下方的立杆上。当立杆基础不在同一高度时，必须将高处的纵向扫地杆向低处延长 2 跨与立杆固定，高低差不应大于 1m。

7. 连墙件、剪刀撑、横向斜撑

(1) 连墙件的强度、稳定性和连接强度应按现行国家标准《冷弯薄壁型钢结构技术规范》(GB 50018—2002)、《钢结构设计规范》(GB 50017—2014)、《混凝土结构设计规范》(GB 50010—2010) 等的规定。

(2) 连墙件轴向力设计值应小于扣件抗滑承载力设计值 RC。RC=8kN，满足要求。

(3) 每道剪刀撑宽度不应小于 4 跨，且不应小于 6m，斜杆与地面倾角宜在 45°～60°，且应满足表 6-2 的规定。

表 6-2　剪刀撑设置要求

剪刀撑与地面倾角	45°	50°	60°
剪刀撑跨越立杆的最多根数/根	7	6	5

（4）高度在24m以下的脚手架必须在外侧立面的两端各设置一道剪刀撑，并应由底至顶连续设置；中间各道剪刀撑之间的净距不应大于15m。高度在24m以上的脚手架应在外侧整个立面整个长度和高度上连续设置剪刀撑。

（5）剪刀撑、横向斜撑应随立杆、纵向和横向水平杆等同步搭设，各底层斜杆下端均必须支承在垫块或垫板上。

8. 扣件安装的规定

（1）扣件规格必须与钢管外径相同。

（2）螺栓拧紧力矩不应小于40N·m，且不应大于65N·m。

（3）在主节点处固定纵向和横向水平杆、剪刀撑、横向斜撑等用的直角扣件的中心点的相互距离不应大于150mm。

（4）对接扣件的开口应朝上或朝内。

9. 作业层、斜道的栏杆和挡板的搭设

（1）栏杆和挡板均应搭设在外立杆的内侧。

（2）上栏杆的上皮高度应为1.2m。

（3）挡脚板高度不应小于180mm。

（4）中栏杆应居中设置。

10. 脚手板的铺设应符合下列规定：

（1）脚手板应满铺，离开墙面120～150mm。

（2）脚手板的探头应用直径3.2mm的镀锌钢丝固定在支承杆件上。

（3）在拐角、斜道平台口处的脚手板，应与横向水平杆可靠连接，防止滑动。

（4）自顶层作业层的脚手板往下计，宜每隔12m满铺一层脚手板。

11. 脚手架搭设要求

脚手架搭设需控制使用荷载，搭设要牢固。搭设时应该先搭设好里架子，使横杆伸出墙外，再将斜杆撑起与挑出横杆连接牢固，随后再搭设悬挑部分，铺脚手板，外围要设栏杆和挡脚板，下面支设安全网，以保安全。

12. 连墙件的设置

根据建筑物的轴线尺寸，在水平方向每隔3跨（6m）设置一个。在垂直方向应每隔3～4m设置一个，并要求各点互相错开，形成梅花状布置，连墙件的搭设方法与落地式脚手架相同。

13. 垂直控制

搭设时，要严格控制分段脚手架的垂直度。

14. 脚手板铺设

脚手板的底层应满铺厚木脚手板，其上各层可满铺薄钢板冲压成的穿孔轻型脚手板。

15. 安全防护设施

（1）脚手架中各层均应设置护栏和挡脚板。

（2）脚手架外侧和底面用密目安全网封闭，架子与建筑物要保持必要的通道。

（3）挑梁式脚手架立杆与挑梁（或纵梁）的连接。

（4）应在挑梁（或纵梁）上焊150～200mm长钢管，其外径比脚手架立杆内径小1.0～1.5mm，用扣件连接，同时在立杆下部设1～2道扫地杆，以确保架子的稳定。

（三）脚手架搭设技术

（1）不管搭设哪种类型的脚手架，脚手架所用的材料和加工质量必须符合规定要求，绝对禁止使用不合格材料搭设脚手架，以防发生意外事故。

（2）一般脚手架必须按脚手架安全技术操作规程搭设，对于高度超过 15m 以上的高层脚手架，必须有设计、有计算、有详图、有搭设方案、有上一级技术负责人审批，有书面安全技术交底，然后才能搭设。

（3）对于危险性大而且特殊的吊、挑、挂、插口、堆料等架子也必须经过设计和审批。编制单独的安全技术措施，才能搭设。

（4）施工队伍接受任务后，必须组织全体人员，认真领会脚手架专项安全施工组织设计和安全技术措施交底，研讨搭设方法，并派技术好、有经验的技术人员负责搭设技术指导和监护。

（四）脚手架验收

脚手架搭设和组装完毕后，应经检查、验收确认合格后方可进行作业。应逐层、逐流水、段内主管工长、架子班组长和专职安全技术人员一起组织验收，并填写验收单。验收要求如下：

（1）脚手架的基础处理、作法、埋置深度必须正确可靠。

（2）架子的布置、立杆、大小横杆间距应符合要求。

（3）架子的搭设和组装，包括工具架和起重点的选择应符合要求。

（4）连墙点或与结构固定部分要安全可靠；剪刀撑、斜撑应符合要求。

（5）脚手架的安全防护、安全保险装置要有效，扣件和绑扎拧紧程度应符合规定。

（6）脚手架的起重机具、钢丝绳、吊杆的安装等要安全可靠，脚手板的铺设应符合规定。

（五）脚手架拆除

（1）拆除脚手架前的准确备工作应符合下列规定：

① 应全面检查脚手架的扣件连接、连墙件、支撑体系等是否符合构造要求；

② 应根据检查结果补充完善施工组织设计中的拆除顺序和措施，经主管部门批准后方可实施；

③ 应清除脚手架上杂物及地面障碍物。

（2）拆除脚手架时，应符合下列规定：

① 拆除作业必须由上而下逐层进行，严禁上下同时作业；

② 连墙件必须随脚手架逐层拆除，严禁先将连墙件整层或数层拆除后再拆脚手架，分段拆除高差不应大于 2 步，如高差大于步，应增设连墙件加固，

③ 当脚手架拆至下部最后一根长立杆的高度（约 6.5m）时，应先在适当位置搭设临时抛撑加固后，再拆除连墙件；

④ 当脚手架采取分段、分立面拆除时，对不拆除的脚手架两端，应先加设连墙件及横向斜杆加固。

（3）卸料时应符合下列规定：

① 各构配件严禁抛至地面；

② 运至地面的构配件应及时检查、整修与保养，并按品种、规格随时码堆存放。

三、安全管理

（1）脚手架搭设人员必须是经过按现行国家标准《特种作业人员安全技术考核管理规则》（GB 5036）等考核合格的专业架子工。上岗人员应定期体检，合格方可持证上岗。

（2）搭设脚手架人员必须戴安全帽、系安全带、穿防滑鞋。

（3）脚手架的构配件质量与搭设质量，应按规定验收合格后方准使用。

（4）作业层上的施工荷载应符合设计要求，不得超载，不得将模板支架、缆风绳、泵送混凝土等到固定在脚手架上，严禁悬挂起重设备。

（5）当有 6 级及 6 级以上大风和雾、雨雪天气时应停止脚手架搭设与拆除作业。

（6）脚手架使用中，应定期检查杆件的设置的连接，连墙件、支撑、门洞桁架等的构造是否符合要求；地基是否有积水，底座是否有松动，立杆是否悬空；扣件是否松动；脚手架的垂直度偏差；安全防护措施是否符合要求；是否超载等。

（7）在脚手架的使用期间严禁拆除主节点处的纵、横向水平杆、扫地杆及连墙件。

（8）不得在脚手架基础及相邻处进行挖掘作业，否则应采取安全措施。

（9）在脚手架上进行电、气焊作业时，必须有防火措施和专人看守。

（10）搭拆脚手架时，地面应设围栏和警戒标志，并派专人看守，严禁非操作人员入内。

任务 22　满堂红脚手架搭设

满堂脚手架又称作满堂红脚手架（以下称为满堂脚手架），是一种搭建脚手架的施工工艺。满堂脚手架相对其他脚手架系统密度大，就是满屋子搭架子。满堂脚手架相对于其他的脚手架更加稳固。

一、满堂脚手架的特点

满堂脚手架主要用于单层厂房、展览大厅、体育馆等层高、开间较大的建筑顶部的装饰施工，由立杆、横杆、斜撑、剪刀撑等组成。

使用了满堂脚手架后，3.6m 以上的内墙装饰不再另行计算装饰脚手架，而内墙的砌筑脚手架仍按里脚手架规定计算。满堂脚手架的使用视其高度而定，当天棚净高在 3.6m 以下者，不管天棚采用何种装饰工艺，均不计算装饰脚手架。当天棚净高在 3.6～5.2m 之间时，天棚的装饰脚手架按满堂脚手架本层定额计算，当天棚净高在 5.2m 上时，天棚的装饰脚手架要计算基本层和增加层两个定额项目。

对于常见的现浇混凝土有梁板，实际施工过程中模板下侧钢管及扣件为模板支撑，不是满堂脚手架。计算有梁板结构脚手架工程量时应按计算规则区分柱、梁构件计算并套用相应的脚手架定额。

二、满堂脚手架的计算方法

室内天棚装饰（包括抹平扫白）满堂脚手架，按室内净面积计算，即室内结构净长乘以结构净宽以面积计算，附墙柱、垛、内部独立柱所等占面积不予扣除。

满堂脚手架工程量 ＝ 室内净长度 × 室内净宽度

三、满堂脚手架的基础

用板梁墙柱组合浇筑而成的基础，称为满堂基础。

满堂独立基础是指在独立基础的下面是个“整浇层”不同于以往的单个基础开挖，多用于地质情况较差，建筑占地面积较小的工程。

四、满堂脚手架搭设要求

（一）立杆搭设要求

采用单立杆横距 1.3m，纵距 1.3m，边排立杆距柱边 0.2m，相邻立杆的接头位置应错开布置在不同的步距内，与相邻的大横杆的距离不应小于 0.5m，立杆与横杆必须用直角扣件扣紧。

立杆接头除顶层顶步外，其余各层各步接头必须采用对接扣件连接，立杆与大横杆采用直角扣件连接。接头交错布置，两个相邻立柱接头避免出现在同步同跨内，并且在高度方向至少错开 500mm；各接头中心距主节点的距离不大于步距的 1/3。

立杆在顶部搭接时，搭接长度不小于1000mm，必须等间距3个旋转扣件固定，端部扣件盖板边缘至搭接纵向水平杆杆端的距离不小于100mm。

（二）大横杆搭设要求

大横杆置于小横杆之下，立柱的内侧，用直角扣件与立杆扣紧，同一步大横杆四周要交圈。

大横杆采用对接扣件连接，其接头交错布置，不在同步同跨内；相邻接头水平距离不小于500mm，各接头距立柱距离不大于纵距的1/3，大横杆在同一步架内纵向水平高差不超过全长的1/300，局部高差不超过50mm。

（三）纵、横向扫地杆搭设要求

纵向扫地杆采用直角扣件固定在距离底座上皮200mm的立柱上，横向扫地杆则用直角扣件固定在紧靠纵向扫地杆下方的立柱上。

（四）脚手板搭设要求

作业层满铺脚手板，脚手板采用松木，厚度50mm，宽度不小于230mm，长度4000mm的木跳板，两端设直径为4mm的镀锌钢丝箍两道。脚手板设置在横向水平杆上，避免出现探头及空挡现象。

（五）护栏搭设要求

铺设脚手板的作业层都要在脚手架外立杆的内侧绑两道牢固的护身栏杆和挡脚板，挡脚板高度为0.20m，两道护身栏杆离脚手架的高度分别为1.2m和0.6m，紧贴外立杆内侧安设两道水平钢管。护栏外侧加立网保护。

（六）剪刀撑搭设要求

脚手架在外围立面整个长度和高度上连续设置剪刀撑。斜杆与地面的夹角为45°～60°。剪刀撑宜搭接方式接长，其两端用旋转扣件与脚手架的立杆或相交处小横杆的伸出端扣紧，且在中间增加2～4个扣节点，旋转扣件中心线至主节点的距离不宜大于150mm；同一架高内，剪刀撑交叉点应布置在同一标高。脚手架的纵向传力结构架构件限制不能形成封闭形时，其两端必须设置横向斜撑，由底至顶呈“之”字形连续布置，采用旋转扣件固定在与“之”相交的横杆的伸出端上，旋转扣件中心线至主节点的距离不宜大于150mm。

五、满堂脚手架的拆除

（一）满堂脚手架的拆除施工工艺

（1）拆除作业应按确定的程序进行拆除：防护栏杆→剪刀撑→斜撑杆→横杆→立杆。

（2）不准分立面拆除或在上下两步同时拆除，做到一步一清，一杆一清。

（3）拆立杆时，要先抱住立杆再拆开最后两个扣件。拆除横杆、斜撑、剪刀撑时，应先拆中间扣件，然后托住中间，再解端头扣件。分段拆除高差不应大于两步，如高差大于两步，应增设临时支撑。

（二）材质及其使用的安全技术措施

（1）扣件的紧固程度宜在40～50N·m，并不大于65N·m，对接扣件的抗拉承载力为3kN。对接扣件安装时其开口应向内，直角扣件安装时开口不得向下，以保证安全。

（2）各杆件端头伸出扣件盖板边缘不小于100mm。

（3）钢管有严重锈蚀、压扁或裂纹的不得使用，禁止使用有脆裂、变形、滑丝等现象的扣件。

（4）严禁将外径48mm与51mm的钢管混合使用。

（5）钢管和扣件均要现场取样送检，合格后方可使用。

（三）满堂脚手架上施工作业的安全技术措施

（1）满堂脚手架搭设完毕后，经项目经理部安全员验收合格后方可使用，任何班组长和个人，未经同意不得任意拆除脚手架部件。

（2）严格控制施工荷载，脚手板上不得集中堆放荷载，施工荷载不得大于 $1kN/m^2$，确保施工安全。

（3）定期检查脚手架，发现问题和隐患，在施工作业前及时维修加固，以达到坚固稳定，确保施工安全。

（四）满堂脚手架拆除的安全技术措施

（1）脚手架搭拆人员必须是经过考核的专业架子工，并持证上岗。连墙件应在位于其上的全部可拆杆件都拆除之后才能拆除。

（2）拆架前，全面检查待拆脚手架，根据检查结果，拟订出作业计划，报请批准，进行技术交底后才准备工作。

（3）拆除时应划出作业区，周围设绳绑围栏或树立警示标志，地面设专人围护，禁止非作业人员进入。

（4）拆除时统一指挥、上下呼应、动作协调，当解开与另一人有关的扣件时必须先告诉对方并得到允许，以防坠落伤人。

（5）拆架时不得中途换人，如必须换人时，应将拆除情况交代清楚后方可离开。

（6）每天拆架下班时，不应留下隐患部位。

（7）拆架时严禁碰撞脚手架附近电源线，以防触电事故。

（8）在拆除过程中，凡松开连接的杆、配件应及时拆除运走，避免误扶、误靠的已松脱杆件。拆除的杆、配件严禁向下抛掷，应吊至地面，同时做好配合协调工作，禁止单人进行拆除较重杆件等危险性作业。

（9）所有杆件和扣件在拆除时分离，不准在杆件上附着扣件或两杆连着送至地面。

（10）所有脚手板应自外向里竖立搬运，以防止脚手板和垃圾物从高处坠落伤人。

六、文明施工要求

根据脚手架施工的特殊性，结合企业职业健康安全管理手册、程序文件，要求施工时做到：

（1）进入施工现场的人员必须戴好安全帽，高空作业系好安全带，穿好防滑鞋等，现场严禁吸烟。

（2）严禁酗酒人员上架作业，施工操作时要求精力集中、禁止开玩笑和打闹。

（3）脚手架搭设人员必须是经考试合格的专业架子工，上岗人员定期体检，体检合格者方可发上岗证。凡有高血压、贫血病、心脏病及其他不适宜高空作业者，一律不得上脚手架操作。

（4）架子上的作业人员上下均应走人行梯道，不准攀爬架子。

（5）脚手架验收合格后任何人不得擅自拆改，如需局部拆改时，必须经技术部同意后由架子工操作。

（6）不准利用脚手架吊运重物；作业人员不准攀登架子上下作业面；不准推车在架子上跑动。

（7）在架子上的作业人员不得随意拆动脚手架的所有拉结点和脚手板，以及扣件绑扎扣等所有架子部件。

（8）拆除架子而使用电焊气割时，派专职人员做好防火工作，配备料斗，防止火星和切割物溅落。

(9) 脚手板使用时间较长，因此在使用过程中需要进行检查，发现水平悬挑下沉、杆件变形严重、防护不全、拉结松动等问题要及时解决。

(10) 使用的工具要放在工具袋内，防止掉落伤人；登高要穿防滑鞋，袖口及裤口要扎紧。

(11) 施工人员做到活完料净脚下清，确保脚手架施工材料不浪费。

(12) 运至地面的材料应按指定地点随拆随运，分类堆放，当天拆当天清，拆下的扣件要集中回收处理，应及时整理、检查，按品种、分规格堆放整齐，妥善保管。

任务 23　圈梁与楼面板模板支设

一、圈梁支模

圈梁模板由底板加两侧板组成。对圈梁的支模，常采用挑扁担法和倒卡法支模。挑扁担法就是在圈梁底面下一皮砖外，每隔 1m 留一丁砖孔洞，穿 500m×100m 山木枋作扁担，竖立两模板，用夹条及斜撑支牢。倒卡法就是在圈梁底面下一皮砖的灰缝中，每隔 1m 嵌入 $\phi8$ 钢筋一根支承侧模，用钢管或木制卡具卡于侧模上口。

二、楼面板支模

(一) 楼面板支模要求

《混凝土结构工程施工质量验收规范》(GB 50204—2012) 中关于现浇结构模板安装有如下规定：

(1) 底模上表面标高的允许偏差为±5mm；

(2) 现浇结构模板安装的允许表面平整度的允许偏差为 5mm；

(3) 对跨度不小于 4m 的现浇钢筋混凝土梁、板，其模板应按设计要求起拱；当设计无具体要求时，起拱高度宜为跨度的 1/1000～3/1000。在实际施工过程中，对现浇钢筋混凝土梁底模、现浇板底模起拱数的检查较为忽视，混凝土结构件浇筑完成后，易造成现钢筋混凝土梁、板底出现起拱数不符合验收规范的要求。

(二) 楼面板支模要点

(1) 模板施工之前，施工单位应对模板分项工程进行专项设计，如对模板材料选用、排板、模板整体和支撑系统刚度、稳定性等进行设计，监理人员应进行认真审核，重点审核支撑体系刚度、稳定性、梁底模及现浇板的模板起拱数是否满足规范和设计的要求，经监理人员审查通过后，并以此为依据检查模板施工。

(2) 梁底、现浇板支撑间距应能够保证在混凝土重量和施工荷载作用下不产生形变，支撑底部若为泥土地基，应先认真夯实，设排水沟，并铺放通长垫木或型钢，以确保支撑不沉陷。

(3) 在混凝土浇筑过程中，应对排架立杆做好沉降标识，对模板支撑系统应派驻人员加强巡视，及时发现混凝土施工过程中出现模板系统整体沉降变形。

(4) 按验收规范中的现浇钢筋混凝土梁、板的起拱要求，楼面的梁、板应形成连续的拱形结构，从结构受力方面分析，拱形构件比平直构件承载能力高。

然而，在实际操作中，楼板厚度的控制通常是在柱筋上标记，如果按各标记浇筑混凝土，经过平板振动器平整后，在拱顶的板就达不到设计要求的板厚，结果又会降低楼面的承载力。楼面梁板起拱，结构受力效果好，在按设计及验收规范施工，在混凝土浇筑成形后，由于楼面的梁板起拱，会使整个楼面形成一个起伏，但这并不影响楼面的质量，待装修时再通过砂浆找平层来调整楼面的平整度，这样既能提高楼面结构的承载力，又不会影响装修时的美观效果。

施工、监理单位应该加强对现浇结构楼面模板的验收，必须满足设计文件和施工规范的要求。对模板分项工程施工过程中，应加强对每道工序、检验批、分项工程进行“三级”验收制度，加强过程控制，确保工程质量。

任务 24　圈梁与楼面钢筋安装

一、楼面板

(1) 单向板　板的长边与短边之比大于 2，板内受力钢筋沿短边方向布置，板的长边承担板的荷载。

(2) 双向板　板的长边与短边之比不大于 2，荷载沿双向传递，短边方向内力较大，长边方向内力较小，受力主筋平行于短边并摆在下面。

(3) 板式楼板的厚度一般不超过 120mm，经济跨度在 3000mm 之内。

(4) 适用于小跨度房间，如走廊、厕所和厨房等。

二、楼面钢筋安装

(1) 核对成品钢筋的钢号、直径、形状、尺寸和数量等是否与料单料牌相符，如有错漏应纠正增补。钢筋绑扎前，应检查有无锈蚀现象，除锈后再运送到绑扎部位。

(2) 节点内的柱箍筋在场外预先加工，点焊制成钢筋笼，套在柱筋外，再穿入梁筋进行绑扎。

(3) 绑扎时，先沿主梁走向，放好底面钢筋，用粉笔在梁主筋上画出箍筋间距后，再穿上箍筋绑扎。遇有梁筋分层时，应在两层钢筋之间加上 ϕ25 短筋作分隔。

(4) 梁筋绑架扎完成后，先在梁底、梁侧加上垫块，再把梁筋沉入梁模板中，以固定梁筋和保证钢筋保护层厚度。沉好梁筋后，把柱筋与钢筋笼点焊固定，确保浇筑混凝土时不会造成柱筋移位。

(5) 板筋绑扎时，先在模板上划分钢筋间距，再进行钢筋绑扎，绑扎完后垫上垫块，底面筋间放凳仔支撑，保证钢筋间距。板网筋绑扎应注意板上部的负筋，要防止被踩下，特别是雨篷挑檐、阳台等悬臂板，要严格控制负筋位置，以免拆模的断裂。

(6) 浇筑混凝土时，应有铁工跟班，提起浇筑混凝土时踩沉的板面钢筋。

三、楼面钢筋验收

楼面比较简单，首先施工方自检，然后监理组织甲方、施工方一起验收。

(一) 验收依据

(1) 建筑、结构施工图纸；

(2) 图集，比如 03G101-1、03G101-2 等图集、混凝土工程施工质量验收规范、多层砖房抗震构造详图等。

(二) 钢筋隐蔽验收要点

(1) 钢筋保护层；

(2) 钢筋规格；

(3) 钢筋强度等级；

(4) 锚固长度；

(5) 钢筋长度；

(6) 受力钢筋与分布钢筋位置关系；

(7) 梁柱节点钢筋位置关系；

(8) 悬挑结构钢筋位置关系；

（9）钢筋构造详图（比如转角处、大板四角附加钢筋、楼梯间钢筋位置关系）。

（三）梁钢筋验收

梁钢筋应按照图纸标注的绑扎，主筋不能少，钢筋保护层要控制好（即箍筋尺寸要正确），梁的锚固长度必须要保证，梁上部贯通筋的连接方式要注意（绑扎搭接、直螺纹连接、焊接等），梁的箍筋加密长度要保证，腰筋的拉钩要挂好，梁柱节点箍筋不能少。

（四）板钢筋验收

（1）板筋应按照图纸标注的绑扎，板筋间距要控制好，板底筋保护层垫好，底筋与面筋应该马凳垫起，大于300mm×300mm的洞口周边应设置洞口加强筋。

（2）楼面柱子要绑定位箍筋，防止在浇筑混凝土过程中应振捣导致的主筋偏位。

任务25 埋管埋件安装

楼面钢筋安装后，一般应进行楼面埋管埋件安装，然后才能进行钢筋验收、混凝土浇筑工序。

一、楼面混凝土梁板内埋管埋件内容

楼面混凝土板浇筑前，一般都要预埋给水管道、排水管道、穿电缆电线管道、暖通管道、燃气管道等。

二、埋设管理

埋设（埋管埋件）一般采取会签形式。由钢筋工长手持会签单找各专业工长签字，由各专业工长安排作业人员依据设计要求埋设。

三、管理职责

（1）由于钢筋工长没有找各专业工长会签的，遗漏的埋管埋件由钢筋工长请设计人员帮忙处理；

（2）专业工长签字后，没有安排落实作业人员埋管埋件造成遗漏的，由相关的专业工长请设计人帮忙处理。

埋管埋件结束后，立即组织钢筋验收。

任务26 圈梁与楼面混凝土浇筑

楼面梁板钢筋验收后立即浇筑楼面梁板混凝土。

一、混凝土浇筑令

对建筑工程结构混凝土实行浇筑令制度是确保隐蔽工程质量的有效措施之一，是结构施工过程的重要质量停止点，是形成混凝土实体前的最后一道关卡，可以避免因之前工作的不充分造成专业遗漏和后续质量问题。

但在实践中，由于工序报验不及时、资料滞后、不同浇筑部位或构件连续浇筑、施工单位擅自开盘等原因使混凝土浇筑令制度执行不力，甚至形同虚设。很多浇筑令是随后较长时间内补签的，使混凝土浇筑令的严肃性大打折扣，也给过程质量控制增加不少不确定性和难度。

作为工程项目总监，必须意识到严格执行混凝土浇筑令制度的重要性，从项目一开始就要做出明确要求。凡未经监理下达浇筑令而擅自浇筑的，必须做出严肃处理，可以采取责令施工单位暂停施工、不予计量、建议甲方处罚等措施，使施工单位为此承担相应的违章成本，养成无令不开盘的良好习惯。

在混凝土浇筑令下达前的检查内容不仅包括工程实体本身的工序质量检查，还包括各种准备工作。各专业监理工程师要熟悉这些要点，并形成习惯，使施工单位能够对照自检。

间歇时间较短的混凝土浇筑是否在每次浇筑前都必须签署浇灌令，项目总监应分析实际情况，区别对待，既避免频繁签署有关资料造成监理工作的冗重，又要显示监理控制的原则性和灵活性的协调统一，使结构施工能够顺利进行。

二、资料检查

（一）方案审查

专业监理工程师要详细查看施工组织设计、重点工程桩施工方案，审查大体积混凝土施工方案、地下室结构施工方案、混凝土泵送方案等；对钢筋连接方式、锚固搭接长度、重要部位的钢筋配置、现浇混凝土施工缝和后浇带设置部位及要求等要仔细审查。

（二）质保资料核查

监理主要检查钢筋连接试验报告、隐蔽验收记录、施工单位质量自检记录，要确保质量保证资料的正确性、真实性和完整性。在签发混凝土浇灌令之前，要审查商品混凝土配合比试验报告及其原材料检验报告、外加剂质量检验报告等资料；在混凝土浇筑过程中，还要核查商品混凝土质量证明、随车出场发货单和坍落度试验记录。

三、专业验收

所有检查应在施工单位自检合格的基础上进行。其中工序自检结果应按照建设工程文件资料管理办法规定如实填写，报监理审查。监理工程师要仔细阅读图纸，主要设计条件和检查内容尽量绘制成草图并做文字说明，检查时只拿草图即可。检查前对主要控制指标和存疑之处要翻阅有关规范确定，避免仅凭经验判断或模棱两可。

（一）土建专业

1. 落实钢筋绑扎的“七不准”制度

① 已浇筑混凝土浮浆未清干净不准绑扎钢筋；

② 钢筋污染不清除干净不准绑扎钢筋；

③ 控制线未弹好不准绑扎钢筋；

④ 钢筋偏位未检查校正合格不准绑扎钢筋；

⑤ 钢筋接头本身质量未检查合格不准绑扎钢筋；

⑥ 技术交接不到位不准绑扎钢筋；

⑦ 钢筋加工未通过验收不准绑扎钢筋。

2. 坚持工序验收的“五不验”措施

① 钢筋未完成不验收；

② 钢筋定位措施不到位不验收；

③ 钢筋保护层垫块达不到验收要求不验收；

④ 钢筋纠偏不合格不验收；

⑤ 钢筋绑扎未严格达到施工质量验收要求施工不验收。

专业监理工程师要核查构件标高、对角线、几何尺寸、梁底起拱等测量控制情况是否满足设计要求，误差是否在规范允许范围之内；核对钢筋品种、规格型号、长度、间距、弯钩、锚固尺寸、绑扎与连接方式是否与设计和规范相符；检查钢筋保护层垫块厚度和数量、均匀度，悬挑构件的持力层保证措施是否到位；核对预埋件、插筋位置与标高是否正确，防移位措施是否可靠；工作面构件是否存在污染等。

（二）安装专业

一般结构施工阶段，电气专业的预埋管、预留箱盒较多，因此专业监理工程师要重点检查电气管线的敷设，查看其材质、走向、固定措施、连接方法等是否满足设计和规范要求。预留的箱盒应结合结构线平确保位置准确，并有可靠的固定措施。

给排水、暖通、设备等专业在结构施工阶段一般仅设置预留洞，专业监理工程师主要是核查其位置是否准确，数量、尺寸与设计是否相符等。预留洞要求施工单位要事先制作模具，穿墙或穿越楼板的防水套管要求套管加工正确，安装位置尺寸和标高正确，固定牢靠，两端封堵。

对预埋安装管线较多，在某些部位多条管线交叉重叠或管径较大的预埋管线易造成局部板厚超过图纸设计尺寸或挤占结构断面，专业监理工程师应提早协调相关专业采取措施避免这种现象的发生。

对预留洞口和箱体较大的半留洞，安装专业监理工程师要与土建专业监理工程师一起检查洞口的加筋或边梁是否满足设计要求，对后期箱体安装是否有影响。对设备专业预埋的钢板，要核对设计要求及固定情况，保证其位置准确。

要求水电专业监理工程师要在施工单位自检合格的基础上对照图纸，分系统认真检查验收。

（三）支模架检查验收

签发浇筑令前，专业监理人员及总监应对照经批准的支模架施工方案及脚手架安全技术规范和模板安全技术规范，对支模架进行认真检查验收。检查模板支撑与加固体系是否牢靠，楼层竖向支撑杆件是否设置了矫正施工误差的伸缩顶托，对容易忽视的防滑扣件要重点检查，用力矩扳手检测扣件螺栓力矩，检查剪刀撑搭设情况，早拆体系是否与其他部分独立支撑等。检查模板平整度、刚度和接缝处理情况，模板表面是否清理干净；对高大支模体系应按规定程序检查验收后，由施工单位、监理单位及建设单位项目负责人在验收记录上填写验收意见。同时应审查混凝土浇筑方案和应急预案。

四、准备工作

（一）施工单位管理人员到位情况

混凝土开盘前，施工单位现场负责人、专业工长、技术人员、质量管理人员、安全管理人员、实验员等必须全部到位，并保证在混凝土浇筑过程中不离岗。

（二）机械设备的配置与到位情况

专业监理工程师应检查施工单位的混凝土振动棒、平板振动器、收面机等小型机械是否准备齐全，性能是否良好，是否配套。混凝土输送泵及布料机是否安装到位，并由专人操作。搁置在钢筋网片上的布料机是否设置了有效保护钢筋绑扎质量并承受其荷载的平台等。

（三）试验人员和仪器工具

施工单位必须在开盘前确定专门试验人员。试验所用仪器、工具，包括混凝土试模、坍落度筒等应准备齐全。

（四）值班钢筋工、模板工

混凝土浇筑时负责看护钢筋、模板的相应钢筋工、模板工等人应到位。

（五）跳板、养护水源、覆盖材料

混凝土浇筑过程中不可直接踩踏在刚刚浇筑的混凝土表面上进行收面、钢筋扶正、覆盖等作业，应采用跳板。养护混凝土的覆盖材料、水源等也应准备到位。

（六）班前交底

为使混凝土浇筑施工操作人员，包括混凝土、钢筋、模板、收面、养护等所有工种，对施工过程有清晰的了解，能够熟悉施工技巧，掌握重点部位。在混凝土浇筑前，应对操作人员进行详尽的技术交底，必要时可以采用样本示范。

五、签署浇灌令

（一）正常情况

上述检查存在问题的，要及时通知施工单位改正完善，合格的专业监理工程师要及时签字认可，各专业必须全部签署意见。项目总监要全面了解工程进展情况，并进行现场检查，确实不存在遗留问题的，应签字同意开盘。

（二）特殊情况

对间隔时间较短的混凝土浇筑，如混凝土灌注桩工程，每天要浇筑几十甚至上百根，是否仍按正常情况，每次浇筑前必须下达浇筑令呢？我们认为没有必要。之所以严格混凝土浇筑令管理，就是为了把好工程实体形成前的最后一道关卡。但如教条执行，不仅使工程进展的连续性受到严重影响，打击施工单位士气，留下怨言，也人为地增加了监理工作量。

六、商品混凝土质保资料控制

按照一般管理办法，商品混凝土厂家需要提供各种原材料的检测报告、配合比试配报告等有关资料。在原材料检验批、强度等级配合比没有改变的情况下，对每供一次或每天供应的混凝土，施工方、监理方要求重新提供原材料的检测报告、配合比试配报告等，造成许多资料重复。一些商品混凝土企业设置数人抄写或复印重复资料，工程完工时商品混凝土的重复资料一摞，而缺少原材料检测、留置混凝土试块的强度汇总等系统的质量保证技术资料。如何在保证工程实体质量的同时，形成系统、完整的质量保证技术资料，是监理的目的。对商品混凝土质量保证资料的管理方面，实行的是混凝土出厂质量保证书、合格证制度。

商品混凝土出厂质量保证书、合格证，系预拌混凝土搅拌站的产品质量保证证明文件。预拌混凝土出厂由于混凝土的龄期不到，只能提供质量保证书，到龄期时再补报出厂合格证。混凝土生产厂家供应第一批混凝土之前，应提交混凝土出厂质量保证书，包括混凝土的配合比报告、原材料检验报告等资料。后续供应的相同品种、相同强度等级混凝土，如配合比、原材料没有变化，可不再重复提供原材料检验报告、配合比报告。搅拌站应将各种原材料检验报告及配合比报告由专人存档、备查。如该强度等级混凝土配合比、原材料有变化，应重新提供混凝土原材料检验报告、配合比报告、出厂质量保证书。

商品混凝土供应完毕，每一强度等级最后一批混凝土试块到龄期，强度检验结果评定后三个工作日内，搅拌站应提供每个品种、每个强度等级的出厂合格证。混凝土出厂质量保证书、出厂合格证必须由商品混凝土厂家技术负责人签字并加盖单位公章，一式两份，供、需双方各执一份。由施工单位作为商混质保资料报监理审查。

采用混凝土出厂证明书、合格证制度，可以减少资料的简单重复，确保质量保证技术资料的可追溯性和完整性，能够达到对预拌混凝土质量的有效预控，达到预期的目的。

任务 27　上部结构测量放线与施工

常温下，楼面梁板混凝土浇筑 12h 后，施工人员可以从事上一层柱子施工的放线活动，可以组织安装柱钢筋。

一、柱子放线

将施测点引到楼面后，首先放出轴线位置，复查无误后，放出柱子中心线、柱子边线，还要在柱子边线外 300～500mm 处放出模板控制线，否则柱子支模后遮住了柱子边线，柱子位置就无法校核。

二、柱钢筋接长

楼面板钢筋绑扎时，柱子位置都留有插筋。柱子钢筋接长一般采用电渣压力焊连接，也有采用绑扎连接或其他连接的。加长连接前，先箍筋到位，再将钢筋接长。

采用焊接连接必须将接头取样送检，检验合格后才绑扎箍筋。

三、柱模板支设

钢筋安装完毕自检合格后，安装柱模板。安装柱模板时，要注意留设钢筋保护层。柱模板安装后需要经过监理检查验收，才能进行模板固定。

四、内外脚手架搭设

安装柱模板时，就应搭设内外脚手架，既可以解决混凝土浇筑的登高问题，又可以解决柱模板的支撑问题，还可以解决上层梁板模板的支承问题。

五、梁板模板支模

梁板模板支模时注意按照规范要求，对于跨度不小于4m的模板应该起拱，起拱度按照设计要求进行，如果设计无要求时，按照1/1000～3/1000起拱。

六、柱、梁、板的混凝土浇筑

柱、梁、板的混凝土浇筑一般有以下两种做法。

(1) 先浇筑柱混凝土再支梁板模板　一般小企业采用这种方法施工的较多，优点是柱模板周转快，缺点是梁柱接头部位不光滑。

(2) 梁板柱混凝土一次浇筑　施工顺序是：先安装柱钢筋，接着安装柱模板，搭设内外脚手架，安装梁板模板，安装梁板钢筋，安装埋管埋件，梁板钢筋验收后柱、梁、板混凝土一次性浇筑。缺点是柱模板周转慢，优点是梁柱接头部位光滑。大企业大都采用这种施工方法。

按照这种方法完成标准层施工后进行屋面结构施工。

任务 28　屋面结构施工

进行屋面结构施工时，必须注意总设计说明上的屋面找坡方法是结构找坡还是建筑找坡。当设计要求按照结构找坡时，注意梁板的找坡。屋面结构应该用防水混凝土浇筑，验收前应该进行蓄水试验，合格后才能参加结构验收。

任务 29　零星构件施工

定额上规定0.05m^3以内的构件是零星构件。在现场施工中，具体的项目是零星构件的有阳台、构造柱等。主体结构施工包括零星构件的施工，应在结构验收前完成。

任务 30　结构验收

一、主体结构验收的条件

(1) 在施工单位完成施工内容，并在自验合格的基础上，施工单位对将验收的施工内容进行自评。

(2) 由施工单位报当地质量安全监督总站进行主体结构分部的实体检测报告。

(3) 监理单位对验收部分检查工程资料和验收，并出评估报告。

(4) 由业主向当地质量安全监督总站提交结构验收申请表，申请进行主体结构工程的中间验收。

(5) 在当地质安站的监督下，由总监理工程师或建设单位项目负责人组织勘察、设计单位及施工单位项目负责人、技术质量负责人按设计要求和有关施工验收规范要求共同进行验收。

二、主体结构分部验收参加单位

（1）该工程施工单位项目经理、施工单位技术质量科负责人。

（2）设计（勘察）单位项目负责人。

（3）建设单位项目负责人。

（4）质量监督站项目负责人。

（5）监理公司项目监理组人员。

三、主体分部验收程序及准备事项

（一）承包方准备

（1）主体分部工程质量验收报告，应在施工单位自检合格的基础上进行，施工单位确认自检合格后提出工程验收申请报监理审批。申请验收时，一并将主体分部工程质量验收资料汇总报监是审查。

（2）验收申请经监理批准后，确定验收时间，并提前一天将主体分部验收汇报材料报监理审核。汇报材料应加盖施工单位行政章。

（3）拆除主体工程所有梁、柱、板模板并清理出建筑物内垃圾。

（4）堵好内外脚手洞及框架填充墙体斜塞墙体。

（5）弹好楼层0.50m的水平线。

（6）配合监理进行楼层现浇板厚度、楼层净高、开间等几何尺寸、梁、柱混凝土回弹检测工作。

（二）监理方准备

（1）根据施工方申报的验收申请，首先核查主体分部质量控制资料是否完整、齐全、有效，重点检查混凝土及砂浆试压报告，数量、强度是否达到施工验收规范和设计图纸要求，以及混凝土评定强度是否满足施工验收规范要求。

（2）复核楼层现浇板厚度、楼层净高、开间几何尺寸、梁、柱、板、混凝土回弹等工作。

（3）编写主体分部质量监理评估报告（评估报告份数一般按到会单位每单位1～2份准备），加盖公司行政章。

（4）上面的工作经检查、复核、评定合格后，及时联系业主方商洽验收时间。

四、主体结构分部验收程序

（1）基础（主体）分部验收由监理公司项目总监理工程师主持。

（2）施工单位代表汇报基础（主体）分部施工过程中组织、自控等方面施工情况及基础（主体）质量自评结果。

（3）监理公司项目总监、总监、总监代表汇报基础（主体）分部施工过程中监理所做的监理工作及基础（主体）分部质量监理评估意见。

（4）与会各方代表到施工现场实地察看基础（主体）分部工程质量。

（5）检查完毕后回会议室，由设计及各单位专家对所验收的基础（主体）分部工程质量进行评议。

（6）由建设单位项目代表队对基础（主体）分部工程质量进行评议。

（7）由项目总监结合各方意见，形成基础（主体）综合验收意见。

（8）最后请质量监督部门对所验收的基础（主体）分部工程质量进行核定。

五、主体结构验收的相关资料归整

（一）自查资料关注点

（1）开工日期、竣工日期、运行日期、试验日期在各报告中的统一问题，注意请示日期与签证日期顺序。

（2）前期资料及试验、检验批容易漏装少装，注意可研报告、项目建议书、计划任务书、开工报告、项目管理规划、设计交底、图纸交底、初步设计及概算审批日期的顺序各报告签字字迹的统一，签字者身份要准确。

（3）试验报告、工程验收、工程隐蔽资料、个类检验报告、施工记录、大事记与监理日志工序内容、日期要统一。

（4）设备及建材进场时质量证明书和试验报告齐全，其中试验报告有质量认证章和试验单位章，质量证明书有施工单位质保章、发货单位章及生产厂家章三个章。工程隐蔽资料的日期及个类检验报告、施工日记等的日期各类资料之间的日期是否交圈。

（二）相关资料细部问题

（1）设备装箱单无需盖章，有装箱签字。

（2）设备检验需要盖章。

（3）电气设备调整试验记录签字顺序：班组、施工队、项目部、监理。试验记录要与监理日志记录内容一致。

（4）钢筋

① 质量说明书：由生产单位提供。

② 试验报告（复验）：由试验单位建筑工程质量检测中心提供。注意出厂日期在前，送试日期、试验日期、报告日期依次在后的顺序。

（5）水泥

① 水泥质量检验报告单：由生产厂家提供，厂家质量检验专用章，负责人、报告人签字。

② 水泥检验报告：由试验单位建筑工程质量检测中心提供。注意出厂日期在前，送试日期、试验日期、报告日期依次在后的顺序。

（6）砂石检测报告：由试验单位建筑工程质量检测中心提供。注意出厂日期在前，送试日期、试验日期、报告日期依次在后的顺序。

（7）砖

① 砖检验报告：厂家送检，产品质量监督检验所出报告，盖二章（生产厂家章和产品质量监督检验所检验专用章），批准人、审核人、编制人签字。

② 砖试验报告：由试验单位建筑工程质量检测中心提供。注意出厂日期在前，送试日期、试验日期、报告日期依次在后的顺序。

（8）混凝土及砂浆

① 混凝土及砂浆配合比通知单：由试验单位建筑工程质量检测中心提供。

② 混凝土搞压强度试验报告：由试验单位建筑工程质量检测中心提供。

③ 砂浆抗压强度试验报告：由试验单位建筑工程质量检测中心提供。注意出厂日期在前，送试日期、试验日期、报告日期依次在后的顺序。检验单位、技术负责人、审核员、检验员签字。

④ 砂浆强度评定表：监理、评定人签字。

（9）土样密度试验报告：由试验单位建筑工程质量检测中心提供。注意出厂日期在前，送试日期、试验日期、报告日期依次在后的顺序。技术负责人、审核员、试验员签字。

（10）防水涂料、防水卷材、井盖、门

① 产品合格证：生产厂家质检章、生产日期、名称、检验员、执行标准。如是外省产品，还应有本省质量监督部门检验报告。

② 生产省份检验报告：生产厂所在地建材产品质量监督检验站出报告，生产厂家专用章，批准、审核、主检人员签字。

③ 本省检验报告：使用地建筑工程质量监督检测站检验报告，盖检测站章与MA章。

(11) 构件

① 产品质量说明书：生产厂家质量专用章和商家专用章。

② 检验报告：水泥制品质量监督检验站出报告，厂家专用章和质量监督检验站专用章。附页加章。构件无需做试验，故无试验报告。由批准、检验、审核人员签字。

(12) 型材：铝合金槽型龙骨、高强石膏硅钙天花板、瓷砖等。

① 合格证：生产厂家质检专用章。产品名称、规格型号、合同号、批量、执行标准、检验结论、质检员、出厂日期。

② 型材质量检验报告单：厂家质检专用章。

任务31　项目实践活动

一、综合训练任务

每8人一个项目部，搭设砌筑脚手架。

对各分项工程进行检测、验收，并填写有关验收表格。

二、时间要求

用1个半天进行脚手架搭设技术交底、示范，熟悉基本操作方法与工具使用方法，以后反复练习，第1周第5天上午完成任务，下午检测，记录成绩并进行评价。

三、训练组织

(一) 人员组织

将学生按项目部分组，每组6～8人，按项目经理、技术负责人、施工员、质检员、安全员、材料员、预算员、资料员进行分工。

(二) 岗位职责

(1) 项目经理：对训练负权责，组织讨论施工方案，负责对项目部人员的组织管理与考核。

(2) 技术负责人：负责起草施工方案，并进行技术交底。

(3) 施工员：训练过程中的实施组织。

(4) 质检员：组织对训练成果进行检测，并记录。

(5) 安全员：进行训练安全注意事项交底，并检查落实。

(6) 材料员：负责训练所需材料、工具的组织保管并归还。

(7) 预算员：对材料用量进行计算，交技术负责人编制方案，交材料员备料。

(8) 资料员：保管训练及检测的技术资料。

四、训练方法

(一) 脚手架材料

采用ϕ48mm壁厚3mm的钢管，钢管长度、根数及搭设方法、配套的扣件由各项目部自行制订方案并领取。

(二) 搭设方法

(1) 先设置扫地杆（长度不够时接长），确定立杆位置。

(2) 用直角扣件连接立杆与扫地杆（扫地杆离地150mm）。

（3）将小横杆连接到大横杆上。

（4）在搭设并连接其他杆件。

（三）脚手架搭设训练

搭设脚手架与上人马道。马道宽1.5m，马道坡度为1/6（上料马道）～1/3（上人马道）。

五、实训教学的组织管理

（一）实训方式

（1）由实训指导教师对实训图纸进行讲解。

（2）以实训小组（项目部）为单位进行，在实训基地训练。

（二）组织管理

（1）由系领导、指导教师组成实训领导小组，全面负责实训工作。

（2）以班级为训练单位，班长全面负责，下设若干个项目部（6～8人一组），各设项目经理、技术负责人、施工员、质检员、安全员、材料员、预算员、资料员各一名。项目经理负责安排本项目部各项实习事务工作。

（3）实训指导教师负责指导训练。

六、实训考核与纪律要求

（一）实训态度和纪律要求

（1）学生要明确实训的目的和意义。

（2）实训过程必须谦虚、谨慎、刻苦，重视并积极自觉地参加实训；好学，爱护国家财产，遵守国家法令及学校、施工现场的规章制度。

（3）服从指导教师的安排，同时每个同学必须服从本班班长与项目经理的安排和指挥。

（4）项目部成员应团结一致，互相督促、相互帮助，人人动手，共同完成任务。

（5）遵守学院的各项规章制度，不得迟到、早退、旷课。点名2次不到者或请假超过2天者，实训成绩为不及格。

（二）实训成果要求

（1）在实训过程中应按指导书上的要求达到实训的目的。学生必须每天编写实训日记，实训日记应记录当天的实训内容、必要的技术资料及所学到的知识，实训日记要求当天完成。

（2）实训过程结束后两天内，学生必须上交实训总结。实训总结应包括：实训内容、技术总结、实训体会等方面的内容，要求字数不少于3000字。

（三）成绩评定

成绩由指导教师根据每位学生的实训日记、实训报告、操作成果得分情况及个人在实训中的表现进行综合评定。

（1）实训日记、实训报告：30%（按个人资料评分）占比。

（2）实训操作：60%（按项目部评分）占比。

（3）个人在实训中的表现10%（按项目部和教师评价）占比。

课程小结

本次任务的学习内容是主体结构施工，并进行主体结构验收。通过对课程的学习，要求学生能组织砖混主体结构施工与验收。

课外作业

（1）以项目部为单位，课外模拟地基验槽进行一次活动。

(2) 自学《砌体工程施工质量验收规范》(GB 50203—2011)。

课后讨论

构造柱怎样设置?

学习情境7　粗装修施工

学习目标

能组织室内抹灰施工。

关键概念

1. 一般抹灰与装饰抹灰，普通抹灰与高级抹灰
2. 水泥砂浆与混合砂浆，室内抹灰与室外抹灰
3. 先立口法与后塞口法
4. 铝合金门窗与塑钢门窗

技能点与知识点

1. 技能点

抹灰的组织与管理。

2. 知识点

(1) 门窗洞口留置尺寸;

(2) 密封;

(3) 保温隔热;

(4) 抹灰工艺。

提示

(1) 怎样检查验收门窗洞口?

(2) 室内抹灰质量应检查哪些项目?

(3) 门窗如何塞缝?

相关知识

1. 建筑装修标准要求
2. 门窗进场验收的人员和内容
3. 水泥砂浆与混合砂浆的应用场合

任务32　门窗安装

门窗安装一般有先立口法与后塞口法两种，正式工程一般都采用后塞口法安装。

一、门窗洞口留置

用后塞口法安装门窗，墙体砌筑时，先预留门窗洞口，门窗洞口的留置尺寸比设计要求的尺寸每边大20～30mm。

二、门窗安装要求

(1) 门框安装位置正确、牢固，用手推拉无动静。

(2) 门框与墙体间填塞防水材料饱满、均匀。

（3）门窗框安装的质量要求见表 7-1。

表 7-1　门窗框安装的质量要求

检验项目		质量标准
门窗安装		截口顺直，刨面平整光滑，开关灵活，稳定无回弹和倒翘
小五金安装		位置适宜，槽深一致，边缘整齐，尺寸准确，小五金安装齐全，规格符合要求，木螺丝拧紧握平，插销关启灵活
披水、盖口条、压封条安装		尺寸一致，平直光滑，与门窗结合牢固严密
密封条的安装		无缝隙
框对角线长度差/m		≤2
框的正、侧面垂直度/m		≤3
框与扇，扇与扇接触处高低差/mm		≤2
门扇对口缝，扇与框间/mm		1.5～2.5
框与扇上留缝宽度/mm		1.0～1.5
门扇与地面间留缝宽度/mm	外门	4～5
	内门	6～8
	卫生间	10～12

三、钢门、塑钢门、铝合金门窗安装

钢门、塑钢门、铝合金门窗安装的质量要求见表 7-2。

表 7-2　钢门、塑钢门、铝合金门窗安装的质量要求

序号	检验项目		质量标准
1	门窗框安装		必须采用预留洞口的方法，安装牢固，预埋件的数量、位置、埋设连接方法及防腐处理符合设计要求
2	门窗扇安装		关闭严密，密封条处于压缩状态，开关灵活无阻滞、回弹或倒翘
3	五金配件安装		齐全、位置正确，安装牢固、端正，启用灵活适用
4	门窗框与墙体间缝隙的填嵌		填嵌饱满密实，表面平整光滑，无裂缝，填塞材料采用防水胶填实
5	外观质量		表面洁净，无划痕，碰伤、锈蚀，涂膜表面光滑平整，厚度均匀，无气孔
6	宽度偏差/mm	≤2000mm	±1.5
		＞2000mm	±2
7	高度偏差/mm	≤2000mm	≤2
		＞2000mm	≤2.5
8	门窗槽口对角线尺寸之差/mm	≤2000mm	≤2；≤5（塑钢门）
		＞2000mm	≤3；≤6（塑钢门）
9	钢门框扇合间隙的限值/mm	合页面	≤2
		执手面	≤1.5
10	门扇框（含拼樘料）的垂直度/mm		≤2
11	钢门无下门槛时，内门扇与地面间隙留缝限值/mm		4～8
12	铝合金门窗框扇搭接宽度差/mm	≤$2m^2$	±1
		＞$2m^2$	±1.5

续表

序号	检验项目	质量标准
13	铝合金门窗开启力/mm	≤4
14	门窗横框标高偏差/mm	≤4
15	门窗竖向偏离中心/mm	≤2

四、作业条件

（一）施工人员素质要求

（1）施工人员必须具有相应的专业等级。

（2）施工人员技工应占全部施工人员的50%以上。

（3）班组长必须5年以上工龄，负责同类工程施工3个以上。

（二）施工组织

（1）施工前必须结合实际情况制订切实可行的施工方案。

（2）仔细研究图纸及现场的实际情况，对全体作业人员进行技术安全交底，确保每个施工人员明确施工顺序及工艺质量标准。

五、施工工艺

（一）铝合金门窗的施工工艺

（1）为确保铝合金门窗的加工精度，其制作采取工厂批量制作，运至现场安装。

（2）放线注意事项

① 同一立面的门窗的水平和垂直方向应该做到整齐一致；

② 饰面层在与窗门框垂直交接处应该是饰面层与门窗框的边缘正好吻合；

③ 对于门的地弹簧的表面应该与室内地面饰面标高一致。

（3）门窗框固定

① 按照弹线位置先将门窗框临时用木楔固定，待检查立面垂直左右间隙、上下位置符合要求后，再用射钉将镀锌锚固板固定在结构上；

② 锚固板的间隙应不大于500mm，如条件允许其方向宜内外交错布置。

（4）填缝　填缝应作为一道施工工序进行，当用水泥砂浆作填缝材料时，门窗框的外侧应刷上防腐剂，防止水泥砂浆（碱性）对铝型材腐蚀，门框与粉刷层之间采用密封胶密封，防止渗水。

（5）门窗扇安装、玻璃安装

① 平开窗扇安装前，先固定窗铰，然后再将窗铰与窗固定；

② 铝合金门要保持上下两个转动轴转动部分在同一轴线上；

③ 玻璃固定采用橡胶条挤紧，然后在胶条上面注入硅酮系列密封胶；

④ 玻璃应摆在凹槽的中间，内外两侧的间隙应不小于2mm，但也不宜大于5mm。

（6）清理　交工前，应将型材表面的塑料胶纸撕掉，胶痕应用橡胶水清理干净，玻璃进行擦洗，确保五金配件正确完好。

（二）塑钢门安装施工工艺

（1）作业准备

① 门规格型号应符合设计要求，五金配件应齐全；

② 安装机具、工具应准备齐全；

③ 门洞口必须符合设计要求。

(2) 安装工艺流程　弹控制线→立门、校正→门框固定→安装五金配件。

(3) 安装五金配件零部件

① 宜在内外墙面装饰结束后进行，且其转动和滑动配合处应灵活无阻滞现象；

② 门安装完后，应及时清理。

六、成品保护

(1) 门窗安装完毕后，保护膜暂时不予拆除。

(2) 加强现场监督及施工人员的成品保护意识。

(3) 玻璃安装完毕后，特别是大门处应设置醒目的标志。

(4) 必要时应将门窗暂时封闭。

(5) 及时办理移交，确保谁施工，谁负责的制度。

任务 33　室内抹灰施工

一、抹灰工程营造做法

(一) 内墙抹灰工程做法

(1) 15mm 厚 1∶3 水泥砂浆。

(2) 预留装修面屋，由精装修完成，用于除了卫生间、厨房、管井、热力小室及有洗衣间的阳台等部位。

(二) 水泥砂浆墙面一

(1) 素水泥素一道基层处理。

(2) 20mm 厚 1∶3 水泥砂浆用于厨房、管井、热力小室及有洗衣间的阳台等部位。

(三) 水泥砂浆墙面二

(1) 刷素水泥一道。

(2) 20mm 厚 1∶3 水泥砂浆（此层用于厨房时毛面交活）。

(3) 淋浴位置距地 1800mm，其他位置距地 300mm，高刷 1.2mm 厚，JS 防水涂料。

(四) 保温内墙面（用于采暖与非采暖空间的非采暖空间隔墙）

(1) 墙体基层 5mm 厚 1∶0.5∶3 水泥砂浆。

(2) 10mm 厚 FTC 保温层。

(3) 涂抹 FTC 材料 10mm 厚压入一层耐碱玻纤网格布，收光。

(4) 预留装修面层由精装修完成。

(五) 踢脚、预留踢脚（150mm 高）

(1) 17mm 厚 1∶3 水泥砂浆，刷一遍灰色涂料。

(2) 面层由精装修完成。

(六) 外墙抹灰工程做法

(1) 基底界面处理层。

(2) 20mm 厚 1∶3 水泥砂浆找平。

二、材料、机具准备及作业条件

(一) 原材料准备

(1) 水泥

水泥使用 R32.5 或 R42.5 普通硅酸盐水泥（必须为大厂水泥，不得采用立窑水泥）。

不同品种、不同强度等级的水泥严禁混合使用，水泥进场必须有出厂质量产品合格证，进场应有检测报告及相关说明资料，在使用前必须要进行批次复试，水泥进场应按计划用量分批进场，控制进场水泥的积压，以保证水泥的质量。

（2）砂　平均粒径 0.35～0.5mm 的中砂，砂颗粒要求坚硬洁净，不得含有黏土、草根、树叶、碱质及其他有机物等有害物质，含泥量不得超过 3%，使用前必须要进行批次复试。砂在施工前应根据使用要求过不同孔径的筛子，筛好备用。

（3）磨细生石灰粉　细度通过 4900 孔/cm^2 的筛选，累计筛余量不大于 13%，使用前用水泡透使其充分熟化，熟化时间不少于 3d。

浸泡方法：应提前备好一个大容器，均匀地往容器中撒一层生石灰粉，浇一层水，然后撒一层生石灰粉，再浇水，依此进行。直至达到容器体积的 2/3，随后将容器内放满水，将生石灰粉全部浸泡在水中，使之熟化。

（4）磨细粉煤灰　细度过 0.08mm 的方孔筛，其筛余量不大于 5%。粉煤灰可取代水泥来拌制砂浆时最大掺量不大于水泥用量的 15%，取代石灰膏拌制混合砂浆时，其最大掺料不宜大于 50%。

（5）石灰膏　应用块状生石灰淋制，淋制时使用的筛子其孔径不大于 3mm×3mm，并应贮存在沉淀池中。熟化时间，常温一般不少于 15d；用于罩面灰时，熟化时间不应少于 30d，使用时石灰膏内不应含有未熟化颗粒和其他杂质。

（6）掺合料。

（7）混凝土界面处理剂、胶黏剂、防冻剂、抗裂纤维等掺合料必须符合设计要求和国家产品标准规定，其掺量应该按使用说明并通过试配确定，其性能应该与墙面涂料的性能匹配。

（8）密封胶　用于嵌填外墙面控制（分格）缝的弹性密封材料，应具有较佳的耐候、耐久、耐酸碱性能，且与接触面相溶、没有沾污缺陷的高分子密封材料，宜采用高性能单组分聚氨酯黏结密封胶嵌缝。

（9）钢丝网购进时，应选用 0.7mm 厚、孔径 15mm×15mm 的钢板网，并应达到产品的使用质量要求。

（10）水泥钉选用规格 3mm×35mm，质量必须符合质量要求。

（二）抹灰砂浆

（1）预拌砂浆　预拌砂浆系指由胶凝材料、细集料、水、矿物掺合料和外加剂等组分按一定的比例，在集中搅拌站（厂）经计量、拌制后，便用专用的运输工具运至使用地点的砂浆拌合物。预拌砂浆应按要求储存，并在规定的存放时间内使用完毕。

（2）干粉砂浆　干粉砂浆系指由专业生产厂家生产，已经过干燥筛分处理的细集料与胶凝材料、矿物掺合料和外加剂按一定的比例合而成，在施工现场只需加入规定的用水量拌和均匀即可使用的砂浆材料。

干粉砂浆在加水拌和前称为干粉砂浆干混料；加水拌和均匀后称为干粉砂浆拌和料；在凝固后称为干粉砂浆硬化体。

（3）自拌砂浆　自拌砂浆应采取机械搅拌，搅拌时间不少于 2min，水泥粉煤灰砂浆和掺用外加剂的砂浆搅拌时间不得少于 3min，掺用有机塑化剂的砂浆，应为 3～5min。抹灰砂浆应该随拌随用，混合砂浆必须在 3h 内用完，当施工期间最高温度超过 30℃时，必须在 2h 内使用完毕。禁止人工拌合抹灰砂浆。

（4）抹灰砂浆选用

① 室内、外抹灰砂浆推荐使用干拌砂浆或预拌砂浆；

② 有防水要求的抹灰砂浆，含气量不应大于 7%，透水压力不应小于 0.6MPa；

③ 砂浆的稠度宜根据砌块类型、湿度、气候情况和抹灰工艺由试抹确定；

④ 在混凝土基层和加气混凝土砌块基层上，打底、罩面用1∶3水泥砂浆。

(5) 外墙面抹灰砂浆要求

① 粘贴饰面砖的外墙面，抹灰砂浆黏结强度（拉伸）不应小于0.6MPa；

② 宜掺加聚乙烯单束高强短纤维，掺入量按产品说明书要求使用；

③ 使用预拌砂浆和现场搅拌砂浆时，水泥用量不宜小于250kg/m^3；

④ 使用干粉砂浆时，宜采用硅酸盐水泥或普通硅酸盐水泥，水泥质量不宜小于物料总质量的15%，矿物掺合料掺量不宜大于水泥质量的15%。

(三) 机械、用具的准备

(1) 砂浆搅拌机应安放在指定的位置，水源及排水通畅。运输工具必须符合施工要求，应密封性能良好。

(2) 除抹灰一般常用的工具外，如孔径为5mm和2mm的筛子、手推车、大平锹、小平锹，还应备有软毛刷、钢丝刷、筷子笔、粉线包、喷壶、小水壶、水桶、水管、分格条、锤子、錾子等，刮尺长度要求2～2.5m为宜，尺杆、木抹应平直等。

三、作业条件

(1) 结构工程已完成并经验收合格，按要求挂网施工完成并经验收合格。

(2) 抹灰前应检查门窗框的位置是否正确，与墙体连接是否牢靠，埋设的接线盒、电箱、管线、管道是否固定牢靠；铝合金、塑钢门窗框应贴保护膜，门窗框塞缝、防水已处理完好。

(3) 线管开槽处理　在安装线管时，在线管两边用钢钉固定或者先将铁丝固定在钢钉上，然后将铁钉固定在墙体上，固定间距以500～800mm为宜，并进行钢板网加强处理；宽度较小的线槽采用1∶2水泥砂浆进行修补，严格分层抹灰，抹灰完成面比墙面凹进2～3mm；宽度较大线管相对集中的线槽，应控制线管净距在10mm以上，采用不低于C20细石混凝土进行修补，浇捣细石混凝土一定要保证混凝土灌筑顺利和振捣密实。浇捣后要进行洒水养护，养护时间不少于2d。

(4) 砖墙砌块若有缺棱掉角的情况，需分层修补。做法是：先用水润湿基体表面，刷掺水泥重10%的108胶水泥浆一道，抹1∶3水泥砂浆，每遍厚度应控制在7～9mm；柱、过梁等凸出墙面的混凝土剔平，凹处提前刷净，再用1∶2.5水泥砂浆分层补衬平。

(5) 穿墙螺栓孔洞处理　结构施工过程中，模板工程穿墙螺栓套管孔洞，这些套管孔洞的存在给工程带来诸多不利因素，如外墙套管孔洞会造成外墙渗水的隐患；内墙孔洞影响墙体的隔声效果。因此不同的部位应采取相应的措施进行封堵，确保将质量隐患降到最低点。

(6) 要求现场施工人员根据不同部位的封堵要求组织实施。

(7) 孔洞内的封堵材料应饱满密实，质量达标。

① 外墙穿墙套管孔洞：该处孔洞站在室内，采用聚氨酯发泡胶引导管喷入套管孔洞中；

② 内墙穿墙套管孔洞：采用微膨胀水泥砂浆双面灌灰修补。

(8) 室外大面积抹灰开始前，应对建筑整体进行表面垂直度和水平度检测并做好灰饼；室内大面积抹灰前应先做样板及样板间，墙面进行套方、做灰饼或冲筋，门窗角做好护角。经鉴定合格，并确定施工方法后，再组织施工。

(9) 施工时使用的架子应准备好。室外架子要离开墙面及墙角200～250mm，以方便操作。

当外墙有保温层或外立面装饰层厚度较大时，应适当增加架体离墙面的距离。为减少抹灰接茬，保证抹灰平整和颜色一致，外架应铺设三步脚手板，严禁采用单排架子，室内抹灰应提前搭好脚手架或准备好马凳。

（10）砖墙、混凝土墙基体表面的灰尘、污垢和油渍等，应清理干净，并洒水湿润。

四、内墙抹灰工艺流程

基体处理→挂加强网→吊直、套方、贴灰饼、设标筋→界面处理→做护角→弹灰层控制线→抹底灰→抹面灰→养护。

五、抹灰要点

（一）抹灰条件要求

（1）在墙体砌筑完成21d以后，或斜砖顶砌完成14d后，才能开始抹灰。

（2）采用干粉砂浆时，抹灰层的平均总厚度不宜大于20mm。

（3）抹灰应分层进行，抹底灰时用软刮尺刮抹顺平，用木抹子搓平搓毛。采用干粉砂浆时，砂浆每遍抹灰厚度宜为5～10mm。采用预拌或现场拌制砂浆时，水泥砂浆每遍抹灰厚度宜为5～7mm，水泥混合砂浆每遍抹灰厚度宜为7～9mm，且应待前一层砂浆终凝后方可抹后一层砂浆。

（4）水泥砂浆不得抹在混合砂浆上。

（5）严禁用干水泥收干抹灰砂浆。抹灰层厚度最少不应小于7mm，必须使用机械搅拌抹灰砂浆，禁止人工拌和抹灰砂浆。

（二）基层处理

（1）用水泥砂浆或细石混凝土修补脚手架孔洞，包括悬挑工字钢、脚手架孔洞。

（2）混凝土墙体表面需用钢丝刷清除浮浆、脱模剂、油污及模板残留物，并割除外露的钢筋头，剔凿凸出的混凝土块；砌体墙面清扫灰尘，清除墙面浮浆、凸出的砂浆块。

（3）混凝土面超出抹灰完成面时，应该凿除超出部分，保证至少有7mm的抹灰层。

（4）需要湿润墙面时，用喷雾器喷水湿润砌体表面，让基层吸水均匀，蒸压加气混凝土砌体表面湿润深度宜为10～15mm，其含水率不宜超过20%；普通混凝土小型空心砌体和轻骨料混凝土小型砌体含水率宜控制在5%～8%。不得直接用水管淋水。

（5）在基层上刷涂或喷涂聚合物水泥砂浆或其他界面处理剂成拉毛面，使其凝固在光滑的基层表面，用手掰不动为好。拉毛面积不小于基层表面积的95%，同时加强拉毛质量检查验收。

（6）若基层混凝土表面很光滑，将光滑的表面清扫干净，用10%火碱水除去混凝土表面的油污后，将碱液冲洗干净后晾干再进行拉毛处理。

（三）挂网

不同材料基体结合处、暗埋管线孔槽基体上、抹灰总厚不小于35mm墙的找平层应挂加强网。在混凝土结构与砌体连接处设置加强措施，在砌体与混凝土墙、柱、梁接缝处均设钢板网，每边敷设宽度不低于150mm，直接用抹灰砂浆固定于墙面，以防温度变化及收缩不均，造成抹灰出现裂纹。挂网的材料可采用镀锌钢丝网、镀锌钢板网、（涂塑或玻璃）耐碱纤维网格布。挂网要根据设计要求进行挂设，设计无要求时可按照现行规范规进行挂设。如当地有特殊要求时满挂加强网。

（四）吊垂直、套方、抹灰饼、冲筋

（1）吊垂直　分别在门窗口角、垛、墙面等处吊垂直，横线则以楼层为水平基线或+50cm标高线控制，然后套方抹灰饼，并以灰饼为基准冲筋。

（2）套方　每套房同层内必须设置一条方正控制基准线，尽量通长设置，降低引测误差，且同一套房同层内的各房间，必须采用此方正控制基准线，然后以此为基准，引测至几各房间；距墙体30～60cm范围内弹出方正度控制线，并做明显标识。

（3）抹灰饼、冲筋　灰饼宜做成 5cm 见方，两灰饼距离不大于 1.2～1.5m，必须保证抹灰时刮尺能同时刮到 2 个以上灰饼。操作时应先抹上灰饼，再抹下灰饼。

抹灰饼时，应根据室内抹灰要求确定灰饼的正确位置，再用靠尺板找好垂直与平整。当灰饼砂浆达到七成干时，即可用与抹灰层相同砂浆冲筋，冲筋根数应根据房间的宽度和高度确定，一般标筋宽度为 5cm。两筋间距不大于 1.5m。当墙面高度小于 3.5m 时宜做立筋。大于 3.5m 时宜做横筋，做横向冲筋时做灰饼的间距不宜大于 2m。

（五）弹灰层控制线

冲筋后在墙面弹出抹灰层控制线。

（六）抹底层灰

一般情况下，充筋完成 2h 左右可开始抹底灰为宜，抹掺水重 10%的 107 胶黏剂的水泥浆一道，抹一层薄水泥砂浆或混合砂浆，抹灰用力压实使砂浆挤入细小缝隙内。每遍厚度控制在 5～7mm，应分层装挡、抹灰与所冲的筋抹平。然后用大杠刮平整、找直，用木抹子搓毛。然后全面检查底子灰是否平整，阴阳角是否方直、整洁，管道后与阴角交接处、墙顶板交接处是否平整、顺直，并用托线板检查墙面垂直与平整情况。

修抹预留孔洞、配电箱、槽、盒　当底灰抹平后，要随即由专人把预留孔洞、配电箱、槽、盒周边 5cm 宽的石灰砂刮掉，并清除干净，用大毛刷沾水沿周边刷水湿润，然后用 1∶1∶4水泥混合砂浆，把洞口、箱、槽、盒周边压抹平整、光滑。

（七）抹面层砂浆

底层砂浆抹好后第二天即可抹面层砂浆。面层砂浆抹灰厚度控制在 5～8mm。如砌体表面干燥，需先洒水湿润，刷素水泥浆一道，紧跟抹罩面灰，刮平（与分格条或灰饼面平）并用木抹子搓毛，面层砂浆表面收水后用铁抹子压实赶光。

为避免和减少抹灰层砂浆空鼓、收缩裂缝，面层不宜过分压光，建议以表面不粗糙、无明显小凹坑、砂头不外露为准。

（八）养护

水泥砂浆抹灰面层初凝后应适时喷水养护，养护时间不少于 5d。

六、施工顺序

抹灰应从上往下打底，底层砂浆抹完后，再从上往下抹面层砂浆（前一日打底，第二天罩面为宜）。应注意在抹面层以前，先检查底层砂浆有无空、开裂现象，如有空裂应剔凿返修后再抹面层灰。另外，应注意先清理底层砂浆上的尘土、污垢并浇水湿润后，方可进行面层抹灰。

七、内墙抹灰工程其他注意事项

内墙阳角护角可采用下列两种做法：

（1）用 1∶2 水泥砂浆做暗护角，护角高度不应小于 2m，两侧宽度不应小于 50mm；

（2）PVC 成品护角，护角高不应小于 2m，护角的固定及覆盖应按相应的产品要求施工。

墙面踢脚线应采用 1∶2.5 水泥砂浆打底抹面。卫生间为有防水要求的房间，在淋浴位置墙面的防水层高度从建筑完成地面起算不小于 1800mm。挂网冲筋后、抹底灰前，应检查开关插座、水电线管预留预埋的完备性和质量。

任务 34　实践训练项目

一、综合训练任务

（1）对砌筑完的墙面进行抹灰，要求一次成活。

（2）对各分项工程进行检测、验收，并填写有关验收表格。

（3）编制施工方案包括上述前4项任务。

二、时间要求

（1）第1个半天抹灰技术交底、示范，熟悉基本操作方法与工具使用方法，以后反复练习，第2周第5天上午完成任务，下午检测，记录成绩并进行评价。

（2）编制抹灰方案，由项目部集体完成，技术负责人执笔。在实施过程中修改，训练完成后上交。

三、训练组织

（一）人员组织

将学生按项目部分组，每组6～8人，按项目经理、技术负责人、施工员、质检员、安全员、材料员、预算员、资料员进行分工。

（二）岗位职责

（1）项目经理：对训练负权责，组织讨论施工方案，负责对项目部人员的组织管理与考核。

（2）技术负责人：负责起草施工方案，并进行技术交底。

（3）施工员：训练过程中的实施组织。

（4）质检员：组织对训练成果进行检测，并记录。

（5）安全员：进行训练安全注意事项交底，并检查落实。

（6）材料员：负责训练所需材料、工具的组织保管并归还。

（7）预算员：对材料用量进行计算，交技术负责人编制方案，交材料员备料。

（8）资料员：保管训练及检测的技术资料。

四、抹灰训练方法

（一）抹灰材料与工具准备

（1）抹灰材料　室内厨卫间通常用1∶3水泥砂浆，室内其余部分用1∶3∶9混合砂浆；室外用混合砂浆；练习用砂浆采用黏土砂浆或石灰砂浆。石灰砂浆按1∶3，黏土砂浆按1∶2由学生自己配置、拌和。砂浆稠度自行调节。

（2）工具　主要有铁抹子、托灰板、刮尺，灰浆拌和工具与运输机具。

（二）抹灰施工程序

清扫墙面→湿水→贴灰饼（冲筋）→抹灰。

（三）抹灰要点

（1）清扫墙面　将墙面浮土、灰尘清扫干净。

（2）湿水　将砖墙湿水，视天气情况自行确定湿水程度。

（3）贴灰饼（冲筋）　贴灰饼和冲筋都是为了控制抹灰的厚度。在四角距边250mm处贴灰饼。灰饼尺寸50mm×50mm，厚度根据墙面平整度确定。

（4）抹灰　抹灰一般分底层抹灰与罩面抹灰。

底层抹灰的作用主要是保证墙体与抹灰层的密实结合，普通砖的底层抹灰一般厚度为7～8mm。轻质砌块抹灰前应用掺801胶（胶水比为1∶4）的灰浆满刮墙面，厚度1～2mm，然后再进行底层抹灰。为防止与混凝土结合部位开裂，一般还要在这些部位钉钢板网。

当底层抹灰具有一定强度时，可进行罩面抹灰，厚度一般7～20mm。

当墙体较平整，抹灰层厚度小于20mm时，可一次成活。

(四) 抹灰速度要求

经2d训练后，一个大面（2000mm×1500mm）与一个小面达到要求的抹灰时间为1h（自己和灰）。

五、实训教学的组织管理

(一) 实训方式

(1) 由实训指导教师对实训图纸进行讲解。

(2) 以实训小组（项目部）为单位进行，在实训基地训练。

(二) 组织管理

(1) 由系领导、指导教师组成实训领导小组，全面负责实训工作。

(2) 以班级为训练单位，班长全面负责，下设若干个项目部（6～8人一组），各设项目经理、技术负责人、施工员、质检员、安全员、材料员、预算员、资料员各一名。项目经理负责安排本项目部各项实习事务工作。

(3) 实训指导教师负责指导训练。

六、实训考核与纪律要求

(一) 实训态度和纪律要求

(1) 学生要明确实训的目的和意义。

(2) 实训过程需谦虚、谨慎、刻苦，重视并积极自觉地参加实训；好学，爱护国家财产，遵守国家法令，遵守学校及施工现场的规章制度。

(3) 服从指导教师的安排，同时每个同学必须服从本班长与项目经理的安排和指挥。

(4) 项目部成员应团结一致，互相督促、相互帮助；人人动手，共同完成任务。

(5) 遵守学院的各项规章制度，不得迟到、早退、旷课。点名2次不到者或请假超过2d者，实训成绩为不及格。

(二) 实训成果要求

(1) 在实训过程中应按指导书上的要求达到实训的目的。学生必须每天编写实训日记，实训日记应记录当天的实训内容、必要的技术资料以及所学到的知识，实训日记要求当天完成。

(2) 实训过程结束后2d内，学生必须上交实训总结。实训总结应包括：实训内容、技术总结、实训体会等方面的内容，要求字数不少于3000字。

(三) 成绩评定

成绩由指导教师根据每位学生的实训日记、实训报告、操作成果得分情况以及个人在实训中的表现进行综合评定。

(1) 实训日记、实训报告：30%（按个人资料评分）占比。

(2) 实训操作：60%（按项目部评分）占比。

(3) 个人在实训中的表现10%（按项目部和教师评价）占比。

课程小结

本次任务的学习内容是室内抹灰装修施工。通过对课程的学习，要求学生能组织门窗安装和抹灰施工与质量验收。

课外作业

1. 以项目部为单位，进行抹灰实训。

2. 自学《建筑装饰装修工程质量验收规范》(GB 50210—2011)。

课后讨论

一般抹灰施工的准备工作有哪些?

学习情境8　屋面卷材防水施工

学习目标

(1) 会编制建筑屋面卷材防水施工方案。

(2) 会组织卷材防水工程质量验收。

(3) 能参与卷材防水工程施工管理。

关键概念

1. 防水与渗漏的概念
2. 屋面找平层、隔气层、防水层、保温隔热层、保护层的概念
3. 屋面防水等级和设防要求的概念
4. 屋面防水正置式屋面和倒置式屋面的概念
5. 有组织排水与无组织排水的概念

提示

(1) 防水工程施工是一个特殊过程,施工前必须制订专项施工方案。

(2) 施工时必须首先保证结构层不渗漏,验收合格后才能进行防水施工。

(3) 防水工程必须在结构验收后进行。

相关知识

相关工程质量检验与验收的知识。

建筑物渗漏问题是建筑物较为普遍的质量通病,也是住户反映最为强烈的问题。许多住户在使用之时发现屋面漏水、墙壁渗透、粉刷层脱落现象,日复一日,房顶、内墙面会因渗漏而出现大面积剥落,并因长时间渗漏潮湿而导致发霉变味,直接影响住户的身体健康,更谈不上进行室内装饰了。

防水工程质量的优劣,不仅关系到建(构)筑物的使用寿命,而且直接关系到使用功能。

影响防水工程质量的因素有:设计的合理性、防水材料的选择、施工工艺及施工质量、保养与维修管理等。其中,施工质量是关键因素。

任务35　屋面工程

屋面工程包括屋面结构层以上的屋面找平层、隔气层、防水层、保温隔热层、保护层和使用面层,是房屋建筑的一项重要的分部工程。其施工质量的优劣,不仅关系到建筑物的使用寿命,而且直接影响到生产活动和人民生活的正常进行,也关系到整个城市的市容。

根据建筑物的性能、重要程度、使用功能及防水层合理使用年限等要求,《屋面工程质量验收规范》(GB 50207—2012)将屋面防水划分为四个等级,并规定了不同等级的设防要求及防水层厚度,见表8-1、表8-2。

表 8-1 屋面防水等级和设防要求

项目	屋面防水等级			
	Ⅰ	Ⅱ	Ⅲ	Ⅳ
建筑物类别	特别重要或对防水有特殊要求的建筑	重要的建筑和高层建筑	一般的建筑	非永久性的建筑
防水层合理使用年限/年	25	15	10	5
防水层选用材料	宜选用合成高分子防水卷材、高聚物改性沥青防水卷材、金属板材、合成高分子防水涂料、细石混凝土等材料	宜选用高聚物改性沥青防水卷材、合成高分子防水卷材、金属板材、合成高分子防水涂料、高聚物改性沥青防水涂料、细石混凝土、平瓦、油毡瓦等材料	宜选用三毡四油沥青防水卷材、高聚物改性沥青防水卷材、合成高分子防水卷材、金属板材、高聚物改性沥青防水涂料、合成高分子防水涂料、细石混凝土、平瓦、油毡瓦等材料	可选用二毡三油沥青防水卷材、高聚物改性沥青防水涂料等材料
设防要求	三道或三道以上防水设防	二道防水设防	一道防水设防	一道防水设防

表 8-2 防水层厚度选用规定

屋面防水等级	Ⅰ	Ⅱ	Ⅲ	Ⅳ
合成高分子防水卷材/mm	≥1.5	≥1.2	≥1.2	—
高聚物改性沥青防水卷材/mm	≥3	≥3	≥4	—
沥青防水卷材	—	—	三毡四油	二毡三油
高聚物改性沥青防水涂料/mm	—	≥3	≥3	≥2
合成高分子防水涂料/mm	≥1.5	≥1.5	≥2	—
细石混凝土/mm	≥40	≥40	≥40	—

屋面分类：按形式划分，可分为平屋面、斜坡屋面；按保温隔热功能划分，可分为保温隔热屋面和非保温隔热屋面；按防水层位置划分，可分为正置式屋面和倒置式屋面；按屋面使用功能划分，可分为非上人屋面、上人屋面、绿化种植屋面、蓄水屋面、停车、停机屋面、运动场所屋面等；按采用的防水材料划分，可分为卷材防水屋面、涂膜防水屋面、瓦屋面、金属板材屋面、刚性混凝土防水屋面等。

任务 36 卷材防水屋面施工

卷材防水屋面是指采用黏结胶粘贴卷材或采用带底面黏结胶的卷材进行热熔或冷粘贴于屋面基层进行防水的屋面，其典型构造层次如图 8-1 所示，具体构造层次根据设计要求而定。

卷材防水屋面的施工方法，有采用胶黏剂进行卷材与基层、卷材与卷材搭接黏结的方法；有利用卷材底面热熔胶热熔粘贴的方法；也有利用卷材底面自黏胶黏结的方法；还有采用冷胶粘贴或机械固定方法将卷材固定于基层、卷材间搭接采用焊接的方法等。

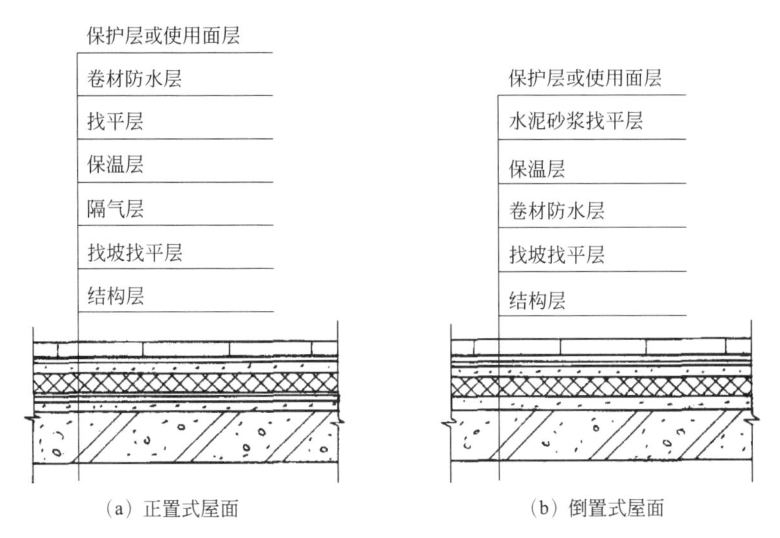

图 8-1　卷材防水屋面构造层次示意图

一、材料要求

(一) 防水卷材

防水卷材可分为合成高分子卷材、高聚物改性沥青卷材、沥青卷材、金属卷材、膨润土毯等。防水卷材应具备如下特性：

(1) 水密性　即具有一定的抗渗能力，吸水率低，浸泡后防水能力降低少。

(2) 大气稳定性好　在阳光紫外线、臭氧老化下性能持久。

(3) 温度稳定性好　高温不流淌变形，低温不脆断，在一定温度条件下，保持性能良好。

(4) 一定的力学性能　能承受施工及变形条件下产生的荷载，具有一定强度和伸长率。

(5) 施工性良好　便于施工，工艺简便。

(6) 污染少　对人身和环境无污染。

(二) 沥青卷材（油毡）

用原纸、纤维织物、纤维毡等胎体材料浸涂沥青胶，表面撒布粉状、粒状或片状材料制成的可卷曲的片状防水材料称之为沥青防水卷材，常用的有纸胎沥青油毡、玻纤胎沥青油毡。

焦油沥青防水卷材的物理力学性能差、对环境污染大，已被强制淘汰。目前的沥青防水卷材均使用石油沥青制造，它高低温性能差，尤其是低温性能差，强度低，延伸率小，使用量在逐年减少，部分地区已将其列为淘汰产品。

沥青防水卷材的外观质量、规格和物理性能应符合表 8-3～表 8-5 的要求。

表 8-3　沥青防水卷材的外观质量要求

项目	外观质量要求
孔洞、硌伤	不允许
露胎、涂盖不匀	不允许
折纹、折皱	距卷芯 1000mm 以外，长度不应大于 100mm
裂纹	距卷芯 1000mm 以外，长度不应大于 10mm
裂口、缺边	边缘裂口小于 20mm，缺边长度小于 50mm，深度小于 20mm，每卷不应超过 4 处
接头	每卷不应超过 1 处

表 8-4　沥青防水卷材规格

标号	宽度/mm	每卷面积/m²	卷重/kg	
350号	915 1000	20±0.3	粉毡	≥28.5
			片毡	≥31.5
500号	915 1000	20±0.3	粉毡	≥39.5
			片毡	≥42.5

表 8-5　沥青防水卷材物理性能

项目		性能要求	
		350号	500号
纵向拉力在（25±2)℃时/N		≥340	≥440
耐热度在（85±2)℃，2h		不流淌，无集中性气泡	
柔性在（18±2)℃		绕 ϕ20mm 圆棒无裂纹	绕 ϕ25mm 圆棒无裂纹
不透水性	压力/MPa	≥0.10	≥0.15
	保持时间/min	≥30	≥30

（三）高聚物改性沥青卷材

以合成高分子聚合物（如 SBS、APP、APAO、丁苯胶、再生胶等）改性沥青为涂盖层，纤维织物或纤维毡为胎体，粉状、粒状、片状或薄膜材料为覆面材料制成的可卷曲片状防水材料称为高聚物改性沥青防水卷材。

高聚物改性沥青卷材克服了沥青卷材温度敏感性大、延伸率小的缺点，具有高温不流淌、低温不脆裂、抗拉强度高、延伸率大的特点，而且材料来源广，按要求厚度一次成型。底面敷以热熔胶，可以热熔施工，大大简化了施工工艺，提高了施工安全性。它适用于屋面防水、地下室平面防水。由于它的主要材料为沥青，温度敏感性仍然较大，强度和延伸又取决于胎体的强度和延伸，所以在需要强度更高、延伸更大的防水层和坡度较大的屋面采用时就必须采取一定的技术措施，否则不宜采用。

根据高聚物改性材料的种类不同，国内目前使用的高聚物改性沥青卷材主要品种有：SBS 改性沥青热熔卷材、APP 改性沥青热熔卷材、APAO 改性沥青热熔卷材、再生胶改性沥青热熔卷材等。

高聚物改性沥青防水卷材的外观质量、规格和物理性能应符合表 8-6～表 8-8 的要求。

表 8-6　高聚物改性沥青防水卷材的外观质量要求

项目	外观质量要求
孔洞、缺边、裂口	不允许
边缘不整齐	不超过 10mm
胎体露白、未浸透	不允许
撒布材料粒度、颜色	均匀
每卷卷材的接头	不超过 1 处，较短的一段不应小于 1000mm，接头处应加长 150mm

表 8-7　高聚物改性沥青防水卷材规格

厚度/mm	宽度/mm	每卷长度/m
2.0	≥1000	15.0～20.0
3.0	≥1000	10.0
4.0	≥1000	7.5
5.0	≥1000	5.0

表 8-8　高聚物改性沥青防水卷材的物理性能

<table>
<tr><th colspan="2" rowspan="2">项目</th><th colspan="3">性能要求</th></tr>
<tr><th>聚酯毡胎体</th><th>玻纤胎体</th><th>聚乙烯胎体</th></tr>
<tr><td colspan="2">拉力/(N/50mm)</td><td>≥450</td><td>纵向≥350，横向≥250</td><td>≥100</td></tr>
<tr><td colspan="2">延伸率/%</td><td>最大拉力时，≥30</td><td>—</td><td>断裂时≥200</td></tr>
<tr><td colspan="2">耐热度/℃（2h）</td><td colspan="2">SBS 卷材 90，APP 卷材 110，
无滑动、流淌、滴落</td><td>PEE 卷材 90，
无流淌、起泡</td></tr>
<tr><td colspan="2">低温柔度/℃</td><td colspan="3">SBS 卷材−18，APP 卷材−5，PEE 卷材−10
3mm 厚 r=15mm；4mm 厚 r=25mm；3s 弯 180°，无裂纹</td></tr>
<tr><td rowspan="2">不透水性</td><td>压力/MPa</td><td>≥0.3</td><td>≥0.2</td><td>≥0.3</td></tr>
<tr><td>保持时间/min</td><td colspan="3">≥30</td></tr>
</table>

注：SBS—弹性体改性沥青防水卷材；APP—塑性体改性沥青防水卷材；PEE—改性沥青聚乙烯胎防水卷材。

（四）合成高分子卷材

以合成橡胶、合成树脂或它们两者共混体为基料，加入适量的化学助剂和填充料，经不同工序加工而成的卷曲片状防水材料；或将上述材料与合成纤维等复合形成两层或两层以上可卷曲的片状防水材料，称为合成高分子防水卷材。

合成高分子卷材具有拉伸强度高、断裂伸长率大、抗撕裂强度高、耐热性能好、低温柔性好、耐腐蚀耐老化及可以冷施工等优越性能，经工厂机械化加工，厚度和质量的保证率高，可采用冷黏铺贴、焊接、机械固定等工艺施工。过去搭接缝采用胶黏剂黏结，胶黏材料有一定缺陷，加上施工条件要求苛刻、难度大，卷材接缝施工质量往往达不到要求。目前改用双面胶带密封黏结，大大提高了可靠性；但高分子材料的后期收缩率较大，在长期使用过程中收缩会导致卷材产生较大应力，在高应力下加速卷材老化，或者将黏结胶拉开导致漏水。另外采用粘贴施工时，对基层含水率要求高，否则会出现粘贴不实或水分蒸发的情况会导致防水层鼓泡。合成高分子卷材适用于各种屋面防水、地下室防水，不适用于屋面有复杂设施、平面标高多变或小面积防水工程；用于较大坡度斜屋面时要采取防滑措施；用于大面积防水层时，应设分格缝，使卷材断开，后期收缩时可以减少绝对收缩值；用于潮湿基层时，应在潮湿基层上先涂刷潮湿基层处理剂。

目前使用的合成高分子卷材主要有三元乙丙、氯化聚乙烯、聚氯乙烯、氯磺化聚乙烯防水卷材等。合成高分子防水卷材的外观质量、规格和物理性能应符合表 8-9～表 8-11 的要求。

表 8-9　合成高分子防水卷材的外观质量要求

项目	外观质量要求
折痕	每卷不超过 2 处，总长度不超过 20mm
杂质	不允许大于 0.5mm 的颗粒，每 $1m^2$ 不超过 $9mm^2$ 的颗粒
胶块	每卷不超过 6 处，每处面积不大于 $4mm^2$
凹痕	每卷不超过 6 处，深度不超过本身厚度 30%；树脂类深度不超过 15%
每卷卷材的接头	橡胶类每 20m 不超过 1 处，较短的一段不应小于 3000mm，接头处应加长 150mm；树脂类 20m 长度内不允许有接头

表 8-10　合成高分子防水卷材规格

厚度/mm	宽度/mm	每卷长度/m
1.0	≥1000	20.0
1.2	≥1000	20.0
1.5	≥1000	20.0
2.0	≥1000	10.0

表 8-11　合成高分子防水卷材的物理性能

项目		性能要求			
		硫化橡胶类	非硫化橡胶类	树脂类	纤维增强类
断裂拉伸强度/MPa		≥6	≥3	≥10	≥9
扯断伸长率/%		≥400	≥200	≥200	≥10
低温弯折/℃		−30	−20	−20	−20
不透水性	压力/MPa	≥0.3	≥0.2	≥0.3	≥0.3
	保持时间/min	≥30			
加热收缩率/%		<1.2	<2.0	<2.0	<1.0
热老化保持率在(80±2)℃，168h 时	断裂拉伸强度	≥80%			
	扯断伸长率	≥70%			

(五) 金属防水卷材（PSS 合金防水卷材）

PSS 合金防水卷材属属惰性金属范畴，是以铅、锡、锑等金属材料经熔化、浇注、辊压成片状可卷曲的防水材料，具有耐腐蚀、不生锈、不燃、抗老化、耐久性极好、强度高、延伸大、耐高低温好、耐穿刺好、防水性能可靠、对基层要求低、可在潮湿基层上使用、施工方便、使用寿命长、维修费用省等特点，综合性能优越（见表 8-12、表 8-13）。搭接缝采取焊丝焊接，要求焊丝的含锡量大于等于 60%。搭接缝防水可靠。它适用于屋面防水，尤其可用于蓄水屋面、种植屋面、地下室防水和水池防水。

表 8-12　PSS 合金防水卷材规格

厚度/mm	宽度/mm	每卷长度/m
0.4	510	10
0.6	510	7.5
0.7	510	7.5

表 8-13　PSS 合金防水卷材物理性能

项目		指标
拉伸强度/MPa		≥20
断裂伸长率/%		≥30
熔点/℃		≥500
抗冲击性		无裂纹和穿孔或焊缝外断裂
剪切状态下焊接/(N/mm)		≥5 或焊缝处断裂
溶液处理	外观	无麻面、砂眼和开裂
	拉伸强度变化率/%	±20
	断裂伸长变化率/%	±20

（六）膨润土防水毯

将钠质膨润土均匀地织在两层聚丙烯强力网织物间，这种防水毯称为膨润土防水毯。膨润土吸水后形成不透水的密实胶体，透水系数小于 $\alpha\times10^{-9}$ cm/s。胶体具有排斥水的性能，在网织物的固定下，具有永久的防水性，不会因为老化而减弱防水性能，所以它可以直接铺在坚实的黏土、混凝土垫层或石子垫层上，基底也无需干燥，只要无积水就可以，膨润土遇水膨胀还可以填补结构裂缝。只要施工时有一定搭接宽度铺摆就可以；施工简单，工期短，表面可用钉子固定而不会渗漏。除防水毯外，还有膨润土止水条、膨润土防水粉、膨润土防水浆来配套使用。

膨润土防水毯适用于屋面、地下室防水和人工湖、人工水库防水。膨润土防水毯的物理性能应符合表 8-14 的要求。

表 8-14　膨润土防水毯的物理性能

项目	指标	测试标准
单位面积重量/(kg/m^2)	4.84	KSK 0514—91
膨润度/(kg/m)	≥24	ASTM D5890
不透水性/(cm/s)	$\alpha\times10^{-9}$	ASTM D5084
落球冲击（200g 钢球，高度 0.5m）	不能有异常	
耐低温性（−20℃弯曲 180°）	不能有异常	

（七）基层处理剂

基层处理剂是为了增强防水材料与基层之间的黏结力，在防水层施工前，预先涂刷在基层上的稀质涂料。常用的基层处理剂有冷底子油及高聚物改性沥青卷材和合成高分子卷材配套的底胶；基层处理剂与卷材的材性应相容，以免与卷材发生腐蚀或黏结不良。

1. 冷底子油

屋面工程采用的冷底子油是由 10 号或 30 号石油沥青溶解于柴油、汽油、二甲苯或甲苯等溶剂中而制成的溶液。可用于涂刷在水泥砂浆、混凝土基层或金属配件的基层上作基层处理剂，它可使基层表面与卷材沥青胶结料之间形成一层胶质薄膜，以此来提高其胶结性能。

沥青应全部溶解，不应有未溶解的沥青硬块。溶液内不应有草、木、砂、土等杂质。冷底子油稀稠适当，便于涂刷。采用的溶剂应易于挥发。溶剂挥发后的沥青应具有一定软化点。

在终凝后水泥基层上喷涂时，干燥时间为 12～48h 的，属于慢挥发性冷底子油；干燥时间为5～10h的，属于快挥发性冷底子油；在金属配件上涂刷时，干燥时间为4h的，属于速干性冷底子油。

（1）冷底子油　配合比（重量比）见表8-15。

表8-15　冷底子油配合比（重量比）

种类	10号或30号石油沥青/%	溶剂	
		轻柴油或煤油/%	汽油/%
慢挥发性	40	60	—
快挥发性	50	50	—
速干性	30	—	70

（2）配制方法。

① 第一种方法：将沥青加热熔化，使其脱水不再起泡为止。再将熔解好的沥青（按配合比量）倒入桶中，放置背离火源风向25m以上，待其冷却。如加入快挥发性溶剂，沥青温度一般不超过110℃；如加入慢挥发性溶剂，温度一般不超过140℃；达到上述温度后，将沥青慢慢成细流状注入一定量（配合比量）的溶剂中，并不停地搅拌，直到沥青加完后，溶解均匀为止。

② 第二种方法：与上述方法一样，熔化沥青，按配合量倒入桶或壶中，待其冷却至上述温度后，将溶剂按配合比量要求的数量分批注入沥青溶液中。开始每次注入2～3L，以后每次5L左右，边加边不停地搅拌，直至加完、溶解均匀为止。

③ 第三种方法：将沥青打成5～10mm大小的碎块，按重量比加入一定配合比量的溶剂中，不停地搅拌，直到全部溶解均匀。

在施工中，如用量较少，可用第三种方法。此法沥青中的杂质与水分没有除掉，质量较差。但第一、第二种方法调制时，应掌握好温度，并注意防火。

（3）卷材基层处理剂　用于高聚物改性沥青和合成高分子卷材的基层处理，一般采用合成高分子材料进行改性，基本上由卷材生产厂家配套供应。部分卷材与配套卷材基层处理剂如表8-16所示。

表8-16　部分卷材与配套卷材基层处理剂

卷材种类	基层处理剂
高聚物改性沥青卷材	改性沥青溶液、冷底子油
三元乙丙-丁基橡胶卷材	聚氨酯底胶甲∶乙∶二甲苯=1∶1.5∶(1.5～3)
氯化聚乙烯-橡胶共混卷材	抓丁胶BX-12胶黏剂
增强氯化聚乙烯卷材	3号胶∶稀释剂=1∶0.05
氯磺化聚乙烯卷材	氯丁胶沥青乳液

2. 胶黏剂

（1）沥青胶结材料（玛蹄脂）　配制石油沥青胶结材料，一般采用两种或三种牌号的沥青按一定配合比熔合，经熬制脱水后，掺入适当品种和数量的填充料，配制成沥青胶结材料（玛蹄脂）。

① 标号及选用　沥青胶结材料的标号（即耐热度），应根据屋面坡度、当地历年室外极端最高气温按表8-17选用。

表 8-17 石油沥青胶结材料标号选用

屋面坡度/%	历年室外极端最高温度/℃	沥青胶结材料标号
2～3	<38 38～41 41～45	S-60 S-65 S-70
3～15	<38 38～41 41～45℃	S-65 S-70 S-75
15～25	<38 38～41 41～45℃	S-75 S-80 S-85

② 沥青胶结材料配合比 当采用两种沥青熔合选配具有所需软化点的熔化物时，配合比可参照下列公式计算：

$$B_g = \frac{t - t_2}{t_1 - t_2} \times 100\%$$

$$B_d = 100\% - B_g$$

式中 B_g——熔合物中高软化点石油沥青含量，%；

B_d——熔合物中低软化点石油沥青含量，%；

t——熔合后的沥青胶结材料所需的软化点，℃；

t_1——高软化点石油沥青软化点，℃；

t_2——低软化点石油沥青软化点，℃。

沥青胶结材料如采用粉状填充材料，掺量以10%～25%为宜。配制冷玛蹄脂时，则还要加入25%～30%的轻柴油或绿油。确定沥青胶结材料配合比量时，可先在上述计算要求范围内试配，试验其耐热度、柔韧性、黏结力是否符合要求。如耐热度不合格，可增加高软化点沥青用量或增加填充料；如柔韧性不合格，在满足耐热度情况下，可减少填充料：如黏结力不合格，可调整填充料的掺量或更换品种。石油沥青胶结材料技术要求见表8-18。

表 8-18 石油沥青胶结材料技术要求

指标名称	标号					
	S-60	S-65	S-70	S-75	S-80	S-85
耐热度/℃	用2mm厚的沥青胶结材料黏合两张沥青油纸，于不低于下列温度（℃）的环境中，在1∶1（或45°角）的坡度上停放5h，沥青胶结材料不应流淌，油纸不应滑动					
	60	65	70	75	80	85
指标名称	标号					
	S-60	S-65	S-70	S-75	S-80	S-85
柔韧性	涂在沥青油纸上的2mm厚的沥青胶结材料层，在（18±2）℃时，围绕下列直径（mm）的圆棒，在2s内以均匀速度弯曲成半圆，沥青胶结材料不应有裂纹					
	10	15	15	20	25	30
黏结力	用手将两张粘贴在一起的油纸慢慢地一次撕开，从油纸和沥青胶结材料的粘贴面的任何一面的撕开部分，应不大于粘贴面积的1/2					

③ 热沥青胶结材料熬制　按配合比准确称量所需材料，装入熔化锅中脱水，熔化后，边熬边搅使其升温均匀，直至沥青液表面清亮，不再起泡为止。也可将 250～300℃棒式（长脚）温度计插入锅中的油面下 10cm 左右，当温度升至表 8-19 的规定时，即可加入填充料，并不停搅拌，直至均匀为止。

表 8-19　热沥青胶结材料加热和使用温度

类别	加热温度/℃	使用温度/℃	说明
普通石油沥青或掺配建筑石油沥青的普通石油沥青胶结材料	≤280	≥240	① 加热时间以 3～4h 为宜 ② 宜当天用完
建筑石油沥青胶结材料	≤240	≥190	

④ 冷玛蹄脂配制　按要求配合比的沥青胶结材料加热熔化冷却到 130～140℃后，加入稀释剂（轻柴油、绿油），进一步冷却至 70～80℃，再加入填充材料搅拌均匀，亦可先加填料后加稀释剂。

（2）合成高分子卷材胶黏剂　用于粘贴卷材的胶黏剂可分为卷材与基层粘贴的胶黏剂及卷材与卷材搭接的胶黏剂。胶黏剂均由卷材生产厂家配套供应，常用合成高分子卷材配套胶黏剂参见表 8-20。

表 8-20　部分合成高分子卷材的胶黏剂

卷材名称	基层与卷材胶黏剂	卷材与卷材胶黏剂	表面保护层涂料
三元乙丙-丁基橡胶卷材	CX-404 胶	丁基黏结剂 A、B 组分（1∶1）	水乳型醋酸乙烯-丙烯酸酯共聚，油溶型乙丙橡胶和甲苯溶液
氯化聚乙烯卷材	BX-12 胶黏剂	BX-12 组分胶黏剂	水乳型醋酸乙烯-丙烯酸酯共混，油溶型乙丙橡胶和甲苯溶液
LYX-603 氯化聚乙烯卷材	LYX-603-3（3 号胶） 甲、乙组分	LYX-603-2 （2 号胶）	LYX-603-1 （1 号胶）
聚氯乙烯卷材	FL-5 型（5～15℃时使用） FL-15 型（15～40℃时使用）		

合成高分子胶黏剂的黏结剥离强度不应小于 15N/10mm，浸水后黏结剥离强度保持率不应小于 70%。

（3）黏结密封胶带　用于合成高分子卷材与卷材间搭接黏结和封口黏结，分为双面胶带和单面胶带。双面黏结密封胶带的技术性能见表 8-21。

表 8-21　双面黏结密封胶带的技术性能

名称	黏结剥离强度/(N/cm)(7d 时)		剪切/(N/mm)	耐热度/℃	低温柔性/℃	黏结剥离强度保持率/%		
	23℃	－40℃				耐水性 70℃，7d	5%酸，7d	碱，7d
双面黏结密封胶带	9～19.5	38.5	4.4	80℃，2h	－40	80	76	90

二、防水材料的贮运保管

（一）贮运保管

不同品种、标号、规格和等级的产品应分别堆放。

防水卷材及配套的胶黏剂、基层处理剂、密封胶带应贮存在阴凉通风的室内，避免雨淋、日晒和受潮，严禁接近火源和热源，避免与化学介质及有机溶剂等有害物质接触。胶黏剂、基层处理剂应用密封桶包装，沥青卷材贮存环境温度不得高于45℃。

卷材宜直立堆放，其高度不宜超过两层，并不得倾斜或横压，短途运输平放不得超过4层。

（二）进场检验

材料进场后要对卷材按规定取样复验，同一品种、牌号和规格的卷材，抽验数量为：大于1000卷抽取5卷；每500～1000卷抽4卷；100～499卷抽3卷；100卷以下抽2卷。将抽验的卷材进行规格和外观质量检验。在外观质量检验合格的卷材中，任取1卷做物理性能检验，全部指标达到标准规定时，即为合格。其中如有1项指标达不到要求，应在受检产品中加倍取样复验，全部达到标准规定为合格。复验时有1项不合格，则判定该产品不合格。不合格的防水材料严禁在建筑工程中使用。

（三）防水材料的检验

卷材及胶黏剂的检验项目见表8-22。

表8-22　卷材及胶黏剂的检验项目

序号	材料品种	检验项目
1	合成高分子卷材	断裂拉伸强度、扯断伸长率、低温弯折、不透水性
2	改性沥青卷材	拉力、最大拉力时延伸率、耐热度、低温柔度、不透水性
3	沥青卷材	纵向拉力、耐热度、柔度、不透水性
4	金属卷材	拉伸强度、扯断伸长率
5	膨润土防水毯	表观密度、膨润度、透水系数
6	合成高分子胶黏剂	黏结剥离强度、浸水后黏结剥离强度保持率
7	改性沥青胶黏剂	黏结剥离强度
8	胶黏带	黏结剥离强度、耐热度、低温柔性、耐水性

三、卷材屋面节点构造

卷材屋面节点部位的施工十分重要，既要保证质量，又要施工方便。图8-2～图8-13提供了一些节点构造的做法，可供参考。

檐口见图8-2。

檐沟见图8-3。

水落口见图8-4、图8-5。

泛水收头见图8-6、图8-7。

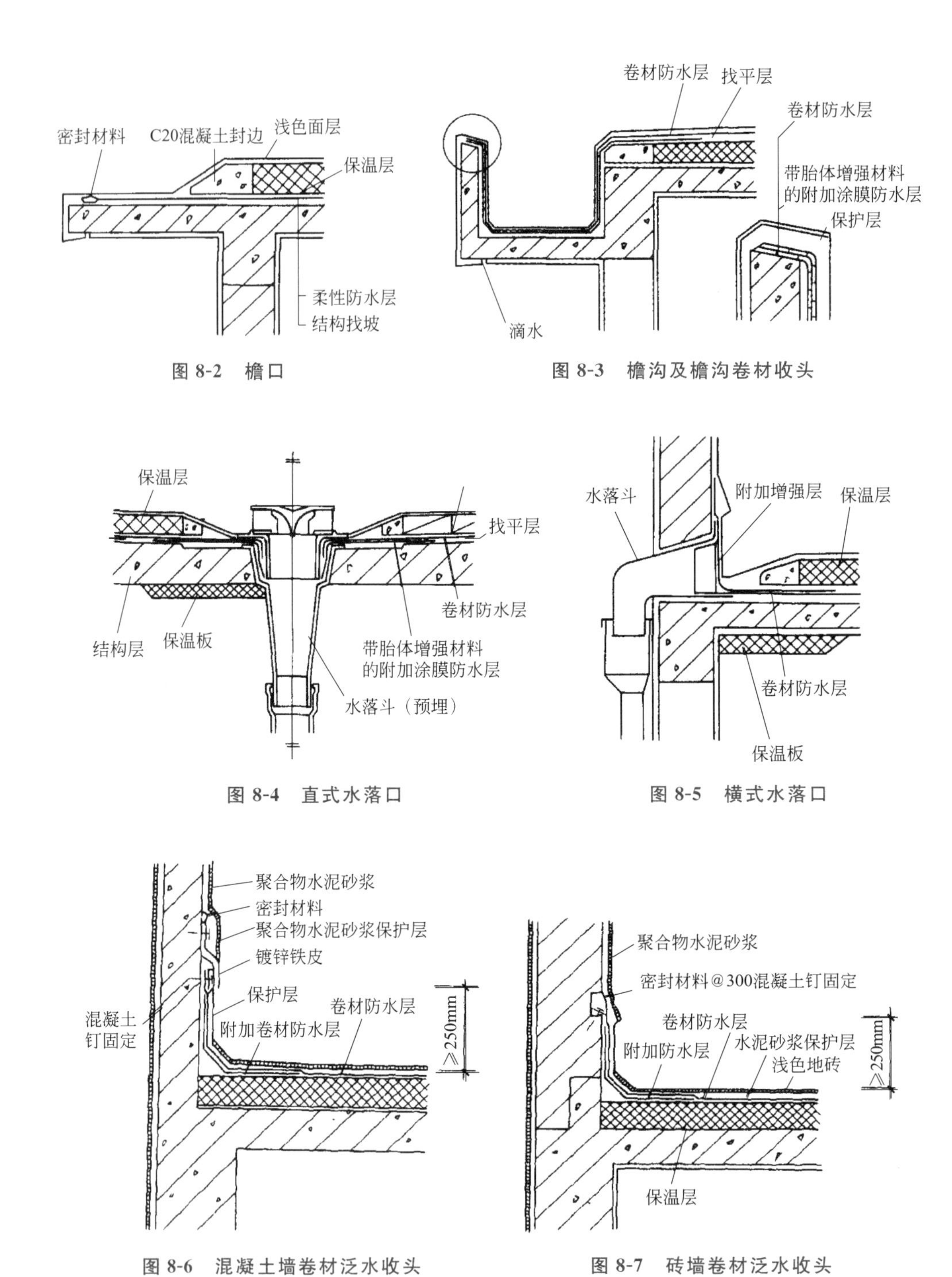

图 8-2 檐口

图 8-3 檐沟及檐沟卷材收头

图 8-4 直式水落口

图 8-5 横式水落口

图 8-6 混凝土墙卷材泛水收头

图 8-7 砖墙卷材泛水收头

女儿墙泛水收头与压顶见图 8-8。

变形缝见图 8-9、图 8-10。

伸出屋面管道见图 8-11。

出入口见图 8-12、图 8-13。

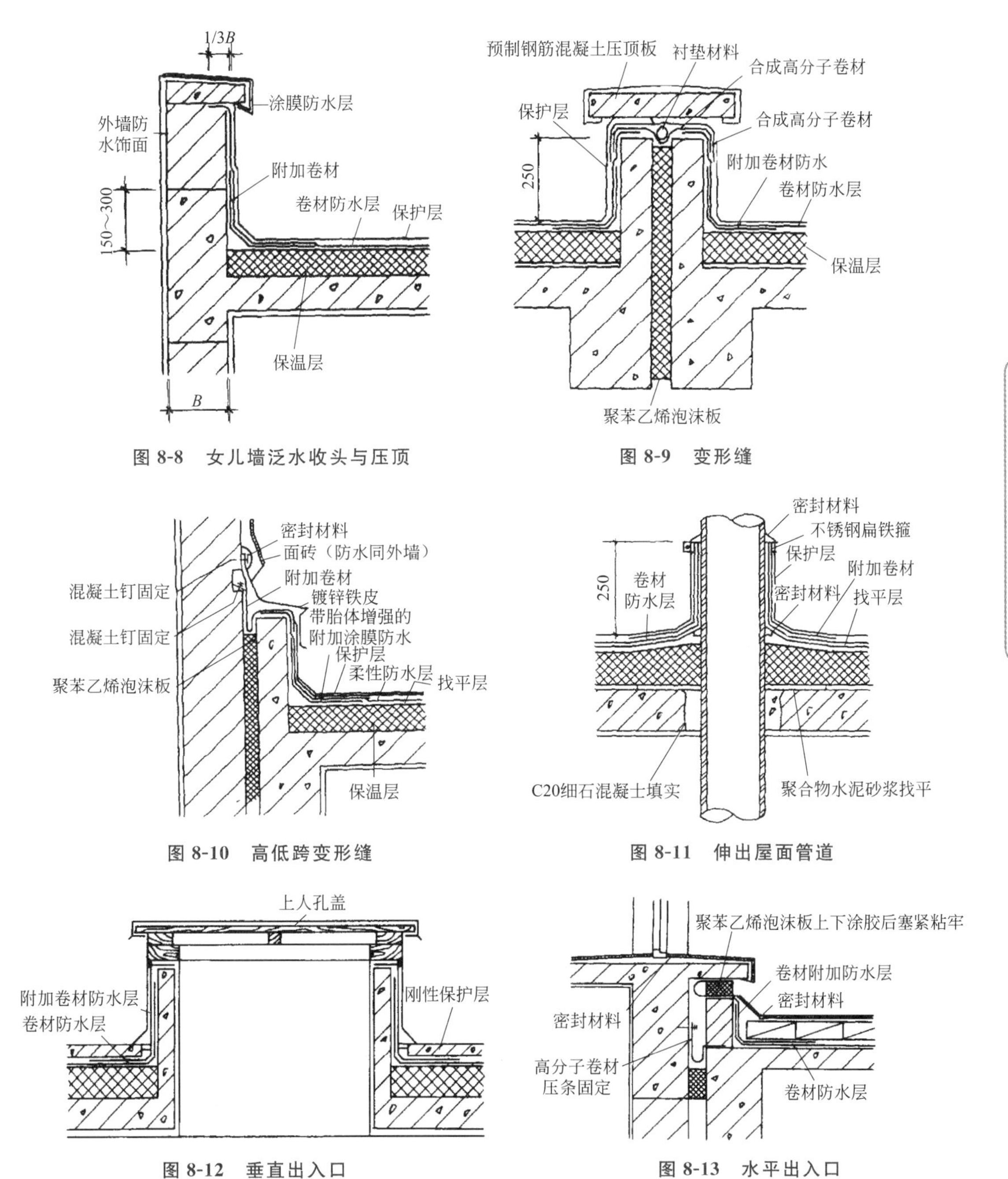

图 8-8 女儿墙泛水收头与压顶

图 8-9 变形缝

图 8-10 高低跨变形缝

图 8-11 伸出屋面管道

图 8-12 垂直出入口

图 8-13 水平出入口

四、卷材屋面防水构造

（一）找平层构造

1. 找平层的种类和做法

防水层的基层从广义上讲，包括结构基层和直接依附防水层的找平层；从狭义上讲，防水层的基层是指在结构层上或保温层上起到找平作用的基层，俗称找平层。找平层是防水层依附的一个层次，为了保证防水层受基层变形影响小，基层应有足够的刚度和强度，达到变形小、坚固的要求；当然还要有足够的排水坡度，使雨水能够迅速排走。目前作为防水层基层的找平层有细石混凝土、水泥砂浆和沥青砂浆几种做法。它的技术要求见表 8-23。

表 8-23 找平层厚度和技术要求

类别	基层种类	厚度/mm	技术要求
水泥砂浆找平层	整体混凝土	15～20	1∶(2.5～3)(水泥∶砂)体积比，水泥强度等级不低于32.5级
	整体或板状材料保温层	20～25	
	装配式混凝土板、松散材料保温层	20～30	
细石混凝土找平层	松散材料保温层	30～35	混凝土强度等级不低于C20
沥青砂浆找平层	整体混凝土	15～20	1∶8(沥青∶砂)重量比
	装配式混凝土板、整体或板状材料保温层	20～25	

从表中可以看出由于细石混凝土刚性好、强度高，适用于在基层较松软的保温层上或结构层刚度差的装配式结构上作找平层。而在多雨或低温时混凝土和砂浆无法施工和养护，故采用沥青砂浆；但由于它造价高，工艺繁琐，采用较少。

平屋面防水技术以防为主，以排为辅；但要求将屋面雨水在一定时间内迅速排走，不得积水，这是减少渗漏的有效方法。所以要求屋面有一定排水坡度，施工时必须按照《屋面工程质量验收规范》(GB 50207—2012) 要求操作，见表 8-24。

表 8-24 找平层的坡度要求

项目	平屋面		天沟、檐沟		雨水口周边 ϕ500 范围/%
	结构找坡/%	材料找坡/%	纵向/%	沟底水落差/mm	
坡度要求	≥3	≥2	≥1	≤200	≥5

为了避免或减少找平层开裂，找平层宜留设分格缝，缝宽 5～20mm，缝中宜嵌密封材料。分格缝兼作排气道时，分格缝可适当加宽，并应与保温层连通。分格缝宜留在板端缝处，其纵横缝的最大间距为：找平层采用水泥砂浆或细石混凝土时，不宜大于 6m；找平层采用沥青砂浆时，不宜大于 4m。分格缝施工可预先埋入木条、聚苯乙烯泡沫条或事后用切割机锯出。

为了避免或减少找平层开裂，在找平层的水泥砂浆或细石混凝土中宜掺加减水剂和微膨胀剂或抗裂纤维，尤其在不吸水保温层上（包括用塑料膜作隔离层）做找平层时，砂浆的稠度和细石混凝土的坍落度要低，否则极易引起找平层的严重裂缝。

找平层屋面平面与立面的交角处称为阴阳角，是变形频繁、应力集中的部位，由此也会引起防水层被拉裂。因此根据不同防水材料，对阴阳角的弧度做不同的要求。合成高分子卷材薄且柔软，弧度可小；沥青基卷材厚且硬，弧度要求大，具体要求见表 8-25。

表 8-25 找平层转角弧度

卷材种类	沥青防水卷材	高聚物改性沥青卷材	合成高分子卷材
圆弧半径/mm	100～150	50	20

2. 找平层质量要求

找平层是防水层的依附层，其质量好坏将直接影响到防水层的质量，所以找平层必须做到：坡度要准确，使排水通畅；混凝土和砂浆的配合比要准确；表面要二次压光、充分养护，使找平层表面平整、坚固，不起砂、不起皮、不酥松、不开裂，且做到表面干净、干燥。

但是不同材料防水层对找平层的各项性能要求有侧重：有些要求必须严格，一旦达不到要求就会直接危害防水层的质量，造成对防水层的损害；有些则可要求低些，有些可不予要求。具体情况见表8-26。

表8-26　不同防水层对找平层的要求

项目	卷材防水层		涂膜防水层	密封材料防水	刚性防水层	
	实铺	点、空铺			混凝土防水层	砂浆防水层
坡度	足够排水坡度	足够排水坡度	足够排水坡度	—	一般要求	一般要求
强度	较好强度	一般要求	较好强度	坚硬整体	一般强度	较好强度
表面平整	平整、不积水	平整、不积水	平整度高，不积水	一般要求	一般要求	一般要求
起砂起皮	不允许	少量允许	严禁出现	严禁出现	无要求	无要求
表面裂纹	少量允许	不限制	不允许	不允许	无要求	无要求
干净	一般要求	一般要求	一般要求	严格要求	一般要求	一般要求
干燥	干燥	干燥	干燥	严格干燥	无要求	无要求
光面或毛面	光面	毛面	光面	光面	毛面	毛面
混凝土原表面	直接铺贴	直接铺贴	刮浆平整	刮浆平整	直接施工	直接施工

3. 水泥砂浆找平层构造

(1) 屋面结构为装配式钢筋混凝土屋面板时，应用细石混凝土嵌缝，嵌缝的细石混凝土宜掺微膨胀剂，强度等级不应小于C20。当板缝宽度大于40mm或上窄下宽时，板缝内应设置构造钢筋，灌缝高度应与板平齐，板端应用密封材料嵌缝。

(2) 检查屋面板等基层是否安装牢固，不得有松动现象。铺砂浆前，基层表面应清扫干净并洒水湿润（有保温层时，不得洒水）。

(3) 留在屋架或承重墙上的分格缝，应与板缝对齐，板端方向的分格缝也应与板端对齐，用小木条或聚苯泡沫条嵌缝留设，或在砂浆硬化后用切割机锯缝。缝高同找平层厚度一致，缝宽5～20mm左右。

(4) 砂浆配合比要称量准确，搅拌均匀；底层为塑料薄膜隔离层、防水层或不吸水保温层时，宜在砂浆中加减水剂并严格控制稠度。砂浆铺设应按由远到近、由高到低的程序进行，最好在每一分格内一次连续抹成；严格掌握坡度，可用2m左右的直尺找平。天沟一般先用轻质混凝土找坡。

(5) 待砂浆稍收水后，用抹子抹平，压实压光；终凝前，轻轻取出嵌缝木条；完工后表面少踩踏。砂浆表面不允许撒干水泥或水泥浆压光。

(6) 注意气候变化，如气温在0℃以下，或终凝前可能下雨时，不宜施工。如必须施工时，应有技术措施，保证找平层质量。

(7) 铺设找平层12h后，需洒水或喷冷底子油养护。

(8) 找平层硬化后，应用密封材料嵌填分格缝。

4. 沥青砂浆找平层施工

(1) 检查屋面板等基层安装的牢固程度，不得有松动之处，屋面应平整、找好坡度并清扫干净。

(2) 基层必须干燥，然后满涂冷底子油1～2道，涂刷要薄而均匀，不得有气泡和空白，涂刷后表面保持清洁。

(3) 待冷底子油干燥后可铺设沥青砂浆，其虚铺厚度约为压实后厚度的1.30～1.40倍。

(4) 施工时沥青砂浆的温度要求参见表 8-27。

表 8-27 沥青砂浆施工温度

室外温度/℃	沥青砂浆温度/℃		
	拌制	铺设	滚压完毕
+5 以上	140～170	90～120	60
−100～+5	160～180	100～130	40

(5) 待砂浆刮平后，即用火滚进行滚压（夏天温度较高时，筒内可不生火）。滚压至平整、密实、表面没有蜂窝、不出现压痕为止。滚筒应保持清洁，表面可涂刷柴油。滚压不到之处可用烙铁烫压平整，施工完毕后避免在上面踩踏。

(6) 施工缝应留成斜槎，继续施工时接搓处应清理干净并刷热沥青一遍，然后铺沥青砂浆，用火滚或烙铁烫平。

(7) 雾、雨、雪天不得施工。一般不宜在气温 0℃以下施工。如在严寒地区必须在气温 0℃以下施工时应采取相应的技术措施（如分层分段流水施工及采取保温措施等）。

(8) 滚筒内的炉火及灰烬不得外泄在沥青砂浆面上。

(9) 沥青砂浆铺设后，最好在当天铺第一层卷材，否则要用卷材盖好，防止雨水、露气浸入。

5. 找平层缺陷对防水层的影响和处理

找平层缺陷会直接危害防水层，有些还会造成渗漏。但由于种种原因，找平层施工时存在缺陷时，只要找平层强度没有问题（强度不足必须返工重做），为避免过大损失和延误工期，还是可以进行修补的。找平层缺陷对防水层影响及修补方法见表 8-28。

表 8-28 找平层缺陷对防水层影响及修补方法

序号	找平层缺陷	对防水层影响	修补方法
1	坡度小、不平整、积水	使卷材、涂料、密封材料长期受水浸泡降低性能，在太阳和高温下水分蒸发使防水层处于高热、高湿环境，并经常处于干湿交替环境，加速老化	采用聚合物水泥砂浆修补抹平
2	表面起砂、起皮、麻面	使卷材、涂料不能黏结、造成空鼓，使密封材料黏结不牢，立即造成渗漏	清除起皮、起砂、浮灰，用聚合物水泥浆涂刷、养护
3	转角圆弧不合格	转角处应力集中，常常会开裂；弧度不合适时，也会使卷材或涂膜脱层、开裂	用聚合物水泥砂浆修补或放置聚苯乙烯泡沫条
4	找平层裂纹	易拉裂卷材或增加防水层拉应力；在高应力状况下，卷材、涂膜会加速老化	涂刷一层压密胶，或用聚合物水泥浆涂刮修补
5	潮湿不干燥	使卷材、涂料、密封材料黏结不牢，并使卷材、涂料起鼓破坏，密封材料脱落，造成渗漏水	自然风干，刮一道“水不漏”等表面涂刮剂
6	未设分格缝	使找平层开裂	切割机锯缝
7	预埋件不稳	刺破防水层造成渗漏	凿开预埋件周边，用聚合物水泥砂浆补好

6. 找平层质量检验

高质量找平层的基础是材料本身的质量合格和具有一定的排水坡度，只要控制好这个基本要求，施工过程中再进行有效地控制，找平层的质量就可以达到要求。施工过程的控制主要应控制表面的二次压光和充分养护，检查找平层的表面平整度，是否起砂、起皮，转角圆弧是否正确，分格缝设置是否合理。找平层质量检验要求及方法见表8-29。

表8-29 找平层质量检验要求及方法

检验项目		检验要求	检验方法
主控项目	找平层的材料质量及配合比	必须符合设计要求	检查出厂合格证、质量检验报告和计量措施
	屋面（天沟、檐沟）找平层排水坡度	必须符合设计要求	用水平仪（水平尺）、拉线和尺量检查
一般项目	基层与突出屋面结构的交接处和基层的转角处	应做成圆弧，且整齐平顺	观察和尺量检查
	水泥砂浆、细石混凝土找平层	应平整、压光，不得有酥松、起砂、起皮现象	观察检查
	沥青砂浆找平层	不得有拌合不匀、蜂窝现象	观察检查
	找平层分格缝的位置和间距	应符合设计要求	观察和尺量检查
	找平层表面平整度的允许偏差	5mm	2m靠尺和楔形塞尺检查

（二）卷材防水层施工

卷材防水层的施工，其关键步骤有以下几点。

（1）基层必须有足够的排水坡度，并且干净、干燥。

（2）搭接缝必须耐久、可靠，在合理使用年限内不得脱开，这是卷材防水的要害所在。

（3）施工铺贴时松紧适度，高分子卷材后期收缩大，铺时必须松而不皱；改性沥青卷材由于温感性强，必须拉紧铺贴。

（4）卷材端头（包括与涂膜结合处）的固定和密封必须牢固严密。

（5）立面和大坡度处应有防止下坠下滑的措施。

当然，为了实现这些保证质量的关键步骤，施工技术措施相当重要，必须遵守。

1. 施工前准备工作

（1）屋面工程施工前，应进行图纸会审，掌握施工图中的细部构造及有关技术要求，并应编制防水施工方案或技术措施。

（2）施工负责人应向班组进行技术交底。内容包括：施工部位、施工顺序、施工工艺、构造层次、节点设防方法、增强部位及做法，工程质量标准，保证质量的技术措施，成品保护措施和安全注意事项。

（3）防水层所用的材料应有材料质量证明文件，并经指定的质量检测部门认证，确保其质量符合技术要求。进场材料应按规定抽样复验，提出试验报告，严禁在工程中使用不合格产品。

（4）准备好熬制或拌合胶黏剂、运输防水材料、涂刷胶黏剂、嵌填密封材料、铺贴卷材、清扫基层等施工操作中各种必需的工具、用具、机械以及安全设施、灭火器材。

（5）检查找平层的施工质量是否符合相关要求。当出现局部凹凸不平、起砂起皮、裂缝以及预埋件不稳等缺陷时，可按相应方法修补。

（6）检查找平层含水率是否满足铺贴卷材的要求，应将1m^{2}塑料膜（或卷材）在太阳（白天）下铺放于找平层上，3～4h后，掀起塑料膜（卷材）检查无水印，即可进行防水卷材的施工。

2. 基层处理剂的涂刷

涂刷或喷涂基层处理剂前要检查找平层的质量和干燥程度并加以清扫，符合要求后才可进行。在大面积涂布前，应用毛刷对屋面节点、周边、拐角等部位先行处理。

（1）冷底子油的涂刷　冷底子油作为基层处理剂主要用于热粘贴铺设沥青卷材（油毡）。涂刷要薄而均匀，不得有空白、麻点、气泡，也可用机械喷涂。如果基层表面过于粗糙，宜先刷一遍慢挥发性冷底子油，待其表面干燥后，再刷一遍快挥发性冷底子油。涂刷时间宜在铺贴油毡前1～2h进行，使油层干燥而又不沾染灰尘。

（2）基层处理剂的涂刷　铺贴高聚物改性沥青卷材和合成高分子卷材采用的基层处理剂的一般施工操作与冷底子油基本相同。基层处理剂的品种要视卷材而定，不可错用。此外施工时除应掌握其产品说明书中的技术要求，还应注意下列问题：

① 施工时应将已配制好的或分桶包装的各组分按配合比搅拌均匀；

② 一次喷、涂的面积，根据基层处理剂干燥时间的长短和施工进度的快慢确定。面积过大，来不及铺贴卷材，间隔时间过长易被风沙尘土污染或露水打湿；面积过小，影响下道工序的进行，拖延工期；

③ 基层处理剂涂刷后宜在当天铺完防水层，但也要根据情况灵活确定。如多雨季节、工期紧张的情况下，可先涂好全部基层处理剂后再铺贴卷材，这样可防止雨水渗入找平层，而且使基层处理剂干燥后的表面水分蒸发较快；

④ 当喷、涂两遍基层处理剂时，第二遍喷、涂应在第一遍干燥后进行。要等最后一遍基层处理剂干燥后，才能铺贴卷材。一般气候条件下基层处理剂干燥时间为1h左右。

3. 卷材铺贴的一般方法及要求

（1）铺贴方向　卷材的铺贴方向应根据屋面坡度和屋面是否受震动来确定。当屋面坡度小于3%时，卷材宜平行于屋脊铺贴；屋面坡度在3%～15%时，卷材可平行或垂直于屋脊铺贴；屋面坡度大于15%或受震动时，沥青卷材、高聚物改性沥青卷材应垂直于屋脊铺贴，合成高分子卷材可根据屋面坡度、屋面是否受震动、防水层的黏结方式、黏结强度、是否机械固定等因素综合考虑采用平行或垂直屋脊铺贴。上下层卷材不得相互垂直铺贴。屋面坡度大于25%时，卷材宜垂直屋脊方向铺贴，并应采取固定措施，固定点还应密封。

（2）施工顺序　防水层施工时，应先做好节点、附加层和屋面排水比较集中部位（如屋面与水落口连接处，檐口、天沟、檐沟、屋面转角处、板端缝等）的处理，然后由屋面最低标高处向上施工。铺贴天沟、檐沟卷材时，宜顺天沟、檐口方向，减少搭接。铺贴多跨和有高低跨的屋面时，应按先高后低、先远后近的顺序进行。

大面积屋面施工时，为提高工效和加强管理，可根据面积大小、屋面形状、施工工艺顺序、人员数量等因素划分流水施工段。施工段的界线宜设在屋脊、天沟、变形缝等处。

（3）搭接方法及宽度要求　铺贴卷材应采用搭接法，上下层及相邻两幅卷材的搭接缝应错开。平行于屋脊的搭接缝应顺流水方向搭接；垂直于屋脊的搭接缝应顺年最大频率风向（主导风向）搭接。

叠层铺设的各层卷材，在天沟与屋面的连接处应采用叉接法搭接，搭接缝应错开；接缝宜留在屋面或天沟侧面，不宜留在沟底。

坡度超过25%的拱形屋面和天窗下的坡面上，应尽量避免短边搭接；如必须短边搭接时，在搭接处应采取防止卷材下滑的措施，如预留凹槽，卷材嵌入凹槽并用压条固定密封。

高聚物改性沥青卷材和合成高分子卷材的搭接缝宜用与它材性相容的密封材料封严。各种卷材的搭接宽度应符合表 8-30 的要求。

表 8-30　卷材搭接宽度

搭接方向		短边搭接宽度/mm		长边搭接宽度/mm	
卷材种类＼铺贴方法		满粘法	空铺、点粘、条粘法	满粘法	空铺、点粘、条粘法
沥青防水卷材		100	150	70	100
高聚物改性沥青防水卷材		80	100	80	100
合成高分子防水卷材	胶黏剂	80	100	80	100
	胶黏带	50	60	50	60
	单焊缝	60，有效焊接宽度不小于 25			
	双焊缝	80，有效焊接宽度 10×2＋空腔宽			

（4）卷材与基层的粘贴方法　卷材与基层的黏结方法可分为满粘法、条粘法、点粘法和空铺法等形式。通常都采用满粘法，而条粘、点粘和空铺法更适合于防水层上有重物覆盖或基层变形较大的场合，是一种克服基层变形拉裂卷材防水层的有效措施，设计中应明确规定，选择适用的工艺方法，具体要求如下。

空铺法：铺贴卷材防水层时，卷材与基层仅在四周一定宽度内黏结，其余部分采取不黏结的施工方法；条粘法：铺贴卷材时，卷材与基层黏结面不少于两条，每条宽度不小于150mm；点粘法：铺贴卷材时，卷材或打孔卷材与基层采用点状黏结的施工方法。每平方米黏结不少于 5 点，每点面积为 100mm×100mm。

无论采用空铺、条粘还是点粘法，施工时都必须注意：距屋面周边 800mm 内的防水层应满粘，保证防水层四周与基层黏结牢固；卷材与卷材之间应满粘，保证搭接严密。

（5）屋面特殊部位的附加增强层和卷材铺贴要求。

① 檐口　将铺贴到檐口端头的卷材裁齐后压入凹槽内，然后将凹槽用密封材料嵌填密实；如用压条（20mm 宽薄钢板等）或用带垫片钉子固定时，钉子应敲入凹槽内，钉帽及卷材端头用密封材料封严。

② 天沟、檐沟及水落口　天沟、檐沟卷材铺设前，应先对水落口进行密封处理。在水落口杯埋设时，水落口杯与竖管承插口的连接处应用密封材料嵌填密实，防止该部位在暴雨时产生倒水现象。水落口周围直径 500mm 范围内用防水涂料或密封材料涂封作为附加增强层，厚度不少于 2mm；涂刷时应根据防水材料的种类采用不同的涂刷遍数来满足涂层的厚度要求。水落口杯与基层接触处应留宽 10mm、深 10mm 的凹槽，嵌填密封材料。由于天沟、檐沟部位水流量较大，防水层经常受雨水冲刷或浸泡，因此在天沟或檐沟转角处应先用密封材料涂封，每边宽度不少于 30mm，干燥后再增铺一层卷材或涂刷涂料作为附加增强层。

天沟或檐沟铺贴卷材应从沟底开始，顺天沟从水落口向分水岭方向铺贴，边铺边用刮板从沟底中心向两侧刮压，赶出气泡使卷材铺贴平整，粘贴密实。如沟底过宽时，会有纵向搭接缝，搭接缝处必须用密封材料封口。铺至水落口的各层卷材和附加增强层，均应粘贴在杯口上，用雨水罩的底盘将其压紧，底盘与卷材间应满涂胶结材料予以黏结，底盘周围用密封材料填封。水落口处卷材裁剪方法见图 8-14。

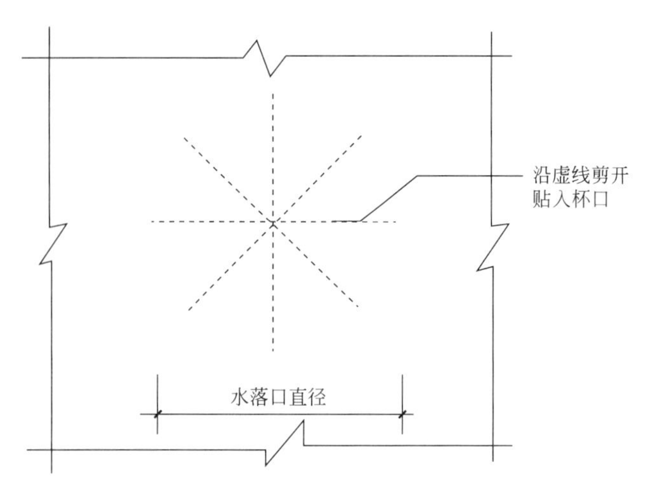

图 8-14　水落口处卷材裁剪方法

③泛水与卷材收头　泛水是指屋面的转角与立墙部位。这些部位结构变形大，容易受太阳曝晒，因此为了增强接头部位防水层的耐久性，一般要在这些部位加铺一层卷材或涂刷涂料作为附加增强层。

泛水部位卷材铺贴前，应先进行试铺，将立面卷材长度留足，先铺贴平面卷材至转角处，然后从下向上铺贴立面卷材。如先铺立面卷材，由于卷材自重作用，立面卷材张拉过紧，使用过程易产生翘边、空鼓、脱落等现象。

卷材铺贴完成后，将端头裁齐。若采用预留凹槽收头，将端头全部压入凹槽内，用压条钉压平服，再用密封材料封严，最后用水泥砂浆抹封凹槽。如无法预留凹槽，应先用带垫片钉子或金属压条将卷材端头固定在墙面上，用密封材料封严，再将金属或合成高分子卷材条用压条钉压作盖板，盖板与立墙间用密封材料封固或用聚合物水泥砂浆将端头部位埋压。

④ 变形缝　屋面变形缝处附加墙与屋面交接处的泛水部位，应做好附加增强层；接缝两侧的卷材防水层铺贴至缝边，然后在缝中填嵌直径略大于缝宽的衬垫材料，如聚苯乙烯泡沫塑料棒、聚苯乙烯泡沫板等。为了使其不掉落，在附加墙砌筑前，缝口用可伸缩卷材或金属板覆盖。附加墙砌好后，将衬垫材料填入缝内。嵌填完衬垫材料后，再在变形缝上铺贴盖缝卷材，并延伸至附加墙立面。卷材在立面上应采用满粘法，铺贴宽度不小于 100mm。为提高卷材适应变形的能力，卷材与附加墙顶面上宜黏结。

高低跨变形缝处，低跨的卷材防水层应铺至附加墙顶面缝边。然后将金属或合成高分子卷材盖板上、下两端用带垫片的钉子分别固定在高跨外墙面和低跨的附加墙立面上，盖板两端及钉帽用密封材料封严。

⑤ 排气孔与伸出屋面管道　排气孔与屋面交角处卷材的铺贴方法和立墙与屋面转角处相似，所不同的是流水方向不应有逆槎，排气孔阴角处卷材应做附加增强层，上部剪口交叉贴实或者涂刷涂料增强。伸出屋面管道卷材铺贴与排气孔相似，但应加铺两层附加层。防水层铺贴后，上端用细铁丝扎紧，最后用密封材料密封，或焊上薄钢板泛水增强。附加层卷材裁剪方法参见水落口做法。

⑥ 阴阳角　阴阳角处的基层涂胶后要用密封材料涂封，宽度为距转角每边 100mm，再铺一层卷材附加层，附加层卷材剪成图 8-15 所示形状。铺贴后剪缝处用密封材料封固。

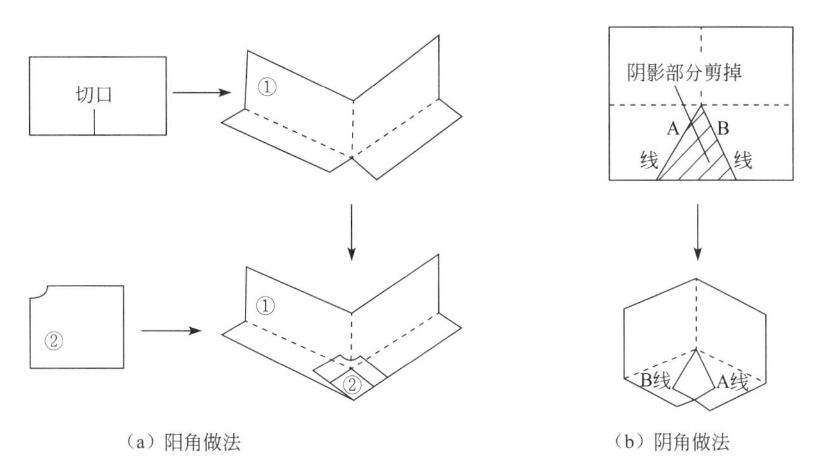

(a) 阳角做法　　(b) 阴角做法

图 8-15　阴阳角卷材剪贴方法

⑦ 高低跨屋面　高跨屋面向低跨屋面自由排水的低跨屋面，在受雨水冲刷的部位应采用满粘法铺贴，并加铺一层整幅的卷材，再浇抹宽 300～500mm、厚 30mm 的水泥砂浆或铺相同尺寸的块材加强保护。若为有组织排水，水落管下加设钢筋混凝土簸箕，且应坐浆安放平稳。

⑧ 板缝缓冲层　在无保温层的装配式屋面上铺贴卷材时，为避免因基层变形而拉裂卷材防水层，应沿屋架、梁或内承重墙的屋面板端缝上，先干铺一层宽为 300mm 的卷材条作为缓冲层。为准确固定干铺卷材条的位置，可将干铺卷材条的一边点粘于基层上，但在檐口处 500mm 内要用胶结材料粘贴牢固。

4. 节点处理

大面积防水层施工前，应先对节点进行处理，如进行密封材料嵌填、附加增强层铺设等，这提高大面积防水层施工质量和整体质量，提高节点处防水密封性、防水层的适应变形能力是非常有利的。由于节点处理工序多，用料种类多，用量零星，而且工作面狭小，施工难度大，因此应在大面积防水层施工前进行。但有些节点，如卷材收头、变形缝等处则要在大面积卷材防水层完成后进行。附加增强层材料可采用与防水层相同的材料多做一层或数层，也可采用其他防水卷材或涂料予以增强。

(1) 水落口杯　水落口杯一般应先安装，后浇结构混凝土。如特殊原因须后安装时，后浇的细石混凝土必须掺膨胀剂，以减少收缩裂缝，保证安装牢固。

水落口杯的上口安装标高，要考虑天沟和檐沟排水坡度、水落口处局部加大的坡度(5%) 以及找平层、防水层、附加增强层和保护层的厚度；标高必须准确，不得过高也不宜过低。

在水落口与基层交接处，抹好找平层后要预留 10mm×10mm 的凹槽，填嵌密封材料。找平层坡度要准确，在杯（管）口四周 500mm 范围内如设附加增强层时，应在嵌缝后立即做好。

(2) 天沟、檐沟　天沟、檐沟必须按设计要求找坡，转角处应抹成规定的圆角。找坡（找平层）宜用水泥砂浆抹面。厚度超过 20mm 时，应采用细石混凝土，表面应抹平压光。如天沟、檐沟过长，则应按设计规定留好分格缝或设后浇带，分格缝需填嵌密封材料。大面积防水层施工前，应按设计要求先铺附加增强层，屋面与天沟交角和双天沟上部宜采取空铺法，沟底则采取满粘法铺贴。卷材附加增强层应顺沟铺贴，以减少卷材在沟内的搭接缝。

(3) 反梁过水孔　大挑檐、大雨篷、内天沟有反梁时，反梁下部应预留过水孔，作为排水通道。过水孔留置时首先要按排水坡度和找平层厚度来测定过水孔底标高，如果孔底标高留置不准，必然会造成孔中积水。过水孔防水施工难度大，由于孔小导致工作面狭小，卷材铺贴剪口多，所以必须精心施工，铺贴平服，密封严密。如采用预埋管道，两端需用密封材料封严。

(4) 穿过防水层的管道　管道穿过防水层分为直接穿过和套管穿过两种。直接穿过防水层的管道四周找平层应按设计要求放坡，与基层交接处必须预留 10mm×10mm 的槽，填嵌密封材料，再将管道四周除锈打光，然后加铺附加增强层。用套管穿过防水层时，套管与基层间的做法与直接穿管做法相同，穿管与套管之间先填弹性材料（如泡沫塑料），每端留深 10mm 以上凹槽嵌填密封防水材料，然后再做保护层。

(5) 分格缝　分格缝的设置是为了使防水层有效地适应各种变形的影响，提高防水能力。但如果分格缝施工质量不好，则有可能成为漏源之一。

分格缝应按设计要求填嵌密封材料。分格缝位置要准确，一般应先弹线后嵌分格木条或聚苯乙烯（或聚乙烯）泡沫条，待砂浆或混凝土终凝后立即取出木条，泡沫条则不必取出。分格缝两侧应做到顺直、平整、密实，否则应及时修补，以保证嵌缝材料黏结牢固。

(6) 阴阳角　防水层阴阳角的基层应按设计要求做成圆角或倒角。由于交接处应力集中，往往先于大面积防水层提前破损，因此在这些部位应加做附加增强层，附加增强层可采用涂料加筋涂刷，或采用卷材条加铺。阴角处常以全粘实铺为主，阳角处常采用空铺为主。附加层的宽度按设计规定，一般每边粘贴 50mm 为宜。目前还有采用密封材料涂刷 2mm 厚作为附加层。

(7) 防水层收头　防水层在檐口部位的收头，应距檐口边缘 50～100mm，并留凹槽以便防水层端头压入凹槽，嵌填密封材料后不应产生阻水。防水层在泛水部位的收头，距屋面找平层最低高度应不小于 250mm；待大面卷材铺贴后，再对泛水和收头做统一处理。铺贴卷材前，收头凹槽应抹聚合物水泥砂浆，使凹槽宽度和深度一致，并能顺直、平整。

(三) 热沥青胶结料（热玛蹄脂）粘贴油毡施工

(1) 配制玛蹄脂　玛蹄脂的标号，应视使用条件、屋面坡度和当地历年极端气温选定，其性能应符合要求。

现场配制玛蹄脂的配合比及其软化点和耐热度的关系数据，应由试验根据所用原材料试配后确定，在施工中按确定的配合比例严格配料。每工作班均应检查与玛蹄脂耐热度相应的软化点和柔韧性。商品玛蹄脂应核对其耐热度，符合设计要求。

热玛蹄脂的加热温度和使用温度要加以控制。熬制好的玛蹄脂尽可能在本工作班内用完；当不能用完时应与新熬制的分批混合使用，必要时做性能检验。

(2) 浇涂玛蹄脂　浇油法是采用有嘴油壶将玛蹄脂左右来回在油毡前浇油，速度不宜太快，其宽度比油毡每边少约 10～20mm。浇洒量以油毡铺贴后，中间满粘玛蹄脂，并使两边少有挤出为宜。

涂刷法一般用长柄棕刷（或滚刷等）将玛蹄脂均匀涂刷，宽度比油毡稍宽；不宜在同一地方反复多次涂刷，以免玛蹄脂很快冷却而影响黏结质量。还可在油壶浇油后采用长柄胶皮刮板进行刮油法涂布玛蹄脂。

无论采用何种方法，每层玛蹄脂的厚度宜控制在 1～1.5mm 之间，面层玛蹄脂厚度宜为 2～3mm。施工过程中还应注意玛蹄脂的保温，并有专人进行搅拌，以防在油桶、油壶内发生胶凝、沉淀。

(3) 铺贴油毡　铺贴时两手按住油毡，均匀地用力将油毡向前推滚，使油毡与下层紧密黏结。避免铺斜、扭曲和出现未黏结玛蹄脂之处。如铺贴油毡经验较少，为避免铺斜等情况发生，可以在基层或下层油毡上预先弹出通长灰线，按灰线推铺油毡。

(4) 收边滚压　在推铺油毡时，其他操作人员应将毡边挤出的玛蹄脂及时刮去，并将毡边压紧粘住，刮平、赶出气泡。如出现黏结不良的地方，可用小刀将油毡划破，再用玛蹄脂贴紧、封死、赶平，最后在上面加贴一块油毡将缝盖住。

(四) 冷沥青胶结料（冷玛蹄脂）粘贴油毡施工

冷玛蹄脂粘贴油毡施工方法和要求与热玛蹄脂油毡施工基本相同，不同之处在于：

(1) 冷玛蹄脂使用时应搅拌均匀；当稠度过大时可加入少量溶剂稀释并拌匀。

(2) 涂布冷玛蹄脂时，每层厚度宜控制在0.5～1mm，面层玛蹄脂厚度宜为1～1.5mm。

(五) 高聚物改性沥青卷材热熔法施工

热熔法施工是指高聚物改性沥青热熔卷材的铺贴方法。热熔卷材是一种在工厂生产过程中底面即涂有一层软化点较高的改性沥青热熔胶的卷材。其铺贴时不需涂刷胶黏剂，而是用火焰烘烤热熔胶后直接与基层粘贴。这种方法施工时受气候影响小，对基层表面干燥程度要求相对较宽松；但烘烤时对火候的掌握要求适度。热熔卷材可采用满粘法或条粘法铺贴，铺贴时要稍紧一些，不能太松弛。具体包括以下几种情况。

(1) 滚铺法　这是一种不展开卷材而边加热烘烤边滚动卷材铺贴的方法。

① 起始端卷材的铺贴　将卷材置于起始位置，对好长、短方向搭接缝，滚展卷材1000mm左右，掀开已展开的部分，开启喷枪点火，喷枪头与卷材保持50～100mm距离，与基层呈30°～45°。将火焰对准卷材与基层交接处，同时加热卷材底面热熔胶面和基层，至热熔胶层出现黑色光泽、发亮至稍有微泡出现，慢慢放下卷材平铺基层，然后进行排汽辊压，使卷材与基层黏结牢固。当铺贴至剩下300mm左右长度时，将其翻放在隔热板上，用火焰加热余下起始端基层后，再加热卷材起始端余下部分，然后将其粘贴于基层。

② 滚铺　卷材起始端铺贴完成后即可进行大面积滚铺。持枪人位于卷材滚铺的前方，按上述方法同时加热卷材和基层，条粘时只需加热两侧边，加热宽度各为150mm左右。推滚卷材人蹲在已铺好的卷材起始端上面，等卷材充分加热后缓缓推压卷材，并随时注意卷材的平整顺直和搭接缝宽度。其后紧跟一人用辊子从中间向两边抹压卷材，赶出气泡，并用刮刀将溢出的热熔胶刮压接缝边。另一人用辊子压实卷材，使之与基层粘贴密实。

(2) 展铺法　展铺法是先将卷材平铺于基层，再沿边掀起卷材予以加热粘贴。此方法主要适用于条粘法铺贴卷材，其施工方法如下：

① 先将卷材展铺在基层上，对好搭接缝，按滚铺法的要求先铺贴好起始端卷材。

② 拉直整幅卷材，使其无皱折、无波纹，能平坦地与基层相贴；并对准长边搭接缝，然后对末端作临时固定，防止卷材回缩，可采用站人等方法。

③ 由起始端开始熔贴卷材，掀起卷材边缘约200mm高，将喷枪头伸入侧边卷材底下，加热卷材边宽约200mm的底面热熔胶和基层，边加热边后退。然后另一人用辊子由卷材中间向两边辊压赶出气泡，并辊压平整；再由紧随的操作人员持辊压实两侧边卷材，并用刮刀将溢出的热熔胶刮压平整。

④ 铺贴到距末端1000mm左右长度时，撤去临时固定，按前述滚铺法铺贴末端卷材。

(3) 搭接缝施工　热熔卷材表面一般有一层防粘隔离纸，因此在热熔黏结接缝之前，应先将下层卷材表面的隔离纸烧掉，以利于搭接牢固严密。

操作时，由持枪人手持烫板（隔火板）柄，将烫板沿搭接粉线后退，喷枪火焰随烫板移动，喷枪应离开卷材50～100mm，贴靠烫板。移动速度要控制合适，以刚好熔去隔离纸为宜。烫板和喷枪要密切配合，以免烧损卷材。排汽和辊压方法与前述相同。当整个防水层熔贴完毕后，所有搭接缝均应用密封材料涂封严密。

(4) 复杂部位附加增强层的铺贴　需增强部位基层一般需涂刷一遍基层处理剂（或稀释涂料）作为基层处理，以便较好地黏结增强层。附加增强层卷材应及时粘贴，因此加热前应先做试贴，以提高粘贴速度；附加增强部位较小时，宜采用手持汽油喷枪进行粘贴。

(六) 合成高分子卷材冷粘贴施工

(1) 胶黏剂的调配与搅拌及胶黏带准备　胶黏剂一般由厂家配套供应，对单组分胶黏剂只需开桶搅拌均匀后即可使用；而双组分胶黏剂则必须严格按厂家提供的配合比和配制方法进行计算、掺合、搅拌均匀后才能使用。同时有些卷材的基层胶黏剂和卷材接缝胶黏剂为不同品种，使用时不得混用，以免影响粘贴效果。搭接缝采用胶黏带时，应选择与卷材匹配的胶黏带，并按需要量备足。

(2) 涂刷胶黏剂。

① 卷材表面的涂刷　某些卷材要求底面和基层表面均涂胶黏剂。卷材表面涂刷基层胶黏剂时，先将卷材展开摊铺在旁边平整干净的基层上，用长柄滚刷蘸胶黏剂，均匀涂刷在卷材的背面，不得涂刷得太薄而露底，也不得涂刷过多而产生聚胶。还应注意在搭接部位不得涂刷胶黏剂，此部位留作涂刷接缝胶黏剂，或粘贴胶黏带，留置宽度即卷材搭接宽度。

② 基层表面的涂刷　涂刷基层胶黏剂的重点和难点与基层处理剂相同，即阴阳角、平立面转角处、卷材收头处、排水口、伸出屋面管道根部等节点部位。这些部位有附加增强层时应用接缝胶黏剂或配套涂料处理，涂刷工具宜用油漆刷。涂刷时，切忌在一处来回涂滚，以免将底胶“咬起”，形成凝胶而影响质量。条粘法、点粘法应按规定的位置和面积涂刷胶黏剂。

(3) 卷材的铺贴　各种胶黏剂的性能和施工环境不同，有的可以在涂刷后立即粘贴卷材，有的则要待溶剂挥发一部分后才能粘贴卷材。实际中尤以后者居多，因此要控制好胶黏剂涂刷与卷材铺贴的间隔时间；一般要求基层及卷材上涂刷的胶黏剂达到表干程度；其间隔时间与胶黏剂性能及气温、湿度、风力等因素有关，通常为10～30min，施工时可凭经验确定，用指触不粘手时即可开始粘贴卷材。间隔时间的控制是冷粘贴施工的难点，这对黏结力和黏结的可靠性影响甚大。

卷材铺贴时应对准已弹好的粉线，并且在铺贴好的卷材上弹出搭接宽度线，以便第二幅卷材铺贴时，能以此为准进行铺贴。

平面上铺贴卷材时，一般可采用以下两种方法进行。一种是抬铺法，在涂布好胶黏剂的卷材两端各安排1人，拉直卷材，中间根据卷材的长度安排1～4人，同时将卷材沿长向对折，使涂布胶黏剂的一面向外，抬起卷材，将一边对准搭接缝处的粉线，再翻开上半部卷材铺在基层上，同时拉开卷材使之平服。操作过程中，对折、抬起卷材、对粉线、翻平卷材等工序，几人均应同时进行。

另一种是滚铺法，将涂布完胶黏剂并达到要求干燥度的卷材用直径为50～100mm的塑料管或原来用来装运卷材的筒芯重新成卷，使涂布胶黏剂的一面朝外，成卷时两端要平整，不应出现笋状，以保证铺贴时能对齐粉线，并要注意防止砂子、灰尘等杂物粘在卷材表面。成卷后用一根30mm×1500mm的钢管穿入中心的塑料管或筒芯内，由两人分别持钢管两端，抬起卷材的端头，对准粉线，固定在已铺好的卷材顶端搭接部位或基层面上；抬卷材两人同时匀速向前，展开卷材，并随时注意将卷材边缘对准粉线，同时应使卷材铺贴平整，直到铺完一幅卷材。铺贴合成高分子卷材时要尽量保持其松弛状态，但不能有皱折。

每铺完一幅卷材，应立即用干净而松软的长柄压辊从卷材一端顺卷材横向顺序滚压一遍，彻底排除卷材黏结层间的空气。

排除空气后，平面部位卷材可用外包橡胶的大压辊滚压（一般重 30～40kg），使其粘贴牢固。滚压应从中间向两侧边移动，做到排气彻底。

平面立面交接处，则先粘贴好平面，经过转角，由下往上粘贴卷材，粘贴时切勿拉紧，要轻轻沿转角压紧压实，再往上粘贴，同时排出空气，最后用手持压辊滚压密实，滚压时要从上往下进行。

（4）搭接缝的粘贴　卷材铺好与基层压粘后，应将搭接部位的结合面清除干净，可用棉纱沾少量汽油擦洗。然后用油漆刷均匀涂刷接缝胶黏剂，不得出现露底、堆积现象。涂胶量可按产品说明书控制，待胶黏剂表面干燥后（指触不粘）即可进行粘合。粘合时应从一端开始，边压合边驱除空气，不许有气泡和皱折现象，然后用手持压辊顺边认真仔细辊压一遍，使其黏结牢固。3 层重叠处最不易压严，要用密封材料预先加以填封，否则将会成为渗水通道。搭接缝采用密封黏胶带时，应将搭接部位的结合面清除干净，掀开隔离纸，先将一端粘住，平顺地边掀隔离纸边粘胶带于一个搭接面上，然后用手持压辊顺边认真仔细滚压一遍，使其黏结牢固。

搭接缝全部粘贴后，缝口要用密封材料封严，密封时用刮刀沿缝刮涂，不能留有缺口，密封宽度不应小于 10mm。用单面粘胶带封口时，可直接顺接缝粘压密封。

（七）自粘贴卷材施工

自粘贴卷材施工是指自粘型卷材的铺贴方法。自粘型卷材在工厂生产时，在改性沥青卷材、合成高分子卷材、PE 膜等底面涂上一层压敏胶或胶黏剂，并在表面敷有一层隔离纸。施工时只要剥去隔离纸，即可直接铺贴。自粘型卷材的黏结胶通常有高聚物改性沥青黏结胶、合成高分子黏结胶两种。施工一般采用满粘法铺贴，铺贴时为增加黏结强度，基层表面应涂刷基层处理剂；干燥后应及时铺贴卷材。卷材铺贴可采用滚铺法或抬铺法进行。

（1）滚铺法　当铺贴面积大、隔离纸容易掀剥时，采用滚铺法，即掀剥隔离纸与铺贴卷材同时进行。施工时不需打开整卷卷材，用一根钢管插入成筒卷材中心的芯筒，然后由两人各持钢管一端抬至待铺位置的起始端，并将卷材向前展出约 500mm，由另一人掀剥此部分卷材的隔离纸，并将其卷到已用过的芯筒上。将已剥去隔离纸的卷材对准已弹好的粉线轻轻摆铺，再加以压实。起始端铺贴完成后，一人缓缓掀剥隔离纸卷入上述芯筒上，并向前移动；抬着卷材的两人同时沿基准粉线向前滚铺卷材。注意抬卷材两人的移动速度要相同。滚铺时，对自粘贴卷材要稍紧一些，不能太松弛。

铺完一幅卷材后，用长柄滚刷，由起始端开始，彻底排除卷材下面的空气。然后再用大压辊或手持式压辊将卷材压实，粘贴牢固。

（2）抬铺法　抬铺法是先将待铺卷材剪好，反铺于基层上，并剥去卷材的全部隔离纸后再铺贴卷材的方法。适合于较复杂的铺贴部位，或隔离纸不易掀剥的场合。施工时按下列方法进行：首先根据基层形状裁剪卷材。裁剪时，将卷材铺展在待铺部位，实测基层尺寸（考虑搭接宽度）裁剪卷材。然后将剪好的卷材认真仔细地剥除隔离纸，用力要适度，已剥开的隔离纸与卷材宜成锐角，这样不易拉断隔离纸。如出现小片隔离纸粘连在卷材上时可用小刀仔细挑出，注意不能刺破卷材。实在无法剥离时，应用密封材料加以涂盖。全部隔离纸剥离完毕后，将卷材有胶面朝外，沿长向对折卷材。然后抬起并翻转卷材，使搭接边转向搭接粉线。当卷材较长时，在中间安排数人配合，一起将卷材抬到待铺位置，使搭接边对准粉线，从短边搭接缝开始沿长向铺放好搭接缝侧的半幅卷材，然后再铺放另半幅。在铺放过程中，各操作人员要默契配合，铺贴的松紧度与滚铺法相同。铺放完毕后再进行排气、辊压。

（3）立面和大坡面的铺贴　由于自粘型卷材与基层的黏结力相对较低，在立面或大坡面上，卷材容易产生下滑现象，因此在立面或大坡面上粘贴施工时，宜用手持式汽油喷枪将卷材底面的胶黏剂适当加热后再进行粘贴、排气和辊压。

（4）搭接缝粘贴　自粘型卷材上表面常带有防粘层（聚乙烯膜或其他材料），在铺贴卷材前，应将相邻卷材待搭接部位上表面的防粘层先熔化掉，使搭接缝能黏结牢固。操作时，用手持汽油喷枪沿搭接缝粉线进行。黏结搭接缝时，应掀开搭接部位卷材，宜用扁头热风枪加热卷材底面胶黏剂，加热后随即粘贴、排汽、辊压，溢出的自粘胶随即刮平封口。搭接缝粘贴密实后，所有接缝口均用密封材料封严，宽度不应小于10mm。

（八）合成高分子卷材焊接施工

目前国内用焊接法施工的合成高分子卷材有PVC（聚氯乙烯）防水卷材、PE（聚乙烯）防水卷材、TPO防水卷材。卷材的铺设与一般高分子卷材的铺设方法相同，其搭接缝采用焊接方法进行。焊接方法有两种：一种为热熔焊接（热风焊接），即采用热风焊枪，电加热产生热气体由焊嘴喷出，将卷材表面熔化达到焊接熔合；另一种是溶剂焊（冷焊），即采用溶剂（如四氢呋喃）进行接合。接缝方式也有搭接和对接两种。目前我国大部分采取热风焊接搭接法。

施工时，将卷材展开铺放在需铺贴的位置，按弹线位置调整对齐，搭接宽度应准确，铺放平整顺直，不得皱折；然后将卷材向后一半对折，这时使用滚刷在屋面基层和卷材底面均匀涂刷胶黏剂（搭接缝焊接部位切勿涂胶），不应漏涂露底，亦不应堆积过厚，根据环境温度、湿度和风力，待胶黏剂溶剂挥发手触不粘时，即可将卷材铺放在屋面基层上，并使用压辊压实，排出卷材底空气。另一半卷材，重复上述工艺将卷材铺贴。

需进行机械固定的，则在搭接缝下幅卷材距边30mm处，按设计要求的间距用螺钉（带垫帽）钉于基层上，然后用上幅卷材覆盖焊接。

接缝焊接是该工艺的关键，在正式焊接卷材前，必须进行试焊，并进行剥离试验，以此来检查当时气候条件下焊接工具和焊接参数及工人操作水平，确保焊接质量。接缝焊接分为预先焊接和最后焊接。预先焊接是将搭接卷材掀起，焊嘴深入焊接搭接部分后半部，（一半搭接宽度），用焊枪一边加热卷材，一边立即用手持压辊充分压在接合面上使之压实，待后部焊好后，再焊前半部，此时焊接缝边应光滑并有熔浆溢出，并立即用手持压辊压实，排出搭接缝间气体。搭接缝焊接，先焊长边后焊短边。焊接前应先对接缝焊接面进行清洗，使之干燥。焊接时注意气温和湿度的变化，随时调整加热温度和焊接速度。在低温下（0℃以下）焊接时要注意卷材有否结冰和潮湿现象，如出现上述现象必须使之干净、干燥，所以在气温低于−5℃以下时施工是很难保证质量的。焊接时还必须注意焊缝处不得有漏焊、跳焊或焊接不牢（加温过低），也不得损害非焊接部位卷材。

（九）金属卷材焊接铺贴施工

金属卷材目前我国主要是铅锡锑（PSS）合金卷材，这种惰性金属耐久性强，接缝采取锡焊条焊接，因此保证质量的关键是保证接缝质量。金属卷材施工前的基层应干净，不得有石子、砂粒，表面也不能有尖状疙瘩。铺设卷材前，对节点部位和转角、檐沟等处应事先进行附加增强处理，一般采用涂料增强。铺设卷材有采取空铺，有采取黏结剂粘贴。其施工工艺是：先在基层上按要求尺寸弹标准线，展开卷材沿线铺平，并用压辊辊压或用橡皮榔头轻轻敲打平整，尤其在两幅卷材的搭接处，上下层接触要紧密，不得张嘴开缝（上下层离开不得大于1mm），并检查搭接宽度准确（不小于5mm），搭接缝平直、齐整后，对施焊缝处用钢丝刷擦除氧化层，涂上饱和酒精松香焊剂，用橡皮榔头将不紧密处锤紧，即可施焊。焊接时要控制好温度，使焊锡熔化并流进两层卷材搭接缝之间，然后用焊锡在两接缝处堆积一定厚度，焊缝表面要求平整光滑，不得有气孔、裂纹、漏焊、夹焊。待全部检查完毕，确认合格后，在缝上涂刷一层涂料或密封胶，宽度宜为 20mm。焊接完工后，卷材表面应保持清洁，并清扫杂物或施工时带入的砂粒。

（十）排气屋面施工

当屋面保温层、找平层因施工时含水率过大或遇雨水浸泡不能及时干燥，而又要立即铺设柔性防水层时，必须将屋面做成排气屋面，以避免因防水层下部水分汽化造成防水层起鼓破坏，避免因保温层含水率过高造成保温性能降低。如果采用低吸水率（小于 6%）的保温材料时，就可以不必做排气屋面。

排气屋面可通过在保温层中设置排汽通道实现，其施工要点如下。

（1）排气道应纵横贯通，不得堵塞，并应与大气连通的排气孔相连。排气道间距宜为 6m 纵横设置，屋面面积每 36m^2 宜设置 1 个排气孔。在保温层中预留槽做排气道时，其宽度一般为 20～40mm；在保温层中埋置打孔细管（塑料管或镀锌钢管）做排气道时，管径为 25mm。排气道应与找平层分格缝相重合。

（2）为避免排气孔与基层接触处发生渗漏，应做图 8-16 和图 8-17 所示的防水处理。

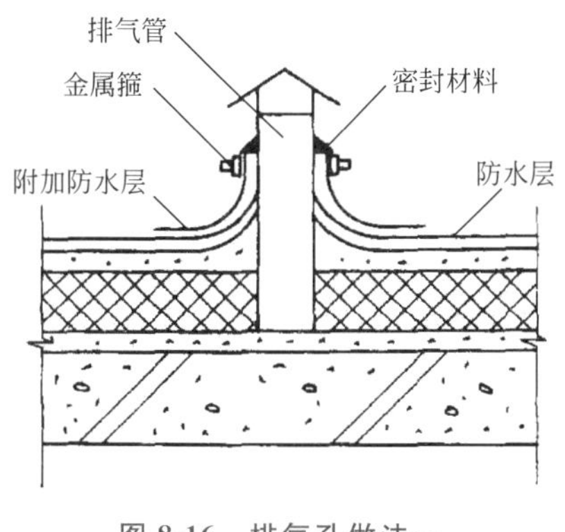

图 8-16　排气孔做法一

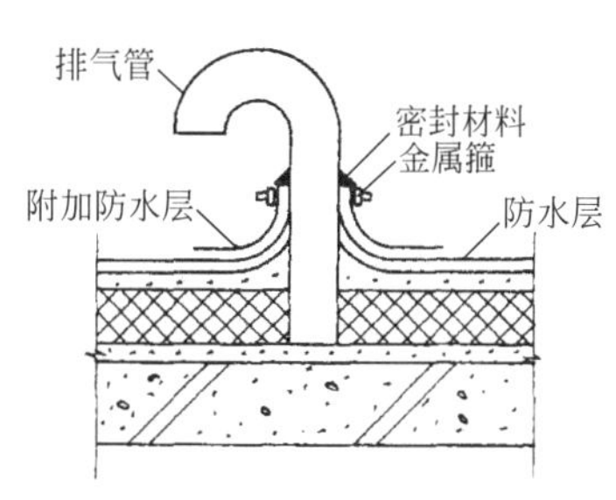

图 8-17　排气孔做法二

（3）排气屋面防水层施工前，应检查排气道是否被堵塞，并加以清扫。然后宜在排气道上粘贴一层隔离纸或塑料薄膜，宽约 200mm，在排气道上对中贴好，完成后才可铺贴防水卷材（或涂刷防水涂料）。防水层施工时不得刺破隔离纸，以免胶黏剂（或涂料）流入排气道，造成堵塞或排气不畅。

排气屋面还可利用空铺、条粘、点粘第一层卷材，或第一层为打孔卷材铺贴防水层的方法使其下面形成连通排气通道，再在一定范围内设置排气孔。这种方法比较适合非保温屋面的找平层不能干燥的情形。此时，在檐口、屋脊和屋面转角处及突出屋面的连接处，卷材应满涂胶黏剂，其宽度不得小于 800mm。当采用热玛蹄脂时，应涂刷冷底子油。

（十一）复合防水屋面施工

复合防水屋面是指采用不同的防水材料，利用各自的特点组成能独立承担防水能力的层次，从而组合形成的防水屋面。它不同于涂膜材料的多道涂刷，而是采用几种性能各异的材料复合使用作多道设防。如采用卷材、涂膜、刚性防水层等构成复合防水，从而充分利用各种材料在性能上的优势互补，提高防水质量。在节点部位采用复合防水的优越性尤为明显。

目前常见的复合形式有：柔性防水材料之间的复合，如两种不同性能涂膜的复合，涂膜与卷材的复合，两种不同性能卷材的复合；柔性防水材料与刚性防水材料之间的复合，如涂膜与细石混凝土防水层的复合，卷材与细石混凝土防水层的复合；此外还有刚性防水材料之间的复合，如防水混凝土与防水砂浆的复合等。

无论是何种防水形式，每一防水层的厚度都必须达到要求，才能保证其能够形成一个独立的防水层。复合使用时，要求合成高分子卷材的厚度可降为1.0mm，高聚物改性沥青卷材可降为2.0mm，合成高分子涂膜可降为1.0mm，高聚物改性沥青涂膜可降为1.5mm，沥青基防水涂膜可降为4.0mm。

复合屋面施工时应注意：

（1）基层的质量应满足底层防水层的要求。

（2）不同胎体和性能的卷材复合使用时或夹铺不同胎体增强材料的涂膜复合使用时，高性能的应作为面层。

（3）不同防水材料复合使用时，耐老化、耐穿刺的防水材料应设置在最上面。

（十二）卷材屋面施工的环境气候

（1）雨天、雪天严禁进行卷材施工；5级风及以上时不得施工；气温低于0℃时不宜施工，如必须在负温下施工时，应采取相应措施，以保证工程质量。热熔法施工时的气温不宜低于－10℃；施工中途下雨、雪，应做好已铺卷材四周的防护工作。

（2）夏季施工时，屋面如有露水或潮湿，应待其干燥后方可铺贴卷材，并避免在高温烈日下施工。

（十三）卷材保护层施工

卷材铺设完毕，经检查合格后，应立即进行保护层的施工，及时保护防水层免受损伤。保护层的施工质量对延长防水层使用年限有很大影响，必须认真施工。

（1）浅色、反射涂料保护层　浅色、反射涂料目前常用的有铝基沥青悬浊液、丙烯酸浅色涂料中掺入铝料的反射涂料，反射涂料可在现场就地配制。

涂刷浅色反射涂料应在防水层养护完毕后进行，一般卷材防水层应养护2d以上，涂膜防水层应养护1周以上。涂刷前，应清除防水层表面的浮灰，浮灰用柔软、干净的棉布、扫帚擦扫干净。材料用量应根据材料说明书的规定使用，涂刷工具、操作方法和要求与防水涂料施工相同。涂刷应均匀，避免漏涂。2遍涂刷时，第2遍涂刷的方向应与第1遍垂直。

由于浅色、反射涂料具有良好的阳光反射性，施工人员在阳光下操作时，应佩戴墨镜，以免强烈的反射光线刺伤眼睛。

（2）绿豆砂保护层　绿豆砂保护层主要是在沥青卷材防水屋面中采用。绿豆砂材料价格低廉，对沥青卷材有一定的保护和降低辐射热的作用，因此在非上人沥青卷材屋面中应用广泛。

用绿豆砂做保护层时，应在卷材表面涂刷最后1道沥青玛蹄脂时，趁热撒铺1层粒径为3～5mm的绿豆砂（或人工砂），绿豆砂应铺撒均匀，全部嵌入沥青玛蹄脂中。绿豆砂应事先经过筛选，颗粒均匀，并用水冲洗干净。使用时应在铁板上预先加热干燥（温度130～150℃），以便与沥青玛蹄脂牢固地结合在一起。

铺绿豆砂时，1人涂刷玛蹄脂，另1个人趁热撒砂子，第3人用扫帚扫平或用刮板刮平。撒时要均匀，扫时要铺平，不能有重叠堆积现象，扫过后马上用软辊轻轻滚1遍，使砂粒一半嵌入玛蹄脂内。滚压时不得用力过猛，以免刺破油毡。铺绿豆砂应沿屋脊方向，顺卷材的接缝全面向前推进。

由于绿豆砂颗粒较小，在大雨时容易被水冲刷掉，同时还易堵塞水落口，因此，在降雨量较大的地区宜采用粒径为6～10mm的小豆石，效果较好。

（3）细砂、云母及蛭石保护层　细砂、云母或蛭石主要用于非上人屋面的涂膜防水层的保护层，使用前应先筛去粉料。

用砂作保护层时，应采用天然水成砂，砂粒粒径不得大于涂层厚度的1/4。使用云母或蛭石时不受此限制，因为这些材料是片状的，质地较软。

当涂刷最后1道涂料时，应边涂刷边撒布细砂（或云母、蛭石），同时用软质的胶辊在保护层上反复轻轻滚压，务必使保护层牢固地黏结在涂层上。涂层干燥后，应扫除未黏结材料并堆集起来再用。如不清扫，日后雨水冲刷就会堵塞水落口，造成排水不畅。

（4）预制板块保护层　预制板块保护层的结合层宜采用砂或水泥砂浆。板块铺砌前应根据排水坡度要求挂线，以满足排水要求，保护层铺砌的块体应横平竖直。

在砂结合层上铺砌块体时，砂结合层应洒水压实，并用刮尺刮平，以满足块体铺设的平整度要求。块体应对接铺砌，缝隙宽度一般为10mm左右。块体铺砌完成后，应适当洒水并轻轻拍平压实，以免产生翘角现象。板缝先用砂填至一半的高度，然后用1∶2水泥砂浆勾成凹缝。为防止砂子流失，在保护层四周500mm范围内，应改用低强度等级的水泥砂浆做结合层。

采用水泥砂浆做结合层时，应先在防水层上做隔离层，隔离层做法可参照本章有关章节的内容。预制块体应先浸水湿润并阴干。如板块尺寸较大，可采用铺灰法铺砌，即先在隔离层上将水泥砂浆摊开，然后摆放预制块体；如板块尺寸较小，可将水泥砂浆刮在预制板块的粘接面上再进行摆铺。每块预制块体摆铺完后应立即挤压密实、平整，使块体与结合层之间不留空隙。铺砌工作应在水泥砂浆凝结前完成，块体间预留10mm的缝隙，铺砌1～2d后用1∶2水泥砂浆勾成凹缝。

为了防止因热胀冷缩而造成板块拱起或板缝开裂过大，块体保护层每$100m^2$以内应留设分格缝，缝宽20mm，缝内嵌填密封材料。上人屋面的预制块体保护层，块体材料应按照楼地面工程质量要求选用，结合层应选用1∶2水泥砂浆。

（5）水泥砂浆保护层　水泥砂浆保护层与防水层之间也应设置隔离层，隔离层可采用石灰水等薄质低黏结力涂料。保护层用的水泥砂浆配合比一般为水泥∶砂＝1∶(2.5～3)（体积比）。

保护层施工前，应根据结构情况每隔4～6m用木板条或泡沫条设置纵横分格缝。铺设水泥砂浆时，应随铺随拍实，并用刮尺找平，随即用直径为8～10mm的钢筋或麻绳压出表面分格缝，间距不大于1m；终凝前用铁抹子压光保护层。保护层表面应平整，不能出现抹子抹压的痕迹和凹凸不平的现象；排水坡度应符合设计要求。

为了保证立面水泥砂浆保护层黏结牢固，在立面防水层施工时，预先在防水层表面粘上砂粒或小豆石。若防水层为防水涂料，应在最后一道涂料涂刷时，边涂边撒布细砂，同时用软质胶辊轻轻滚压使砂粒牢固地黏结在涂层上；若防水层为沥青或改性沥青防水卷材，可用喷灯将防水层表面烤热发软后，将细砂或豆石粘在防水层表面，再用压辊轻轻滚压，使之黏结牢固。对于高分子卷材防水层，可在其表面涂刷一层胶黏剂后粘上细砂，并轻轻压实。防水层养护完毕后，即可进行立面保护层的施工。

（6）细石混凝土保护层　细石混凝土整浇保护层施工前，也应在防水层上铺设一层隔离层，并按设计要求支设好分格缝木板条或泡沫条，设计无要求时，每格面积不大于$36m^2$，分格缝宽度为10～20mm。一个分格内的混凝土应尽可能连续浇筑，不留施工缝。振捣宜采用铁辊滚压或人工拍实，不宜采用机械振捣，以免破坏防水层。振实后随即用刮尺按排水坡度刮平，并在初凝前用木抹子提浆抹平，初凝后及时取出分格缝木模（泡沫条不用取出），终凝前用铁抹子压光。抹平压光时不宜在表面掺加水泥砂浆或干灰，否则表层砂浆易产生裂缝与剥落现象。

若采用配筋细石混凝土保护层时，钢筋网片的位置设置在保护层中间偏上部位，在铺设钢筋网片时用砂浆垫块支垫。细石混凝土保护层浇筑完后应及时进行养护，养护时间不应少于7d。养护完后，将分格缝清理干净（泡沫条割去上部10mm即可），嵌填密封材料。

此外还可以利用隔热屋面的架空隔热板作为防水层的保护层，其施工方法和要求参见隔热屋面的有关内容。

五、安全技术

卷材屋面施工是在高空、高温环境下进行，大部分材料易燃并含有一定的毒性，必须采取必要的措施，防止发生火灾、中毒、烫伤、坠落等工伤事故。

（1）施工前应进行安全技术交底工作，施工操作过程应符合安全技术规定。

（2）皮肤病、支气管炎病、结核病、眼病以及对沥青、橡胶刺激过敏的人员，不得参加操作。

（3）按有关规定配给劳保用品，合理使用；沥青操作人员不得赤脚或穿短袖衣服进行作业，应将裤脚袖口扎紧；手不得直接接触沥青，接触有毒材料需戴口罩并加强通风。

（4）操作时应注意风向，防止下风操作人员中毒、受伤；熬制玛蹄脂和配制冷底子油时，应注意控制沥青锅的容量和加热温度，防止烫伤。

（5）防水卷材和黏结剂多数属易燃品，在存放的仓库以及施工现场内都要严禁烟火；如需明火，必须有防火措施。

（6）运输线路应畅通，各项运输设施应牢固可靠，屋面孔洞及檐口应有安全措施。

（7）高空作业操作人员不得过分集中，必要时应系安全带。

（8）屋面施工时，不允许穿钉子鞋的人员进入。

六、卷材防水施工质量要求与验收

（一）质量要求

（1）屋面不得有渗漏和积水现象。

（2）所使用的材料（包括防水材料，找平层、保温层、保护层、隔气层及外加剂、配件等）必须符合设计要求和质量标准。

（3）天沟、檐沟、泛水和变形缝等构造，应符合设计要求。

（4）卷材铺贴方法和搭接顺序应符合设计要求，搭接宽度正确，接缝严密，无皱折、鼓泡和翘边现象。

（5）卷材防水层的基层，卷材防水层搭接宽度，附加层、天沟、檐沟、泛水和变形缝等细部做法，刚性保护层与卷材防水层之间设置的隔离层，密封防水处理部位等应作隐蔽工程验收，并有相应记录。

（二）质量验收

卷材防水层的质量主要是施工质量和耐用年限内不得渗漏。所以材料质量必须符合设计要求，施工后保证不渗漏、不积水；极易产生渗漏的节点防水设防应严密，所以将它们列为主控项目。搭接、密封、基层黏结、铺设方向、搭接宽度、保护层、排气屋面的排气通道等项目也应列为检验项目（见表 8-31）。

表 8-31　卷材防水层质量检验

检验项目		要求	检验方法
主控项目	1. 卷材防水层所用卷材及其配套材料	必须符合设计要求	检查出厂合格证、质量检验报告和现场抽样复验报告
	2. 卷材防水层	不得有渗漏或积水现象	雨后或淋水、蓄水试验
	3. 卷材防水层在天沟、檐沟、泛水、变形缝和水落口等处细部做法	必须符合设计要求	观察检查和检查隐蔽工程验收记录

续表

检验项目		要求	检验方法
一般项目	1. 卷材防水层的搭接缝	应黏（焊）结牢固、密封严密，并不得有皱折、翘边和鼓泡	观察检查
	2. 防水层的收头	应与基层黏结并固定牢固、缝口封严，不得翘边	观察检查
	3. 卷材防水层撒布材料和浅色涂料保护层	应铺撒或涂刷均匀，黏结牢固	观察检查
	4. 卷材防水层的水泥砂浆或细石混凝土保护层与卷材防水层间	应设置隔离层	观察检查
	5. 保护层的分格缝留置	应符合设计要求	观察检查
	6. 卷材的铺设方向，卷材的搭接宽度允许偏差	铺设方向应正确；搭接宽度的允许偏差为－10mm	观察和尺量检查
	7. 排气屋面的排气道、排气孔	应纵横贯通，不得堵塞；排气管应安装牢固，位置正确，封闭严密	观察和尺量检查

防水卷材及配套材料现场抽样复验项目见表 8-32。

表 8-32 防水卷材及配套材料现场抽样复验项目

材料名称	现场抽样数量	外观质量检验	物理性能检验
沥青防水卷材	大于 1000 卷抽 5 卷，每 500～1000 卷抽 4 卷，100～499 卷抽 3 卷，100 卷以下抽 2 卷，进行规格尺寸和外观质量检验。在外观质量检验合格的卷材中，任取 1 卷做物理性能检验	孔洞、硌伤、露胎、涂盖不匀，折纹、皱折，裂纹，裂口、缺边，每卷卷材的接头	纵向拉力，耐热度，柔度，不透水性
高聚物改性沥青防水卷材	大于 1000 卷抽 5 卷，每 500～1000 卷抽 4 卷，100～499 卷抽 3 卷，100 卷以下抽 2 卷，进行规格尺寸和外观质量检验。在外观质量检验合格的卷材中，任取 1 卷做物理性能检验	孔洞、缺边、裂口，边缘不整齐，胎体露白、未浸透，撒布材料粒度、颜色，每卷卷材的接头	拉力，最大拉力时延伸率，耐热度，低温柔度，不透水性
合成高分子防水卷材	大于 1000 卷抽 5 卷，每 500～1000 卷抽 4 卷，100～499 卷抽 3 卷，100 卷以下抽 2 卷，进行规格尺寸和外观质量检验。在外观质量检验合格的卷材中，任取 1 卷做物理性能检验	折痕，杂质，胶块，凹痕，每卷卷材的接头	断裂拉伸强度，扯断伸长率，低温弯折，不透水性
石油沥青	同一批至少抽一次		针入度，延度，软化点
沥青玛蹄脂	每工作班至少抽一次		耐热度，柔韧性，黏结力

课程小结

本节安排了有关卷材防水施工的内容，重点是卷材防水施工的组织与管理，难点是细部构造的做法。由于防水工程施工专业性很强，必须由具有相应资质的专业承包单位施工，学生主要是要具备相关知识，会参加验收活动。

课外作业

(1) 进行社会调查，了解现有建筑物的渗漏情况，并分析原因。

(2) 上网查找有关防水工程施工技术资料，自我拓展。

课后讨论

(1) 屋面防水施工前的准备工作有哪些?

(2) 卷材屋面防水的施工程序有哪些?

(3) 什么是倒置式屋面?

学习情境9 安装施工

学习目标

能组织室内设施的安装。

关键概念

1. 给水排水
2. 采暖空调
3. 管道
4. 英制的尺寸

技能点与知识点

1. 技能点

室内设施安装组织。

2. 知识点

(1) 管道、阀门;

(2) 公制与英制的关系;

(3) 管道密封;

(4) 管道的冲洗、试压。

提示

(1) 从专业划分来看，室内设施安装有好几个专业领域，管理的重心是关注专业夹缝以及专业间的协调。

(2) 即使是相同专业，室内施工与室外施工分属不同的施工单位，施工有先后，原则上讲，先施工的单位多留管道，后施工的注意连接，也需要协调好。

(3) 管道安装、冲洗、试压都要有活动记录。

相关知识

1. 管道螺纹连接知识
2. 管道焊接连接知识
3. 阀门的相关知识

任务37 水电安装

一、建筑给水排水工程

建筑给水排水工程是给水排水工程的一个分支，也是建筑安装工程的一个分支，是研究建筑内部的给水以及排水问题，保证建筑功能以及安全的一门学科。具体可分为：建筑给水系统，建筑排水系统（含雨水以及污水、废水），消火栓给水系统，自动喷淋灭火系统，景观系统，热水系统，中水系统等。

（一）建筑内部给水系统的分类

建筑内部给水系统的任务是将城镇给水管网或自备水源给水管网的水引入室内，选用适用、经济、合理的最佳供水方式，经配水管送至室内各种卫生器具、用水嘴、生产装置和消防设备，并满足用水点对水量、水压和水质的要求。建筑给水排水系统是一个冷水供应系统，按用途基本上可分为三类：

（1）生活给水系统　供民用、公共建筑和工业企业建筑内的饮用、烹调、盥洗、洗涤、沐浴等生活上的用水。要求水质必须严格符合国家规定的饮用水质标准。

（2）生产给水系统　因各种生产的工艺不同，生产给水系统种类繁多，主要用于生产设备的冷却、原料洗涤、锅炉用水等。由于工艺不同，生产用水对水质、水量、水压以及安全方面的要求差异很大。

（3）消防给水系统　供层数较多的民用建筑、大型公共建筑及某些生产车间的消防设备用水。消防用水对水质要求不高，但必须按建筑防火规范保证有足够的水量与水压。

根据具体情况，有时将上述三类基本给水系统或其中两类基本系统合并成：生活-生产-消防给水系统，生活-消防给水系统，生产-消防给水系统。或根据不同需要，有时将上述三类基本给水系统再划分，例如：

（1）生活给水系统分为饮用水系统、杂用水系统；

（2）生产给水系统分为直流给水系统、循环给水系统、复用水给水系统、软化水给水系统、纯水给水系统；

（3）消防给水系统分为消火栓给水系统、自动喷水灭火给水系统。

（二）建筑内部给水系统的组成

建筑内部给水系统由下列各部分组成。

（1）引入管　对一幢单独建筑物而言，引入管是室外给水管网与室内管网之间的联络管段，也称进户管。对于一个工厂、一个建筑群体、一个学校区，引入管系指总进水管。

（2）水表节点　水表节点是指引入管上装设的水表及其前后设置的闸门、泄水装置等的总称。闸门用以关闭管网，以便修理和拆换水表；泄水装置为检修时放空管网、检测水表精度及测定进户点压力值。水表节点形式多样，选择时应按用户用水要求及所选择的水表型号等因素决定。

分户水表设在分户支管上，可只在表前设阀，以便局部关断水流。为了保证水表计量准确，在翼轮式水表与闸门间应有8～10倍水表直径的直线段，其他水表约为300mm，以使水表前段水流平稳。

（3）管道系统　管道系统是指建筑内部给水水平或垂直干管、立管、支管等。

（4）给水附件　给水附件指管路上的闸阀等各式阀类及各式配水龙头、仪表等。

（5）升压和贮水设备　在室外给水管网压力不足或建筑内部对安全供水、水压稳定有要求时，需设置各种附属设备，如水箱、水泵、气压装置、水池等升压和贮水设备。

（6）室内消防　按照建筑物的防火要求及规定需要设置消防给水时，一般应设消火栓消防设备。有特殊要求时，另专门装设自动喷水灭火或水幕灭火设备等。

（三）建筑内部排水系统的分类

建筑内部排水系统根据接纳污、废水的性质，可分为三类：

（1）生活排水系统　其任务是将建筑内生活废水（即人们日常生活中排泄的污水等）和生活污水（主要指粪便污水）排至室外。我国目前建筑排污分流设计中是将生活污水单独排入化粪池，而生活废水则直接排入市政下水道。

（2）工业废水排水系统　用来排除工业生产过程中的生产废水和生产污水。生产废水污染程度较轻，如循环冷却水等。生产污水的污染程度较重，一般需要经过处理后才能排放。

（3）建筑内部雨水管道　用来排除屋面的雨水，一般用于大屋面的厂房及一些高层建筑雨雪水的排除。

若生活污废水、工业废水及雨水分别设置管道排出室外则称为建筑分流制排水；若将其中两类以上的污水、废水合流排出则称为建筑合流制排水。建筑排水系统是选择分流制排水系统还是合流制排水系统，应综合考虑污水污染性质、污染程度、室外排水体制是否有利于水质综合利用及处理等因素来确定。

（四）建筑内部排水系统的组成

一般建筑物内部排水系统由下列部分组成，如图 9-1 所示。

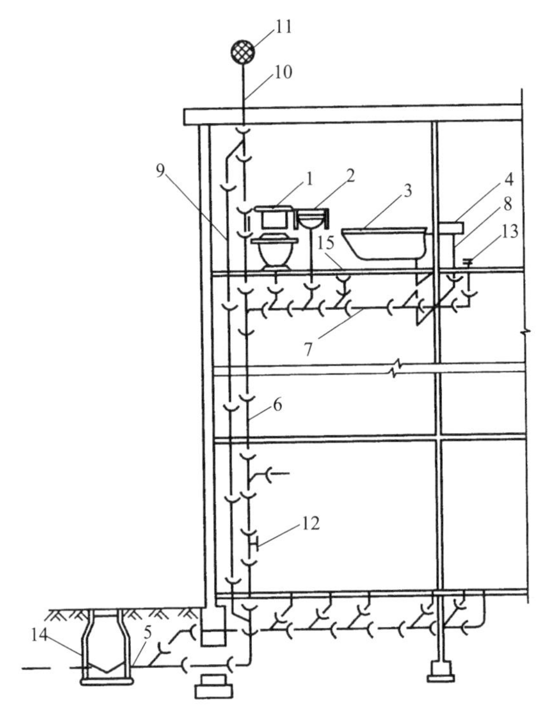

图 9-1　建筑内部排水系统的组成

1—坐便器；2—脸盆；3—浴盆；4—洗碗盆；5—化粪池进水管；6—室内下水立管；7—室内下水横管；8—洗脸盆下水管；9—给水支管；10—给水总管；11—屋顶水箱；12—下水阀门；13—厨房地漏；14—化粪池；15—卫生间地漏。

（1）卫生器具或生产设备受水器（如图 9-1 中的 1、2、3、4）

（2）排水管系　由器具排水管连接卫生器具和横支管之间的一段短管、除坐式大便器外，其间含存水弯，有一定坡度的横支管、立管；埋设在地下的总干管和排出到室外的排水管等组成（如图 9-1 中 6、8、11）。

（3）通气管系　有伸顶通气立管、专用通气内立管、环形通气管等几种类型。其主要作用是让排水管与大气相通，稳定管系中的气压波动，使水流畅通。

（4）清通设备　一般有检查口、清扫口、检查井以及带有清通门的弯头或三通等设备，作为疏通排水管道之用（如图 9-1 中 7、9、12）。

（5）抽升设备　民用建筑中的地下室、人防建筑物，高层建筑的地下技术层、某些工业企业车间或半地下室、地下铁道等地下建筑物内的污、废水不能自流排至室外时必须设置污水抽升设备。如水泵、气压扬液器、喷射器将这些污废水抽升排放以保持室内良好的卫生环境。

（6）室外排水管道　自排水管接出第一检查井后至城市下水道或工业企业排水主干管间的排水管段即为室外排水管道，其任务是将建筑内部的污、废水排送到市政或厂区管道中去。

（7）污水局部处理构筑物　当建筑内部污水未经处理不允许直接排入城市下水道或水体时，在建筑物内或附近应设置局部处理构筑物进行处理。我国目前多采用在民用建筑和有生活间的工业建筑附近设化粪池，使生活粪便污水经化粪池处理后排入城市下水道或水体。污水中较重的杂质如粪便、纸屑等在池中数小时后沉淀形成池底污泥，三个月后污泥经厌氧分解、酸性发酵等过程脱水熟化后便可清掏出来。化粪池容积的确定可参考《给水排水构筑物设计选用图》（07S906）。

（五）室内管道及附件安装

1. 管材与连接方式

目前市场上有多种给水塑料管和复合管，如硬聚氯乙烯管（UPVC）、聚丙烯管（P-R）、工程塑料管（ABS）、铝塑复合管、钢塑复合管和无缝铝合金衬塑管等。作为室内生活给水管道中使用最多的传统镀锌钢管，将会越来越多地被上述新型塑料管和复合管或给水铜管等代替。

由于每种管材均有自己的专用管配件及连接方法，因此选用的给水管道必须采用与管材相适应的管件；为防止生活饮用水在输送中受到二次污染，生活给水系统所选用管材、管件及所涉及的其他材料必须达到饮用水卫生标准。室内给水管管材的选用及管道连接方式见表9-1。

表9-1　室内给水管管材及连接方式

管道类别	敷设方式	管径/mm	宜用管材	主要连接方式
生活给水管	明装或暗设	$DN \leqslant 100$	铝塑复合管	卡套式连接
			钢塑复合管	螺纹连接
			给水硬聚氯乙烯管	粘接或橡胶圈口
			聚丙烯管（PP-R）	热熔连接
			工程塑料管（ABS）	粘接
			给水铜管	钎焊承插连接
			热镀锌钢管	螺纹连接
		$DN>100$	钢塑复合管	沟槽或法兰连接
			给水硬聚氯乙烯管	粘接或橡胶圈口
			给水铜管	焊接或卡套式连接
			热镀锌无缝钢管	卡套式或法兰连接
	埋地	$DN<75$	给水硬聚氯乙烯管	粘接
			聚丙烯管（PP-R）	热熔连接
		$DN>75$	给水铸铁管	石棉水泥或橡胶圈接口
			钢塑复合管	螺纹或沟槽式连接
饮用水管	明装或暗设	$DN \leqslant 100$	给水铜管	钎焊承插连接
			薄壁不锈钢管	卡压式连接
生产给水管	水质近于生活给水（埋地）		给水铸铁管	石棉水泥或橡胶圈接口
	水质要求一般	明装	焊接钢管	焊接
		埋地	给水铸铁管	石棉水泥或橡胶圈接口

续表

管道类别	敷设方式	管径/mm	宜用管材	主要连接方式
消火栓给水管	明装或暗设	DN≤100	焊接钢管	焊接连接
			热镀锌钢管	螺纹连接
		DN>100	焊接无缝钢管	焊接连接
			热镀无缝锌钢管	沟槽式连接
	埋地		给水铸铁管	石棉水泥接口或橡胶圈接口
自动喷水管（湿式或干湿）	明装或暗设	DN≤100	热镀锌钢管	螺纹连接
		DN>100	热镀锌无缝钢管	沟槽式连接
	埋地		给水铸铁管	石棉水泥接口或橡胶圈接口

2. 室内给水管道布置、敷设原则及安装规定

室内给水管道由引入管、干管、立管、支管和管道配件组成，其布置及敷设原则和一般安装规定见表9-2和表9-3，有关净距要求见表9-4。

表9-2 室内给水管道布置、敷设原则

管道布置	管道敷设
1. 给水引入管及室内给水干管宜布置在用水量最大处或不允许间断供水处 2. 室内给水管道一般采用枝状布置，单向供水；当不允许间断供水时，可从室外环状管网不同侧设两条引入管，在室内连成环状或贯通枝状双向供水 3. 给水管道的位置不得妨碍生产操作、交通运输和建筑物的使用；管道不得布置在遇水能引起燃烧、爆炸或损坏的产品和设备的上面，并尽量避免在设备上面通过 4. 给水埋地管道应避免布置在可能受重物压坏处，管道不得穿越设备基础 5. 塑料给水管道不得布置在灶台上边缘；明设的塑料给水立管距灶边不得于小0.4m，距燃气热水器边缘不小于0.2m. 达不到此要求时应有保护措施	1. 给水管道一般宜明设，尽量沿墙、梁、柱直线敷设；当建筑有要求时可在管槽、管井、管沟及吊顶内暗设 2. 给水管道不得敷设在烟道、风道、排水沟内，不宜穿过商店的橱窗、民用建筑的壁柜及木装修处，不得穿过大便槽和小便槽 3. 给水管道不得穿过变配电间 4. 给水管道宜敷设在不冻结的房间内，否则管道应采取保温防冻措施 5. 给水管道不宜穿过伸缩缝、沉降缝；若必须穿过时，应有相应的技术措施 6. 给水引入管应有不小于0.003的坡度坡向室外阀门井；室内给水横管宜有0.002～0.005的坡度坡向泄水装置

表9-3 给水管道安装的一般规定

项目	主要内容
引入管	1. 每条引入管上均应装设阀门和水表，必要时还要有泄水装置 2. 引入管应有不小于0.003的坡度，坡向室外给水管网 3. 给水引入管与排水的排出管的水平净距，在室外不得小于1.0m；在室内平行敷设时，其最小水平净距为0.5m；交叉敷设时，垂直净距为0.15m，且给水管应在上面 4. 引入管或其他管道穿越基础或承重墙时，要预留洞口，管顶和洞口间的净空一般不小于1.5m 5. 引入管或其他管道穿越地下室或地下构筑物外墙时，应采取防水措施，可根据情况采用柔性防水套管或刚性防水套管
干管和立管	1. 给水横管应有0.002～0.005的坡度坡向可以泄水的方向 2. 与其他管道同地沟或共支架敷设时。给水管应在热水管、蒸汽管的下面，在冷冻管或排水管的上面；给水管不要与输送有害、有毒介质，易燃介质的管道同沟敷设 3. 给水立管和装有3个或3个以上配水点的支管，在始端均应装设阀门和活接头 4. 立管穿过现浇楼板应预留孔洞，孔洞为正方形时，其边长与管径的关系为：DN32以下为80mm，DN32～DN50为100mm，DN70～DN80为160mm，DN100～DN125为250mm；孔洞为圆孔时，孔洞尺寸一般比管径大50～100mm 5. 立管穿楼板时要加套管，套管底面与楼板底齐平，套管上沿一般高出楼板20mm；安装在厨房和卫生间地面的套管，套管上沿应高出地面50mm

续表

项目	主要内容
支管	1. 支管应有不小于0.002坡度的坡向立管 2. 冷、热水立管并行敷设时，热水管在左侧，冷水管在右侧 3. 冷、热水管水平并行敷设计，热水管在冷水管的上面 4. 明装支管沿墙敷设时，管外皮距墙面应有20～30mm的距离（当$DN=32$时） 5. 卫生器具上的冷热水龙头，热水在左侧，冷水在右侧；这与冷、热水立管并行时的位置要求是一致的，但常常被忽视

表9-4　管与管及管与建筑构件之间的最小净距

名称	最小净距/mm
引入管	1. 在平面上与排水管道不小于1000 2. 与排水管水平交叉时，不小于150
水平干管	1. 与排水管道的水平净距一般不小于500 2. 与其他管道的净距不小于100 3. 与墙、地沟壁的净距不小于80～100 4. 与梁、柱、设备的净距不小于50 5. 与排水管的交叉垂直净距不小于100
立管	不同管径下的距离要求如下： 1. 当$DN\leqslant32$，至墙的净距不小于25 2. 当$DN32\sim DN50$，至墙面的净距不小于35 3. 当$DN70\sim DN100$，至墙面的净距不小于50 4. 当$DN125\sim DN150$，至墙面的净距不小于60
支管	与墙面净距一般为20～25

（六）管道施工安装前的准备

（1）施工图纸及其他技术文件齐全，并经会审；设计交底已经完成。

（2）编制的施工组织设计（或施工方案）经技术主管部门审批通过，并向有关施工管理人员和班组长进行了书面及口头的技术交底。

（3）管道安装部位的土建施工应能满足管道安装要求，并有明显的建筑轴线和标高控制线，墙面抹灰已完成。

（4）安装使用的给水管材及管件等材料已按计划组织进场，并按设计选用的材质、规格、型号等要求进行了检查验收。

（5）施工现场的用水、用电和材料存放库房等条件能满足安装要求，施工机具已备齐。

（6）施工安装人员经过技术培训，能熟悉所选用的给水管材和管件的性能，并掌握安装操作技能。

（七）配合土建预留孔洞和预埋件

室内给水管道安装不可能与土建主体结构工程施工同步进行，因此在管道安装前要配合土建进行预留孔洞和预埋件的施工。

给水管道安装前需要预留的孔洞主要是管道穿墙和穿楼板孔洞及穿墙、穿楼板套管的安装孔洞。一般混凝土结构上的预留孔洞，由设计人员在结构图上给出尺寸大小；其他结构上的孔洞，当设计无规定时应按表9-5规定预留。

表 9-5　给排水管道预留孔洞尺寸

项次	管道名称		明管留孔尺寸（长×宽）/mm	暗管墙槽尺寸（宽×深）/mm
1	一般给水立管	管径≤25mm	100×100	130×130
		管径 32～50mm	150×150	150×130
		管径 70～100mm	200×200	200×200
2	一般排水立管	管径≤50mm	150×150	200×130
		管径 70～100mm	200×200	250×200
3	两根给水立管	管径≤32mm	150×100	200×130
4	一根给水立管和一根排水立管在一起	管径≤50mm	200×150	200×130
		管径 70～100mm	250×200	250×200
5	两根给水立管和一根排水立管在一起	管径≤50mm	200×150	200×130
		管径 70～100mm	250×200	250×200
6	给水支管	管径≤25mm	100×100	60×60
		管径 32～40mm	150×130	150×100
7	排水支管	管径≤80mm	250×200	—
		管径 100mm	300×250	—
8	排水主干管	管径≤80mm	300×250	—
		管径 100～125mm	350×300	—
9	给水引入管	管径≤100mm	300×300	—
10	排水排出管穿基础	管径≤80mm	300×300	—
		管径 100～150mm	（管径+300）×（管径+200）	—

注：1. 给水引入管，管顶上部净空一般不小于 100mm。
2. 排水排出管，管顶上部净空一般不小于 150mm。

给水管道安装前的预埋件包括管道支架的预埋件和管道穿过地下室外墙或构筑物的墙壁、楼板处的预埋防水套管等。管道支架的预埋件，其规格、形状、制作和预埋等应按设计或标准图施工；预埋防水套管的形式和规格也应由给排水标准图或设计施工图给出，由施工单位技术人员按工艺标准组织施工。

（八）管道连接

（1）同种材质的给水聚丙烯管及管配件之间，应采用热熔连接。其安装采用的专用机具有插座式热熔焊机和焊接器（见图 9-2）及截管材用的剪切器。这种连接方法，成本低、速度快、操作方便、安全可靠，特别适合用于直埋、暗设的场合。

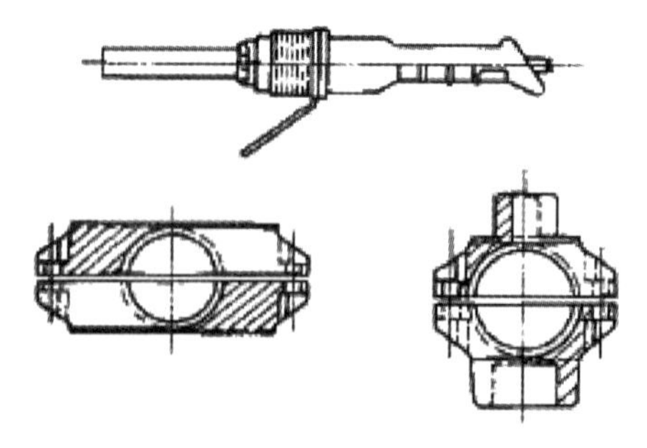

图 9-2　插座式热熔焊机和焊接器

（2）给水聚丙烯管与金属管件连接，可采用带金属嵌件的聚丙烯管件作为过渡。该管件与塑料管采用热熔连接，与金属管件或卫生洁具五金配件采用丝扣连接。

（3）暗敷墙体、地坪层内的给水聚丙烯管道不得采用丝扣或法兰连接。

（4）热熔连接的操作步骤　给水聚丙烯管道的热熔连接应按下列操作步骤进行：

① 热熔工具接通电源，达到工作温度指示灯亮后

方能开始工作；

② 切割管材，必须使端面垂直于管轴线。管材切割一般使用管子剪或管道切割机，必要时可使用锋利的钢锯，但切割后管材断面应去除毛边和毛刺；

③ 管材与管件连接端面必须清洁、干燥、无油；

④ 用卡尺和合适的笔在管端测量并绘制出热熔深度；

⑤ 熔接弯头或三通时，按设计图纸要求，应注意其方向，在管件和管材的直线方向上用辅助标志标出其位置；

⑥ 连接时，无旋转地把管端导入加热套内，插入到所标志的深度，同时无旋转地把管件推到加热头上，达到规定标志处；

⑦ 达到加热时间后，立即把管材与管件从加热套与加热头上同时取下，迅速无旋转地将其直线均匀插入到所标深度，使接头处形成均匀凸缘；

⑧ 刚熔接好的接头还可校正，但严禁旋转。

(5) 明装和暗设在管道井、吊顶内、装饰板后的聚丙烯管道宜采用热熔连接；埋地敷设、嵌墙敷设和在楼（地）面找平层内敷设的管道应采用热熔连接。

(九) 管道安装

给水聚丙烯管道（PP-R）（干管、立管和支管）安装，其施工安装工序、管道敷设方式、嵌墙暗管墙槽尺寸和施工要求，以及管道在楼（地）面找平层内敷设的开挖沟槽和回填土要求等，均与铝塑复合管和给水硬聚氯乙烯管的施工安装基本相同，可参照施工安装执行。结合给水聚丙烯管道的特点，施工安装时应注意下列问题：

(1) 冷、热水管是几种压力等级不同的管材；管道安装时，先要复核管道的使用场合、管道的压力等级，以免在施工时混淆。冷水管道应采用公称压力不低于 1.0MPa 等级的管材和管件；热水管道应采用公称压力不低于 2.0MPa 等级的管材和管件。

(2) 水平干管与水平支管连接、水平干管与立管连接、立管与每层支管连接时，应考虑管道互相伸缩时不受影响的措施。可采用热水管道通常做法：水平干管与立管连接，立管与每层支管连接时采用两个 900 弯头和一段短管后接出。

(3) 管道嵌墙暗敷时，宜配合土建预留凹槽；其尺寸设计无规定时，嵌墙暗管墙槽尺寸的深度为管外径 $De+20$mm，宽度为 $De+40\sim60$mm。凹槽表面必须平整，不得有尖角等突出物。管道试压合格后，墙槽用 M7.5 水泥砂浆填补密实。

(4) 管道安装时，不得有轴向扭曲，穿墙或穿楼板时，不宜强制校正。给水聚丙烯管与其他金属管道平行敷设时应有一定的保护距离，净距离不宜小于 100mm，且聚丙烯管宜在金属管道的内侧。

(5) 管道穿越楼板时，应设置钢套管。安装在楼板内的套管，其顶部应高出装饰地面 20mm；安装卫生间及厨房内的套管，其顶部应高出装饰地面 50mm。管道穿越屋面时，应采取严格的防水措施，穿越前端应设固定支承件，以防止管道变形而造成穿越管道与套管之间松动，产生渗漏。

(6) 热水管道穿墙壁时，应配合土建设置钢套管；冷水管道穿墙时可预留洞，洞口尺寸较管外径大 50mm。

(7) 埋地管道出地坪处应设置金属护管（即套管），其高度应高出地坪 100mm。

(8) 管道穿基础墙时应设金属套管，套管与基础墙预留孔上方的净空高度，若设计无规定时，不应小于 100mm。

(9) 管道安装时必须按不同管径和要求设置管卡或吊架，位置要准确，埋设要平整，管卡与管道接触应紧密，但不得损伤管道表面。采用金属管卡或吊架时，金属管卡与管道之间应采用塑料带或橡胶等软物隔垫。在金属管配件与给水聚丙烯管道连接部位，管卡应设在金属管配件一端。

明管敷设的支吊架作防膨胀的措施时，应按固定点要求施工。管道的各配水点、受力点以及穿墙支管节点处，应采取可靠的固定措施。

(10) 其他应注意的问题

① 管道连接使用热熔工具时，应遵守电器工具安全操作规程，注意防潮和脏物污染。

② 操作现场不得有明火，严禁对给水聚丙烯管材进行明火烘弯。

③ 给水聚丙烯管道不得作为拉攀、吊架使用。

④ 直埋暗管隐蔽后，应在墙面或地面标明暗管的位置和走向，严禁在管上冲击或钉金属钉等尖锐物体。

⑤ 热熔连接管道，水压试验时间应在24h后进行。水压试验前，管道应固定，接头须明露。

⑥ 给水聚丙烯管道试压、管道防冻防结露保温及管道冲洗消毒等均与给水硬聚氯乙烯管道相同。

(十) 阀门安装

1. 给水阀门的设置与选用

(1) 给水管道根据使用和检修要求，在下列管段上应装设阀门：

① 引入管、水表前及立管上；

② 环形管网的分干管、贯通枝状管网的连通管上；

③ 居住和公共建筑中，从立管接出的配水支管上；

④ 接至生产设备和其他用水设备的配水支管上；

⑤ 根据设计要求，室内消防给水管网上应设置一定数量的阀门。

(2) 室内给水管道上的阀门，应根据管径大小、接口方式、水流方式和启闭要求，一般按以下规定选用：

① 管径不超过50mm时，宜采用截止阀（应采用铜质截止阀，不得使用铸铁截止阀）；管径超过50mm时，宜采用闸阀或蝶阀；

② 在双向流动的管段上，应采用闸阀或蝶阀；

③ 在经常启闭的管段上，宜采用截止阀；

④ 不经常启闭而又需快速启闭的阀门，应采用快开阀；

⑤ 配水点处不宜采用旋塞。

2. 安装前的准备工作

(1) 阀门进场时应进行检验，阀门的型号、规格应符合设计要求。阀体铸造应规矩，表面光滑，无裂纹，开关灵活，关闭严密，手轮完整无损，具有出厂合格证；

(2) 阀门安装前，应做强度和严密性试验。试压不合格的阀门应经研磨修理，重新试压，合格后方可安装使用。试验合格的阀门，应及时排除内部积水，密封面应涂防锈油，关闭阀门，并将两端暂时封闭；

(3) 阀门安装前，先将管子内部杂物清除干净，以防止铁屑、砂粒等污物刮伤阀门的密封面。

3. 安装要求

(1) 阀门在安装、搬运过程中，不允许随手抛掷，以免无故损坏；也不得转动手轮，且安装前应将阀壳内部清扫干净；

(2) 阀杆的安装位置除设计注明外，一般应以便于操作和维修为准。水平管道上的阀门，其阀杆一般安装在上半周范围内；

(3) 较重的阀门吊装时，绝不允许将钢丝绳拴在阀杆手轮及其他传动杆件和塞件上，而应拴在阀体的法兰处；

(4) 在焊接法兰时，应注意与阀门配合，检查法兰与阀门的螺孔位置是否一致。焊接时要把法兰的螺孔与阀门的螺孔先对好，然后焊接。安装时应保证两法兰端面相互平行和同心，不得与阀门连接的法兰强力对正。拧紧螺栓时，应对称或十字交叉地进行；

(5) 安装截止阀、蝶阀和止回阀时，应注意水流方向与阀体上的箭头方向一致；

(6) 安装螺纹连接的阀门时，应保证螺纹完整无缺。拧紧时，必须用扳手咬牢要拧入管子一端的六角体，以确保阀体不被损坏。填料（麻丝、铅油等）应缠涂在管螺纹上，不得缠涂在阀体的螺纹上，以防填料进入阀内引起事故。

(十一) 止回阀安装

1. 室内给水管道的下列管段，应设置止回阀

(1) 在两条或两条以上引入管，且在室内连通时每条引入管上；

(2) 利用室外管网压力进水的水箱，其进水管和出水管合并为一条的引入管上；

(3) 装有消防水泵接合器的引入管和消防水箱的出水管上；

(4) 加压给水泵的出口处；

(5) 水的加热器冷水进水管上；

(6) 双管淋浴器的冷、热水干管和支管上。

2. 止回阀设置及安装要求

(1) 管网最小压力或水箱最低水位时，应能自动开启止回阀（水箱的最低水位至止回阀中心的垂直距离一般不小于0.80m）；

(2) 采用旋启式和升降式止回阀的安装有方向性，应使阀板或阀芯启闭既要与水流方向一致，又要在重力作用下能自行关闭；

(3) 对环境噪声要求比较严格的建筑物（如高层住宅、高级宾馆、医院等），应采用消声止回阀或微阻缓闭式止回阀。

(十二) 室内消火栓安装

室内消火栓通常安装在走廊的消火栓箱内，分明装、暗装及半暗装三种。明装消火栓是将消火栓箱设在墙面上；暗装或半暗装是将消火栓箱置于预留的墙洞内。

1. 安装准备

(1) 认真熟悉图纸，核对消火栓设置方式、箱体外框规格尺寸和栓阀是单栓还是双栓等情况。

(2) 对于暗装或半暗装消火栓，在土建主体施工过程中，要配合土建做好消火栓的预留洞工作。留洞的位置标高应符合设计要求，留洞的大小不仅要满足箱体的外框尺寸，还要留出从消火栓箱侧面或底部连接支管所需要的安装尺寸，这一点对于钢筋混凝土剪力墙结构特别重要，否则土建完成后重新打洞将是非常困难的。

(3) 安装需要的消火栓箱及栓阀等设备材料，进场时必须进行检查验收。消火栓箱的规格型号应符合设计要求，箱体方正，表面平整、光滑；金属箱体无锈蚀、划痕，箱门开关灵活；栓阀外形规矩、无裂纹、开启灵活、关闭严密；具有出厂合格证和消防部门的使用许可证或质量证明文件。

2. 消火栓安装要点

(1) 消火栓安装，首先要以栓阀位置和标高定出消火栓支管甩口位置，经核定消火栓栓口（注意不是栓阀中心）距地面高度为1.1m，然后稳固消火栓箱。箱体找正稳固后再把栓

阀安装好，栓口应朝外或朝下。栓阀侧装在箱内时应安装在箱门开启的一侧，箱门开启应灵活。

（2）消火栓箱体安装在轻体隔墙上应有加固措施（如在隔墙两面贴钢板并用螺栓固定）。

（3）箱体内的配件安装，应在交工前进行。消防水龙带应采用内衬胶麻带或棉纶带，折好放在挂架上，或卷实、盘紧放在箱内；消防水枪要竖放在箱体内侧，自救式水枪和软管应盘卷在卷盘上。消防水龙带与水枪和快速接头的连接，一般用 14 号钢丝绑扎 2 道，每道不少于 2 圈；使用卡箍时，在里侧加一道钢丝。设有电控按钮时，应注意与电气专业配合施工。

（4）建筑物顶层或水箱间内设置的检查用的试验消火栓处应装设压力表。

（5）消火栓安装完毕，应消除箱内的杂物，箱体内外局部刷漆有损坏的要补刷；暗装在墙内的消火栓箱体周围不应出现空鼓现象；管道穿过箱体处的空隙应用水泥砂浆或密封膏封严；箱门上应标出“消火栓”三个红色大字。

（十三）安全防护

为保证建筑中水系统的安全稳定运行和正常使用，除了应确保中水回用水质符合卫生学方面的要求外，在中水系统敷设和使用过程中还应采取一些必要的安全防护措施。

（1）中水管道严禁与生活饮用水给水管道相接，包括通过倒流防止器或防污隔断阀连接，以免误用或污染生活饮用水。

（2）室内中水管道宜明装敷设，有要求时也可敷设在管井、吊顶内。不宜暗装于搞体和楼面内，以便于检查维修。

（3）中水贮存池（箱）内的自来水补水管应采取自来水防污染措施，补水管出水口应高于中水贮存池（箱）内溢流水位，其间距不得小于 2.5 倍管径。严禁采用淹没式浮球阀补水。

（4）中水管道与生活饮用水给水管道、排水管道平行埋没时，水平净距不小于 0.5m；交叉埋设时，中水管道应设在生活饮用水给水管道下面，排水管道上面，其净距不小于 0.15m。中水管道与其他专业管道的间距应按《建筑给水排水设计规范》（GB 50015—2003）中给水管道要求执行。

（5）中水贮存池（箱）的溢流管、泄主管不得直接与下水道连接，应采用间接排水的隔断措施，以防止下水道污染中水水质。溢流管和排气管应设网罩防止蚊虫进人。

（6）中水管道应采取下列防止误接、误用、误饮的措施：

① 中水管道外壁应涂浅绿色标志，以严格与其他管道区别。

② 水池（箱）、阀门、水表及给水栓、取水箱均应有明显的“中水”标志。

③ 公共场所及绿色的中水取水口应设带锁装置。车库中用于冲洗地面和洗车用的中水龙头也应上锁或明示不得饮用。

④ 工程验收时应逐段进行检查，防止误接。

二、采暖管道及设备安装

（一）采暖管道安装

1. 施工条件

（1）管材、配件已备齐，且经检验合格。

（2）施工机具如工作台、套丝机、电焊气焊工具已备好待用，随手工具、量具已备齐。

（3）结构施工已基本完工，预埋预留已按图施工，建筑已提供准确的 50 线。

（4）管沟已砌筑，且内壁已勾缝或抹灰。

2. 施工工序（见图 9-3）

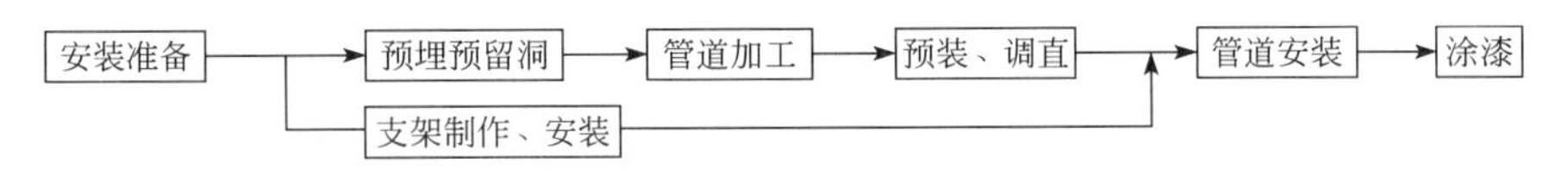

图 9-3 采暖管道施工工序

3. 管材及配件的选用及连接

（1）管材一般选用焊接钢管，DN<32mm 时，采用丝扣连接；DN>40mm 时，采用焊接。与设备及阀门等连接时，采用法兰连接。

（2）铝塑复合管材目前在采暖系统中正逐渐被采用；其管道与管件的连接采用卡套式。

（3）聚丁烯（PB）、交联聚乙烯（PE-X）、无规共聚聚丙烯（PP-R）管在地板辐射供暖系统中多采用。螺纹连接件的本体材料为锻造黄铜，与 PP-R 管直接接触的配件表面应镀镍。

4. 干管安装

在管支架已安装，管道加工完成的基础上安装干管。干管安装由主立管部位向端头延伸。

（1）干管与主立管的连接要避免丁字连接。

（2）对热水采暖干管，变径处应为上平；蒸汽采暖干管，特别是在气、水同向流动时，变径处应为下平。总之，采暖干管不应出现同心变径。

（3）管道接口应距支架 100mm 以上。

（4）干管安装应严格按设计要求施工，保证坡向、坡度满足设计要求。

（5）干管可拆卸配件应采用法兰。

（6）干管应按安装草图留出立管口。

5. 立管安装

（1）立管与干管不应采用丁字连接，应煨乙字弯或用弯头连接形成自然补偿器，如图 9-4 所示。

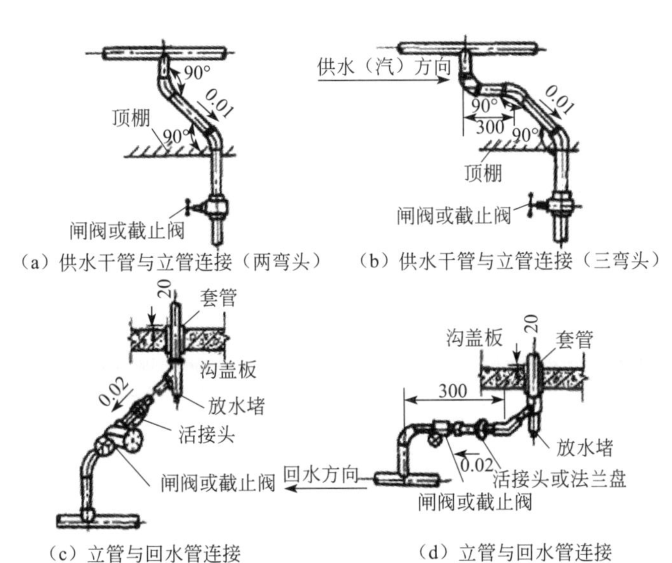

图 9-4 干、立管连接形式

（2）立管穿楼板时，应吊好线以保证立管卡和预留套管在同一垂直线上。

（3）立管安装应留好支管接口，并计算出支管坡度所需要的高差。

（二）支管安装

要严格控制立管甩口和散热器接口间的距离，需煨乙字弯者，应先煨弯后再量长短尺寸，以免影响立管的垂直度。

（三）铝塑复合管及 PE-X，PP-R 管的安装

这种管道多由分水器设专用管道与各组散热器连接。管道多为暗设，中间不设接口。管道出地面或墙面时，应设固定管支架。

（四）采暖管道安装允许偏差和检验

采暖管道安装的允许偏差和检验方法见表 9-6。

表 9-6　采暖管道安装的允许偏差和检验方法

项次	项目			允许偏差/mm	检验方法
1	横管道纵、横方向弯曲/mm	每 1m	管径≤100	0.5	用水平尺、直尺、拉线和尺量检查
			管径>100	1	
		全长 25m 以上	管径≤100	≤13	
			管径>100	≤25	
2	立管垂直度	每 1m		2	吊线和尺量检查
		全长（5m 以上）		≤10	
3	弯管	椭圆率 $\frac{D_{max}-D_{min}}{D_{max}}$	管径≤100	10%	用外卡钳和尺量检
			管径>100	8%	
		褶皱不平度/mm	管径≤100	4	
			管径>100	5	

注：D_{max}、D_{min}分别为管子最大外径及最小外径。

（五）管支架的制作及安装

1. 滑动支架

（1）低位滑动支架见图 9-5；

（2）高位滑动支架用于保温管道，见图 9-6。

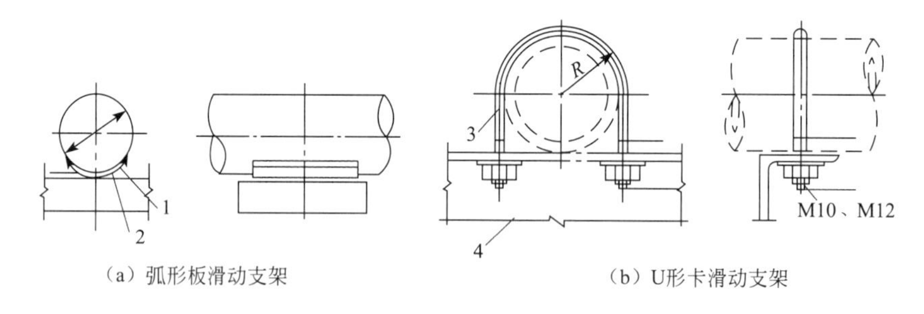

（a）弧形板滑动支架　　（b）U形卡滑动支架

图 9-5　低位滑动支架

1—弧形板；2—支撑板；3—U 形管卡；4—型钢

2. 管支架的安装

（1）划线定位应以设计标高为准，按坡度计算出支架的基准面，找出支架的中心坐标。

（2）埋入式支架应根据划线剔凿孔洞，然后植入已制作好的支架，使其满足设计要求。

用块石将支架卡牢，再用水冲洗孔洞，将浮尘冲净，最后用砂浆将洞填实，使其表面低于墙面 2～3mm 为止。

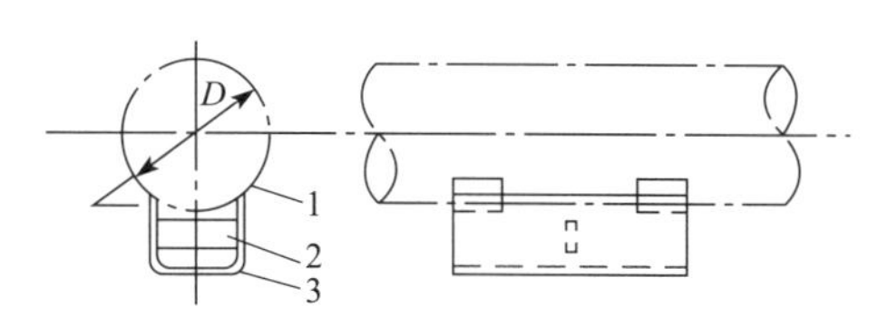

（a）曲面槽滑动支架

1—弧形板；2—肋板；3—曲面槽

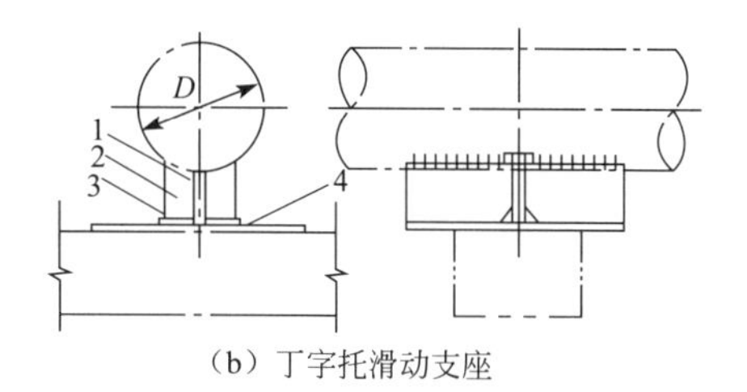

（b）丁字托滑动支座

1—顶板；2—侧板；3—底板；4—支撑板

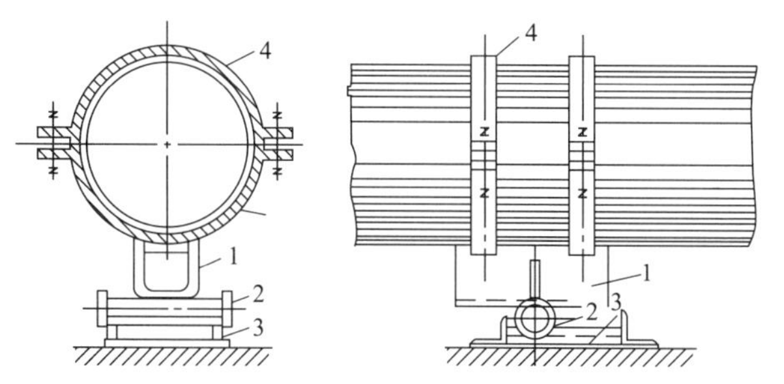

（c）滚柱支架（槽钢支撑座式）

1—槽板；2—滚柱；3—槽钢支撑座；4—管箍

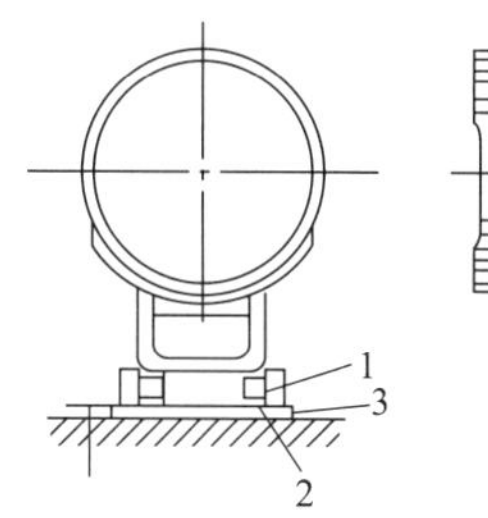

（d）滚动支撑（导向板式）

1—滚柱；2—导向板；3—支撑板

图 9-6　高位滑动支架

（3）焊接式支架：首先清理预埋件，使其表面清洁，再将预制好的支架调整到位后，把支架与预埋件点焊，待校对支架标高后，再实施焊接。

（4）采用膨胀螺栓固定支架时，钻孔深度要适当，孔眼不应歪斜，打孔位置要准确，并应避开钢筋和管线等预埋件。

（5）立管管卡的安装：立管安装要吊好垂线，以保证与穿楼板的套管在同一垂直线上。

（六）采暖系统的水压试验

在采暖系统安装完、管道保温前，应进行水压试验。试验压力应按设计要求进行。当设计未注明时，应按下列要求进行：

（1）水蒸气、热水采暖系统，应以系统顶点工作压力加 0.1MPa 作水压试验，同时系统顶点的试验压力不小于 0.3MPa。

（2）高温热水采暖系统，试验压力应为系统顶点工作压力加 0.4MPa，使用塑料管及复合管的热水采暖系统，应以系统顶点工作压力加 0.2MPa 作水压试验，同时在系统顶点的试验压力不小于 0.4MPa。

（3）试验时间及要求如下：

① 使用钢管及复合管的采暖系统在试验压力下 10min 内压力下降不大于 0.02MPa；降至工作压力后检查，不渗不漏。

② 使用塑料管的采暖系统，应在试验压力下 1h 内压力下降不大于 0.05MPa，然后降势至工作压力的 1.15 倍，稳压 2h，压力降不大于 0.03MPa，同时各连接处不渗不漏。

（七）采暖系统的冲洗

系统试压合格后，应用清水进行冲洗，具体要求如下。

（1）冲洗水流速以不小于 1.5m/s 的速度进行。

（2）排水管断面积应不小于冲洗管断面积的 60%。排水管应排入可靠的排水系统中。

（3）管道冲洗无特殊要求时，以排出口的水质不含泥沙、铁屑等杂质，且水色透明不浑浊为合格。

(4) 系统冲洗合格后，应对系统内的过滤器和除污器进行清扫。

(八) 采暖系统的调节

施工单位对采暖系统的调节是初调节。初调节时，室内温度应达到设计要求。

(1) 单立管系统通过调节立管上的阀门开度达到调节立管流量的目的，以调节散热器的温度，从而改变室内温度。一般需经几次调节才能完成。

(2) 双立管系统，可从各组散热器开始调节，使每组立管上的散热器温度基本一致，再调节各立管的阀门，使其基本满足设计要求。

(3) 调节标准：一般室内温度与设计温度偏差不大于±2℃。

课程小结

本次任务的学习内容是进行室内给水、排水、采暖设施安装，并进行冲洗、试压。通过对课程的学习，要求学生能组织安装施工。

课外作业

(1) 以项目部为单位，研究所在教室、宿舍的给水设施、排水设施及采暖设施的构成及安装方法。

(2) 自学《给水排水管道工程施工及验收规范》(GB 50268—2010)、《通风与空调工程施工质量验收规范》(GB 50243—2002)。

课后讨论

怎样进行室内设施安装管理？

项目3 框架结构房屋施工

学习情境10 桩基施工

学习目标

能组织桩基施工。

关键概念

1. 预制桩、灌注桩
2. 桩基承载力
3. 水下浇筑混凝土
4. 地下水

技能点与知识点

1. 技能点

桩基施工组织与管理。

2. 知识点

(1) 成桩设备；

(2) 泥浆护壁；

(3) 钢筋笼绑扎；

(4) 混凝土浇筑。

提示

(1) 人工挖孔桩是最可靠的桩基技术，但是危险性较大，必须注意安全防护。

(2) 后注浆技术是桩基施工新工艺，必须关注如何安排注浆管。

相关知识

1. 水下混凝土浇筑技术
2. 泥浆护壁技术
3. 沉管灌注桩施工技术

任务38 预制桩施工

一、预制桩分类

钢筋混凝土预制桩有实心桩（RC桩）和预应力管桩（PC管桩）两种。

（1）实心桩常为边长250～550mm的方形断面，一般在施工现场预制，单根桩的最大长度取决于打桩架的高度，一般长度不宜超过30m。打30m以上的桩需考虑接桩，即整体分段预制，打桩过程中逐段接长。

（2）预应力管桩一般为外径400～500mm的空心圆柱形截面，壁厚80～100mm，在工厂采用“离心法”制成，分节长度为8～10m，法兰连接。

预应力管桩按混凝土强度等级或有效预压应力分为预应力混凝土管桩和预应力高强混凝土管桩。预应力混凝土管桩代号为PC，预应力高强混凝土管桩代号为PHC，薄壁管桩代号为PTC。PC桩的混凝土强度不得低于C60，薄壁管桩强度等级不得低于C60，PHC桩的混凝土强度等级不得低于C80。

预应力管桩按外径分为300mm、350mm、400mm、450mm、500mm、550mm、600mm、800mm和1000mm等规格，实际生产的管径以300mm、400mm、500mm、600mm为主。目前多以外径400mm、600mm为主，管桩是工厂化生产，常用节长8～12m。1998年上海三航局预制厂为适应深水港码头建设的需要，生产节长30m的管桩；并根据设计使用的要求，少量生产4～5m的短节桩。管桩按桩身抗裂弯矩的大小分为A型、AB型和B型。有效预应力A型为3.5～4.2MPa，AB型为5.0MPa，B型为5.5～6.0MPa；一般管桩有4～5MPa的有效预应力，打桩时使桩身混凝土可有效地抵抗桩拉应力；所以对于一般的建筑工程，选用我国规定的A或AB型的管桩就可以。每节管桩都有出厂标记，表示在管桩表面距端头1.0m左右的地方。

A型和AB型主要区别就是钢筋用量不同，例如外径300mm桩，壁厚70mm单节桩长11m以内时要求A型钢筋为6ϕ7.1而AB型为6ϕ9.0；可见AB型的钢筋分布比较密。同样情况下B型为8ϕ9.0，C型为8ϕ10.7。显然用量越大，桩的抗压值越大。实际设计必须参照地质资料和上部荷载确定桩的类型和设计桩长。

预应力高强混凝土管桩的A、AB、B和C型是按照施加的有效预压应力分类的，它们的有效预压应力分别为4.0MPa、6.0MPa、8.0MPa和10.0MPa。A型和B型桩身竖向承载力几乎是一样的，只不过AB型抗弯性能比A型好，当穿过坚硬土层时在较大的锤击力下也不至于打碎；对于静压施工来说，同样弯曲度的情况下，A型比AB型桩更容易被压断。

二、预制桩制作

（一）预制方桩制作

现场制作混凝土预制桩一般采用“间隔重叠法”（图10-1）生产，桩与桩间用塑料薄膜或隔离剂隔开，邻桩与上层桩的混凝土须待邻桩与下层桩的混凝土达到设计强度的30%以后方可进行；重叠层数不超过4层，层与层间之间涂刷隔离剂。

图10-1 间隔重叠法预制方桩

桩中钢筋应位置准确；主筋连接宜采用对焊，主筋接头位置应相互错开，相邻两根主筋接头截面的距离应大于 $35d$，并不小于 500mm；桩顶、桩尖一定范围内不留接头。桩尖对准纵轴线、桩顶平面和接桩端面应平整。

现场分段预制桩时，应整体支模（图 10-2）；纵向主筋先通长铺设，再在分段处切断；分段长度应考虑桩架有效高度、场地条件、装卸和运输能力，并避免桩尖接近硬持力层或桩尖处于硬持力层中接桩。

图 10-2　现场分段预制桩支模

预制桩的混凝土强度等级不低于 C30；预应力混凝土桩的混凝土强度等级不低于 C40；纵向钢筋的保护层厚度不宜小于 30mm；锤击预制桩的粗骨料粒径宜为 5～40mm。

混凝土应机拌机捣、由桩顶向桩尖连续浇筑捣实，严禁中断，养护时间不少于 7d。

（二）预应力管桩制作

PHC 桩和 PC 桩按桩身混凝土有效预应力值或其抗弯性能分为 A 型、AB 型、B 型、C 型四种。PHC 桩一般桩径有 300mm、400mm、500mm、550mm、600mm、800mm、1000mm；PC 桩一般桩径有 300mm、400mm、500mm、550mm、600mm。管桩水泥宜采用强度等级不低于 42.5 级的硅酸盐水泥、普通硅酸盐水泥、矿渣硅酸盐水泥。当管桩用于摩擦型桩时桩的长径比不宜大于 100；用于端承型桩时桩的长径比不宜大于 80。

目前工业与民用建筑的桩基础常用桩一般为先张法工艺制作的预应力高强混凝土管桩（即 PHC 桩）和预应力混凝土管桩（即 PC 桩）。这两类桩适用于非抗震和抗震烈度为 6 度和 7 度的地区。

预应力管桩多采用先张法预应力工艺。现场制作混凝土预制桩一般采用“间隔重叠法”生产，桩与桩间用塑料薄膜或隔离剂隔开，邻桩与上层桩的混凝土须待邻桩与下层桩的混凝土达到设计强度的 30%以后方可进行；重叠层数不超过 4 层、层与层间之间涂刷隔离剂。

预应力混凝土管桩可分为后张法预应力管桩和先张法预应力管桩。先张法预应力管桩是采用先张法预应力工艺和离心成型法制成的一种空心筒体细长混凝土预制构件，主要由圆筒形桩身、端头板和钢套箍等组成。

PC 桩和 PTC 桩一般采用常压蒸汽养护，一般要经过 28d 才能施打。而 PHC 桩脱模后进入高压釜蒸养，经 10 个大气压、180℃左右的蒸压养护，混凝土强度等级达 C80，从成型到使用的最短时间只需一两天。

（三）预应力管桩标记示例

外径 600mm、壁厚 110mm、长度 12m 的 A 型预应力高强混凝土管桩的标记为：PHC

600 A 110-12 GB 13476。管桩的接头，过去个别厂的产品采用法兰盘螺栓联结，现在几乎全部采用端头板电焊联结法。端头板是管桩顶端的一块圆环形铁板，厚度一般为 18～22mm，端板外缘沿圆周留有坡口，管桩对接后坡口变成 U 形，烧焊时将管桩周边的 U 形坡口填满即可。预应力管桩沉入土中的第一节桩称为底桩。底桩下端部都要设置桩尖（靴）。

（四）预应力管桩桩尖（靴）

预应力管桩桩靴有十字型、圆锥型和开口型。十字型和圆锥型也称闭口型。上海地区采用开口型桩尖（靴）比较多，而广东及港澳地区，采用十字型桩尖（靴）较多。开口型桩尖（靴）沉入土层后桩身下部约有 1/3 桩长的内腔被土体塞住，沉桩时发生的挤土作用比封口型桩尖（靴）要小一些。但封口型桩尖沉入土层中，桩身内腔在电灯和手电光的照射下一目了然，因此，可用目测法检查成桩的桩身质量，并用直接量测法复测沉桩长度。桩尖规格不符合设计要求，也会造成工程质量事故。

（五）预制桩的运输、堆放

（1）桩运输时的混凝土强度应达到设计强度的 100%。

（2）打桩时桩宜随打随运，以避免二次搬运。

（3）桩的堆放场地须平整坚实，垫木间距应与吊点位置相同，各层垫木应在同一垂直面上，层数不超过 4 层，不同规格的桩应分别堆放。

（4）运桩和堆放的桩尖方向应符合吊升的要求，以免临时再需将桩调头。

三、预应力管桩施工

（一）沉桩方法分类

预应力管桩施工主要有柴油锤击打或静力压桩两种方式。柴油锤要根据承载力合理选用锤重和冲击能量，原则是重锤低击优于轻锤高击，轻锤高击容易打烂桩帽；打入式成桩主要控制有桩长和最后三镇贯入度或两者双控。静力压桩选用压桩重载约为特征值的 2.2～2.5 倍，静力压桩比较直观，成桩后承载力比较有保证；但静力压桩的机械笨重，占地大，对场地尺寸和表层地基承载力有要求。两种成桩方式中静力压桩要贵，机械进退场费也贵一点，目前在珠三角地区两种方式大约相差 10 元/m。施工过程对配桩和接桩有些要求，例如配桩宜一根桩到底不用接桩，有接头时接头宜在深处不宜在表面；接桩焊接要求高，作业人员要有专业焊工证，焊缝要均匀饱满，面有“鱼鳞状”纹路为好；焊接后要等冷却一定时间后才能继续施工，以免焊缝处入土急冷后冷脆影响使用寿命（赶工期的工程要特别注意）；有抗浮设计要求的，对焊缝要求很高，更应该控制好质量。

（二）沉桩方法

管桩沉桩方法有多种，在我国国内施工过的方法有：锤击法、静压法、震动法、射水法、预钻孔法及中掘法等，而以静压法应用最多。

（1）静压法沉桩　由于柴油锤打桩时震动剧烈、噪声大，为适应市区施工需要，近几年来我国各地开发了大吨位的静力压桩机施压预应力管桩的工艺。静力压桩机又可分为顶压式和抱压式。抱压式是桩机的夹板夹紧桩身，依靠持板的摩擦力大于入土阻力的原理工作。静力压桩机最大压桩力可达 5000～6000kN，可将直径 500mm 或 600mm 的预应力管桩压到设计要求的持力层，从而大大推动了预应力管桩的应用和发展。

（2）锤击法打桩设备包括桩锤、桩架和动力设备。锤击法沉桩施工，桩锤选择是关键。首先应根据施工条件选择桩锤的类型，然后决定锤重。一般锤重大于桩重的 1.5～2 倍时效果较为理想（桩重大于 2t 时可采用比桩轻的锤，但不宜小于桩重的 75%）。

（3）打桩前的施工准备工作

① 打桩顺序直接影响打桩速度和打桩质量，应综合桩距大小、桩机性能、工程特点和

工期要求考虑。打桩顺序包括由一侧向单一方向打（逐排打）、自中间向两个方向打与自中间向四周打三种（图 10-3）。

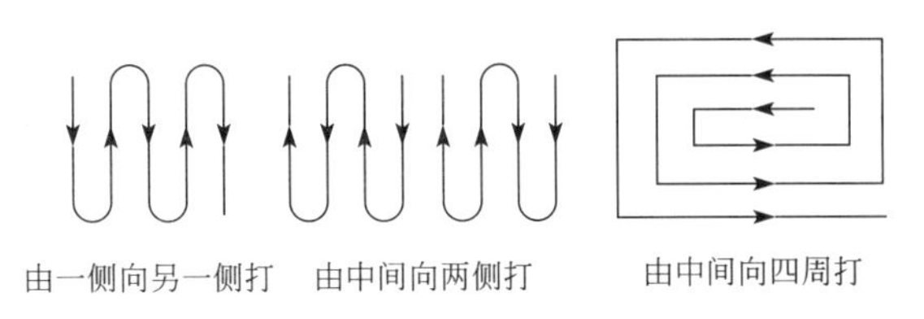

图 10-3 打桩顺序

由一侧向单一方向打（逐排打），桩的就位和起吊方便，打桩效率高，但土壤向一个方向挤压，桩距大于等于 4 倍桩径时，土壤的挤压影响可忽略不予考虑；小于 4 倍桩径时可产生桩身倾斜或浮桩，应考虑跳打或变换打桩顺序。自中间向两个方向打和自中间向四周打的优点是适宜大面积的桩群。

对标高不一的桩应遵循“先深后浅”的原则；对不同规格的桩，应遵循“先大后小、先长后短”的原则。

② 打桩工艺流程　清除地上或地下障碍物→平整场地→定位放线→通电、通水→安设打桩机。

③ 打桩要点

a. 桩基轴线的定位点应设置在不受打桩影响处；

b. 每个桩位打一个小木桩；

c. 打桩地区附近设置不少于 2 个水准点，供施工过程中检查桩位的偏差和桩的入土深度。

（三）预制桩的沉桩质量控制

（1）桩的垂直偏差应控制在 1%以内；平面位置的偏差，要求单排桩不大于 100mm，多排桩为 1/2～1 个桩的直径或边长。

（2）承受轴向荷载的摩擦桩的入土深度控制应以标高为主，贯入度为参考；按标高控制的桩，桩顶标高的允许误差为±50mm。

（3）端承桩的入土深度以控制最后贯入度为主，标高作为参考。

（4）如遇桩顶位移或上升涌起、桩身倾斜、桩头击碎严重、桩身断裂、沉桩达不到设计标高等严重情况时，应暂停施工，采取相应措施处理后方可继续施打。

任务 39　灌注桩施工

灌注桩是直接在所设计的桩位上开孔，其截面为圆形，成孔后在孔内加放钢筋笼，灌注混凝土而成。灌注桩工艺能适应地层的变化、无需接桩、施工时无振动、无挤压、噪声小，适用于建筑物密集区。施工后需要一定的养护期，不能立即承受荷载。

由于具有施工时无振动、无挤土、噪声小、宜在城市建筑物密集地区使用等优点，灌注桩在实际施工中得到较为广泛的应用。根据成孔工艺的不同，灌注桩可以分为干作业成孔的灌注桩、泥浆护壁成孔的灌注桩和人工挖孔的灌注桩等。

一、灌注桩分类

钻孔灌注桩是指利用钻孔机械钻出桩孔，并在孔中浇筑混凝土（或先在孔中吊放钢筋笼）而成的桩。根据钻孔机械的钻头是否在土的含水层中施工，分为泥浆护壁成孔和干作业成孔两种方法。

灌注桩按其成孔方法不同，可分为钻孔灌注桩、沉管灌注桩、人工挖孔灌注桩、爆扩灌注桩等。

灌注桩因成孔的机械不同通常有螺旋钻机成孔法、潜水钻机成孔法、冲击钻机成孔法、正循环回转法、反循环回转法、冲抓钻机成孔法、旋转锥钻孔法与简易取土钻孔法几种成孔施工方法。

二、钻孔灌注桩施工方法

钻孔灌注桩的施工，因其所选护壁形成的不同，可分为泥浆护壁施工法和全套管施工法两种。

（一）泥浆护壁施工法

冲击钻孔、冲抓钻孔和回转钻削成孔等均可采用泥浆护壁施工法。该施工法的过程是：平整场地→泥浆制备→埋设护筒→铺设工作平台→安装钻机并定位→钻进成孔→清孔并检查成孔质量→下放钢筋笼→灌注水下混凝土→拔出护筒→检查质量。

（1）施工准备　施工准备包括选择钻机、钻具、场地布置等。钻机是钻孔灌注桩施工的主要设备，可根据地质情况和各种钻孔机的应用条件来选择。

（2）钻孔机的安装与定位　安装钻孔机的基础如果不稳定，在施工中易产生钻孔机倾斜、桩倾斜和桩偏心等不良影响，因此要求安装地基稳固。对地层较软和有坡度的地基，可用推土机推平，再垫上钢板或枕木加固。

为防止桩位不准，定好中心位置和正确的安装钻孔机在施工中尤为重要，对有钻塔的钻孔机，先利用钻机的动力与附近的地笼配合，将钻杆移动大致定位，再用千斤顶将机架顶起，准确定位，使起重滑轮、钻头或固定钻杆的卡孔与护筒中心在一垂线上，以保证钻机的垂直度。钻机位置的偏差应不大于2cm。对准桩位后，用枕木垫平钻机横梁，并在塔顶对称于钻机轴线上拉上缆风绳。

（3）埋设护筒　钻孔成败的关键是防止孔壁坍塌。当钻孔较深时，地下水位以下的孔壁土在静水压力下会向孔内坍塌，甚至发生流砂现象。钻孔内若能保持比地下水位高的水头，增加孔内静水压力，能为孔壁、防止坍孔。护筒除起到这个作用外，同时还有隔离地表水、保护孔口地面、固定桩孔位置和钻头导向作用等。

制作护筒的材料有木、钢、钢筋混凝土三种。护筒要求坚固耐用，不漏水，其内径应比钻孔直径大（旋转钻约大20cm，潜水钻、冲击或冲抓锥约大40cm），每节长度2～3m。一般常用钢护筒。

（4）泥浆制备　钻孔泥浆由水、黏土（膨润土）和添加剂组成。具有浮悬钻渣、冷却钻头、润滑钻具，增大静水压力，并在孔壁形成泥皮，隔断孔内外渗流，防止坍孔的作用。调制的钻孔泥浆及经过循环净化的泥浆，应根据钻孔方法和地层情况来确定稠度，泥浆稠度视地层变化或操作要求机动掌握，泥浆太稀，排渣能力小、护壁效果差；泥浆太稠会削弱钻头冲击功能，降低钻进速度。

（5）钻孔　钻孔是一道关键工序，在施工中必须严格按照操作要求进行，才能保证成孔质量。首先要注意开孔质量，必须对好中线及垂直度，并压好护筒。在施工中要注意不断添加泥浆和抽渣（冲击式用），还要随时检查成孔是否有偏斜现象。采用冲击式或冲抓式钻机施工时，附近土层因受到震动而影响邻孔的稳固。所以钻好的孔应及时清孔，下放钢筋笼和灌注水下混凝土。钻孔的顺序也应该事先规划好，既要保证下一个桩孔的施工不影响上一个桩孔，又要使钻机的移动距离不要过远或相互干扰。

（6）清孔　钻孔的深度、直径、位置和孔形直接关系到成桩质量与桩身曲直。为此，除了钻孔过程中密切观测监督外，在钻孔达到设计要求深度后，应对孔深、孔位、孔形、孔径等进行检查。在终孔检查完全符合设计要求时，应立即进行孔底清理，避免隔时过长以致泥浆沉淀，引起钻孔坍塌。对于摩擦桩当孔壁容易坍塌时，要求在灌注水下混凝土前沉渣厚度不大于 30cm；当孔壁不易坍塌时，不大于 20cm。对于柱桩，要求在射水或射风前，沉渣厚度不大于 5cm。清孔方法视使用的钻机不同而灵活应用，通常可采用正循环旋转钻机、反循环旋转机真空吸泥机以及抽渣筒等清孔。其中用吸泥机清孔原理就是用压缩机产生的高压空气吹入吸泥机管道内将泥渣吹出，所需设备不多，操作方便，清孔也较彻底，但在不稳定土层中应慎重使用。

（7）灌注水下混凝土　清完孔之后，就可将预制的钢筋笼垂直吊放到孔内，定位后要加以固定，然后用导管灌注混凝土，灌注时混凝土不要中断，否则易出现断桩现象。

（二）全套管施工法

全套管施工法是利用摇动装置的摇动使钢套管与土层间的摩阻力大大减少，边摇动边压入，同时利用冲抓斗挖掘取土，直至套管下到桩端持力层为止。挖掘完毕后立即进行挖掘深度的测定，并确认桩端持力层，然后清除虚土。成孔后将钢筋笼放入，接着将灌注导管竖立在钻孔中心，最后灌注混凝土而成桩。

全套管施工法的一般施工过程是：平场地、铺设工作平台、安装钻机、压套管、钻进成孔、安放钢筋笼、放导管、浇筑混凝土、拉拔套管、检查成桩质量。全套管施工法的主要施工步骤除不需泥浆及清孔外，其他与泥浆护壁法都类同。压入套管的垂直度，取决于挖掘开始阶段 5～6m 深时的垂直度。因此应随时用水准仪及铅垂校核全管套的垂直度。

全套管施工法与采用泥浆护壁的钻、冲击成孔及其他干作业法的大直径灌注桩的施工法相比，成孔成桩工艺方面有以下特点：

（1）环保效果好　与沉入桩中的锤击法相比，施工噪声和震动要小的多；不使用泥浆，无泥浆污染，施工现场整洁文明，很适合于在市区内施工。

（2）成孔和成桩质量高　取土时因套管插入整个孔内，孔壁不会坍落；易于控制桩断面尺寸与形状；含水比例小，较容易处理孔底虚土，清底效果好；充盈系数小，节约混凝土。

（3）可在各种杂填土中施工，适合于旧城改造的基础工程。

（4）由于钢套管护壁的作用，可避免钻、冲击成孔灌注桩可能发生的缩颈、断桩及混凝土离析等质量问题。

（5）能建造比预制桩直径大很多的桩。

（6）在各种地基上均可使用。

（7）施工质量的好坏对桩的承载力影响很大。

（8）因混凝土是在泥水中灌注的，因此混凝土质量较难控制。

（9）费工费时，成孔速度慢，泥渣污染环境。

（三）后压浆施工工艺

1. 后压浆施工工艺流程

灌注桩成孔→钢筋笼制作→压浆管制作→灌注桩清孔→压浆管绑扎→下钢筋笼→灌注桩混凝土后压浆施工。

2. 后压浆施工要点

（1）压浆管的制作　在制作钢筋笼的同时制作压浆管。压浆管采用直径为 25mm 的黑铁管制作，接头采用丝扣连接，两端采用丝堵封严。压浆管长度比钢筋笼长度多出 55cm，在桩底部长出钢筋笼 5cm，上部高出桩顶混凝土面 50cm 但不得露出地面以便于保护。压浆管在最下部 20cm 制作成压浆喷头（俗称花管），在该部分用钻头均匀钻出 4 排（每排 4 个）间距 3cm、直径 3mm 的压浆孔作为压浆喷头；用图钉将压浆孔堵严，外面套上同直径的自行车内胎并在两端用胶带封严，这样压浆喷头就形成了一个简易的单向装置：当注浆时压浆管中压力将车胎迸裂、图钉弹出，水泥浆通过注浆孔和图钉的孔隙压入碎石层中；而混凝土灌注时该装置又保证混凝土浆不会将压浆管堵塞。

（2）压浆管的布置　将2根压浆管对称绑在钢筋笼外侧。成孔后清孔、提钻、下钢筋笼，在钢筋笼吊装安放过程中要注意对压浆管的保护。钢筋笼不得扭曲，以免造成压浆管在丝扣连接处松动。喷头部分应加混凝土垫块保护，不得摩擦孔壁以免车胎破裂造成压浆孔的堵塞。按照规范要求灌注混凝土。

（3）压浆桩位的选择　根据以往工程实践，在碎石层中，水泥浆在工作压力作用下影响面积较大。为防止压浆时水泥浆液从临近薄弱地点冒出，压浆的桩在混凝土灌注完成3～7d后，并且在该桩周围至少8m范围内没有钻机钻孔作业，该范围内的桩混凝土灌注完成也应在3d以上。

（4）压浆施工顺序　压浆时最好采用整个承台群桩一次性压浆，压浆先施工周圈桩位再施工中间桩；压浆时采用2根桩循环压浆，即先压第1根桩的A管，压浆量约占总量的70%（111～114t水泥），压完后再压另1根桩的A管，然后依次为第1根桩的B管和第2根桩的B管，这样就能保证同一根桩2根管压浆时间间隔在30min以上，给水泥浆一个在碎石层中扩散的时间。压浆时应做好施工记录，记录的内容应包括施工时间、压浆开始及结束时间、压浆数量以及出现的异常情况和处理的措施等。

3. 压浆施工中出现的问题和相应措施

（1）喷头打不开　压力达到10MPa以上仍然打不开压浆喷头，说明喷头部位已经损坏，不要强行增加压力，可在另一根管中补足压浆数量。

（2）出现冒浆压浆　施工时常会发生水泥浆沿着桩侧或在其他部位冒浆的现象，若水泥浆液是在其他桩或者地面上冒出，说明桩底已经饱和，可以停止压浆；若从本桩侧壁冒浆，压浆量也满足或接近了设计要求，可以停止压浆；若从本桩侧壁冒浆且压浆量较少，可将该压浆管用清水或用压力水冲洗干净，至第二天原来压入的水泥浆液终凝固化、堵塞冒浆的毛细孔道时，再重新压浆。

（3）单桩压浆量不足压浆时最好采用整个承台群桩一次性压浆，压浆先施工周圈桩形成一个封闭圈，再施工中间，以保证中间桩位的压浆质量。若出现个别桩压浆量达不到设计要求，可视情况加大临近桩的压浆量作为补充。

（四）灌注桩施工注意事项

1. 准备阶段

（1）施工人员对施工地点地质情况、桩位、桩径、桩长、标高等了解清楚。

（2）桩位放样　测量人员将4ϕ400mm的钢管打入强风化层作为定位桩。

（3）将吊装工字钢焊接的钢围堰导向桩与定位桩分层联结固定，确保导向框位置准确。

（4）插打钢护筒　钢护筒壁厚12mm，根据各墩不同地质情况决定护筒长度，护筒下沉深度穿过覆盖层。

（5）插打钢板桩围堰　采用拉伸-Ⅲ型钢板桩沿导向框排列。用Dz-60Y型振动锤振动下沉，直至穿过覆盖层为止。

2. 钻孔阶段

（1）安设钻机，使钻杆中心重合，其水平位移及倾斜度误差按规范要求调整。

（2）用冲击钻钻孔时，应待相邻孔位上已灌注好的混凝土凝固并已达到一定强度时，才能开钻。

(3) 钻孔过程采用正循环回转钻进施工技术，在黏土层适当少投泥土，靠钻进自行造浆；在砂土层则加大泥浆浓度固壁。钻进速度始终和泥浆排出量相适应。

(4) 孔内始终保持 0.2kg/cm^2 的静水压力，护筒内水位始终高于水库水位。遇松散地层时，适当增大泥浆相对密度和稠度，尽量减轻冲液对孔壁的影响，同时降低转速和钻压以满足施工质量控制要求。

(5) 钻进过程严禁孔内掉进钻头、钻杆及其他异物；应经常检查钻头的磨损情况。

(6) 钻进过程随时留取渣样，每米不少于 1 组；在离设计标高 1.0～1.5m 范围内，每 30cm 留 1 组，每根桩渣样不少于 3 组。

3. 清孔阶段

(1) 清孔是钻孔桩施工中保证成桩质量的重要一环。通过清孔尽可能使沉渣全部清除，使混凝土与基岩接合完好，以提高桩底承载力。

(2) 终孔后，将钻头提至距孔底 0.2～0.3m 处，使之空转，然后将残存在孔底的钻渣吸出；必要时投入适量纯碱以提高泥浆比重和胶结能力，使沉渣排出孔外。

(3) 当钢筋笼下沉固定后，再次复检孔深和沉渣厚度等。若沉渣超标，可用导管中附属的风管再次清孔，直至全部符合设计要求和工艺标准。

(4) 清孔结束前，将泥浆比重调整到规定范围，以保证水下混凝土的顺利灌注，同时保证成桩质量。

4. 钢筋笼的制作及安装注意事项

(1) 钢筋笼制作时，主筋连接，桩身纵向受力钢筋的接头应设置在桩身受力较小处；接头位置宜相互错开，且在 $35d$ 的同一接头连接区段范围内，钢筋接头不得超过钢筋数量的 50%；主筋与箍筋应点焊。

(2) 钢筋笼应整体吊装，吊装时不得碰损孔壁。钢筋笼吊放前，必须清除槽底沉渣，孔底沉渣厚度不大于 200mm。钢筋笼吊放到设计位置时，应检测其水平位置和高程是否达到设计要求，检测合格后应立即固定钢筋笼，钢筋笼入孔后至浇筑混凝土完毕的时间不超过 4h。

(3) 钢筋笼在制作、运输、吊装过程中应采用有效措施防止钢筋笼变形。

(4) 在钢筋笼上有预埋钢筋处应采用聚乙烯泡沫板覆盖预埋件，以便需要时凿出预埋件。

5. 灌注混凝土注意事项

(1) 混凝土坍落度为 18～22cm，粗骨料粒径小于 40mm。

(2) 混凝土灌注在二次清孔结束后 30min 内立即进行。

(3) 采用 ϕ250 法兰式导管自流式灌注混凝土。导管联结要平直，密封可靠；导管下口距孔底 30～50cm 为宜。

(4) 首盘浇筑：初灌量必须保证导管底部埋入混凝土中 50cm 以上，且连续灌注。

(5) 正常灌注混凝土时，导管底部埋于混凝土中深度宜为 2～6m 之间。

(6) 一次拆卸导管不得超过 6m，每次拆卸导管前均要测量混凝土面高度，计算出导管埋深，然后拆卸。不要盲目提升、拆卸导管，导管最小埋深 2.0m。

（五）灌注桩常见质量问题

1. 成孔质量问题及预防措施

(1) 塌孔　预防措施：根据不同地层，控制使用好泥浆指标。在回填土、松软层及流砂层钻进时，严格控制速度。地下水位过高时，应升高护筒，加大水头。地下障碍物处理时，一定要将残留的混凝土块处理清除。孔壁坍塌严重时，应探明坍塌位置，用砂和黏土混合回填至坍塌孔段以上 1～2m 处，捣实后重新钻进。

(2) 缩径 预防措施：选用带保径装置的钻头，钻头直径应满足成孔直径要求，并应经常检查，及时修复。易缩径孔段钻进时，可适当提高泥浆的黏度。对易缩径部位也可采用上下反复扫孔的方法来扩大孔径。

(3) 桩孔偏斜 预防措施：保证施工场地平整，钻机安装平稳，机架垂直，并注意在成孔过程中定时检查和校正。钻头、钻杆接头逐个检查调正，不能用弯曲的钻具。在坚硬土层中不强行加压，应吊住钻杆，控制钻进速度，用低速度进尺。对地下障碍预先处理干净。对已偏斜的钻孔，控制钻速，慢速提升，下降往复扫孔纠偏。

2. 钢筋笼安装问题

(1) 钢筋笼安装与设计标高不符 预防措施：钢筋笼制作完成后，注意防止其扭曲变形，钢筋笼入孔安装时要保持垂直，混凝土保护层垫块设置间距不宜过大，吊筋长度精确计算，并在安装时反复核对检查。

(2) 钢筋笼的上浮 钢筋笼上浮的预防措施：严格控制混凝土质量，坍落度控制在20±2cm内，混凝土和易性要好。混凝土进入钢筋笼后，混凝土上升不宜过快，导管在混凝土内埋深不宜过大，严格按照规范控制在2～6m之间，提升导管时，不宜过快，防止导管钩钢筋笼，将其带上等。

3. 水下混凝土灌注问题

(1) 堵管 预防措施：商品混凝土必须由具有资质，质量有保证的厂家供应，混凝土的级配与搅拌必须保证混凝土的和易性、水灰比、坍落度及初凝时间满足设计或规范要求，现场抽查每车混凝土的坍落度必须控制在钻孔灌注桩施工规范允许的范围以内。灌注用导管应平直，内壁光滑不漏水。

(2) 桩顶部位疏松 预防措施：首先保证一定高度的桩顶留长度。因受沉渣和稠泥浆的影响，极易产生误测。因此可以用一个带钢管取样盒的探测，只有取样盒中捞起的取样物是混凝土而不是沉淀物时，才能确认终灌标高已经达到。

4. 桩身混凝土夹泥或断桩

预防措施：成孔时严格控制泥浆密度及孔底沉淤，第一次清孔必须彻底清除泥块，混凝土灌注过程中导管提升要缓慢，特别到桩顶时，严禁大幅度提升导管。严格控制导管埋深，单桩混凝土灌注时，严禁中途断料。拔导管时，必须进行精确计算，控制拔导管后混凝土的埋深，严禁凭经验拔管。

(六) 加固应用

(1) 适用的地质条件 施工方法适用于灌注桩的持力层应为碎石层，碎石含量应在50%以上，充填土与碎石无胶结或者为轻微胶结，碎石的石质要坚硬，碎石分布均匀，碎石层厚度要满足设计要求。

(2) 加固机理 在灌注桩施工中将钢管沿桩钢筋笼外壁埋设，桩混凝土强度满足要求后，将水泥浆液通过钢管由压力作用压入桩端的碎石层孔隙中，使得原本松散的沉渣、碎石、土粒和裂隙胶结成一个高强度的结合体。水泥浆液在压力作用下由桩端在碎石层的孔隙里向四周扩散，对于单桩区域，向四周扩散相当于增加了端部的直径，向下扩散相当于增加了桩长；群桩区域所有的浆液连成一片，使得碎石层成为一个整体，从而使得原来不满足要求的碎石层满足结构的承载力要求。在钻孔灌注桩施工过程中，无论如何清孔，孔底都会留有或多或少的沉渣；在初灌时，混凝土从细长的导管落下，因落差太大造成桩底部位的混凝土离析形成“虚尖”、“干碴石”；孔壁的泥皮阻碍了桩身与桩周土的结合，降低了摩擦系数。以上几点都影响到灌注桩的桩端承载力和侧壁摩阻力。浆液压入桩端后首先和桩端的沉渣、离析的“虚尖”、“干碴石”相结合，增强该部分的密实程度，提高了承载力；浆液沿着桩身和土层的结合层上返，消除了泥皮，提高了桩侧摩阻力，同时浆液横向渗透到桩侧土层中也起到了加大桩径的作用。以上几点均对提高灌注桩的单桩承载力起到不可忽视的作用。

(3) 压浆参数的设定　压浆参数主要包括压浆水灰比、压浆量以及闭盘压力，由于地质条件的不同，不同工程应采用不同的参数。在工程桩施工前，应该根据以往的工程实践情况，先设定参数，然后根据设定的参数，进行试桩的施工，试桩完成后达到设计的强度，进行桩的静载试验，最终确定试验参数。

① 水灰比　水灰比一般不宜过大或过小，过大会造成压浆困难，过小会使水泥浆在压力作用下形成离析，一般采用0.5～0.7。

② 压浆量　压浆量是指单桩压浆的水泥用量，它与碎石层的碎石含量以及桩间距有关，取决于碎石层的孔隙率。在碎石层碎石含量为50%～70%，桩间距为4～5m的条件下，压浆量一般为115～210t。它是控制后压浆施工是否完成的主要参数。

③ 闭盘压力　闭盘压力是指结束压浆的控制压力，一般来说什么时候结束一根灌注桩的压浆，应该根据事先设定的压浆量来控制，但同时也要控制压浆的压力值。在达不到预先设定的压浆量，但达到一定的压力时就要停止压浆，压浆的压力过大，一方面会造成水泥浆的离析，堵塞管道；另一方面，压力过大可能扰动碎石层，也有可能使得桩体上浮。一般闭盘的最大压力应该控制在0.8MPa。

根据预先设定的参数，进行试验桩的施工，再根据试桩的静载试验结果，最后确定工程桩的压浆参数，进行工程桩的施工。

(七) 检测技术

钻孔灌注桩由于其施工工艺成熟、承载力高、适用范围广已被广泛应用于公路、铁路桥梁等结构工程基础中。高等级公路大、中、小桥和互通式立交桥，基本采用钻孔灌注桩。由于钻孔灌注桩是一项隐蔽工程，建设单位较多关心其工程施工质量。但实践表明，仍有5%～20%的钻孔灌注桩存在不同程度的质量问题。加强施工阶段桩基检测，可以有效地避免质量事故发生，并能在出现问题时及时采取补救措施，减少经济损失。

桩基检测技术有多种方法，如弹性波法、超声波法、抽芯试验法等。弹性波法根据锤击程度分为高应变检测法和低应变检测法，二者以桩基是否产生位移及位移趋势为界限。其中，低应变检测方法以其操作方便快速，准备工作少，作业面小，费用低等优点被广大检测部门所采用。

三、沉管灌注桩施工

沉管灌注桩是众多类型桩基础中的一种。沉管灌注桩又称为打拔管灌注桩。它是利用沉桩设备，将带有钢筋混凝土桩靴（活瓣式桩靴）的钢管沉入土中，形成桩孔，然后放入钢筋骨架并浇筑混凝土；随之拔出套管，利用拔管时的振动将混凝土捣实，形成所需要的灌注桩。利用锤击沉桩设备沉管、拔管成桩，称为锤击沉管灌注桩；利用振动器振动沉管、拔管成桩，称为振动沉管灌注桩。

沉管灌注桩成桩过程为：桩机就位→锤击（振动）沉管→上料→边捶击（振动）边拔管，并继续浇筑混凝土→下钢筋笼、继续浇筑混凝土及拔管→成桩。

为了提高桩的质量和承载能力，沉管灌注桩常采用单打法、复打法、反插法等施工工艺。单打法（又称一次拔管法）：拔管时，每提升0.5～1.0m，振动5～10s，然后再拔管0.5～1.0m，这样反复进行，直至全部拔出；复打法：在同一桩孔内连续进行两次单打，或根据需要进行局部复打。施工时，应保证前后两次沉管轴线重合，并在混凝土初凝之前进行；反插法：钢管每提升0.5m，再下插0.3m，这样反复进行，直至拔出。

（一）沉管灌注桩施工原理

利用锤击沉桩设备沉管、拔管成桩，称为锤击沉管灌注桩；利用振动器振动沉管、拔管成桩，称为振动沉管灌注桩（图 10-4）。

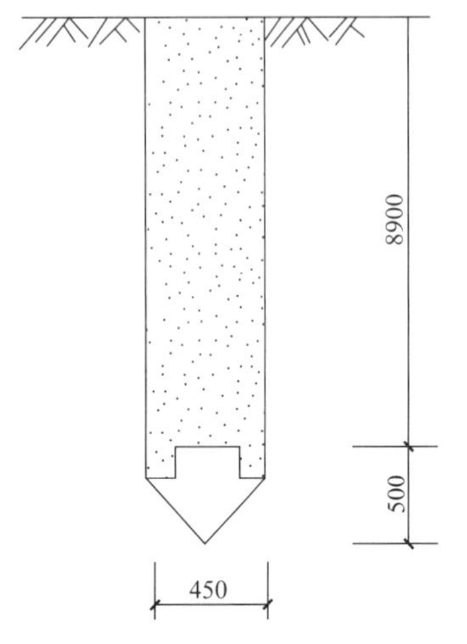

图 10-4　沉管灌注桩立面示意图

振动沉管灌注桩是用振动沉桩机将有活瓣式桩尖或钢筋混凝土预制桩靴的桩管（上部开有加料口），利用振动锤产生的垂直定向振动和锤、桩管自重等对桩管施加压力，使桩管沉入土中，然后边向桩管内浇筑混凝土，边振边拔出桩管，使混凝土留在土中而形成桩。

与一般钻孔灌注桩比，沉管灌注桩避免了一般钻孔灌注桩桩尖浮土造成的桩身下沉，持力不足的问题，同时也有效改善了桩身表面浮浆现象，另外，该工艺也更节省材料。但是施工质量不易控制，拔管过快容易造成桩身缩颈，而且由于是挤土桩，先期浇筑好的桩易受到挤土效应而产生倾斜断裂甚至错位。

由于施工过程中，锤击会产生较大噪声，振动会影响周围建筑物，故此法不太适合在市区运用，已有一些城市在市区禁止使用。这种工艺非常适合土质疏松、地质状况比较复杂的地区，但遇到土层有较大孤石时，该工艺无法实施，应改用其他工艺穿过孤石。由此还发展出了 Y 型沉管灌注桩，在处理软地基上更显成效。

（二）振动沉管灌注桩施工

1. 施工准备

（1）水泥　32.5 级及其以上的硅酸盐水泥、普硅、矿渣、火山水泥。水泥进场时应有出厂合格证明书。施工单位应根据进场水泥品种、批号进行抽样检验，合格后才能使用。水泥如存放时间超过三个月，应重新检验确认符合要求后才能使用。

（2）中粗砂　采用级配良好、质地坚硬、颗粒洁净的河砂或海砂，其含泥量不大于 3%。

（3）石子　采用坚硬的碎石或卵石，最大粒径不宜大于 40mm，且不宜大于钢筋最小净距的 1/3，其针片状颗粒不超过 25%，含泥量不大于 2%。

（4）钢筋　钢筋进场时应有出厂质量合格证明书，应检查其品种规格是否符合要求及有无损伤、锈蚀、油污，并应按规定抽样，进行抗压、抗弯、焊接试验，经试验合格后方能使用（进口钢筋要进行化学成分检验和焊接试验，符合有关规定后方可用于工程）。钢筋笼的直径除应符合设计要求外，还应比套管内径小 60～80mm。

（5）桩尖　一般采用钢筋混凝土桩尖，也可用钢桩尖。钢筋混凝土的桩尖强度等级不低于 C30。其配筋构造和数量必须符合设计或施工规范的要求。

2. 作业条件

（1）施工前应做场地查勘工作，如有架空电线、地下电线、给排水管道等设施，妨碍施工或对安全操作有影响的，应先做清除、移位或妥善处理后方能开工。

（2）施工前应做好场地平整工作，对不利于施工机械运行的松散场地，必须采取有效的措施进行处理。雨季施工时，要采取有效的排水措施。

（3）应具备施工区域内的工程地质资料、经会审确定的施工图纸、施工组织设计（或方案）、各种原材料及预制桩尖等的出厂合格证及其抽检试验报告、混凝土配合比设计报告及其有关资料。

(4) 桩机性能必须满足成桩的设计要求。

(5) 按设计图纸要求的位置埋设好桩尖，埋设桩尖前，要根据其定位位置进行钎探，其探测深度一般为2～4m，并将探明在桩尖处的旧基础、石块、废铁等障碍物清除。

(6) 桩尖埋设经复核后方能进行打桩，桩尖允许偏差值：单桩为10mm，群桩为20mm。

(7) 应会同设计单位选定1～2根桩进行打桩工艺试验（试桩）以核对场地地质情况及桩基设备、施工工艺等是否符合设计图纸要求。

(8) 其余参照打入桩的施工准备和作业条件。

3. 操作工艺

(1) 锤击沉管灌注桩的施工方法一般为“单打法”，但根据设计要求或土质情况等也可采用“复打法”。

(2) 锤击沉管灌注桩宜按流水顺序，依次向后退打。对群桩基础及中心距小于3.5倍桩径的桩，应采用不影响邻桩质量的技术措施。

(3) 桩机就位时，桩管在垂直状态下应对准并垂直套入已定位预埋的桩尖，桩架底座应呈水平状态及稳固定位，桩架垂直度允许偏差不大于0.5%。

(4) 桩尖埋设后应重新复核桩位轴线。桩尖顶面应清扫干净，桩管与桩尖肩部的接触处应加垫草绳或麻袋。

(5) 注意检查及保证桩管垂直度无偏斜后才可正式施打。施打开始时应低锤慢击；施打过程若发现桩管有偏斜时，应采取措施纠正。如偏斜过大无法纠正时，应及时会同施工负责人及技术、设计部门研究解决。

(6) 沉桩过程中，应经常使用测锤检查管内情况及桩尖有否损坏，若发现桩尖损坏或水泥进入，应拔出桩管，回填桩孔，重新设置桩尖进行施打。

(7) 沉管深度应以设计要求及经试桩确定的桩端持力层和最后三阵，每阵十锤的贯入度来控制，并以桩管入土深度作参考。测量沉管的贯入度应在桩尖无损坏、锤击无偏心、落锤高度符合要求、桩帽及弹性垫层正常的条件下进行。一般最后三阵每阵十锤的贯入度不大于30mm，且每阵十锤贯入度值不应递增。对于短桩的最后贯入度应严格控制，并应通知设计部门确认。

(8) 沉管结束经检查管内无入泥进水后，应及时灌注混凝土。每立方混凝土的水泥用量应不少于300kg。当桩身配有钢筋时，设计无规定时混凝土塌落度宜采用80～100mm；素混凝土的塌落度宜采用60～80mm。第一次灌入桩管内的混凝土应尽量多灌，第一次拔管高度一般只要能满足第二次所需要灌入的混凝土量时即可，桩管不宜拔地太高。

(9) 拔管时采用倒打拔管的方法，用自由落锤小落距轻击不少于40次/min，拔管速度应均匀，对一般土层以不大于1m/min为宜。在软硬土层交界处及接近地面时，应控制在0.6～0.8m/min以内。在拔管过程中，应用测锤随时检查管内混凝土的下降情况，混凝土灌注完成面应比桩顶设计标高高出0.5m，以留作打凿浮浆。

(10) 凡灌注配有不到桩底的钢筋笼的桩身混凝土时，宜按先灌注混凝土至钢筋笼底标高，再安放钢筋笼，然后继续按灌注混凝土的施工顺序进行。在素混凝土桩顶采用构造连接钢筋时，在灌注完毕拔出桩管及桩机退出桩位后，按照设计标高要求，沿桩周对称、均匀、垂直地插入钢筋，并注意钢筋保护层不应小于3cm。

(11) 对于混凝土灌注充盈系数小于1.1的桩，应会同设计单位研究补救措施。

(12) 按设计要求进行局部复打或全复打施工，必须在第一次灌注的桩身混凝土初凝之前进行。

（13）灌注桩身混凝土时应按有关规定留置试块。

4．质量标准

（1）保证项目

① 所用的原材料和混凝土强度必须符合设计要求和施工规范的规定；

② 桩的入土深度应满足设计要求的桩端持力层，最后三阵每阵十锤的贯入度，最后1m的沉管锤击数和整根桩的总锤击数，应符合设计及试桩确定的要求；

③ 混凝土灌注充盈系数不得小于1.1；

④ 灌注后的桩顶标高、钢筋笼（插筋）标高，及浮浆处理必须符合设计要求和施工规范的规定。

（2）允许偏差　锤击沉管灌注桩的允许偏差和检验方法应符合表10-1的规定。

表10-1　锤击沉管灌注桩的允许偏差和检验方法

项目	允许偏差/mm	检验方法
主筋间距	±10	尺量检查
箍筋间距	±20	1～2根或单排桩70
加强箍间距	±50	3～20根桩基的桩 $d/2$
直径	±10	边缘桩 $d/2$
钢筋笼长度	±100	桩数多于20根
桩的位置偏移	中间桩 d	拉线和尺量检查
垂直度	$H/100$	吊线和尺量检查

注：d 为桩径，H 为桩长。

（3）混凝土灌注桩质量检验标准　见表10-2。

表10-2　混凝土灌注桩质量检验标准

项目	序号	检查项目	允许偏差或允许值	检查方法
主控项目	1	桩位	第4.1条	基坑开挖前量护筒，开挖后量桩中心
	2	孔深/mm	+300	只深不浅，用重锤测，或测钻杆、套管长度，嵌岩桩应确保进入设计要求的嵌岩深度
	3	桩体质量检验	设计要求	按基桩检测技术规范
	4	混凝土强度	设计要求	试件报告或钻芯取样送检
	5	承载力	设计要求	按基桩检测技术规范
一般项目	1	垂直度第4.1条	第4.1条	测套管或钻杆，或用超声波探测，干施工时吊垂球
	2	桩径	第4.1条	井径仪或超声波检测，干施工时用钢尺量，人工挖孔桩不包括内衬厚度
	3	泥浆比重（黏土或砂性土中）	1.15～1.20	用比重计测，清孔后在距孔底1250px处取样
	4	泥浆面标高（高于地下水位）/m	0.5～1.0	目测

续表

项目	序号	检查项目	允许偏差或允许值/mm	检查方法
一般项目	5	沉渣厚度：端承桩摩擦桩	≤50 ≤150	用沉渣仪或重锤测量
	6	混凝土坍落度：水下灌注；干施工	160～220 70～100	坍落度仪
	7	钢筋笼安装深度	±100	用钢尺量
	8	混凝土充盈系数	>1	检查每根桩的实际灌注量
	9	桩顶标高	+30，−50	水准仪，需扣除桩顶浮浆层及劣质桩体
	垂直桩基中心线	1～2根桩	d≤500mm时，70 d>500mm时，100	拉线和尺量检查
		单排桩		
		群桩基础的边桩		
	沿桩基中心线	条形基础的桩	d≤500mm时，150 d>500mm时，150	拉线和尺量检查

注：d为桩的直径。

（三）沉管灌注桩检测

（1）沉管灌注桩完工后应进行桩身完整性及单桩竖向承载力检测。

（2）宜先进行工程桩的桩身完整性检测，根据完整性试验结果选择有代表性的桩进行单桩竖向承载力检测。

（3）桩身完整性检测应符合下列规定：

① 桩身完整性检测应采用低应变法；

② 检测数量不应少于总桩数的20%，且不得少于10根，每个承台不得少于1根。

（4）单桩竖向承载力检测应符合下列规定：

① 对地基基础设计等级为丙级的建筑物及施工前已进行过静载荷试验的乙级建筑物，单桩竖向承载力可采用高应变动力检测方法评定，抽检桩数不应少于总桩数的5%，且不应少于5根；

② 对地基基础设计等级为甲级的建筑物及不符合上款条件的乙级建筑物，单桩竖向承载力均应进行静载荷试验，抽检桩数量不应少于总桩数的1%，且不应少于3根。

（四）沉管灌注桩施工注意事项

1. 避免工程质量通病

（1）为防止出现缩颈、断桩、混凝土拒落、钢筋下沉、桩身夹泥等现象，应详细研究工程地质报告，制定切实有效的技术措施。

（2）灌注混凝土时，要准确测定一根桩的混凝土总灌入量是否能满足设计计算的灌入量；在拔管过程中，应严格控制拔管速度，用测锤观测每50～100cm高度的混凝土用量，换算出桩的灌注直径，发现缩颈及时采取措施处理。

（3）如采用跳打法施工，跳打时必须等相邻成形的桩达到设计强度的60%以上方可进行。

（4）严格检查桩尖的强度和规格，桩管沉至设计要求后，应用测锤量测桩尖是否进入桩管内。如发现桩尖进入桩管内，应拔出桩管进行处理。灌注混凝土后拔管时，也应用测锤测量，看混凝土是否确已流出管外。

（5）钢筋笼放入桩管内应按设计标高固定好，防止插斜、插偏和下沉。

(6) 拔管时尽量避免反插。确需反插时，反插的深度不要太大，以防止孔壁周围的泥挤进桩身，造成桩身夹泥。

2. 主要安全技术措施

(1) 在施工方案中，认真制定切实可行的安全技术措施。

(2) 清除妨碍施工的高空和地下障碍物，平整打桩范围内的场地和压实打桩机行走的道路。

(3) 对临近原有建（构）筑物，以及地下管线要认真查清情况，并研究采取有效的安全措施，以免震坏原有建筑物而发生伤亡事故。

(4) 打桩过程中，遇有施工地面隆起或下沉时，应随时将桩机垫平，桩架要调直。

(5) 操作时，司机应集中精神，服从指挥，并不得随便离开岗位。打桩过程中，应经常注意打桩机的运转情况，发现异常情况应立即停止，并及时纠正后方可继续进行。

(6) 打桩时，严禁用手去拨正桩头垫料，同时严禁桩锤未打到桩顶即起锤或刹车，以免损坏打桩设备。

(7) 严格执行《施工现场临时用电安全技术规范》(JGJ 46—2012)。

3. 产品保护

(1) 钢筋笼在制作、安装过程中，应采取措施防止变形。

(2) 桩顶锚入承台的钢筋要妥善保护，不得任意弯曲或折断。

(3) 已完成的桩未达到设计强度70%，不准车辆碾压。

(4) 打桩完毕开挖基坑时，要制定合理的施工顺序和技术措施，防止桩的位移、断裂和倾斜。

(五) 预防危害

1. 施工过程危害及控制措施

施工过程危害及控制措施见表10-3。

表10-3 施工过程危害及控制措施

序号	作业活动	危险源	控制措施
1	现场管理	人员伤害	禁止无关人员进入现场，打沉套管应有专人指挥
2	桩机操作	机械损坏	桩机操作人员应了解桩机性能、构造，并熟悉操作保养方法，方能操作
3	桩架装拆	高空坠落	在桩架上装拆维修机件进行高空作业时，必须系安全带
4	桩机行走	触电	桩机行走时，应先清理地面上的障碍物和挪动电缆，挪动电缆应戴绝缘手套，注意防止电缆磨损漏电
5	混凝土搅拌和钢筋笼制作		混凝土搅拌和钢筋笼制作人员作好全面安全防护
6	振动沉管	挤压	振动沉管时，若用收紧钢丝绳加压，应根据桩管沉入度，随时调整离合器，防止抬起桩架，发生事故。锤击沉管时，严禁用手扶正桩尖垫料。不得在桩锤未打到管顶就起锤或过早刹车
7	桩机站立牢固	桩机倾倒	施工过程中如遇大风，应将桩管插入地下嵌固，以确保桩机安全
8	人员均戴安全帽	高空坠物	所有施工人员均戴安全帽，并进行安全教育

2. 环境因素辨识及控制措施

环境因素辨识及控制措施见表10-4。

表 10-4 环境因素辨识及控制措施

序号	作业活动	环境因素	控制措施
1	混凝土的搅拌	污水排放	设沉淀池，清污分流
2	砂石料进场、垃圾出场	扬尘	砂石运输表面覆盖 建筑垃圾运输表面覆盖 道路要经常维护和洒水，防止造成粉尘污染
3	现场清理	建筑垃圾	施工现场应设合格的卫生环保设施，施工垃圾集中分类堆放，严禁垃圾随意堆放和抛撒
4	机械使用	废油	施工现场使用和维修机械时，应有防滴漏措施，严禁将机油等滴漏于地表，造成土地污染

四、人工挖孔桩施工

为了确保人工挖孔桩施工过程中的安全，施工时必须考虑预防孔壁坍塌和流砂现象发生，制定合理的护壁措施。护壁方法可以采用现浇混凝土护壁、喷射混凝土护壁、砖砌体护壁、沉井护壁、钢套管护壁、型钢或木板桩工具式护壁等多种。以应用较广的现浇混凝土分段护壁为例说明人工挖孔桩的施工工艺流程。

人工挖孔灌注桩的施工程序是：场地整平→放线、定桩位→挖第一节桩孔土方→支模浇筑第一节混凝土护壁→在护壁上二次投测标高及桩位十字轴线→安装活动井盖、垂直运输架、起重卷扬机或电动葫芦、活底吊土桶、排水、通风、照明设施等→第二节桩身挖土→清理桩孔四壁，校核桩孔垂直度和直径→拆上节模板，支第二节模板，浇筑第二节混凝土护壁→重复第二节挖土、支模、浇筑混凝土护壁工序，循环作业直至设计深度→进行扩底（当需扩底时）→清理虚土、排除积水，检查尺寸和持力层→吊放钢筋笼就位→浇筑桩身混凝土。

人工挖孔桩指桩孔采用人工挖掘方法进行成孔，然后安放钢筋笼，浇筑混凝土而成的桩。人工挖孔桩一般直径较粗，最细的也在 800mm 以上，能够承载楼层较少且压力较大的结构主体，目前应用比较普遍。桩的上面设置承台，再用承台梁拉结、联系起来，使各个桩的受力均匀分布，用以支承整个建筑物。人工挖孔灌注桩是指桩孔采用人工挖掘方法进行成孔，然后安放钢筋笼，浇筑混凝土而成的桩。

（一）人工挖孔桩的特点

人工挖孔桩施工方便、速度较快、不需要大型机械设备，挖孔桩要比木桩、混凝土打入桩抗震能力强，造价比冲锥冲孔、冲击锥冲孔、冲击钻机冲孔、回旋钻机钻孔、沉井基础节省。从而在公路、民用建筑中得到广泛应用。但挖孔桩井下作业条件差、环境恶劣、劳动强度大，安全和质量显得尤为重要。场地内打降水井抽水，当确因施工需要采取小范围抽水时，应注意对周围地层及建筑物进行观察，发现异常情况应及时通知有关单位进行处理。

（二）人工挖孔桩施工

桩基施工时应按现行有关规范规程并结合该工程的实际情况采取有效的安全措施，确保桩基施工安全有序进行；深度大于 10m 的桩孔应有送风装置，每次开工前 5min 送风；

桩孔挖掘前要认真研究地质资料，分析地质情况；对可能出现的流砂、流泥及有害气体等情况，应制定针对性的安全措施。

（三）人工挖孔桩防护措施

（1）桩护壁采用 C25 混凝土，采用 R235 钢筋；第一节深约 1m，浇筑混凝土护筒；往下施工时以每节作为一个施工循环（即挖好每节后浇筑混凝土护壁）。

（2）为了便于井内组织排水，在透水层区段的护壁预留泄水孔（孔径与水管外径相同），以利于接管排水，并在浇筑混凝土前予以堵塞；为保证桩的垂直度，要求每浇筑完3节护壁须校核桩中心位置及垂直度1次。

（3）除在地表墩台位置四周挖截水沟外，并应对孔内排出孔外的水妥善引流至远离桩孔。在灌注桩基混凝土时，如数个桩孔均只有少量渗水，应采取措施同时灌注，以免将水集中一孔增加困难。如多孔渗水量均大，影响灌注质量，则应于一孔集中抽水，降低其他各孔水位，此孔最后用水下混凝土灌注施工。

（4）挖孔时如果遇到涌水量较大的潜水层层压水，可采用水泥砂浆压灌卵石环圈将潜水层进行封闭处理。

（5）挖孔达到设计标高后，应进行孔底处理，必须做到平整，无松渣、污泥及沉淀等软层；

（6）未尽之处严格按现行国家规范、规程施工。

（四）人工挖孔桩加强措施

（1）人工挖孔桩顶层护壁用直径20cm圆钢加设2～4个吊耳，用钢丝绳固定在地面木桩上。

（2）人工挖孔桩加密护壁竖向钢筋，让钢筋伸出20cm以上，与下一节护壁的竖向钢筋及箍筋连成整体，然后再浇筑成型。如果有必要，可在挖孔桩中部护壁上预留直径200mm左右的孔洞，但该部位的地质要选择比较坚硬的土壤，然后再将护壁与护壁外周的土锚在一起，用混凝土土桩、竹木桩均可，保证护壁就不会断裂脱落。

（3）在已成形的护壁上钻孔至砂土薄弱层，以充填、渗透和挤密的形式把灌浆材料充填到土体的孔隙中，以固结护壁外围土体，保护壁周泥砂不塌落，从而增加桩周摩擦力。压力灌浆材料可选择粉煤灰、早强型水泥混凝土、石灰黏土混合料等。

（4）浇筑混凝土前应检查孔底地质和孔径是否达到设计要求，并把孔底清理干净，同时把积水尽可能排干。

（5）为了减少地下水的积聚，任何一根挖孔桩封底时都要把邻近孔位的积水同时抽出。以减少邻孔的积水对工作孔的影响。

（6）孔深超过6m时，还要注意防止混凝土离析，一般把搅拌好的混凝土装在容量为1～2m^3左右的坚固帆布袋里，并用绳子打成活扣；混凝土送到井底时，拉开活扣就可将混凝土送达孔底，因此连续作业能迅速封好孔底，同时堵住孔底大部分甚至全部的地下水。

（7）如果地下水很多，而且挖孔桩较深，刚提起抽水泵，底部溢水就接近或超过20cm，这时用以上几种办法封底都会造成混凝土含水量太大。可以在清理完孔底渣土后让水继续上升，等到孔中溢水基本上平静时，用导管伸入孔底，往导管里输送搅拌好的早强型混凝土，混凝土量超过底节护壁30cm以上，再慢慢撤除导管，由于水压力的作用，封底混凝土基本上密实，待混凝土终凝后再抽水。由于封底混凝土已超过底节护壁，已经没有地下涌水，待水抽干，再对剩余的水进行处理。将表面混凝土（这部分混凝土中的水泥浆会逸散到水中）松散部分清除运到孔外，再继续下一道工序。

（8）施工时，为了保证孔位位置准确，每天都要在挖孔前校核一次挖孔桩位置是否歪斜、移位。尤其在浇筑护壁前要检查模板，脱模后再检查护壁。个别壁周泥砂塌落，在浇筑后护壁容易产生位移和歪斜，应注意检查和及时纠正。

（五）人工挖孔桩注意安全事项

（1）现场管理人员应向施工人员仔细交代挖孔桩处的地质情况和地下水情况，提出可能出现的问题和应急处理措施。要有充分的思想准备和备有充足的应急措施所用的材料、机械。要制定安全措施，并要经常检查和落实。

（2）孔下作业不得超过2人，作业时应戴安全帽、穿雨衣、雨裤及长筒雨靴。孔下作业人员和孔上人员要有联络信号。地面孔周围不得摆放铁锤、锄头、石头和铁棒等易坠落伤人的物品。每工作1h，井下人员和地面人员要进行交换。

（3）井下人员应注意观察孔壁变化情况。如发现塌落或护壁裂纹现象应及时采取支撑措施。如有险情，应及时给出联络信号，以便迅速撤离。并尽快采取有效措施排除险情。

（4）地面人员应注意孔下的联络信号，反应灵敏快捷。经常检查支架、滑轮、绳索是否牢固。下吊时要挂牢，提上来的土石要倒干净，并卸在孔口2m以外。

（5）施工中抽水、照明、通风等所配电气设备应一机一闸一漏电保护器；供电线路要用三芯橡皮线，电线要架空，不得拖拽在地上，并经常检查电线和漏电保护器是否完好。

（6）从孔中抽水时排水口应距孔口5m以上，并保证施工现场排水畅通。

（7）当天挖孔，当天浇筑护壁。人离开施工现场，要把孔口盖好，必要时要设立明显警戒标志。

（8）由于土层中可能有腐殖质物或邻域腐殖质物产生的气体逸散到孔中，因此要预防孔内有害气体的侵害。施工人员和检查人员下孔前10min把孔盖打开，如有异常气味应及时报告有关部门，排除有害气体后方可作业。挖孔6～10m深时，每天至少向孔内通风1次；超过10m每天至少通风2次，孔下作业人员如果感到呼吸不畅也要及时通风。

（六）人工挖孔桩的技术处理

地下水是深基础施工中最常见的问题，它给人工挖孔桩施工带来许多困难。含水层中的水在开挖时破坏了其平衡状态，使周围的静态水充入桩孔内，从而影响了人工挖孔桩的正常施工，如果遇到动态水压土层施工，不仅开挖困难，混凝土护壁难于施工成型，甚至被水压冲垮，发生桩身质量问题甚至施工安全问题。如遇到了细砂、粉砂土层，在压力水的作用下，易发生流砂和井漏现象。施工时应保证施工人员安全，及时检测有无毒害气体和缺氧情况，并采取有效措施。

1. 地下水

（1）地下水量不大时，可选用潜水泵抽水，边抽水边开挖，成孔后及时浇筑相应段的混凝土护壁，然后继续下一段的施工。

（2）水量较大时，当用施工孔自身水泵抽水，也不易开挖时，应从施工顺序考虑，采取对周围桩孔同时抽水，以减少开挖孔内的涌水量，并采取交替循环施工的方法，组织安排合理，能达到很好的效果。

（3）对不太深的挖孔桩，可在场地四周合理布置统一的轻型管井降水分流；对基础平面占地较大时，也可增加降水管井的排数，一般即可解决。

（4）抽水时环境影响：有时施工周围环境特殊，一是抽出地下水进出时周围环境，基础设施等影响较多，不允许无限制抽水；二是周围有江河、湖泊、沼泽等，不可能无限制达到抽水目的。因此在抽水前均要采取可靠的措施。处理这类问题最有效的方法是截断水源，封闭水路。桩孔较浅时，可用板桩封闭；桩孔较深时，用钻孔压力灌浆形成帷幕挡水，以保证在正常抽水时，达到正常开挖。

2. 流砂

人工挖孔在开挖时，如遇细砂、粉砂层地质时，再加上地下水的作用，极易形成流砂，严重时会发生井漏，造成质量事故甚至施工安全事故。因此要采取可靠有效的措施。

（1）流砂情况较轻时，有效的方法是缩短这一循环的开挖深度，将正常的1m左右一段，缩短为0.5m一段，并及时进行护壁混凝土灌注以减少挖层孔壁的暴露时间。当孔壁塌落，有泥砂流入而不能形成桩孔时，可用纺织袋装土逐渐堆堵，形成桩孔的外壁，并控制保证内壁满足设计要求。

（2）流砂情况较严重时，常用的办法是下钢套筒，钢套筒与护壁用的钢膜板相似，以孔外径为直径，可分成4～6段圆弧，再加上适当的肋条，相互用螺栓或钢筋环扣连接，在开挖0.5m左右，即可分片将套筒装入，深入孔底不少于0.2m，插入上部混凝土护壁外侧不小于0.5m，装后即支模浇筑护壁混凝土；若放入套筒后流砂仍上涌，可采取突出挖出后即用混凝土封闭孔底的方法，待混凝土凝结后，将孔心部位的混凝土清凿以形成桩孔。

3. 淤泥质土层

在遇到淤泥质土层等软弱土层时，一般可用木方、木板模板等支挡，并要缩短这一段的开挖深度，并及时浇筑混凝土护壁。支挡的木方模板要沿周边打入底部不少于0.2m深，上部嵌入上段已浇好的混凝土护壁后面，可斜向放置，双排布置互相反向交叉，能达到很好的支挡效果。

4. 有毒有害气体

施工应选择经验丰富的专业施工队伍进行施工，必须确保安全施工。护壁高出自然地面150mm，井口设围栏，防止杂物、防土石块掉落井孔中伤及施工人员。施工时应及时检测有无毒害气体和缺氧情况，并采取有效措施。保证井口有人，坚持井下排水送风。

施工人员的安全是设计、施工必须考虑的重要因素。我们应知道生命无价。

5. 混凝土浇筑

（1）消除孔底积水的影响　浇筑桩身混凝土主要应保证其符合设计强度，要保证混凝土的均匀性、密实性，因此防止孔内积水影响混凝土的配合比和密实性。

浇筑前要抽干孔内积水，抽水的潜水泵要装设逆流阀，保证提出水泵时，不致使抽水管中残留水又流入桩孔内。如果孔内的水抽不干，提出水泵后，可用部分干拌混凝土混合料或干水泥、公分石铺入孔底，然后再浇筑混凝土。

如果孔底水量大，确实无法采取抽水的方法解决，桩身混凝土的施工就应当采取水下浇筑施工工艺。

（2）消除孔壁渗水的影响　对孔壁渗水，不容忽视，因桩身混凝土浇筑时间较长，如果渗水过多，将会影响混凝土质量，降低桩身混凝土强度，可在桩身混凝土浇筑前采用防水材料封闭渗漏部位。对于出水量较大的孔可用木楔打入，周围再用防水材料封闭，或在集中漏水部分嵌入泄水管，装上阀门，在施工桩孔时打开阀门让水流出，浇筑桩身混凝土时，再关闭，这样也可解决其影响桩身混凝土质量的问题。

（3）保证桩身混凝土的密实性　桩身混凝土的密实性，是保证混凝土达到设计强度的必要条件。为保证桩身混凝土浇筑的密实性，一般采用串流筒下料及分层振捣浇筑的方法，其中的浇筑速度是关键，即力求在最短的时间内完成一个桩身混凝土浇筑，特别是在有地下压力水情况时，要求集中足够的混凝土短时间浇入，以便领先混凝土自身重量压住水流的渗入。

对于深度大于10m的桩身下线，可依靠混凝土自身的落差形成的冲击力及混凝土自身的重量的压力面使其密实，这部分混凝土即可不用振捣。经验证明，桩身混凝土能满足均匀性和密实性。

（七）人工挖孔桩施工顺序

合理安排人工挖孔桩的施工顺序对减少施工难度可起到重要作用，在施工方案中要认真统筹，根据实际情况合理安排。

在可能的条件下，先施工比较浅的桩孔，后施工深一些的桩孔。因为一般桩孔愈深，难度相对愈大，较浅的桩孔施工后，对上部土层的稳定起到加固作用，也减少了深孔施工时的压力。在含水层或有动水压力的土层中施工，应先施工外围（或迎水部位）的桩孔，这部分桩孔混凝土护壁完成后，可保留少量桩孔先不浇筑桩身混凝土，而作为排水井使用，以方便其他孔位的施工，保证了桩孔的施工速度和成孔质量。

（八）人工挖孔桩施工准备

（1）灌注桩施工应具备下列资料：

① 建筑物场地工程地质资料和必要的水文地质资料；

② 桩基工程施工图（包括同一单位工程中所有的桩基础）及图纸会审纪要；

③ 建筑场地和邻近区域内的地下管线（管道、电缆）、地下构筑物、危房、精密仪器车间等的调查资料；

④ 主要施工机械及其配套设备的技术性能资料；

⑤ 桩基工程的施工组织设计或施工方案；

⑥ 水泥、砂、石、钢筋等原材料及其制品的质检报告；

⑦ 有关荷载、施工工艺试验参考资料。

（2）施工组织设计应结合工程特点、有针对性地制定相应质量管理措施，主要包括下列内容：

① 施工平面图、标明桩位、编号、施工顺序、水电线路和临时设施的位置；

② 确定成孔机械、配套设备以及合理施工工艺的有关资料；

③ 施工作业计划和劳动力组织计划；

④ 机械设备、备（配）件、工具（包括质量检查工具）、材料供应计划；

⑤ 桩基施工时，对安全、劳动保护、防火、防雨、防台风、爆破作业、文物和环境保护等方面应按有关规定执行；

⑥ 保证工程质量、安全生产和季节性（冬、雨季）施工的技术措施。

（3）成桩机械必须经鉴定合格，不合格机械不得使用。

（4）施工前应组织图纸会审，会审纪要连同施工图等作为施工依据一并列入工程档案。

（5）桩基施工用的临时设施，如供水、供电、道路、排水、临设房屋等，必须在开工前准备就绪，施工场地应进行平整处理，以保证施工机械正常作业。

（6）基桩轴线的控制点和水准基点应设在不受施工影响的地方。开工前，经复核后应妥善保护，施工中应经常复测。

（九）人工挖孔桩灌注桩的施工

（1）开孔前，桩位应定位放样准确，在桩位外设置定位龙门桩，安装护壁模板必须用桩心点校正模板位置，并由专人负责。

（2）第一节井圈护壁应符合下列规定：

① 井圈中心线与设计轴线的偏差不得大于 20mm；

② 井圈顶面应比场地高出 150～200mm，壁厚比下面井壁厚度增加 100～150mm。

（3）修筑井圈护壁应遵守下列规定：

① 护壁的厚度、拉结钢筋、配筋、混凝土强度均应符合设计要求；

② 上下节护壁的搭接长度不得小于 50mm；

③ 每节护壁均应在当日连续施工完毕；

④ 护壁混凝土必须保证密实，根据土层渗水情况使用速凝剂；

⑤ 护壁模板的拆除宜在 24h 之后进行；

⑥ 发现护壁有蜂窝、漏水现象时，应及时补强以防造成事故；

⑦ 同一水平面上的井圈任意直径极差不得大于50mm。

(4) 遇有局部或厚度不大于1.5m的流动性淤泥和可能出现涌土涌砂时，护壁施工宜按下列方法处理：

① 每节护壁的高度可减小到300～500mm，并随挖、随验、随浇筑混凝土；

② 采用钢护筒或有效的降水措施。

(5) 挖至设计标高时，孔底不应积水，终孔后应清理好护壁上的淤泥和孔底残渣、积水，然后进行隐藏工程验收，验收合格后，应立即封底和浇筑桩身混凝土。

(6) 浇筑桩身混凝土时，混凝土必须通过溜槽；当高度超过3m时，应用串筒，串筒末端离孔底高度不宜大于2m，混凝土宜采用插入式振捣器振实。

(7) 当渗入量过大（影响混凝土浇筑质量时），应采取有效措施保证混凝土的浇筑质量。

(十) 基桩及承台工程验收资料

(1) 当桩顶设计标高与施工场地标高相近时，桩基工程的验收应待成桩完毕后验收，当桩顶设计标高低于施工场地标高时，应待开挖到设计标高后进行验收。

(2) 基桩验收应包括下列资料：

① 工程地质勘察报告、桩基施工图、图纸会审纪要、设计变更及材料代用通知单等；

② 经审定的施工组织设计、施工方案及执行中的变更情况；

③ 桩位测量放线图，包括工程桩位线复核签证单；

④ 成桩质量检查报告（小应变）；

⑤ 单桩承载力检测报告（静载试验、抽芯等）；

⑥ 基坑挖至设计标高的基桩竣工平面图及桩顶标高图。

(3) 承台工程验收时应包括下列资料：

① 承台钢筋、混凝土的施工与检查记录；

② 桩头与承台的锚筋、边桩离承台边缘距离、承台钢筋保护层记录；

③ 承台厚度、长宽记录及外观情况描述等。

(十一) 成桩质量检查

(1) 灌注桩的成桩质量检查主要包括成孔及清孔、钢筋笼制作及安放、混凝土搅拌及灌注三个工序过程的质量检查。具体包括：

① 混凝土搅制应对原材料质量与计量、混凝土配合比、坍落度、混凝土强度等级进行检查；

② 钢筋笼制作应对钢筋规格、焊条规格、品种、焊口规格、焊缝长度、焊缝外观和质量、主筋和箍筋的制作偏差等进行检查；

③ 在灌注混凝土前，应严格按照有关施工质量要求对成孔的中心位置、孔深、孔径、垂直度、孔底沉渣厚度、钢筋笼安放的实际位置等进行认真检查，并填写相应的质量检查记录；

④ 对于一级建筑桩基和地质条件复杂或成桩质量可靠性较低的桩基工程，应进行成桩质量检测。检测方法可采用可靠的动测法，对于大直径桩还可采取钻取岩芯、预埋管超声检测法、检测数量根据具体情况由设计确定；

⑤ 成桩桩位偏差应根据不同桩型按（相关）规定检查。

(2) 单桩承载力检测　为确保实际单桩竖向极限承载力标准值达到设计要求，应根据工程重要性、地质条件、设计要求及工程施工情况进行单桩静载荷试验或可靠的动力试验。

课程小结

本次任务的学习内容是钻孔灌注桩、沉管灌注桩、人工挖孔桩施工。通过对课程的学习，要求学生能组织灌注桩施工。

课外作业

(1) 以项目部为单位，组织进行一次学校周围桩基施工调查活动。
(2) 自学《建筑桩基技术规范》(JGJ 94—2008)。

课后讨论

桩基施工工艺有哪些?

学习情境11　混凝土独立基础施工

学习目标

能组织独立基础施工，并能编制相关的施工方案。

关键概念

1. 模板、钢筋、混凝土
2. 地基与基础
3. 平面图、剖面图
4. 建筑构造

技能点与知识点

1. 技能点

独立基础施工。

2. 知识点

(1) 独立基础的模板支设要求。
(2) 独立基础的钢筋安装要求。
(3) 独立基础的混凝土浇筑要求。

提示

(1) 桩基承台除了与基础桩接触部位需要将基础桩的预留插筋深入基础以外，支模板、安装钢筋与浇筑混凝土和独立基础相当，故将桩基承台的施工列入独立基础施工的课程学习。

(2) 独立基础施工时的地梁施工时，梁底模板拆模后，下部不能有支撑。

相关知识

1. 条形基础
2. 筏板基础
3. 箱型基础

任务40　垫层浇筑

独立基础的垫层一般都是100mm厚的C15素混凝土垫层，如果图纸上出现C10混凝土垫层，则为设计出错，在进行图纸会审时要提出并修改。

独立基础垫层的浇筑范围与土方开挖方案有关，当基坑进行全面大开挖时，垫层覆盖整个基坑底面。当进行局部开挖时，混凝土垫层一般超出基础每边 100mm。

垫层模板在地基验槽前就支设到位，一旦地基验槽通过并签字后，就立即浇筑混凝土，对垫层底部的地基进行封闭，避免地基受到扰动。

任务 41　基础放线

垫层浇筑完毕 12h（垫层混凝土的强度达到 1.2MPa）后，就可以组织放线，但这时不允许在垫层上堆放荷载。

一、投点

由于基坑开挖时，原坐标定位点已不存在；原坐标定位点被破坏前，设置了龙门桩，垫层施工后，首先将定位点恢复到垫层上，才能进行放线工作。具体做法是：

（1）用 20 号钢丝连接龙门板上标注的中心点（图 11-1），绷紧；

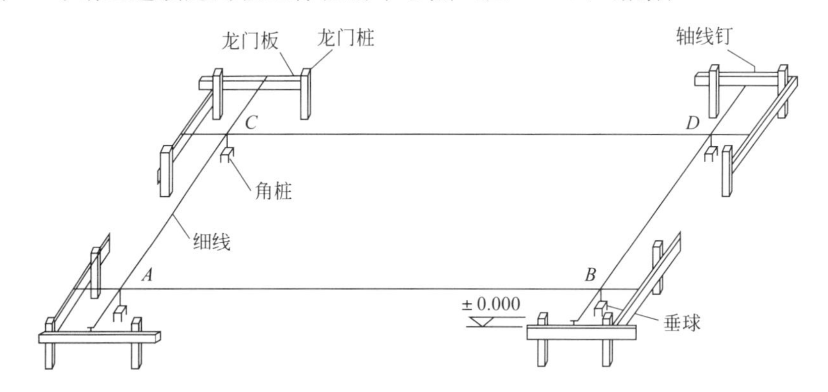

图 11-1　角桩位置的传递

（2）在纵横线交点处吊吊线锤到混凝土垫层上，吊线锤的锤尖与垫层接触的点，就是角桩的位置，并做好标记。

二、轴线测设

复测角桩的位置，用钢卷尺测量图 11-1 中的 AB、AC、BD、CD 的距离（图 11-2），如果与设计要求相符，且误差不大于 1mm，再检查对角线长度，误差也不超过 1mm，则可认为角桩的位置正确。无误后即可用墨线弹出轴线位置。

图 11-2　测量

三、基础位置线及基础边线

通过角桩所在点的位置和轴线位置，根据设计要求，测设各基础中心的位置，按照基础边线与轴线的位置关系，确定基础边线，用对角线法复查无误后，即可弹出基础边线。

任务 42　独立基础施工

独立基础施工主要包括支模、安装钢筋、浇筑混凝土等工程。

一、独立基础支模

独立基础的特点是高度小而体积较大。模板一般在现场预拼装，放线后用塔吊吊装到位，复核符合要求后进行加固。独立基础模板加固要注意不能让模板在浇筑混凝土时发生胀模现象，也不能产生变形现象，更不能发生位移现象。

模板安装前，应核对基础垫层标高，弹出基础的中心线和边线，将模板中心线对准基础中心线，然后校正模板上口标高，符合要求后要用轿杠木搁置在下台阶模板上，斜撑及平撑的一端撑在上台阶模板的背方上，另一端撑在下台阶模板背方顶上。独立基础支模如图 11-3所示。

(a)

(b)

图 11-3　独立基础支模

(1) 独立柱基侧模：采用钢模或木模组拼。

(2) 各台阶的模板用角模连接成方框，模板横排，不足部分改为竖排组拼。

(3) 横楞、竖楞采用 ϕ4.8mm×3.5mm 钢管，四角交点用钢管扣件固定。

二、独立基础钢筋安装

(一) 钢筋安装的一般要求

(1) 进场钢筋必须有原材料的材质证明书，现场按规定取样检验合格后方可用于工程施工。

(2) 钢筋在场内加工成型后按规格、品种挂牌分类堆码在钢管架上，防止水淹，不用时面上用塑料布遮盖以免钢筋锈蚀或被污染。

(3) 箍筋制作必须符合设计要求，且满足抗震规范。

(4) 纵向钢筋宜采用焊接接头，钢筋焊接质量应符合有关验收标准，对焊接接头现场随机按规范规定进行抽样试验，其余的钢筋采用搭接接头，搭接长度和位置按设计要求或施工规范执行；在同一截面内接头（搭接或焊接）数不大于 50%钢筋总数。

(5) 钢筋翻样由专人负责，钢筋制作前应按大样试制，经检查无误后方可进行大批量制作；钢筋搭接和锚固长度必须符合设计和规范要求。

(二) 钢筋构造要求

1. 受力钢筋的弯钩和弯折规定

(1) HPB235 级钢筋末端应做 180°弯钩，其弯弧内直径应不小于钢筋直径的 2.5 倍，弯钩的弯后平直部分长度应不小于钢筋直径的3倍；

（2）当设计要求钢筋末端须做135°弯钩时，HRB 335级、HRB 400级钢筋的弯弧内直径应不小于钢筋直径的4倍，弯钩的弯后平直部分长度应符合设计要求；

（3）钢筋做不大于90°的弯折时，弯折处的弯弧内直径应不小于钢筋直径的5倍。

2. 箍筋弯勾规定

箍筋末端应做弯钩，弯钩形式应符合设计要求同时还应符合下列规定：

（1）箍筋弯钩的弯弧内直径应不小于受力钢筋直径；

（2）箍筋弯钩的弯折角度应为135°；

（3）箍筋弯后平直部分长度：对一般结构，不宜小于箍筋直径的5倍；对有抗震等要求的结构，不应小于箍筋直径的10倍。

3. 钢筋的接头的设置

钢筋的接头宜设置在受力较小处。同一纵向受力钢筋不宜设置2个或2个以上接头。设置在同一构件内的接头宜相互错开。接区段内，纵向受力钢筋的接头面积百分率应符合设计要求；当设计无具体要求时，应符合下列规定：

（1）在受拉区不宜大于50%（焊接接头）；

（2）接头不宜设置在有抗震设防要求的框架梁端、柱端的箍筋加密区；当无法避开时，对等强度高质量机械连接接头，应不大于50%；

（3）直接承受动力荷载的结构构件中，不宜采用焊接接头；当采用机械连接接头时，应不大于50%。

同一构件中相邻纵向受力钢筋的绑扎搭接接头宜相互错开。绑扎搭接接头中钢筋的横向净距不应小于钢筋直径，且应不小于25mm。

（三）基础钢筋验收

基础模板、钢筋安装完毕后，即可进行验收。基础钢筋验收一般先通过项目质量员验收后，由质量员邀请监理验收、签字即可。主要验收下列内容：

（1）钢筋的位置、数量、型号、规格；

（2）钢筋的搭接、焊接位置及搭接焊接的长度；

（3）箍筋的加密区及非连接区的箍筋加密；

（4）钢筋的锚固长度；

（5）钢筋的节点做法，梁柱节点、主次梁节点、梁变截面节点、弧形梁做法等；

（6）着重注意悬挑板、悬挑梁部位做法；

（7）板筋间距、上下层钢筋位置、负筋长度、网片筋做法；

（8）钢筋保护层厚度等。

基础底板的保护层厚度很重要，如果设计有要求，按照设计要求验收。当设计没有要求时，有100mm厚混凝土垫层的基础底板钢筋保护层厚度为50mm，没有垫层的基础底板钢筋保护层厚度为100mm。

三、独立基础混凝土浇筑

基础模板、钢筋验收签字完毕后，即可进行混凝土浇筑。

（一）作业条件

（1）模板内的杂物和钢筋油污等要清理干净，模板的缝隙和孔洞已堵严。完成钢筋、模板的隐检、预检工作。

（2）混凝土泵车调试运转正常，骨料在泵管中流动不得有较大晃动，否则要立即进行加固泵管；浇筑混凝土用的架子及马道已支搭完毕，并经检验合格。

(3) 夜间施工配备好足够的夜间照明设备，混凝土浇筑时，要使混凝土浇筑移动方向与泵送方向相反。明确混凝土配合比。

(二) 材料要求

(1) 水泥　水泥品种、强度等级应根据设计要求确定。质量符合现行水泥标准。工期紧时可做水泥快测。

(2) 砂、石子　根据结构尺寸、钢筋密度、混凝土施工工艺、混凝土强度等级的要求确定石子粒径、砂子细度。砂、石质量符合现行标准。

(3) 水　自来水或不含有害物质的洁净水。

(4) 外加剂　根据施工组织设计要求，确定是否采用外加剂，外加剂必须经试验合格后，方可在工程上使用。

(5) 掺合料　根据施工组织设计要求，确定是否采用掺合料，质量符合现行标准。

(三) 施工机具

(1) 地泵、插入式振捣器、振捣棒。

(2) 木袜子、2～3m 杠尺、塑料薄膜、小白线。胎模采用烧结普通砖，M5.0 水泥砂浆砌筑，内侧及顶面采用 1∶2.5 水泥砂浆抹面。

(3) 考虑混凝土浇筑时侧压力较大，砖胎模外侧面必须采用木方及钢管进行支撑加固，支撑间距不大于 1.5m。

(四) 质量要求

(1) 混凝土原材料及配合比设计的质量要求应符合《混凝土结构工程施工质量验收规范》(GB 50204—2015) 的规定。请见表 11-1。

表 11-1　《混凝土结构工程施工质量验收规范》的规定

项	序	检查项目	允许偏差或允许值
主控项目	1	水泥进场检验	第 7.2.1 条
	2	外加剂质量及应用	第 7.2.2 条
	3	混凝土中氯化物、碱的总含量控制	第 7.2.3 条
	4	配合比设计	第 7.3.1 条
一般项目	1	矿物掺合料质量及掺量	第 7.2.4 条
	2	粗细骨料的质量	第 7.2.5 条
	3	拌制混凝土用水	第 7.2.6 条
	4	开盘鉴定	第 7.3.2 条
	5	依砂、石含水率调整配合比	第 7.3.3 条

(2) 混凝土施工质量要求符合《混凝土结构工程施工质量验收规范》(GB 50204—2015) 的规定。详见表 11-2。

表 11-2　《混凝土结构工程施工质量验收规范》的规定

项	序	检查项目	允许偏差或允许值
主控项目	1	混凝土强度等级及试件的取样和留置	第 7.4.1 条
	2	混凝土抗渗及试件取样和留置	第 7.4.2 条
	3	原材料每盘称量的偏差	第 7.4.3 条
	4	初凝时间控制	第 7.4.4 条

续表

项	序	检查项目	允许偏差或允许值
一般项目	1	施工缝的位置和处理	第7.4.5条
	2	后浇带的位置和浇筑	第7.4.6条
	3	混凝土养护	第7.4.7条

（五）工艺流程

清理→混凝土浇筑→混凝土振捣→混凝土找平→混凝土养护。

（六）施工要点

（1）清理　清除模板内的木屑、泥土等杂物，木模浇水湿润，堵严板缝及孔洞。

（2）混凝土浇筑　混凝土应分层连续进行，间歇时间不超过混凝土初凝时间，一般不超过2h；为保证钢筋位置正确，先浇一层5～10cm厚混凝土固定钢筋。台阶型基础每一台阶高度整体浇捣，每浇完一台阶停顿0.5h待其下沉，再浇上一层。分层下料，每层厚度为振动棒的有效振动长度。防止由于下料过厚、振捣不实或漏振、吊帮的根部砂浆涌出等原因造成蜂窝、麻面或孔洞。浇筑混凝土时，经常观察模板、支架、钢筋、螺栓、预留孔洞和管有无走动情况，一经发现有变形、走动或位移时，立即停止浇筑，并及时修整和加固模板，然后再继续浇筑。

（3）混凝土振捣　采用插入式振捣器，插入的间距不大于振捣器作用部分长度的1.25倍。上层振捣棒插入下层3～5cm。尽量避免碰撞预埋件、预埋螺栓，防止预埋件移位。

（4）混凝土找平　混凝土浇筑后，表面比较大的混凝土，使用平板振捣器振一遍，然后用刮杆刮平，再用木抹子搓平。收面前必须校核混凝土表面标高，不符合要求处立即整改。

（5）混凝土养护　已浇筑完的混凝土，应在12h左右覆盖和浇水。一般常温养护不得少于7d，特种混凝土养护不得少于14d。养护设专人检查落实，防止由于养护不及时，造成混凝土表面裂缝。

（6）成品保护　当混凝土强度达到1.2MPa后，方可拆模及在混凝土上操作。

任务43　基础验收与回填

基础施工完毕后，如果需要回填，则必须组织基础验收；如果不回填则基础不需要验收，可以和结构验收同时进行。基础验收的方法、步骤，参加验收的单位、人员与地基验槽基本相同，只是地质勘探单位的人员可以不参加。

一、基础工程验收应具备的条件

（1）完成基础工程设计的各项内容，同时完成以下工作：

① 基础施工到设计±0.00处；

② 基础无回填土覆盖；

③ 基础及设备基础已标出轴线、中心线及标高；

④ 钢筋混凝土柱或构造柱、剪力墙已标出轴线。

（2）施工单位在基础工程完工后对工程质量进行了检查，确认工程质量符合有关法律、法规和工程建设强制性标准，符合设计文件要求，并提出经项目经理和施工单位有关负责人审核签字的建设工程质量施工单位（基础）报告。

（3）监理单位对基础工程进行了质量评估，具有完整的监理资料，并提出经总监理工程师和监理单位有关负责人审核签字的市建设工程基础验收监理评估报告。

（4）勘察、设计单位对勘察、设计文件及施工过程中由设计单位签署的设计变更通知书进行了检查，并提出经该项目勘察、设计负责人和勘察、设计单位有关负责人审核签字的质量检查报告，勘察单位工程质量检查报告（合格证明书）、设计单位工程质量检查报告（合格证明书）。

(5) 有完整的技术档案和施工管理资料，且满足市建设工程质量监督管理总站质量资料归档要求。

(6) 区规划建设管理局及其委托的区建设工程质量监督站责令整改的问题全部整改完毕。

二、基础工程验收的主要依据

(1)《建筑工程施工质量验收统一标准》(GB 50300—2013) 等现行质量检验评定标准、施工验收规范。

(2) 国家关于建设工程的强制性标准。

(3) 经审查通过的施工图纸、设计变更以及设备技术说明书。

(4) 引进技术或成套设备的建设项目，还应出具签订的合同和国外提供的设计文件等资料。

(5) 其他有关建设工程的法律、法规、规章和规范性文件。

三、基础工程验收的组织

(1) 由建设单位负责组织实施建设工程基础工程验收工作，区建设工程质量监督站对建设工程基础工程验收实施监督，该工程的施工、监理、设计、勘察等单位参加。

(2) 由建设单位负责组织基础工程验收小组。验收组组长由建设单位法人代表或其委托的负责人担任。

(3) 应至少有一名工程技术人员担任验收组副组长。验收组成员应由建设单位负责人、项目现场管理人员及勘察、设计、施工、监理单位项目技术负责人或质量负责人组成。

四、基础工程验收的程序

建设工程地基、基础、主体验收按施工企业自评、设计认可、监理核定、业主验收、政府监督的程序进行。

(1) 施工单位地基、基础、主体结构工程完工后，向建设单位提交建设工程质量施工单位（基础）报告，申请基础工程验收。

(2) 监理单位核查施工单位提交的建设工程质量施工单位（基础）报告，对工程质量情况做出评价，填写市建设工程基础验收监理评估报告（建筑工程部分）。

(3) 建设单位审查施工单位提交的建设工程质量施工单位（基础）报告，对符合验收要求的工程，组织勘察、设计、施工、监理等单位的相关人员组成验收组。

(4) 建设单位在地基、基础、主体工程验收三个工作日前将验收的时间、地点及验收组名单填写市建设工程基础验收通知书和基础工程验收组成员名单，送至区建设工程质量监督站。

五、基础工程验收的内容

基础工程验收的内容包括以下几项：

(1) 由基础验收小组组长主持验收；

(2) 建设、施工、监理、设计、勘察单位分别书面汇报工程合同履约状况和在工程建设各环节执行国家法律、法规和工程建设强制性标准情况；

(3) 审阅建设、施工、监理、设计、勘察单位的工程档案资料；

(4) 检验工程实物质量;

(5) 验收组听取各参验单位意见，形成经验收小组人员分别签字的验收意见，并填写基础质量验收证明书;

(6) 当在验收过程参与工程结构验收的建设、施工、监理、设计、勘察单位各方不能形成一致意见时，应当协商提出解决的方法;待意见一致后，重新组织工程验收;

(7) 当在验收过程中参与工程结构验收的建设、施工、监理、设计等单位各方能形成一致意见时，应当在基础工程验收记录上签字。

任务 44 项目实践训练

一、综合训练任务

(1) 每个项目部搭设两个基础模板和一道地梁，梁高 450mm×300mm，梁底距基础底面以上 300mm。

(2) 对各分项工程进行检测、验收，并填写有关验收表格。

(3) 编制基础施工方案。

二、时间要求

第 1 天 1 个半天进行模板安装交底、示范，熟悉基本操作方法与工具使用方法，以后反复练习，第 2 周第 2 天上午完成任务，下午检测，记录成绩并进行评价。

三、训练组织

(一) 人员组织

将学生按项目部分组，每组 6～8 人，按项目经理、技术负责人、施工员、质检员、安全员、材料员、预算员、资料员进行分工。

(二) 岗位职责

(1) 项目经理：对训练负全责，组织讨论施工方案，负责项目部人员的组织管理与考核。

(2) 技术负责人：负责起草施工方案，并进行技术交底。

(3) 施工员：训练过程中的实施组织。

(4) 质检员：组织对训练成果进行检测，并记录。

(5) 安全员：进行训练安全注意事项交底，并检查落实。

(6) 材料员：负责训练所需材料、工具的组织保管并归还。

(7) 预算员：对材料用量进行计算，递交技术负责人编制方案，交材料员备料。

(8) 资料员：保管训练及检测的技术资料。

四、支架搭设训练

(一) 支架搭设材料

(1) 杆件材料　采用 ϕ48 钢管。

(2) 扣件材料　连接直角相交的杆件用直角扣件；接长杆件用对接扣件；连接直角以外相交的杆件用旋转扣件。

(二) 支架搭设程序

(1) 摆设扫地杆。如果长度不足，用对接扣件加长，将扫地杆放置到相应的位置。

(2) 安装纵向大横杆。在扫地杆内侧划出立杆位置，摆放立杆，用直角扣件连接大横杆与扫地杆，扫地杆距地面 150mm。

(3) 安装小横杆。脚手架宽度为1.5～2.0m（视小横杆长度定），用直角扣件将小横杆连接在大横杆上，伸出大横杆约150mm，杆端距离墙面150mm。

(4) 安装上部杆件。按照上述方法与要求，安装上部大横杆与小横杆。

五、实训教学的组织管理

(一) 实训方式

(1) 由实训指导教师对实训图纸进行讲解。

(2) 以实训小组（项目部）为单位进行，在实训基地训练。

(二) 组织管理

(1) 由系领导、指导教师组成实训领导小组，全面负责实训工作。

(2) 以班级为训练单位，班长全面负责，下设若干个项目部（6～8人一组），各设项目经理、技术负责人、施工员、质检员、安全员、材料员、预算员、资料员各一名。项目经理负责安排本项目部各项实习事务。

(3) 实训指导教师负责指导训练。

六、实训考核与纪律要求

(一) 实训态度和纪律要求

(1) 学生要明确实训的目的和意义。

(2) 实训过程需谦虚、谨慎、刻苦、重视并积极自觉地参加实训；好学、爱护国家财产，遵守国家法令，遵守学校及施工现场的规章制度。

(3) 服从指导教师的安排，同时每个同学必须服从本班长与项目经理的安排和指挥。

(4) 项目部成员应团结一致，互相督促、相互帮助；人人动手，共同完成任务。

(5) 遵守学院的各项规章制度，不得迟到、早退、旷课。点名2次不到者或请假超过2天者，实训成绩为不及格。

(二) 实训成果要求

在实训过程中应按指导书上的要求达到实训的目的。学生必须每天编写实训日记，实训日记应记录当天的实训内容、必要的技术资料以及所学到的知识；实训日记要求当天完成。

实训过程结束后两天内，学生必须上交实训总结。实训总结应包括：实训内容、技术总结、实训体会等方面的内容，要求字数不少于3000字。

(三) 成绩评定

成绩由指导教师根据每位学生的实训日记、实训报告、操作成果得分情况以及个人在实训中的表现进行综合评定。

(1) 实训日记、实训报告：30%（按个人资料评分）占比。

(2) 实训操作：60%（按项目部评分）占比。

(3) 个人在实训中的表现：10%（按项目部和教师评价）占比。

课程小结

本次任务的学习内容是独立基础施工。通过对课程的学习，要求学生能组织独立基础施工与验收工作。

课外作业

(1) 以项目部为单位，课外组织基础施工参观学习活动。

(2) 自学《土方与爆破工程施工及验收规范》(GB 50201—2012)。

课后讨论

地基验槽的内容有哪些?

学习情境12 框架结构房屋主体结构施工

学习目标

能组织框架结构主体施工与填充墙砌筑施工。

关键概念

1. 框架柱
2. 框架梁
3. 混凝土楼面板
4. 混凝土屋面板

技能点与知识点

1. 技能点

(1) 柱、梁板、楼梯的支设。

(2) 填充墙砌筑。

2. 知识点

(1) 框架施工质量要求;

(2) 柱、梁板、楼梯的模板支设要求;

(3) 柱、梁板、楼梯的钢筋绑扎要求;

(4) 填充墙的砌筑要求。

提示

(1) 框架结构施工有两种做法:一是先将柱的钢筋、模板混凝土施工完成后,支梁板模板;二是将框架柱钢筋安装完毕后,将框架柱、梁板一次性支模,安装完梁板钢筋后,先浇筑柱混凝土,接着浇筑梁板混凝土,两种方法各有利弊。

(2) 填充墙砌筑时必须注意,框架梁底部应留置200mm空隙,一周后用斜砖砌筑。注意框架结构的构造柱与砖混结构的构造柱的不同点。

相关知识

1. 剪力墙结构
2. 筒体结构
3. 混合结构

任务45 框架柱施工

一、柱钢筋安装

(一) 框架柱钢筋绑扎要求

(1) 轴心受拉及小偏心受拉构件的纵向受力钢筋不得采用绑扎搭接接头;当受拉钢筋的直径 $d>28$mm 及受压钢筋 $d>32$mm 时不宜采用绑扎搭接接头。

(2) 钢筋接头宜设置在构件受力较小处,同一纵向受力钢筋不宜设置2个或2个以上接头。

（3）同一构件中相邻纵向受力钢筋的绑扎搭接接头宜相互错开，位于同一连接区段（钢筋搭接长度的1.3倍）内的受拉钢筋搭接接头面积百分率：对梁类、板类及墙类构件不宜大于25%，对柱类构件不宜大于50%。

（二）框架柱钢筋绑扎要点

1. 工艺流程

套柱箍筋→搭接绑扎竖向受力筋→画箍筋间距线→绑箍筋。

2. 箍筋制作

按抗震要求，其末端均要做成135°弯钩，平直段长度取10d或75mm中的最大值。箍筋为复合箍筋时，当设计无要求时为制作和安装方便，内箍取统一尺寸；柱纵筋间距作适当调整，柱纵筋间距最大差值不得大于4d（d为箍筋直径）。拉钩为Ⅱ级钢筋时，末端分别做成135°、90°弯钩；为Ⅰ级钢筋时，末端均做成135°弯钩。箍筋制作尺寸要满足设计要求，其误差不得超过10mm。

3. 柱纵筋连接

（1）柱纵筋连接有三种形式：直螺纹、电渣压力焊和绑扎。直螺纹、电渣压力焊均按各自的施工工艺和标准操作，工艺、标准另见相关标准。

（2）柱筋不可连接区域的规定　底层柱：基础顶面嵌固位置-1/3柱净高（基础顶面嵌固位置本工程为±0.00m）；中（顶）层柱：层间梁梁高＋其上下各［柱长边尺寸（圆柱直径）、1/6柱净高、500mm］三者中的最大值。

（3）柱箍筋加密区规定　底层柱：基础顶面嵌固位置-1/3柱净高（基础顶面嵌固位置本工程为±0.00m，设计全高加密的按设计施工）；中（顶）层柱：层间梁梁高＋其上下各［柱长边尺寸（圆柱直径）、1/6柱净高、500mm］三者中的最大值。

（4）当柱纵筋为绑扎搭接时，应在搭接长度范围内，以5d、100mm二者中最小值的间距加密（d为搭接钢筋较小直径）。

（5）柱顶钢筋锚固构造规定　边柱：按［图集11G101-1，P37柱顶纵向钢筋构造（二）］施工；中柱：柱头纵筋无论是否弯折均需伸至柱顶；当直锚不了，需要弯折时，弯折长度为12d（d为柱纵筋直径），本工程可在板中弯锚。

（6）其他要求和说明　配料时，需收头的柱连接筋的长度要在现场实际量取；直螺纹连接时，两筋要顶紧，不得裸露一完整丝扣。

4. 绑扎工艺

套柱箍筋　按图纸要求间距，计算好每根柱箍筋数量，先将箍筋套在下层伸出的搭接筋上，然后立柱子钢筋。画箍筋间距线　在立好的柱子竖向钢筋上，按图纸要求用粉笔划箍筋间距线。按已划好的箍筋位置线，将已套好的箍筋往上移动，由上往下绑扎，宜采用缠扣绑扎。箍筋与主筋要垂直，箍筋与主筋交点均要绑扎。箍筋的弯钩叠合处应沿柱子竖筋交错布置，并绑扎牢固。柱筋保护层厚度见《混凝土结构设计规范》（GB 50010—2010）相关规定，用对应塑料卡环卡在外竖筋上，间距一般为1000mm，以保证主筋保护层厚度准确。在绑扎过程中随时对柱子垂直度和纵筋间距进行调整，保证顺利通过各级验收，为后道工序提供工作面。

（三）框架柱钢筋常见问题

1. 柱主筋钢筋偏位

（1）现象：由于柱子受扭使两边的保护层不均匀导致柱子主筋偏位，这使得柱子钢筋验收困难重重，即使绑扎的再好，也很难因为柱主筋偏位而很顺利的通过验收。

（2）预防措施：在浇筑混凝土之前，在梁主筋上部7cm处以及主筋露出混凝土面的腰部分别绑上两套箍筋，确保柱子各主筋在浇筑混凝土时相对位置不受变动。其次用铁丝把柱子的角筋和梁钢筋拉结绑扎在一起，保证柱子在浇筑混凝土的过程中不至于受扭而导致其保护层不均匀。最后就是混凝土浇筑过程中，要每一次都叮嘱钢筋工跟班作业人员，在跟班调整浇筑柱子混凝土时注意避免对钢筋定位的破坏。

2. 柱子核心区（梁柱交接处）箍筋间距不均匀

（1）现象：框架结构在框架梁的绑扎过程中，通常会破坏柱子核心区箍筋，使其间距不均匀，达不到验收要求；如没有得当措施，每次都会出现相同问题，且整改困难。

（2）预防措施：将核心区箍筋通过一部分构造钢筋焊接成固定间距的钢筋笼，梁钢筋绑扎完成时一起下落到预定位置，如图 12-1 所示。

图 12-1 钢筋绑扎

二、框架柱支模

（一）框架柱模板支设工艺流程

模板进场检验、除锈、刷油→弹柱位置线→剔除接缝混凝土砂浆软弱层→找平贴海棉条→安装柱模→安柱箍→安拉杆或斜杆→验收办理预检→拆模。

（二）框架柱支模要点

（1）模板进场检验　模板进场后首先检查长、宽尺寸，平整度、模板方正、圆角半径、子母口等是否符合要求，并确认无误。

（2）试组拼并检查拼缝高低差、截面尺寸、对角线、角方正等，符合要求后，把场地找平铺设好木方，把模板平放。

（3）用角磨机把模板上的锈渍、油污等清除干净，检查合格后均匀刷一遍油性脱模剂。

（4）待模板吸附后，在模板上抹一层水泥砂浆，第二天把砂浆灰清除，再把模板彻底清干净，然后均匀涂刷一层油性脱模剂，把模板吊放到模板插架内，在模板背面明显部位用白色油漆做好标示。

（5）弹框架柱位置线　按照轴线把框架柱四边线标注好，用墨斗弹好墨线，并向外 300mm 弹好控制线。

（6）按照框架柱位置线，用切割机将混凝土切割，深度不超过 10mm，注意不要伤及钢筋；然后把接茬部位的砂浆软弱层剔除，并清理干净。然后再按边线向外 5mm 用 401 胶把 20mm 厚海棉条粘接好。

（7）安装柱模　钢筋绑扎完毕，经验收合格且准备工作已做完，开始吊装框柱模板。通排柱，首先安平面的两边柱，经校正、固定后再拉通线校正中间各柱。吊装完一块模板及时使用铁丝和钢筋连接好，防止倾倒伤人；四角模板吊装到位后用螺丝组装在一起，把子母口处用401胶粘好海绵条并用螺丝拉平防止出现漏浆现象。

(8) 柱模板组装好后，距地250mm处设一道柱箍，以上每隔600mm设一道柱箍直至柱顶。柱箍外侧用钢管和油拖组合做好斜支撑，为保证模板不移位，柱每边斜支撑不应少于8根。

(9) 为确保框架柱的位置在同一直线上，必须先组装两边的柱模板，然后挂通线找直，再加固中间的柱模板。

(10) 四边吊线按控制线检查模板位置和板面垂直度、平整度，再拉通线校正加固中间柱；施工完毕，进行自检，合格后报验。

(11) 柱模板拆除应保证混凝土表面及其棱角不因拆除而受损害，要求混凝土应具有足够的强度（1.2MPa以上），气温在20℃以下10h后或20℃以上6h后，方可拆除。

（三）模板安装质量标准

1. 主控项目

安装及其支架必须有足够的强度、刚度和稳定性。支架的支撑部分必须有足够的支撑面积。在涂刷模板隔离剂时，不得粘污钢筋和混凝土接茬处。

2. 一般项目

模板接缝不应漏浆，模内不应有积水，还要注意防止冲刷脱模剂。浇筑混凝土前，模板内的杂物要清理。模板与混凝土的接触面应清理并涂刷隔离剂，但不得采用影响结构性能或妨碍装饰工程的隔离剂。大模板的下口及大模板与角模接缝处要严密不得漏浆，并加垫海绵条。

3. 模板安装允许偏差（见表12-1）

表12-1 模板安装允许偏差表

项次	项目	允许偏差/mm	检查方法
1	轴线位移	1	尺量
2	表面标高	±2	水准仪或拉线尺量
3	截面模内尺寸	±2	尺量
4	垂直度	1	经纬仪或吊线、尺量
5	表面平整度	2	靠尺、塞尺

（四）成品保护

吊装模板时轻起轻放，不准碰撞，防止模板变形。拆除模板不得用大锤硬砸或撬棍硬撬，以免破坏混凝土表面和棱角。模板在使用过程中要加强管理，发现模板不平或肋边损坏变形应及时修理和刷防锈剂。

（五）注意的问题

柱模板拆除：先自上而下拆除柱箍、连接件，然后拆除塔吊的钢丝绳、卡环锁住，拆除拉杆和斜撑，最后用撬棍轻轻撬动模板，使模板与混凝土脱离，吊运到模板插架待清区。起吊柱模板前应先检查模板与混凝土结构之间的所有穿墙螺栓、连接件是否已全部拆除，必须确认无任何连接后方可起吊模板，移动模板时不得碰撞墙体。模板拆除后，应及时清理干净；对变形损坏的模板要及时进行维修，然后涂刷隔离剂。把所有配件分类装进工具箱吊运到指定地点，架子管和柱箍等材料吊运到存放区码放整齐，穿墙螺栓丝头部位刷好油分规格捆好调运到存放区码放。

（六）安全注意事项

(1) 模板使用前应严格检查吊钩等部位是否连接牢固，严禁使用不合格的模板、杆件、连接件以及支撑件。

(2) 拆模时间应按规定执行，或经技术人员同意。拆模应按工艺执行，严禁猛撬、硬砸。

(3) 模板安装就位后，应采取防雷保护措施，设专人将模板串联起来，并同避雷网接通，防止漏电伤人。

(4) 柱模板拆模后应及时存放在专用堆放叉口架上。

(5) 模板应在规定场地存放，若需要在施工楼层上存放时必须有可靠的防倾倒措施，并不得沿外墙存放。

(6) 模板起吊前应将吊车的位置调整适当，做到稳起稳落，就位准确。

(7) 模板起吊前应检查吊装用绳索、卡具及吊环是否完整有效，并应先拆除所有临时支撑，经检查无误后方可起吊。

(8) 在吊装模板时，必须由专业信号工指挥塔吊，统一协调，防止吊装时发生碰挂及脱钩等事故。

(9) 雨天施工时，注意防滑措施，脚手板绑铁丝或钉木条做防滑条。

任务 46　内外脚手架搭设

为保证柱模板的整体协调，柱与柱之间都采用支撑联系，内外脚手架既可以当脚手架使用，也可当柱间支撑使用。

一、柱间支撑

柱间支撑是为保证建筑结构整体稳定、提高侧向刚度和传递纵向水平力而在相邻两柱之间设置的连系杆件。柱高不小于 4m 时，柱模应四面支撑；柱高不小于 6m 时，不宜单根柱支撑，宜几根柱同时支撑组成构架。

(1) 超过 12 层时，支撑宜采用轧制 H 型钢制作，两端与框架可采用钢接构造，梁柱与支撑连接处应设置加劲肋；8 度、9 度采用焊接工字形截面的支撑时，其翼缘与腹板的连接宜采用全熔透连续焊缝。

(2) 支撑与框架连接处，支撑杆端宜做成圆弧。

(3) 梁在其与 V 形支撑或人字支撑相交处，应设置侧向支承；该支承点与梁端支承点间的侧向长细比 (λ_y) 以及支承力，应符合国家标准《钢结构设计规范》(GB 50017—2003) 关于塑性设计的规定。

(4) 不超过 12 层时，若支撑与框架采用节点板连接，应符合国家标准《钢结构设计规范》(GB 50017—2003) 关于节点板在连接杆件每侧有不小于 30°夹角的规定；支撑端部至节点板嵌固点在沿支撑杆件方向的距离（由节点板与框架构件焊缝的起点垂直于支撑杆轴线的直线至支撑端部的距离），不应小于节点板厚度的 2 倍。

二、内外脚手架搭设

脚手架指施工现场为工人操作并解决垂直和水平运输而搭设的各种支架。建筑界的通用术语，指建筑工地上用在外墙、内部装修或层高较高无法直接施工的地方，主要为了施工人员上下干活或外围安全网围护及高空安装构件等搭设。脚手架制作材料通常有：竹、木、钢管或合成材料等。

不同类型的工程施工选用不同用途的脚手架和模板支架。主体结构施工落地脚手架使用扣件脚手架居多；脚手架立杆的纵距一般为 1.2～1.8m，横距一般为 0.9～1.5m。

(一) 脚手架的特点

脚手架与一般结构相比，其工作条件具有以下特点：

（1）所受荷载变异性较大。

（2）扣件连接节点属于半刚性，且节点刚性大小与扣件质量、安装质量有关，节点性能存在较大变异。

（3）脚手架结构、构件存在初始缺陷，如杆件的初弯曲、锈蚀，搭设尺寸误差、受荷偏心等均较大。

（4）与墙的连接点，对脚手架的约束性变异较大。对以上问题的研究缺乏系统积累和统计资料，不具备独立进行概率分析的条件，故对结构抗力乘以小于1的调整系数，其值系通过与以往采用的安全系数进行校准确定。因此，本文中采用的设计方法在实质上是属于半概率、半经验的。脚手架满足规范规定的构造要求是设计计算的基本条件。

（二）工艺流程

1. 架子搭设工艺流程

在牢固的地基弹线、立杆定位→摆放扫地杆→竖立杆并与扫地杆扣紧→装扫地小横杆，并与立杆和扫地杆扣紧→安装第一步大横杆并与各立杆扣紧→安装第一步小横杆→安装第二步大横杆→安装第二步小横杆→加设临时斜撑杆，上端与第二步大横杆扣紧（装设与柱连接杆后拆除）→安装第三、四步大横杆和小横杆→安装二层与柱拉杆→接立杆→加设剪力撑→铺设脚手板，绑扎防护及档脚板、立挂安全网。

2. 架体与建筑物的拉结（柔性拉结）

采用$\phi 6$钢筋、顶撑、钢管等组成的部件，其中钢筋承受拉力，压力由顶撑、钢管等传递。

3. 安全网

（1）挂设要求　安全网应挂设严密，用塑料蔑绑扎牢固，不得漏眼绑扎。两网连接处应绑在同一杆件上。安全网要挂设在棚架内侧。

（2）脚手架与施工层之间要按验收标准设置封闭平网，防止杂物下跌。

（三）扣件式脚手架（图12-2）

1. 优点

（1）承载力较大。当脚手架的几何尺寸及构造符合规范的有关要求时，一般情况下，脚手架的单管立柱的承载力可达15～35kN。

图12-2　扣件式钢管脚手架

（2）装拆方便，搭设灵活。由于钢管长度易于调整，扣件连接简便，因而可适应各种平面、立面的建筑物与构筑物使用。

（3）比较经济。加工简单，一次投资费用较低；如果精心设计脚手架几何尺寸，注意提高钢管周转使用率，则控制材料用量也可取得较好的经济效果。扣件钢管架折合每平方米建筑用钢量约 15kg。

2. 缺点

（1）扣件（特别是它的螺杆）容易丢失。

（2）节点处的杆件为偏心连接，靠抗滑力传递荷载和内力，因而降低了其承载能力。

（3）扣件节点的连接质量受扣件本身质量和工人操作的影响显著。

3. 适应性

（1）构筑各种形式的脚手架、模板和其他支撑架。

（2）组装井字架。

（3）搭设坡道、工棚、看台及其他临时构筑物。

（4）作为其他种脚手架的辅助，加强杆件。

4. 搭设要求

钢管扣件脚手架搭设中应注意地基平整坚实，设置底座和垫板，并有可靠的排水措施，防止积水浸泡地基。

根据连墙杆设置情况及荷载大小，常用的敞开式双排脚手架立杆横距一般为 1.05～1.55m；砌筑脚手架步距一般为 1.20～1.35m；装饰或砌筑、装饰两用的脚手架一般为 1.80m，立杆纵距 1.2～2.0m，其允许搭设高度为 34～50m。当为单排设置时，立杆横距 1.2～1.4m，立杆纵距 1.5～2.0m，允许搭设高度为 24m。

纵向水平杆宜设置在立杆的内侧，其长度不宜小于 3 跨，纵向水平杆可采用对接扣件，也可采用搭接。如采用对接扣件方法，则对接扣件应交错布置；如采用搭接连接，搭接长度应不小于 1m，并应等间距设置 3 个旋转扣件固定。

脚手架主节点（即立杆、纵向水平杆、横向水平杆三杆紧靠的扣接点）处必须设置一根横向水平杆，用直角扣件扣接且严禁拆除。主节点处 2 个直角扣件的中心距应不大于 150mm。在双排脚手架中，横向水平杆靠墙一端的外伸长度不应大于立杆横距的 0.4 倍，且应不大于 500mm；作业层上非主节点处的横向水平杆，宜根据支承脚手板的需要等间距设置，最大间距应不大于纵距的 1/2。

作业层脚手板应铺满、铺稳，离开墙面 120～150mm；狭长型脚手板，如冲压钢脚手板、木脚手板、竹串片脚手板等，应设置在 3 根横向水平杆上。当脚手板长度小于 2m 时，可采用两根横向水平杆支承，但应将脚手板两端与其可靠固定，严防倾翻。宽型的竹笆脚手板应按其主竹筋垂直于纵向水平杆方向铺设，且采用对接平铺，4 个角应用镀锌钢丝固定在纵向水平杆上。

每根立杆底部应设置底座或垫板。脚手架必须设置纵、横向扫地杆。纵向扫地杆应采用直角扣件固定在距底座上皮不大于 200mm 处的立杆上。横向扫地杆亦应采用直角扣件固定在紧靠纵向扫地杆下方的立杆上。当立杆基础不在同一高度上时，必须将高处的纵向扫地杆向低处延长两跨与立杆固定，高低差应不大于 1m。靠边坡上方的立杆轴线到边坡的距离应不小于 500mm。

（四）门式钢管脚手架（图 12-3）

1. 优点

（1）门式钢管脚手架几何尺寸标准化。

（2）结构合理，受力性能好，充分利用钢材强度，承载能力高。

（3）施工中装拆容易、架设效率高，省工省时、安全可靠、经济适用。

图 12-3　门式钢管脚手架

2. 缺点

(1) 构架尺寸无任何灵活性，构架尺寸的任何改变都要换用另一种型号的门架及其配件。

(2) 交叉支撑易在中铰点处折断。

(3) 定型脚手板较重。

(4) 价格较贵。

3. 适应性

(1) 构造定型脚手架。

(2) 作梁、板构架的支撑架（承受竖向荷载）。

(3) 构造活动工作台。

4. 搭设要求

(1) 门式脚手架基础必须夯实，且应做好排水坡，以防积水。

(2) 门式脚手架搭设顺序为：基础准备→安放垫板→安放底座→竖两榀单片门架→安装交叉杆→安装脚手板→以此为基础重复安装门架、交叉杆、脚手板工序。

(3) 门式钢管脚手架应从一端开始向另一端搭设，上步脚手架应在下步脚手架搭设完毕后进行；搭设方向与下步相反。

(4) 每步脚手架的搭设，应先在端点底座上插入两榀门架，并随即装上交叉杆固定，锁好锁片，然后搭设以后的门架，每搭一榀，随即装上交叉杆和锁片。

(5) 脚手架必须设置与建筑物可靠的联结。

(6) 门扣式钢管脚手架的外侧应设置剪刀撑，竖向和纵向均应连续设置。

(五) 碗扣式脚手架

1. 碗扣式脚手架工作原理

形状和承载能力的单、双排脚手架，支撑架，支撑柱，物料提升架，爬升脚手架，悬挑架等多种功能的施工装备。也可用于搭设施工棚、料棚、灯塔等构筑物，特别适合于搭设曲面脚手架和重载支撑架。

2. 优点

(1) 多功能：能根据具体施工要求，组成不同组架尺寸（图 12-4）。

(2) 高功效：常用杆件中最长为 3130mm，重 17.07kg。整架拼拆速度比常规快 3～5 倍，拼拆快速省力，工人用一把铁锤即可完成全部作业，避免了螺栓操作带来的诸多不便。

(3) 通用性强：主构件均采用普通的扣件式钢管脚手架的钢管，可用扣件同普通钢管连接，通用性强。

(4) 承载力大：立杆连接是同轴心承插，横杆同立杆靠碗扣接头连接，接头具有可靠的

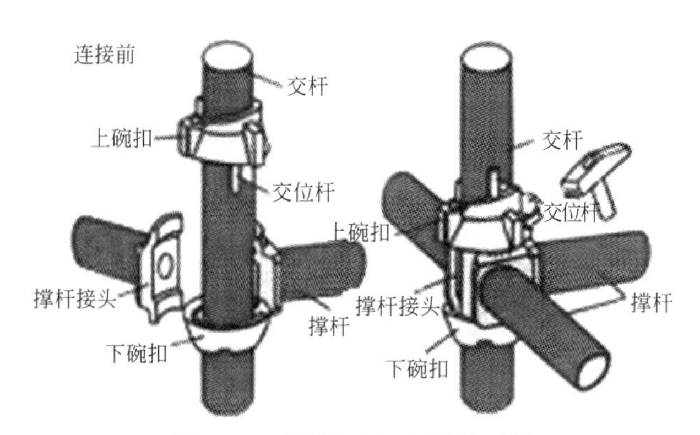

图 12-4　碗扣脚手架使用演示图

抗弯、抗剪、抗扭力学性能。而且各杆件轴心线交于一点，节点在框架平面内，因此结构稳固可靠，承载力大（整架承载力提高，约比同等情况的扣件式钢管脚手架提高15%以上）。

(5) 安全可靠：接头设计时，考虑到上碗扣螺旋摩擦力和自重力作用，使接头具有可靠的自锁能力。作用于横杆上的荷载通过下碗扣传递给立杆，下碗扣具有很强的抗剪能力（最大为199kN）。上碗扣即使没被压紧，横杆接头也不致脱出而造成事故。同时配备有安全网支架、间横杆、脚手板、挡脚板、架梯、挑梁、连墙撑等杆配件，使用安全可靠。

(6) 易于加工：主构件用ϕ48mm×3.5mm、Q235B焊接钢管，制造工艺简单，成本适中，可直接对现有扣件式脚手架进行加工改造．不需要复杂的加工设备。

(7) 不易丢失：该脚手架无零散易丢失扣件，把构件丢失减少到最低程度。

(8) 维修少：该脚手架构件消除了螺栓连接，构件经碰耐磕，一般锈蚀不影响拼拆作业，不需特殊养护、维修。

(9) 便于管理：构件系列标准化，构件外表涂以橘黄色。美观大方，构件堆放整齐，便于现场材料管理，满足文明施工要求。

(10) 易于运输：该脚手架最长构件3130mm，最重构件40.53kg，便于搬运和运输。

3. 缺点

(1) 横杆为几种尺寸的定型杆，立杆上碗扣节点按0.6m间距设置，使构架尺寸受到限制。

(2) U形连接销易丢。

(3) 价格较贵。

4. 适应性

(1) 构筑各种形式的脚手架、模板和其他支撑架。

(2) 组装井字架。

(3) 搭设坡道、工棚、看台及其他临时构筑物。

(4) 构造强力组合支撑柱。

(5) 构筑承受横向力作用的支撑架。

(六) 脚手架使用安全问题

(1) 搭设高层脚手架，所采用的各种材料均必须符合质量要求。

(2) 高层脚手架基础必须牢固，搭设前经计算，满足荷载要求，并按施工规范搭设，做好排水措施。

(3) 脚手架搭设技术要求应符合有关规范规定。

(4) 必须高度重视各种构造措施；剪刀撑、拉结点等均应按要求设置。

(5) 水平封闭：应从第一步起，每隔一步或二步，满铺脚手板或脚手笆，脚手板沿长向铺设，接头应重叠搁置在小横杆上，严禁出现空头板；并在里立杆与墙面之间每隔四步铺设统长安全底笆。

(6) 垂直封闭：从第二步至第五步，每步均需在外排立杆里侧设置 1.00m 高的防护栏栏杆和挡脚板或设立网，防护杆（网）与立杆扣牢；第五步以上除设防护栏杆外，应全部设安全笆或安全立网；在沿街或居民密集区，则应从第二步起，外侧全部设安全笆或安全立网。

(7) 脚手架搭设应高于建筑物顶端或操作面 1.5m 以上，并加设围护。

(8) 搭设完毕的脚手架上的钢管、扣件、脚手板和连接点等不得随意拆除。施工中必要时，必须经工地负责人同意，并采取有效措施；工序完成后，立即恢复。

(9) 脚手架使用前，应由工地负责人组织检查验收，验收合格并填写交验单后方可使用。在施工过程中应有专业管理、检查和保修，并定期进行沉降观察，发现异常应及时采取加固措施。

(10) 脚手架拆除时，应先检查与建筑物连接情况，并将脚手架上的存留材料、杂物等清除干净，自上而下，按先装后拆，后装先拆的顺序进行，拆除的材料应统一向下传递或吊运到地面，一步一清。不准采用踏步拆法，严禁向下抛掷或用推（拉）倒的方法拆除。

(11) 搭拆脚手架，应设置警戒区，并派专人警戒。遇有 6 级以上大风和恶劣气候，应停止脚手架搭拆工作。

(12) 地基不平时，请使用可掂底座脚，达到平衡。地基必须有承受脚手架和工作时压强的能力。

(13) 工作人员搭建和高空工作时必须系安全带，工作区域周边请安装安全网，防止重物掉落，砸伤他人。

(14) 脚手架的构件、配件在运输、保管过程中严禁严重摔、撞；搭接、拆装时，严禁从高处抛下；拆卸时应从上向下按顺序操作。

(15) 使用过程注意安全，严禁在架上打闹嬉戏，杜绝意外事故发生。

(16) 工作固然重要，安全、生命更加重要，请务必牢记以上内容。

(七) 脚手架搭设

1. 支撑杆式悬挑脚手架搭设要求

支撑杆式悬挑脚手架搭设需控制使用荷载，搭设要牢固。搭设时应该先搭设好里架子，使横杆伸出墙外，再将斜杆撑起与挑出横杆连接牢固，随后再搭设悬挑部分，铺脚手板，外围要设栏杆和挡脚板，下面支设安全网，以保安全。

2. 连墙件的设置

根据建筑物的轴线尺寸，在水平方向每隔 3 跨（6m）设置一个。在垂直方向应每隔 3～4m 设置一个，并要求各点互相错开，形成梅花状布置。连墙件的搭设方法与落地式脚手架相同。

3. 垂直控制

搭设时，要严格控制分段脚手架的垂直度，垂直度允许偏差。

4. 脚手板铺设

脚手板的底层应满铺厚木脚手板，其上各层可满铺薄钢板冲压成的穿孔轻型脚手板。

5. 安全防护设施

(1) 脚手架中各层均应设置护栏和挡脚板。

(2) 脚手架外侧和底面用密目安全网封闭，架子与建筑物要保持必要的通道。

(3) 挑梁式脚手架立杆与挑梁（或纵梁）的连接。

(4) 应在挑梁（或纵梁）上焊 150～200mm 长钢管；其外径比脚手架立杆内径小 1.0～

1.5mm，用扣件连接，同时在立杆下部设1～2道扫地杆，以确保架子的稳定。

6. 悬挑梁与墙体结构的连接

应预先埋设铁件或者留好孔洞，保证连接可靠；不得随便打凿孔洞，破坏墙体。

7. 斜拉杆（绳）

斜拉杆（绳）应装有收紧装置，以使拉杆收紧后能承担荷载。

（八）脚手架技术要求

（1）不管搭设哪种类型的脚手架，脚手架所用的材料和加工质量必须符合规定要求，绝对禁止使用不合格材料搭设脚手架，以防发生意外事故。

（2）一般脚手架必须按脚手架安全技术操作规程搭设，对于高度超过15m以上的高层脚手架，必须有设计、计算、详图、搭设方案，上一级技术负责人审批，书面安全技术交底，然后才能搭设。

（3）对于危险性大而且特殊的吊、挑、挂、插口、堆料等架子也必须经过设计和审批；并编制单独的安全技术措施才能搭设。

（4）施工队伍接受任务后，必须组织全体人员，认真领会脚手架专项安全施工组织设计和安全技术措施交底，研讨搭设方法，并派技术好、有经验的技术人员负责搭设技术指导和监护。

（九）脚手架验收

脚手架搭设和组装完毕后，应经检查、验收确认合格后方可进行作业。应逐层、逐流水段内主管工长、架子班组长和专职安全技术人员一起组织验收，并填写验收单。验收要求如下：

（1）脚手架的基础处理、做法、埋置深度必须正确可靠。

（2）架子的布置，立杆、大小横杆间距应符合要求。

（3）架子的搭设和组装，包括工具架和起重点的选择应符合要求。

（4）连墙点或与结构固定部分要安全可靠；剪刀撑、斜撑应符合要求。

（5）脚手架的安全防护、安全保险装置要有效；扣件和绑扎拧紧程度应符合规定。

（6）脚手架的起重机具、钢丝绳、吊杆的安装等要安全可靠；脚手板的铺设应符合规定。

任务47　梁板模板支设

框架梁（KL）是指两端与框架柱（KZ）相连的梁，或者两端与剪力墙相连但跨高比不小于5的梁。现在结构设计中，对于框架梁还有另一种观点，即需要参与抗震的梁。纯框架结构随着高层建筑的兴起越来越少见，而剪力墙结构中的框架梁则主要是参与抗震的梁。

一、梁模板支设

梁的特点是跨度大、宽度小、高度大。梁模板及支撑系统要求稳定性好，有足够的强度和刚度，不产生超过规范允许的变形。

（一）轴线校核

梁模板应在复核梁底标高、校正轴线位置无误后进行。

（二）顶撑支设

梁底板下用顶撑（琵琶撑）支设，顶撑间距视梁的断面大小而定，一般为0.8～1.2m，顶撑之间应设水平拉杆和剪刀撑，使之互相拉撑成为一整体，当梁底距地面高度大于6m时，应搭设排架或满堂红脚手架支撑；为确保顶撑支设的坚实，应在夯实的地面上设置垫板和楔子。

（三）梁模加固

梁侧模下方应设置夹木，将梁侧模与底模板夹紧，并钉牢在顶撑上。梁侧模上口设置托木，托木的固定可上拉（上口对拉）或下撑（撑于顶撑上），梁高度不小于700mm时，应在梁中部另加斜撑或对拉螺栓固定。

(四) 起拱

当梁的跨度不小于4m时，梁模板的跨中要按照设计要求起拱；当设计没有要求时，起拱高度为梁跨度的1‰～3‰。

二、楼面板模板支设

板模板一般面积大而厚度不大，板模板及支撑系统要保证能承受混凝土自重和施工荷载，保证板不变形、不下垂。

1. 支设条件

底层地面应夯实，底层和楼层立柱应垫通长脚手板；多层支架时，上下层支柱应在同一竖向中心线上。

2. 铺设次序

模板铺设方向从四周或墙、梁连接处向中央铺设。

3. 两端钉牢

为方便拆模，木模板宜在两端及接头处钉牢，中间尽量不钉或少钉。

4. 模板拉结

阳台、挑檐模板必须撑牢拉紧，防止向外倾覆、确保安全。

5. 肋形楼盖模板支设

楼盖模板一般应先支梁、墙模板，然后将桁架或格栅按设计要求支设在梁侧模通长的托木上，调平固定后再铺设楼板模板.

6. 起拱

楼板跨度大于4m时，模板的跨中要按照设计要求进行起拱；设计无要求时，起拱高度为板跨度的1‰～3‰。

三、楼梯模板支设

制作一般楼梯模板应先根据图纸中踏步的尺寸做出三角样板，然后按样板制作三角，并将各个三角形木块顺序钉在一根5cm×10cm的木方上。木方的长度应为三角木块的斜边长乘以踏步数。木方大面刨直即成为反三角。踏步段和底板与一般平台配法相同。

安装时，应先支平台板和平台梁的模板，然后将底板的龙骨钉在平台的梁侧面板上(稍低于梁面标高，间距应小于50cm)，再将楼梯段底板横铺在龙骨上并找平。龙骨下托以横带（即牵杠）；横带下用支柱斜向支撑，且斜支柱要互相拉牢，下部要垫以木楔和垫板。

楼梯踏步段的外侧模应钉在斜向龙骨的外侧，其高度应与楼梯踏步口齐平。安装底模和侧模后即可绑扎钢筋，然后安装反三角。安装反三角的方法是先在楼梯外侧模上钉三根上、下方向的小支柱（两端及中间各一根，均匀分布，并高于楼梯踏步上口50cm)，然后先在小柱顶钉横拉杆，再用小方木将反三角吊起，即小方木一端钉在横拉扦上，另一端钉在反三角上，这时反三角即被悬空吊起，其悬起高度就是混凝土踏步段的板厚。反三角应沿楼梯踏步的侧模板钉设2～3道，靠墙的一边也应有一道。为了防止反三角在浇捣混凝土时向下滑动，除采取上述办法外，还应将反三角的下端固定在基础侧模上，并用斜撑顶住它的端头。反三角安装完毕即可在三角木上钉踏步的侧模板（侧板）。采用二道反三角时，在踏步侧模板的中间上口要钉一道顺带，每步侧板从顺带侧面用圆钉钉牢；侧板下口用一根小方木，其一端钉在顺带上，另一端抵住侧板下口，以防止侧板变形。如采用钢楼梯栏杆，应在踏步外边沿处预留栏杆孔洞（可用小木块固定在栏杆立柱的位置上，以后取出）。

支搭楼梯模板可以不用木立柱，而采用钢桁架支模法（包括平台及踏步段），也可用较大断面的木过梁代替桁架。

任务 48　梁板钢筋安装

一、梁钢筋安装

（一）工艺流程

（1）在梁底模上画出箍筋间距，摆放箍筋；

（2）先穿主梁的下部纵向受力钢筋，将箍筋按已画好的间距逐个分开；

（3）穿次梁的下部纵向受力钢筋，并套好箍筋；

（4）放主次梁的架立筋；

（5）隔一定间距将架立筋与箍筋绑扎牢固；

（6）调整箍筋间距使间距符合设计要求，绑架立筋，再绑主筋，主次梁同时配合进行。

（二）安装要点

（1）框架梁上部纵向钢筋应贯穿中间节点，梁下部纵向钢筋伸入中间节点锚固长度及伸过中心线的长度应符合设计要求。框架梁纵向钢筋在端节点内的锚固长度也应符合设计要求。

（2）梁上部纵向筋的箍筋，宜用套扣法绑扎。

（3）箍筋在叠合处的弯钩，在梁中应交错绑扎，箍筋弯钩为 135°，平直部分长度为 10d。

（4）梁端第一个箍筋应设置在距离柱节点边缘 50mm 处，梁端与柱交接处箍筋应加密，其间距与加密区长度均要符合设计要求。

（5）在主、次梁受力筋下均应垫垫块，保证保护层的厚度；受力筋为双排时，可用短钢筋垫在两层钢筋之间，钢筋排距应符合设计要求。

（6）框架梁纵向钢筋的连接　当框架梁纵向主筋直径大于 ϕ20 时，采用直螺纹连接接头或电渣压力焊焊接接头；主筋直径小于等于 ϕ20 时，采用绑扎搭接连接。采用绑扎搭接时，搭接长度要符合规范规定。在规定搭接长度的任一区域内，有接头的受力钢筋截面面积占受力钢筋总截面面积百分率，受拉区应不大于 50%。

（三）梁钢筋安装常见问题

1. 当梁主筋有多排钢筋时，多排钢筋之间的间距

（1）现象　框架结构梁钢筋施工过程中，二排钢筋和一排钢筋间距绑扎随意；要么两排钢筋贴在一起，要么二排筋和梁腰筋的位置相差不多；当单层结构面积大、梁很多的情况下，会给整个钢筋工程的施工质量造成不好的影响。

（2）预防措施　梁钢筋一排筋与二排筋采用分隔筋断开，分隔筋直径不小于主筋直径或不小于 25mm；分隔筋距支座边 500mm 设置一道，中间每隔 3m 设置一道，如图 12-5 所示。

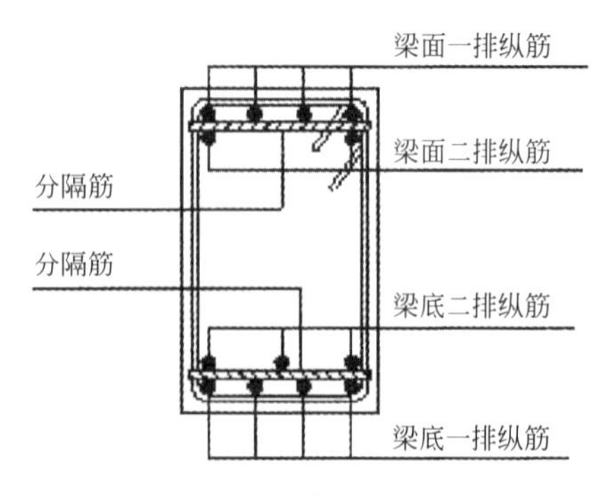

图 12-5　梁钢筋分隔图

2. 特殊节点配筋不符合规范要求

（1）现象　梁、柱钢筋绑扎过程中，一些特殊节点，在验收过程中往往不符合规范要求，如建筑面积底

层大，越往上越收缩变小的过程中，中间层会有框架柱的收头，也会有屋面框架梁的出现。而钢筋工长往往会忽视，以为到屋面层才会有屋面框架梁的出现，导致一些特殊节点配筋失误，不符合规范要求。

(2) 预防措施　在熟悉图纸的过程中，质检员要提醒钢筋工长哪些地方有一些特殊的节点；钢筋工长和质检员一起，把一些特殊的节点提前在图纸上做好记号，等到下料的时候，钢筋工长根据图纸上的记号，就能够做到特殊节点下料准确。

二、板钢筋安装

(一) 板钢筋构造要求

(1) 对与支承结构整体浇筑或嵌固在承重砌体墙内的现浇混凝土板，应沿支承周边配置上部构造钢筋，其直径不宜小于 8mm，间距不宜大于 200mm，并应符合下列规定：

① 该构造钢筋的截面面积，沿受力方向配置时不宜小于跨中受力钢筋截面面积的 1/3，沿非受力方向配置时可根据实践经验适当减少；

② 该构造钢筋伸入板内的长度，对嵌固在承重砌体墙内的板不宜小于板短边跨度的 1/7，在两边嵌固于墙内的板角部分不宜小于板短边跨度的 1/4（双向配置）；对周边与混凝土梁或墙整体浇筑的板不宜小于受力方向板计算跨度的 1/5（单向板）、1/4（双向板），见图 12-6。

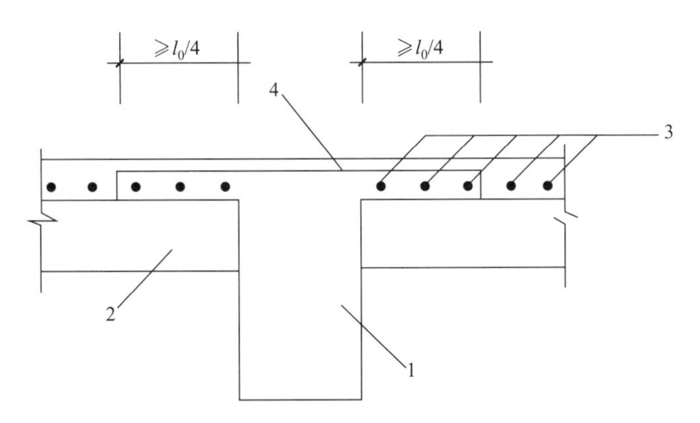

图 12-6　现浇板中与梁垂直的构造钢筋

1—主梁；2—次梁；3—板的受力钢筋；4—上部构造钢筋

(2) 当现浇板的受力钢筋与梁平行时，应沿梁长度方向配置间距不大于 200mm 且与梁垂直的上部构造钢筋，其直径不宜小于 8mm，且单位长度内的总截面面积不宜小于板中单位宽度内受力钢筋截面面积的 1/3。该构造钢筋伸入板内的长度不宜小于板计算跨度的 1/4。

(3) 挑檐转角处应配置放射性构造钢筋（图 12-7）。钢筋间距（按 $l/2$ 处计算）不宜大于 200mm；钢筋埋入长度不应小于挑檐宽度，即 $a \geqslant l$。构造钢筋的直径与边跨支座的负弯矩筋相同。

(二) 楼板钢筋安装流程

清理模板→模板上画钢筋位置线→绑板下受力筋及其分布筋→水电配合→垫混凝土马凳→绑负弯矩钢筋及其分布筋。

(三) 楼板钢筋安装要点

(1) 清理模板上面的杂物，用墨线弹好主筋、分布筋间距线。

(2) 按划好的间距，先摆放受力主筋，后放分布筋；预埋件、电线管、预留孔等及时配合安装。

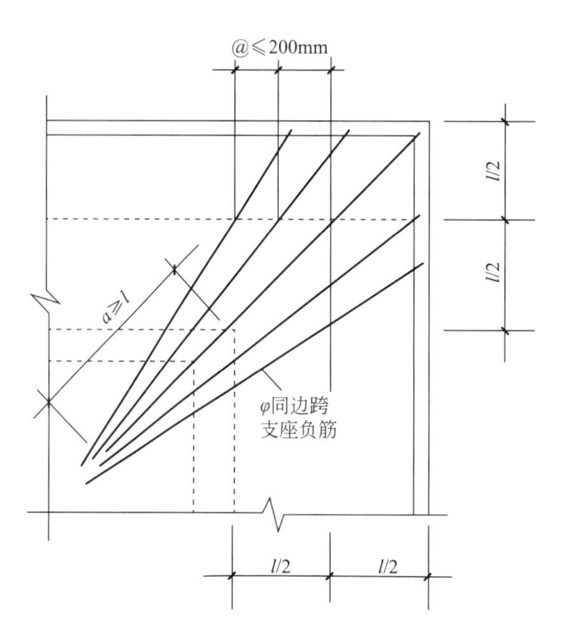

图 12-7　挑檐转角处板的构造钢筋

（3）绑扎板筋用顺扣或八字扣，不得全部用同向顺扣绑扎。板筋要求全部绑扎。

（4）楼板底筋保护层厚为15mm，采用塑料垫块控制保护层厚度，间距为0.6m×0.6m布置。

（5）绑完下排筋后，加混凝土马凳（如图12-8），根据楼板厚度及上下层钢筋直径制作；在混凝土马凳制作前须由项目部钢筋工长审核制作高度。制作完成一批须经预检合格后方可使用。

图 12-8　加混凝土马凳

（6）现浇板除注明外，分布钢筋的截面面积不应小于主筋的10%（每米宽度内）且不小于ϕ6@600。

（7）板上开洞按设计要求加洞边加强筋。

（8）板筋端部锚固应符合设计要求。

（四）楼梯钢筋绑扎工艺流程

划位置线→绑梯梁筋→绑板主筋→绑板分布筋→绑踏步筋。

(五) 楼梯钢筋绑扎要点

(1) 在楼梯底板上划主筋和分布筋的位置线。

(2) 绑梁主筋及梁箍筋。

(3) 根据设计图纸中主筋、分布筋的方向，先绑扎主筋、后绑分布筋，每个交点均应绑扎；板筋要锚固到梁内。

(4) 底板筋绑完，待踏步模板吊绑支好后，再绑扎踏步筋，主筋接头数量和位置均要符合施工规范的规定。

(六) 楼板钢筋安装常见问题

1. 板底筋未通过梁中线

(1) 现象　板钢筋一般间距较小，钢筋根数较多，绑扎任务量大。对于板底筋经常会出现一边过梁中 10cm，另一边未过梁中的情况，且此种情况相当普遍。

(2) 预防措施　钢筋工长在钢筋下料过程中要在板底筋过梁中的长度基础上，每根钢筋总长加上 5cm 来控制下料长度，同时板底筋施工时每一跨板应该由两名钢筋作业人员协作施工，保证板底筋位置两边都过梁中。

2. 板钢筋的成品保护

(1) 现象　板钢筋验收完毕后，浇筑混凝土的过程中，通常由于混凝土操作工人的踩踏以及机械破坏等人为因素使得板钢筋偏移原有的位置，达不到验收规范对网片间距的要求。

(2) 预防措施　在混凝土浇筑前，工长应该严格交底，规范混凝土班组的操作过程，不得随意在板钢筋上行走。同时板钢筋上部钢筋要严格控制满绑，保证其设计位置不轻易变动；柱子浇筑完毕后，值班钢筋作业人员应该随着混凝土的浇筑顺序，跟班调整踩坏的板面筋以及马凳和垫块。

任务 49　埋管埋件安装

梁板钢筋安装完毕后，应组织埋管埋件施工，由土建工长持会签单，找有关专业工长签字、施工。否则很容易产生漏埋管件现象。

如果土建工长不办理会签手续就浇筑混凝土，则漏埋管件的现象发生后由土建工长负责联系有关方面，求得建设方、设计方、监理方谅解后，组织处理。如果会签后，某专业工长忘记组织人员上场进行埋管埋件施工，则由该专业工长负责求得建设方、设计方、监理方谅解后，组织处理。目前江苏龙信集团推行的结构、装修整体安装施工的方法，将埋管埋件放在装修阶段施工，结构施工时，不做埋管埋件，属于例外的要求。

任务 50　梁板柱混凝土浇筑

框架梁板柱模板与钢筋验收完毕后，即可组织混凝土浇筑。

一、混凝土浇筑的一般要求

浇筑混凝土时应分段分层进行，每层浇筑高度应根据结构特点、钢筋疏密决定。一般分层高度为插入式振动器作用部分长度的 1.25 倍，最大不超过 500mm。平板振动器的分层厚度为 200mm。

开动振动棒，振捣手握住振捣棒上端的软轴胶管，快速插入混凝土内部；振捣时，振动棒上下略为抽动，振捣时间为 20～30s，但以混凝土面不再出现气泡、不再显著下沉、表面泛浆和表面形成水平面为准。使用插入式振动器应做到快插慢拔，插点要均匀排列，逐点移动，按顺序进行，不得遗漏，做到均匀振实。移动间距不大于振动棒作用半径的 1.5 倍（一般为 300～400mm），靠近模板距离应不小于 200mm。振捣上一层时应插入下层混凝土面 50～100mm，以消除两层间的接缝。平板振动器的移动间距应能保证振动器的平板覆盖已振实部分边缘。

浇筑混凝土应连续进行。如必须间歇，其间歇时间应尽量缩短，并应在前层混凝土初凝之前，将次层混凝土浇筑完毕。间歇的最长时间应按所用水泥品种及混凝土初凝条件确定，超过 2h 应按施工缝处理。

混凝土浇筑时应派专人经常观察模板钢筋、预留孔洞、预埋件、插筋等有无位移变形或堵塞情况，发现问题应立即浇灌并应在已浇筑的混凝土初凝前修整完毕。

浇筑完毕后，检查钢筋表面是否被混凝土污染，并及时擦洗干净。

二、柱混凝土浇筑

柱浇筑前底部应先填以 5～10cm 厚与混凝土配合比相同的减石子砂浆；柱混凝土应分层振捣，使用插入式振捣器时每层厚度不大于 50cm，振捣棒不得触动钢筋和预埋件。除上面振捣外，下面要有人随时敲打模板。

柱高在 3m 之内，可在柱顶直接下灰浇筑；超过 3m 时，应采取措施（用串桶）或在模板侧面开门子洞安装斜溜槽分段浇筑。分段浇筑每段高度不得超过 2m，每段混凝土浇筑后将门子洞模板封闭严实。

柱子混凝土应一次浇筑完毕，如需留施工缝时应留在主梁下面。无梁楼板应留在柱帽下面。在与梁板整体浇筑时，应在柱浇筑完毕后停歇 1～1.5h，使其获得初步沉实，再继续浇筑。

三、梁、板混凝土浇筑

梁、板应同时浇筑，浇筑方法应由一端开始用“赶浆法”，即先浇筑梁，根据梁高分层浇筑成阶梯形，当达到板底位置时再与板的混凝土一起浇筑，随着阶梯形不断延伸，梁板混凝土浇筑连续向前进行。

和板连成整体高度大于 1m 的梁，允许单独浇筑，其施工缝应留在板底以下 2～3cm 处。浇捣时，浇筑与振捣必须紧密配合，第一层下料慢些，梁底充分振实后再下二层料，用“赶浆法”保持水泥浆沿梁底包裹石子向前推进，每层均应振实后再下料，梁底及梁帮部位要注意振实，振捣时不得触动钢筋及预埋件。

梁柱节点钢筋较密时，浇筑此处混凝土时先将梁筋用 48 层钢管撑开，以保证混凝土下满梁柱节点；节点混凝土振捣密实后，将钢管拔掉，再次振捣梁面部位。施工缝位置：宜沿次梁方向浇筑楼板，施工缝应留置在次梁跨度的中间 1/3 范围内。施工缝的表面应与梁轴线或板面垂直，不得留斜槎。施工缝宜用木板或钢丝网挡牢。

浇筑板混凝土的虚铺厚度应略大于板厚，用平板振捣器垂直浇筑方向来回振捣，厚板可用插入式振捣器顺浇筑方向托拉振捣，并用铁插尺检查混凝土厚度，振捣完毕后用长木抹子抹平。施工缝处或有预埋件及插筋处用木抹子找平。浇筑板混凝土时不允许用振捣棒铺摊混凝土。

施工缝处需待已浇筑混凝土的抗压强度不小于 1.2MPa 时，才允许继续浇筑。在继续浇筑混凝土前，施工缝混凝土表面应凿毛，移除浮动石子，并用水冲洗干净后，先浇一层水泥浆，然后继续浇筑混凝土，应细致操作振实，使新旧混凝土紧密结合。

当柱（墙）混凝土设计强度比梁（板）高两个等级及以上时，节点处混凝土施工应符合下列要求：

① 不得采用泵送方式输送混凝土，混凝土坍落度宜不大于100mm；

② 先浇筑墙柱混凝土，在墙柱混凝土浇筑完毕后停歇1～1.5h，使其初步沉实，再继续浇筑梁、板混凝土，且距高强度构件边缘不应小于500mm；

③ 当梁高不小于700mm时必须分层浇筑成阶梯形，即采用由一端开始采用“赶浆法”。

四、楼梯混凝土浇筑

楼梯段混凝土自下而上浇筑，先振实底板混凝土，达到踏步位置时再与踏步混凝土一起浇捣，不断连续向上推进，并随时用木抹子（或塑料抹子）将踏步上表面抹平。施工缝位置：楼梯混凝土宜连续浇筑完，多层楼梯的施工缝应留置在楼梯段1/3的部位。

任务51　上部结构测量放线与施工

一、上部结构测量放线

常温下，楼面混凝土浇筑12h后，混凝土强度达到1.2MPa以上时，可以在楼面上放上一层柱的位置线。

将下层楼的测量控制点引到楼面上。测设柱轴线，按照图纸要求测设柱轴线的位置，并用对角线法验证各轴线垂直相交后，确定柱中心点位置。根据设计的柱截面尺寸，测设柱边线。在柱边线外300～500mm处弹出柱模板位置控制线。

二、上部结构施工

按照项目3框架结构房屋施工中的任务组织逐层施工，直至屋面结构施工。

任务52　屋面结构施工

一、屋面结构模板工程

按楼层平面上的定位放线和引测的1m标高线进行梁底板的定位和搭设，梁侧模高度以最低点能满足图纸要求为准。处理好数字方向与字母方向梁交叉点标高与截面控制。

屋面通长梁拉线调直，确保屋脊通顺，屋面板模板主龙骨采用$\phi 48$钢管，次龙骨采用50mm×100mm的木方搭设；次龙骨固定于主龙骨时用16号铁丝进行绑扎，以防模板下滑。

屋面外帮墙板模板采用对拉螺栓与钢管加固，模板下口每跨都必须留置垃圾清扫口，以保证屋面模板施工过程中产生的木屑等垃圾顺利清扫，天沟底模统一抄平，搭设平台脚手架；外天沟脚手架搭设时不允许搁置在外脚手架上，更不允许私自拆除外脚手架的大小横杆以及拉结点钢管。否则脚手架可能产生变形（混凝土浇筑时泵管可能碰撞脚手架），将直接影响天沟模板的平整度。

天沟墙板模板（吊模部分），根据墙面钢筋上的标高拉线焊接限位和标高定位钢筋，以保证天沟板厚和天沟上口模板的高度。天沟外帮内模吊模在天沟底钢筋绑扎结束保护层支垫结束后同样要用钢筋焊接限位钢筋。天沟外帮模吊模要在混凝土浇筑前安装完成，保证天沟外帮混凝土与底板混凝土同时浇筑。老虎窗模板拉通线进行定位，在以铺设好的屋面板上进行弹线定位；老虎窗下口线条模板统一高度，屋脊高度一致，老虎窗立面线条基本在一平面上。屋面四周墙体模板安装前做好烟道预留洞口模板的安装工作，以防漏放。屋面板模板铺设结束后要及时对出屋面的烟道口预留洞口模板进行定位安装。屋面伸缩缝上返模板采取二次支模浇筑混凝土。外墙部位装饰线条最下一道50mm的线脚角，支模时宽度要按80mm

设置，以保证外墙成型后线条与外墙装立面效果相符。

二、屋面结构钢筋工程

钢筋加工前对部分折梁要进行放样、实测后再下料，弯折角度符合大样尺寸，弯折长度符合图纸要求，对部分斜屋面变尺寸板筋要进行实际尺量，保证钢筋安装质量。加工成型后对照料单进行挂牌，分类码放。老虎窗板底加筋要实际尺量下料加工。

钢筋安装对照施工图纸和变更，对照料单、梁号对号入座，梁箍筋绑扎时要与梁纵筋垂直绑扎，梁纵筋搭接锚固严格按大样施工。梁绑扎好后要对梁头进行固定，防止梁筋下滑，并将梁的侧向保护层控制好后再进行板筋绑扎。

板筋绑扎前要划线布筋，板筋安装前要先将老虎窗及预留洞口的板底加筋布置好。并按要求做好板底钢筋保护层的设置，其间距不大于600mm×600mm，板筋上铁必须进行满扎，板底筋可进行跳扎，但距梁周边二道必须满扎。

天沟底板钢筋必须进行满扎，且其板保护层必须按300mm×300mm进行放置，防止悬挑构件部位钢筋发生位移。屋面板筋绑扎结束后要安排专人进行屋面出气孔、伸缩缝、太阳能支座等出屋面构件的钢筋预埋和插筋工作。预留钢筋要绑扎牢固并用分布筋进行固定。对老虎窗与屋面相交处的钢筋要在绑扎时注意其斜沟部位的板厚控制，防止出现钢筋高于板厚，必要时用小拨手进行调整。屋脊交接处钢筋较为密结绑扎时要使该部位钢筋成型满足板厚与屋脊混凝土成型要求，基本要能做到棱角分明，为混凝土浇筑成型创造条件。混凝土浇筑时要指定不少于2人进行钢筋保护，特别要注意天沟部位钢筋的维护，确保天沟板筋位置正确。板筋绑扎时同时注意其他工种的半成品保护。板筋绑扎好后对屋脊线位置用ϕ16的钢筋在梁筋上做好定位并焊接牢固，并用油漆做好浇筑高度控制线，以便混凝土浇筑时拉线做脊。钢筋绑扎结束后先进行自检；合格后，报请监理工程师进行验收。

三、屋面结构混凝土工程

混凝土浇筑前的准备：因屋面工程的特殊性人员组织上要有充足的劳动力，技工人数要比正常楼面混凝土浇筑时多8人以上。准备好混凝土的振捣机械、三级电箱，并在浇筑前做好调试工作。混凝土养护用材料全部准备到位。混凝土浇筑结束12h后要及时进行覆盖浇水养护。覆盖要使用麻袋、塑料薄膜，不允许使用草袋。养护时间不少于7d，以混凝土表面基本处于湿润状态为宜。

任务53　填充墙砌筑

一、填充墙的砌筑材料

填充墙常用的砌筑材料有多孔砖、空心砖、粉煤灰砌块、加气混凝土砌块等。

（一）多孔砖填充墙砌筑材料

图12-9　多孔砖

烧结多孔砖是指以黏土、页岩、煤矸石、粉煤灰为主要原料，经焙烧而成的多孔砖（图12-9）。孔洞率不小于25%，孔的尺寸小而数量多，主要用于承重部位的砖简称多孔砖。烧结多孔砖按主要原料分为黏土多孔砖、页岩多孔砖、煤矸石多孔砖和粉煤灰多孔砖。

（1）砖的外形为直角六面体，其长度、宽度、高度尺寸应分别符合下列要求：290mm、240mm、190mm、180mm；175mm、140mm、115mm、90mm。砖孔形状有矩形长条孔、圆孔等多种。要求孔径不大于 22mm，孔数多，孔洞方向垂直于承压面方向。

（2）根据抗压强度分为 MU30、MU25、MU20、MU15、MU10 五个强度等级。

（3）强度和抗风化性能合格的砖，根据尺寸偏差、外观质量、孔型及孔洞排列、泛霜和石灰爆裂分为优等品（A）、一等品（B）、合格品（C）三个质量等级，烧结多孔砖尺寸允许偏差见表 12-2；外观质量允许偏差见表 12-3。

表 12-2　烧结多孔砖尺寸允许偏差

公称尺寸/mm	优等品		一等品		合格品	
	样本平均偏差/mm	样本平均差≤/mm	样本平均偏差/mm	样本平均差≤/mm	样本平均偏差/mm	样本平均差≤/mm
290、240 190、180	±2.0	6	±2.5	7	±3.0	8
175、140 115	±1.5	5	±2.0	6	±2.5	7
90	±1.5	4	±1.5	5	±2.0	6

表 12-3　烧结多孔砖外观质量允许偏差

项目		优等品	一等品	合格品
颜色（一条面和一顶面）		一致	基本一致	—
完整面（不得少于）		一条面和一顶面	一条面和一顶面	—
缺棱掉角的三个破坏尺寸不得同时大于		10	20	30
裂纹长度/mm	大面上深入孔壁 15mm 以上，宽度方向及其延伸到条面的长度	60	80	100
	大面上深入孔壁 15mm 以上，长度方向及其延伸到顶面的长度	60	100	120
	条面上的水平裂纹杂质在砖面上造成的凸出高度	80 3	100 4	120 5

注：1. 为装饰面施加的色差、凹凸纹、拉毛、压花等不算缺陷。

2. 凡有下列缺陷之一者，不能称为完整面：

（1）缺损在条面或顶面上造成的破坏面尺寸同时大于 20mm×30mm。

（2）条面或顶面上裂纹宽度大于 1mm，其长度超过 70mm。

（3）压陷、焦花、粘底在条面或顶面上的凹陷或凸出超过 2mm，区域尺寸同时大于 20mm×30mm。

（二）砌块填充墙砌筑材料

砌块是指砌筑用人造块材，外形多为直角六面体，也有各种异形的。砌块系列中主规格的长度、宽度或高度有一项或一项以上分别大于 365mm、240mm 或 115mm，但高度不大于长度或宽度的 6 倍，长度不超过高度的 3 倍。砌块系列中主规格高度大于 115mm，而又小于 380mm 的砌块称为小型砌块，简称小砌块；最大尺寸为 1200mm，高 800mm，厚度分别为 180mm、240mm、370mm、490mm 的都称为中型砌块；大于中型规格尺寸的称为大型砌块。

小型砌块按其所用材料不同，有普通混凝土小型空心砌块、粉煤灰小型空心砌块、蒸压加气混凝土砌块、轻骨料混凝土小型空心砌块、粉煤灰砌块等。现仅介绍普通混凝土小型空心砌块和粉煤灰小型空心砌块。

1. 普通混凝土小型空心砌块

普通混凝土小型空心砌块以水泥、砂、碎石或卵石、水等预制而成。其主规格尺寸为 390mm×190mm×190mm，有两个方形孔，最小外壁厚应不小于 30mm，最小肋厚应不小于 25mm，空心率应不小于 25%，见图 12-10～图 12-12。

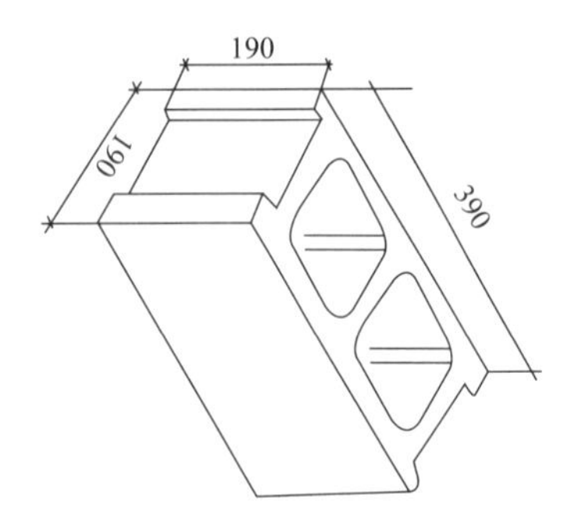

图 12-10 小型空心砌块（一）

图 12-11 小型空心砌块（二）

图 12-12 小型空心砌块（三）

普通混凝土小型空心砌块按其强度，分为 MU5、MU7.5、MU10、MU15、MU20 五个强度等级；按其尺寸偏差、外观质量，分为优等品、一等品、合格品。普通混凝土空心砌块的尺寸允许偏差和外观质量应符合表 12-4、表 12-5 的规定。

表 12-4 普通混凝土小型空心砌块的尺寸允许偏差

项目	优等品	一等品	合格品
长度/mm	±2	±3	±3
宽度/mm	±2	±3	±3
高度/mm	±2	±3	+3，-4

表 12-5 普通混凝土小型空心砌块的外观质量

项目		优等品	一等品	合格品
弯曲/mm		≤2	≤2	≤3
掉角缺棱	个数	0	≤2	≤2
	三个方向投影尺寸的最小值/mm	0	≤20	≤30
裂纹延伸的投影尺寸累计/mm		0	≤20	≤30

2. 粉煤灰小型空心砌块

粉煤灰小型空心砌块是以粉煤灰、水泥及各种骨料加水拌和制成的砌块。其中粉煤灰用量不应低于原材料重量的 10%，生产过程中也可加入适量的外加剂调节砌块的性能。

(1) 性能　粉煤灰小型空心砌块具有轻质高强、保温隔热、抗震性能好的特点，可用于框架结构的填充墙等结构部位。粉煤灰小型空心砌块按抗压强度，分为 MU2.5、MU3.5、MU5.0、MU7.5、MU10 和 MU15 六个强度等级。

(2) 质量要求　粉煤灰小型空心砌块按孔的排数，分为单排孔、双排孔、三排孔和四排孔四种类型。其主规格尺寸为 390mm×190mm×190mm，其他规格尺寸可由供需双方协商确定。根据尺寸允许偏差、外观质量、碳化系数、强度等级，分为优等品、一等品和合格品三个等级。粉煤灰砌块的尺寸允许偏差和外观质量应分别符合表 12-6 和表 12-7 的要求。

表 12-6 粉煤灰小型空心砌块尺寸允许偏差

项目名称	优等品	一等品	合格品
长度/mm	±2	±3	±3
宽度/mm	±2	±3	±3
高度/mm	±2	±3	+3，-4

注：最小外壁厚不应小于 20mm。

表 12-7　粉煤灰小型空心砌块外观质量

项目名称	优等品	一等品	合格品
掉角缺	0	≤2	≤2
三个方向投影尺寸最小值/mm	0	≤20	≤20
裂纹延伸的投影尺寸累计/mm	0	≤20	≤30
弯曲	2	3	4

（三）填充墙砌筑砂浆

砌筑砂浆是砌体的重要组成部分。它将砖、石、砌块等黏结成为整体，并起着传递荷载的作用。

1. 砌筑砂浆的分类

砂浆按组成材料不同可分为水泥砂浆、混合砂浆和非水泥砂浆三类。

（1）水泥砂浆　水泥砂浆是由水泥、细骨料和水配制的砂浆；水泥砂浆具有较高的强度和耐久性，但性能差，多用于高强度和潮湿环境的砌体中。

（2）混合砂浆　混合砂浆是由水泥、细骨料、掺加料（石灰膏、粉煤灰、黏土等）和水配制的砂浆，如水泥石灰砂浆、水泥黏土砂浆等。水泥混合砂浆具有一定的强度和耐久性，且和易性和保水性好，多用于一般墙体中。

2. 砌筑砂浆的性质

砌筑砂浆应具有良好的和易性、足够的抗压强度、黏结强度和耐久性。

（1）和易性　和易性良好的砂浆便于操作，能在砖、石表面上铺成均匀的薄层，并能很好地与底层黏结。和易性良好的砂浆，既便于施工操作，提高劳动生产率，又能保证工程质量。砂浆和易性包括流动性和保水性。和易性包括稠度和保水性两个方面。

砂浆的流动性也叫做稠度，是砂浆指在自重或外力作用下流动的性能，用“沉入度”表示。沉入度大，砂浆流动性大；但流动性过大，硬化后强度将会降低；若流动性过小，则不便于施工操作。

砂浆流动性的大小与砌体材料种类、施工条件及气候条件等因素有关。对于多孔吸水的砌体材料和干热的天气，则要求砂浆的流动性大些；相反对于密实不吸水的材料和湿冷的天气，则要求流动性小些。用于砌体的砂浆稠度应按表 12-8 选用。

表 12-8　砌筑的砂浆的稠度

项次	砌体种类	砂浆稠度/mm
1	烧结普通砖砌体	70～90
2	轻骨料混凝土小型砌块砌体	60～90
3	烧结多孔砖、空心砖砌体	60～80
4	烧结普通砖平拱式过梁	50～70
	空斗墙、筒拱	
	普通混凝土小型空心砌块砌体	
	加气混凝土砌块砌体	
5	石砌体	30～50

（2）新拌砂浆能够保持水分的能力称为保水性，用“分层度”表示；砂浆的分层度在

10～20mm之间为宜，不得大于30mm。分层度大于30mm的砂浆，容易产生离析，不便于施工；分层度接近于零的砂浆，容易发生干缩裂缝。

（3）砂浆的强度　砂浆在砌体中主要起传递荷载的作用，并经受周围环境介质作用，因此砂浆应具有一定的抗压强度。

砂浆的强度等级是以边长为70.7mm的立方体试块，在标准养护条件下（水泥混合砂浆为温度（20±3）℃，相对湿度60%～80%；水泥砂浆为温度（20±3）℃，相对湿度90%以上），用标准试验方法测得28d龄期的抗压强度来确定的。

（4）砂浆的黏结强度　砌筑砂浆必须有足够的黏结强度，以便将砖、石、砌块黏结成坚固的砌体。根据试验结果，凡保水性能优良的砂浆，黏结强度一般较好。砂浆强度等级愈高，其黏结强度也愈大。砂浆黏结强度与砖石表面清洁度、润湿情况及养护条件有关。砌砖前砖要浇水湿润，其含水率控制在10%～15%为宜。

（5）砂浆的耐久性　对有耐久性要求的砌筑砂浆，经数次冻隔循环后，其质量损失率不得大于5%，抗压强度损失率不得大于25%。

试验证明，砂浆的黏结强度、耐久性均随抗压强度的增大而提高，即它们之间有一定的相关性，而且抗压强度的试验方法较为成熟，测试较为简单准确，所以工程上常以抗压强度作为砂浆的主要技术指标。

3. 砂浆的制备

砂浆应按试配调整后确定的配合比进行计量配料。砂浆应采用机械拌合，其拌合时间自投料完算起，水泥砂浆和水泥混合砂浆不得少于2min；水泥粉煤灰砂浆和掺用外加剂的砂浆不得少于3min；掺用有机塑化剂的砂浆为3～5min。拌成后的砂浆，其稠度应符合表12-8规定；分层度不应大于30mm；颜色一致。砂浆拌成后应盛入贮灰器中，如砂浆出现泌水现象，应在砌筑前再次拌和。砂浆应随拌随用。水泥砂浆和水泥混合砂浆必须分别在拌成后3h和4h内使用完毕；如施工期间最高气温超过30℃时，必须分别在拌成后2h和3h内使用完毕。

二、填充墙的构造要求

（一）砌块砌体的一般构造要求

（1）砌块砌体应分皮错缝搭砌，上下皮搭砌长度不小于90mm。当搭砌长度不满足要求时，应在水平灰缝内设置不少于2ϕ4的焊接钢筋网片，横向钢筋间距不宜大于200mm，网片每端均应超过该垂直缝，其长度不得小于300mm。

（2）砌块墙与后砌隔墙交接处，应沿墙高每400mm在水平灰缝内设置不少于2ϕ4、横筋间距不大于200mm的焊接钢筋网片。

（3）混凝土砌块墙体的灌孔要求　在表12-9所列部位，应采用不低于C20灌孔混凝土将孔灌实。

表12-9　砌块墙体灌孔要求

灌孔位置	灌孔长度/mm	灌孔高度/mm	灌孔位置	灌孔长度/mm	灌孔高度/mm
纵横墙交接处	墙中心线每边各≥300	墙身全高	屋架、梁支承面下	≥600	≥600
格栅、檩条、楼板	支承面下	≥200	挑梁支承面下	墙中心每边≥300	≥600

（4）在砌体中留槽洞及埋设管道时，应遵守下列规定：

① 不应在截面长边小于500mm的承重墙体、独立柱内埋设管线；

② 不宜在墙体中穿行暗线或预留、开凿沟槽，无法避免时应采取必要的措施或按削弱

后的截面验算墙体的承载力。但允许在受力较小或未灌孔的砌块砌体和墙体的竖向孔洞中设置管线。

(5) 夹心墙规定：

① 混凝土砌块的强度等级不应低于 MU10；

② 夹心墙的夹层厚度不宜大于 100mm；

③ 夹心墙外叶墙的最大横向支承间距不宜大于 9m。

(6) 跨度大于 6m 的屋架及大于 4.8m 或 4.2m（对砌块砌体）的梁，其支承面下的砌体应设置钢筋混凝土垫块；当与圈梁相遇时，应与圈梁浇成整体；当 240mm 厚砖墙承受 6m 大梁、砌块墙和 180mm 厚砖墙承受 4.8m 大梁时，则应加设壁柱。跨度大于 9m 的屋架、预制梁，其端部与砌体应采用锚固措施。

(7) 预制钢筋混凝土板的支承长度，在墙上不宜小于 100mm，在圈梁上不宜小于 80mm。预制钢筋混凝土梁在墙上的支承长度不宜小于 240mm。

(8) 填充墙、隔墙应分别采取措施与周边构件可靠连接。

(9) 山墙处的壁柱宜砌至山墙顶部，屋面构件应与山墙可靠拉结。

(二) 砌块墙的构造

1. 砌块墙的拼接

由于砌块的体积比普通砖的体积大，所以墙体接缝更显得重要。在砌筑时，必须保证灰缝横平竖直、砂浆饱满，使其能更好地连接。一般砌块墙采用 M5 砂浆砌筑，水平缝为 10～15mm，竖向缝为 15～20mm。当竖向缝大于 40mm 时，须用 C15 细石混凝土灌实。当砌块排列出现局部不齐或缺少某些特殊规格时，为减少砌块类型，常以普通黏土砖填充。

砌块墙上下错缝应大于 150mm，当错缝不足 150mm 时，应于灰缝中配置钢筋网片一道；砌块与砌块在转角、内外墙拼接处应以钢筋网片加固（图 12-13）。

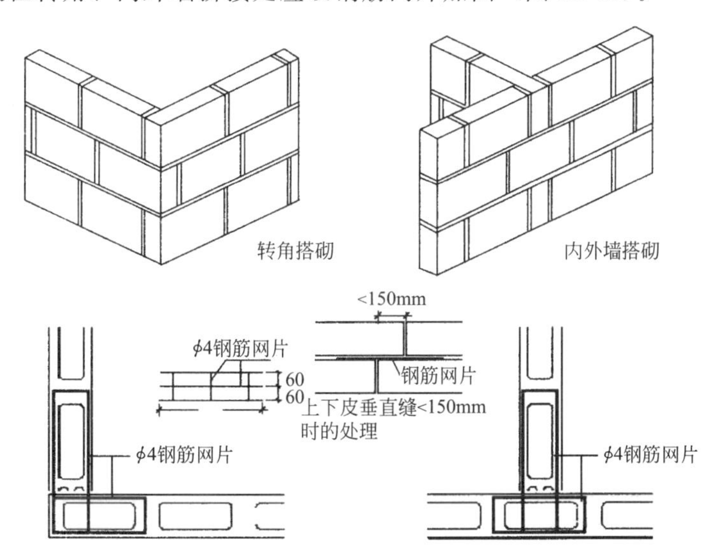

图 12-13　砌块墙的构造

2. 芯柱的设置

为了加强砌体房屋的整体性，空心砌体常于房屋的转角处，内、外墙交接处设置构造柱或芯柱。芯柱是利用空心砌块的孔洞做成。砌筑时将砌块孔洞上下对齐，孔中插入 2ϕ10 或 2ϕ12 的钢筋，采用 C20 细石混凝土分层捣实（图 12-14）。为了增强房屋的抗震能力，构造柱应与圈梁连接。当填充墙长度超过 5m 时，也应设置构造柱。

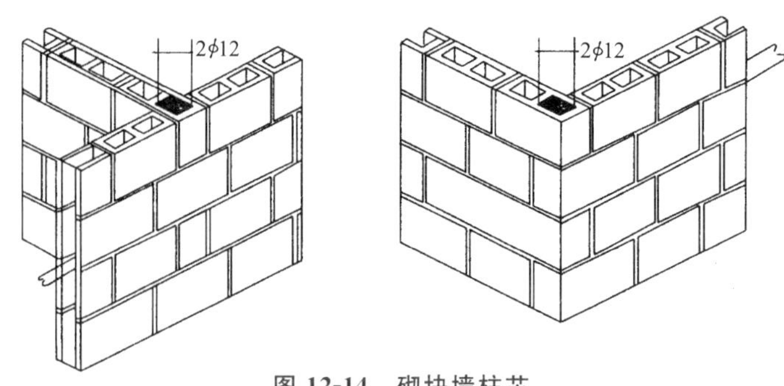

图 12-14　砌块墙柱芯

3. 过梁与圈梁

过梁是砌块墙的重要构件之一。当砌块墙中遇门窗洞口时，应设置过梁；它既起连系梁的作用，又是一种调节砌块。当层高与砌块高出现差异时，可利用过梁尺寸的变化进行调节，从而使砌块的通用性更大。

多层砌体建筑应设置圈梁，以增强房屋的整体性。砌块墙的圈梁常和过梁统一考虑，有现浇和预制两种。现浇圈梁整体性强，对加固墙身较为有利，但施工支模复杂。实际工程中可采用U形预制砌块来代替模板，在槽内配置钢筋后浇筑混凝土而成。预制圈梁则是将圈梁分段预制，现场拼接。预制时，梁端伸出钢筋，拼接时将两端钢筋扎结后在结点现浇混凝土。

(三) 砌块房屋抗震构造措施

1. 芯柱的设置和构造要求

(1) 小砌块房屋应按表12-10的要求设置钢筋混凝土芯柱，对医院、教学楼等横墙较少的房屋，应根据房屋增加一层后的层数执行。

表 12-10　小砌块房屋芯柱设置要求

房屋层数/层			设置部位	设置数量
6度	7度	8度		
四、五	三、四	二、三	外墙转角，楼梯间四角；大房间内外墙交接处；隔15m或单元隔墙与外纵墙交接处	外墙转角，灌实3个孔；内外墙交接处，灌实4个孔
六	五	四	外墙转角，楼梯间四角；大房间内外墙交接处；山墙与内纵墙交接外，隔开间横墙（轴线）与外纵墙交接处	
七	六	五	外墙转角，楼梯间四角；各内墙（轴线）与外纵墙交接处；8度、9度时，内纵墙与横墙（轴线）交接处和洞口两侧	外墙转角，灌实5个孔；内外墙交接处，灌实4个孔；内墙交接处，灌实4～5个孔；洞口两侧各灌实1个孔
	七	六	同上；横墙内芯柱间距不宜大于2m	外墙转角，灌实7个孔；内外墙交接处，灌实5个孔；内墙交接处，灌实4～5个孔；洞口两侧各灌实1个孔

(2) 小砌块房屋的芯柱，应符合下列构造要求：

① 小砌块房屋的芯柱截面尺寸不宜小于120mm×120mm。

② 芯柱混凝土强度等级，不应低于C20。

③ 芯柱的竖向插筋应贯通墙身且与圈梁连接；插筋不应小于1φ12，地震烈度为7度时

超过五层、地震烈度为8度时超过四层和地震烈度为9度时，插筋不应小于1ϕ14。

④ 芯柱伸入室外地面下500mm或与埋深小于500mm的基础圈梁相连。

⑤ 为提高墙体抗震受剪承载力而设置的芯柱，宜在墙体内均匀布置，最大净距不宜大于2.0m。

2. 构造柱替代芯柱的构造要求

(1) 构造柱最小截面可采用190mm×190mm，纵向钢筋宜采用4ϕ12，箍筋间距不宜大于250mm，且在柱上、下端宜适当加密；7度时超过五层、8度时超过四层和9度时，构造柱纵向钢筋宜采用4ϕ14，箍筋间距不宜大于200mm；外墙转角的构造柱可适当加大截面及配筋。

(2) 构造柱与砌块墙连接处应砌成马牙槎；与构造柱相邻的砌块孔洞，地震烈度为6度时宜填实，地震烈度为7度时应填实，地震烈度为8度时应填实并插筋；沿墙高每隔600mm应设拉结钢筋网片，每边伸入墙内不宜小于1m。

(3) 构造柱与圈梁连接处，构造柱的纵筋应穿过圈梁，保证构造柱纵筋上下贯通。

(4) 构造柱可不单独设置基础，但应伸入室外地面下500mm，或与埋深小于500mm的基础圈梁相连。

3. 圈梁的设置和构造要求

(1) 小砌块房屋的现浇钢筋混凝土圈梁应按表12-11的要求设置，圈梁宽度不应小于190mm，配筋不应少于4ϕ12；箍筋间距不宜大于200mm。

表12-11 小砌块房屋现浇钢筋混凝土圈梁的设置要求

墙类	烈度	
	6度、7度	8度
外墙和内纵墙	屋盖处及每层楼盖处	屋盖处及每层楼盖处
内横墙	同上；屋盖处沿所有横墙；楼盖处间距不应大于7m；构造柱对应部位	同上；各层所有横墙

(2) 小砌块房屋墙体交接处或芯柱与墙体连接处应设置拉结钢筋网片，网片可采用直径4mm的钢筋点焊而成，沿墙高每隔600mm设置，每边伸入墙内不宜小于1m。

小砌块房屋的层数，地震烈度为6度时七层、地震烈度为7度时超过五层、地震烈度为8度时超过四层、底层和顶层的窗台标高处，沿纵横墙应设置通长的水平现浇钢筋混凝土带；其截面高度不小于60mm，纵筋不少于2ϕ10，并应有分布拉结钢筋；其混凝土强度等级不应低于C20。

三、填充墙砌筑注意事项

(一) 窗台砌筑

当墙砌到接近窗洞口标高时，如果窗台是用顶砖挑出，则在窗洞口下皮开始砌窗台；如果窗台是用侧砖挑出，则在窗洞口下两皮开始砌窗台。砌之前按图样把窗洞口位置在砖墙面上划出分口线；砌砖时砖应砌过分口线60～120mm，挑出墙面60mm，出檐砖的立缝要打碰头灰。

窗台砌虎头砖时，先把窗台两边的两块虎头砖砌上，用一根小线挂在它的下皮砖外角上，线的两端固定，作为砌虎头砖的准线；挂线后把窗台的宽度量好，算出需要的砖数和灰缝的大小。虎头砖向外砌成斜坡，在窗口处墙上的砂浆应铺得厚一些，一般里面比外面高出20～30mm，以利泄水。操作方法是把灰打在砖中间，四边留10mm左右，一块一块地砌。

砖要充分润湿，灰浆要饱满。如为清水窗台时，砖要认真进行挑选。

如果几个窗口连在一起通长砌，其操作方法与上述单窗台砌法相同。

（二）梁底和板底砖的处理

砖墙砌到楼板底时应砌成丁砖层，如果楼板是现浇的，并直接支承在砖墙上，则应砌低一皮砖，使楼板的支承处混凝土加厚，支承点得到加强。

填充墙砌到框架梁底时，墙与梁底的缝隙要用铁楔子或木楔子打紧，然后用 1∶2 水泥砂浆嵌填密实。如果是混水墙，可以用与平面交角在 45°～60°的斜砌砖顶紧。假如填充墙是外墙，应等砌体沉降结束，砂浆达到强度后再用楔子楔紧，然后用 1∶2 水泥砂浆嵌填密实。因为这一部分是薄弱点，最容易造成外墙渗漏，施工时要特别注意。梁板底的处理，见图 12-15。

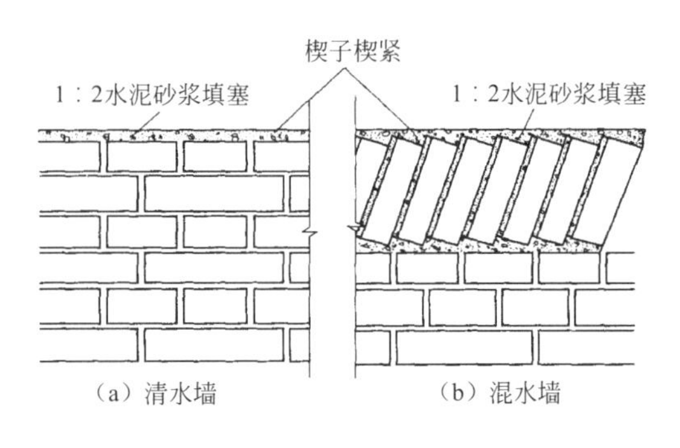

图 12-15　填充墙砌到框架梁底时的处理

（三）变形缝的砌筑与处理

当砌筑变形缝两侧的砖墙时，要找好垂直，缝的大小上下一致，更不能中间接触或有支撑物。砌筑时要特别注意，不要把砂浆。碎砖、钢筋头等掉入变形缝内，以免影响建筑物的自由伸缩、沉降和晃动。

变形缝口部的处理必须按设计要求，不能随便更改，缝口的处理要满足此缝的功能上的要求。如伸缩缝一般用麻丝沥青填缝，而沉降缝则不允许填缝。墙面变形缝的处理形式见图 12-16。屋面变形缝的处理，见图 12-17。

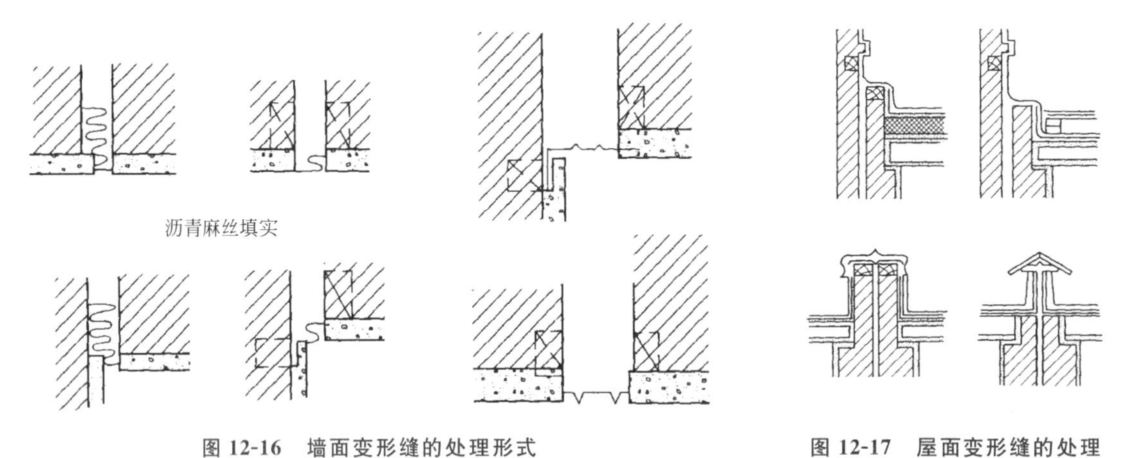

图 12-16　墙面变形缝的处理形式

图 12-17　屋面变形缝的处理

四、填充墙的施工质量控制与验收评价

（一）砌体施工质量控制等级

建筑工程的砖、石、混凝土小型空心砌块、蒸压加气混凝土砌块等砌体的施工质量控制和验收应严格按照《砌体结构工程施工质量验收规范》（GB 50203—2011）的要求执行。

由于砌体的施工主要依靠人工操作，所以砌体结构的质量也在很大程度上取决于人的因素。施工过程对砌体结构质量的影响直接表现在砌体的强度上。在验收规范中，施工水平按质量监督人员、砂浆强度试验及搅拌、砌筑工人技术熟练程度等情况将砌体施工质量控制等级分为三级（见表 12-12）。

表 12-12　砌体施工质量控制等级

项目	施工质量控制等级		
	A	B	C
现场质量管理	制度健全，并严格执行；非施工方质量监督人员经常到现场，或现场设有常驻代表；施工方有在岗专业技术管理人员，人员齐全，并持证上岗	制度基本健全，并能执行；非施工方质量监督人员间断地到现场进行质量控制，施工方有在岗专业技术管理人员，并持证上岗	有制度；非施工方质量监督人员很少做现场质量控制；施工方有在岗专业技术管理人员
砂浆强度	试块按规定制作，强度满足验收规定，离散性小	试块按规定制作，强度满足验收规定，离散性较小	试块强度满足验收规定，离散性大
砂浆拌合方式	机械拌合；配合比计量控制严格	机械拌合；配合比计量控制一般	机械或人工拌合；配合比计量控制较差
砌筑工人	中级工以上，其中高级工不少于20%	高中级工不少于70%	初级工以上

（二）砌体施工质量基本规定

对于砌体施工质量的质量控制，主要从砌筑材料和施工工艺两方面提出了要求。

1. 施工工艺的基本要求

（1）基础砌筑　基础高低台的合理搭接，对保证基础砌体的整体性至关重要。从受力角度考虑，基础扩大部分的高度与荷载、地耐力等有关。对有高低台的基础，应从低处砌起，在设计无要求时，高低台的搭接长度不应小于基础扩大部分的高度。

（2）墙体砌筑　为了保证墙体的整体性，提高砌体结构的抗震能力，砌体的转角处和交接处应同时砌筑，如不能同时砌筑，应留斜槎；砌体的交接处如不能同时砌筑，可留直槎。均应做好接槎处。在墙上留置临时施工洞口，其侧边离交接处墙面不应小于500mm，洞口净宽度不应超过1m。抗震设防烈度为9度的地区，建筑物临时施工洞口位置应会同设计单位确定。临时施工洞口应做好补砌。脚手眼不仅破坏了砌体结构的整体性，而且还影响建筑物的使用功能；施工脚手眼补砌时，灰缝应填满砂浆，不得用干砖填塞。尚未施工楼板或屋面的墙或柱，当可能遇到大风时，其允许自由高度不得超过表12-13的规定。如超过表中限值时，必须采用临时支撑等有效措施。

表 12-13　墙和柱的允许自由高度

墙（柱）厚/mm	砌体密度＞1600kg/m³			砌体密度 1300～1600kg/m³		
	风载/（kN/m³）			风载/（kN/m³）		
	0.3（约7级风）	0.4（约8级风）	0.5（约9级风）	0.3（约7级风）	0.4（约8级风）	0.5（约9级风）
190	—	—	—	1.4	1.1	0.7
240	2.8	2.1	1.4	2.2	1.7	1.1
370	5.2	3.9	2.6	4.2	3.2	2.1
490	8.6	6.5	4.3	7.0	5.2	3.3
620	14.0	10.5	7.0	11.4	8.6	5.7

2. 砌筑材料的要求及检验

（1）对砂浆的要求　在砌体工程施工时，应用合格的材料才可能砌筑出符合质量要求的工程。因此使用的材料必须具有产品合格证书和产品性能检测报告。对砌体质量有显著影响的块材、水泥、钢筋、外加剂等主要材料在进入施工现场后应进行主要性能的复检，合格后方可使用。严禁使用国家明令淘汰的材料。

砌筑砂浆所用水泥进场使用前，应分批对其强度、安定性进行复验。检验批应以同一生产厂家、同一编号为一批。当在使用中对水泥质量有怀疑或水泥出厂超过三个月（快硬硅酸盐水泥超过一个月）时，应复查试验，并按其结果使用。不同品种的水泥不得混合使用。不同品种的水泥由于成分不一，混合使用后往往会发生材性变化或强度降低而引起工程质量问题。

砂浆用砂不得含有有害杂物。砂浆用砂的含泥量应满足要求：水泥砂浆和强度等级不小于 M5 的水泥混合砂浆，不应超过 5%；强度等级小于 M5 的水泥混合砂浆，不应超过 10%。M5 以上的水泥混合砂浆，如砂子含泥量过大，有可能导致塑化剂掺量过多，造成砂浆强度降低。

配制水泥石灰砂浆时，不得采用脱水硬化的石灰膏，脱水硬化的石灰膏和消石灰粉不能起塑化作用又影响砂浆强度。消石灰粉需充分熟化后方能使用于砌筑砂浆中。

拌制砂浆用水，水质应符合国家现行标准《混凝土用水标准》（JGJ 63—2006）的规定。当水中含有有害物质时，会影响水泥的正常凝结，并可能对钢筋产生锈蚀作用。可饮用水均能满足拌制砂浆用水的要求。

砌筑砂浆应通过试配确定配合比，其组分材料配合比应采用重量计量。当砌筑砂浆的组成材料有变更时，其配合比应重新确定。施工中当采用水泥砂浆代替水泥混合砂浆时，应重新确定砂浆的强度等级。凡在砂浆中掺入有机塑化剂、早强剂、缓凝剂、防冻剂等，应经检验和试配符合要求后，方可使用。有机塑化剂应有砌体强度的形式检验报告，并根据其形式检验报告结果确定砌体强度。例如，对微沫剂替代石灰膏制作水泥混合砂浆，砌体抗压强度较同强度等级的混合砂浆砌筑的砌体的抗压强度降低 10%；而砌体的抗剪强度无不良影响。

为了降低劳动强度和克服人工拌制砂浆不易搅拌均匀的缺点，砌筑砂浆应采用机械搅拌；砂浆的搅拌时间自投料完算起应符合规定：水泥砂浆和水泥混合砂浆不得少于 2min；水泥粉煤灰砂浆和掺用外加剂的砂浆不得少于 3min；掺用有机塑化剂的砂浆，应为 3～5min。砂浆应随拌随用，水泥砂浆和水泥混合砂浆应分别在 3h 和 4h 内使用完毕；当施工期间最高气温超过 30℃时，应分别在拌成后 2h 和 3h 内使用完毕。

（2）砌筑材料的检验　同一验收批砌筑砂浆试块抗压强度平均值必须大于或等于设计强度等所对应的立方体抗压强度；同一验收批砂浆试块抗压强度的最小一组平均值必须大于或等于设计强度等级所对应的立方体抗压强度的 0.75 倍。砌筑砂浆的验收批，同一类型、强度等级的砂浆试块应不少于 3 组。当同一验收批只有一组试块时，该组试块抗压强度的平均值必须大于或等于设计强度等级所对应的立方体抗压强度。

① 抽检数量：每一检验批且不超过 250m^3 砌体的各种类型及强度等级的砌筑砂浆，每台搅拌机应至少抽检一次。

② 检验方法：在砂浆搅拌机出料口随机取样制作砂浆试块（同盘砂浆只应制作一组试块），最后检查试块强度试验报告单。

③ 当施工中或验收时出现砂浆试块缺乏代表性或试块数量不足，或对砂浆试块的试验结果有怀疑或有争议，或砂浆试块的试验结果不能满足设计要求时，可采用现场检验方法对砂浆和砌体强度进行原位检测或取样检测，并判定其强度。

（三）砌块砌体的质量标准及检验方法

为有效控制砌体收缩裂缝和保证砌体强度，施工时所用的小砌块的产品龄期不应小于 28d。砌筑小砌块时，应清除表面污物和芯柱用小砌块孔洞底部的毛边，剔除外观质量不合格的小砌块。砌筑所用的砂浆，宜选用专用的小砌块砌筑砂浆。底层室内地面以下或防潮层以下的砌体，为了提高砌体的耐久性，预防或延缓冻害，减轻地下水中有害物质对砌体的侵蚀，应采用强度等级不低于 C20 的混凝土灌实小砌块的孔洞。小砌块砌筑时，在天气干燥炎热的情况下，可提前洒水湿润小砌块；小砌块表面有浮水时，不得施工。承重墙体严禁使用断裂小砌块；小砌块墙体应对孔错缝搭砌，搭接长度不应小于 90mm。墙体的个别部位不能满足上述要求时，应在灰缝中设置拉结钢筋或钢筋网片，但竖向通缝仍不得超过两皮小砌块。小砌块应底面朝上反砌于墙上。

浇灌芯柱的混凝土，宜选用专用的小砌块灌孔混凝土，当采用普通混凝土时，其坍落度不应小于 90mm。浇灌芯柱混凝土，应清除孔洞内的砂浆等杂物，并用水冲洗；为了避免振捣混凝土芯柱时的震动力和施工过程中难以避免的冲撞对墙体的整体性带来不利影响，应待砌体砂浆强度大于 1MPa 时，方可浇灌芯柱混凝土；在浇灌芯柱混凝土前应先注入适量与芯柱混凝土相同强度的水泥砂浆，再浇灌混凝土。

1. 主控项目

（1）小砌块和砂浆的强度等级必须符合设计要求。

① 抽检数量：每一生产厂家，每 1 万块小砌块至少应抽检一组。用于多层建筑基础和底层的小砌块抽检数量不应少于 2 组。砂浆试块的抽检数量为：每一检验批且不超过 $250m^3$ 砌体的各种类型及强度等级的砌筑砂浆，每台搅拌机应至少抽检一次。

② 检验方法：查小砌块和砂浆试块试验报告。

（2）砌体水平灰缝的砂浆饱满度，应按净面积计算不得低于 90%；竖向灰缝饱满度不得小于 80%，竖缝凹槽部位应用砌筑砂浆填实；不得出现瞎缝、透明缝。

① 抽检数量：每检验批不应少于 3 处。

② 检验方法：用专用百格网检测小砌块与砂浆黏结痕迹，每处检测 1 块小砌块，取其平均值。

（3）墙体转角处和纵横墙交接处应同时砌筑。临时间断处应砌成斜槎，斜槎水平投影长度不应小于高度的 2/3。

① 抽检数量：每检验批抽 20%接槎，且不应少于 5 处。

② 检验方法：观察检查。

2. 一般项目

（1）墙体的水平灰缝厚度和竖向灰缝宽度宜为 10mm，但不应大于 12mm，也不小于 8mm。

① 抽检数量：每层楼的检测点不应少于 3 处。

② 抽检方法：用尺量五皮小砌块的高度和 2m 砌体长度折算。

（2）小砌块墙体的一般尺寸允许偏差应符合表 12-14 中的规定。

表 12-14　填充墙砌体一般尺寸的允许偏差

项次	项目		允许偏差/mm	检验方法
1	轴线位移		10	用尺检查
	垂直度	小于或等于 3m	5	用 2m 托线板或吊线检查
		大于 3m	10	尺检查
2	表面平整度		8	用 2m 靠尺和楔形塞尺检查
3	门窗洞口高、宽（后塞口）		±5	用尺检查
4	外墙上、下窗口偏移		20	用经纬仪或吊线检查

（四）填充墙砌体工程的质量标准及检验方法

房屋建筑采用空心砖、蒸压加气混凝土砌块、轻骨料混凝土小型空心砖块等砌筑填充墙时，为了有效控制砌体收缩裂缝和保证砌体强度，蒸压加气混凝土砌块、轻骨料混凝土小型空心砌块砌筑时，其产品龄期应超过28d。空心砖、蒸压加气混凝土砌块、轻骨料混凝土小型空心砌块等的运输、装卸过程中，严禁抛掷和倾倒。进场后应按品种、规格分别堆放整齐，堆置高度不宜超过2m。加气混凝土砌块应防止雨淋。

填充墙砌体砌筑前块材应提前2d浇水湿润。蒸压加气混凝土砌块砌筑时，应向砌筑面适量浇水。用轻骨料混凝土小型空心砌块或蒸压加气混凝土砌块砌筑墙体时，墙底部应砌烧结普通砖或多孔或普通混凝土小型空心砌块或现浇混凝土坎台等，其高度不宜小于200mm。

1. 主控项目

砖、砌块和砌筑砂浆的强度等级应符合设计要求。

检验方法：检查砖或砌块的产品合格证书、产品性能检测报告和砂浆试块试验报告。

2. 一般项目

（1）填充墙砌体一般尺寸的允许偏差应符合表12-15的规定。

抽检数量：对表中1项、2项，在检验批的标准间中随机抽查10%，但不应少于3间；大面积房间和楼道按两个轴线或每10延米按一标准间计数。每间检验不应少于3处。对表中3项、4项，在检验批中抽检10%，且不应少于5处。

表12-15　填充墙砌体一般尺寸的允许偏差

项次	项目		允许偏差/mm	检查方法
1	轴线位移		10	用尺检查
	垂直度	≤3m	5	用2m托线板或吊线、尺检查
		>3m	10	
2	表面平直度		8	用2m靠尺和楔形塞尺检查
3	门窗洞口高、宽（后塞口）		±5	用尺检查
4	外墙上、下窗口平移		20	用经纬仪或吊线检查

（2）蒸压加气混凝土砌块砌体和轻骨料混凝土小型空心砌块砌体不应与其他块材混砌。

① 抽检数量：在检验批中抽检20%，且不应少于5处。

② 检验方法：外观检查。

（3）填充墙砌体的砂浆饱满度及检验方法应符合表12-16的规定。

抽检数量：每步架子不少于3处，且每处不应少于3块。

表12-16　填充墙砌体的砂浆饱满度及检验方法

砌体分类	灰缝	饱满度及要求	检验方法
空心砖砌体	水平	≥80%	采用百格网检查块材底面砂浆的黏结痕迹面积
	垂直	填满砂浆，不得有透明缝、瞎缝、假缝	
加气混凝土砌块和轻骨料混凝土小砌块砌体	水平	≥80%	
	垂直	≥80%	

（4）填充墙砌体留置的拉结钢筋或网片的位置应与块体皮数相符合。拉结钢筋或网片应置于灰缝中，埋置长度应符合设计要求，竖向位置偏差不应超过一皮高度。

① 抽检数量：在检验批中抽检20%，且不应少于5处。

② 检验方法：观察和用尺量检查。

(5) 填充墙砌筑时应错缝搭砌，蒸压加气混凝土砌块搭砌长度不应小于砌块长度的1/3；轻骨料混凝土小型空心砌块搭砌长度不应小于 90mm；竖向通缝不应大于两皮。

① 抽检数量：在检验批的标准间中抽查 10%，且不应少于 3 间。

② 检查方法：观察和用尺检查。

(6) 填充墙砌体的灰缝厚度和宽度应正确。空心砖、轻骨料混凝土小型空心砌块的砌体灰缝应为 8～12mm。蒸压加气混凝土砌块砌体的水平灰缝厚度及竖向灰缝宽度分别宜为 15mm 和 20mm。

① 抽检数量：在检验批的标准间中抽查 10%，且不应少于 3 间。

② 检查方法：用尺量 5 皮空心砖或小砌块的高度和 2m 砌体长度折算。

(7) 填充墙砌至接近梁、板底时，应留一定空隙，待填充墙砌筑完并应至少间隔 7d 后，再将其补砌挤紧。

① 抽检数量：每验收批抽 10%填充墙片（每两柱间的填充墙为一墙片），且不应少于 3 片。

② 检验方法：观察检查。

五、填充墙的施工安全

在房屋建筑施工过程中因脚手架问题出现事故的概率相当高，所以在脚手架的设计、架设、使用和拆卸中均需十分重视安全防护问题。

在砌筑操作前，必须检查施工现场各项准备工作是否符合安全要求，如道路是否畅通，机具是否完好牢固，安全设施和防护用品是否齐全，经检查符合要求后才可施工。

1. 砌体施工的施工人员安全防护及要求

进场的施工人员，必须经过安全培训教育，考核合格后持证上岗。现场悬挂安全标语，无关人员不准进场，进场人员要遵守“十不准规定”。施工人员必须正确佩戴安全帽，管理人员、安全员要佩戴标志，危险处要设警戒标语及措施。进入 2m 以上架体或施工层作业必须佩挂安全带。施工人员高空作业禁止打赤脚、穿拖鞋、硬底鞋和打赤膊施工。施工人员工作前不许饮酒，进入施工现场不准嬉笑打闹。施工人员不得随意拆除现场一切安全防护设施，如机械护栏、安全网、安全围栏、外架拉接点、警示信号等，如因工作需要必须经项目负责人同意方可进行。

2. 墙体砌筑施工的安全技术及防护措施

不准站在墙顶上做划线、刮缝及清扫墙面或检查大角垂直等工作。不准用不稳固的工具或物体在脚手板上垫高操作。砍砖时应面向墙面，工作完毕应将脚手板和砖墙上的碎砖、灰浆清扫干净。正在砌筑的墙上不准走人。山墙砌完后，应立即安装檩条或临时支撑，防止倒塌。雨天、每日下班时，应做好防雨准备，以防雨水冲走砂浆，致使砌体倒塌。冬期施工时，脚手板上如有冰霜、积雪，应先清除后才能上架子进行操作。不准勉强在超过胸部的墙上进行砌筑，以免将墙体碰撞倒塌时失手掉下造成安全事故。

对有部分破裂和脱落危险的砌块，严禁起吊；起吊砌块时，严禁将砌块停留在操作人员上空或在空中整修；砌块吊装时，不得在下一层楼面上进行其他任何工作；卸下砌块时应避免冲击，砌块堆放应尽量靠近楼板两端，不得超过楼板的承重能力；砌块吊装就位时，应待砌块放稳后，方可松开夹具。砖墙主体砌筑时，应做好洞口、临边的防护。

3. 砌体施工机械设备的安全防护

所有机械操作人员必须持证上岗，坚持班前班后检查机械设备，并经常进行维修保养。工程设置专职机械管理员对机械设备坚持三定制度，定期维护保养。安全装置齐全有效杜绝安全事故的发生。一经发现机械故障应及时更换零配件，保持机械使用的正常运转。机操工必须持证上岗，按时准确填写台班记录、维修保养记录、交接班记录，掌握机械磨损规律。塔吊、井架和龙门架必须有安装、拆卸方案，验收合格证书。软件资料（运行记录、交接班记录、日常检查记录、月检查记录、保养记录、维修记录、油料领取记录等）必须真实、准时、齐全，把机械事故消灭在萌芽状态。所有机械设备都不许带病作业。塔吊基础必须牢固，架体必须按设备说明预埋拉接件，设防雷装置。设备应配件齐全，型号相符，其防冲、防坠连锁装置要灵敏可靠，钢丝绳、制动设备要完整无缺，设备安装完后要进行试运行，必须待指标达到要求后才能进行验收签证，挂合格牌使用。钢筋加工机械、移动式机械，除机械本身护罩完好、电机无病外，还要求机械有接零和重复接地装置，接地电阻值不大于10Ω。施工现场各种机械要挂安全技术操作规程牌，操作人员持证上岗。

4. *砌体施工现场用电的安全防护*

施工临时用电必须严格遵照建设环保部门颁发的《施工现场临时用电安全技术规范》(JGJ 46—2005）和《现场临时用电管理办法》的规定执行。现场各用电安装及维修必须由专业电气人员操作，非专业人员不得擅自从事有关操作。现场用电应按各用电器实行分级配电，各种电气设备必须实行“一机、一闸、一漏电”，严禁一闸供2台及2台以上设备使用。漏电开关必须定期检查，试验其动作可靠性。配电箱应设门、上锁、编号，注明责任人。在总配电箱、分配电箱及塔吊处均做重复接地，且接地电阻小于10Ω；采用焊接或压接的方式连接；在所有电路末端均采用重复接地。电箱内所配置的电闸、漏电、熔丝荷载必须与设备额定电流相等。不使用偏大或偏小额定电流的电熔丝，严禁使用金属丝代替电熔丝。配电房、重要电气设备及库房等均应配备灭火器及砂箱等，配电房房门向外开启，户外开关箱及设置要有防雨措施。

5. *砌体施工的安全保证措施*

在操作之前必须检查操作环境是否符合安全要求，道路是否畅通，机具是否完好无损，安全设施和防护用品是否齐全，经检查符合要求后方可施工。基础砌筑前必须仔细检查基坑（槽）是否稳定，如有坍方危险或支撑不牢固，必须采取可靠措施。基础砌筑过程中要随时观察周围土层情况，发现裂缝和其他不正常情况时，应立即离开危险地点，采取必要措施后方能继续施工。基槽外侧1m以内严禁堆物，施工人员进入坑内应有踏步或梯子。当采用架空运输道运送材料时，应随时观察基坑内操作人员，以防砖块等失落伤人。基槽深度超过1.5m时，运输材料应使用机具或溜槽，运料不得碰撞支撑，基坑上方周边应设高度为1.2m的安全防护栏杆。起吊砖笼和砂浆料斗时，砖和砂浆不应过满。吊臂工作范围内不得有人停留。在架子上砍砖时，操作人员应向里把碎砖打在架板上，严禁把砖头打向架外。挂线用的坠砖，应绑扎牢固，以免坠落伤人。脚手架应经安全人员检查合格后方能使用。砌筑时不得随意拆除和改动脚手架，楼层屋盖上的盖板、防护栏杆不得随意挪动拆除。脚手架上的荷载不得超过2700N/m^2，堆砖不得超过3层（侧放）。采用砖笼吊砖时，砖在架子或楼板上应均匀分布，不应集中堆放。灰桶、灰斗应放置有序，使架子上保持畅通。采用内脚手架砌墙时，不得站在墙上勾缝或在墙顶上行走。一层楼以上或高度超过4m时，采用脚手架砌墙必须按规定挂好安全网，设护身栏杆和挡脚板。进入施工现场的人员应戴好安全帽。

六、零星构件施工

填充墙施工的同时，还应组织零星构件施工。只有零星构件施工完毕，才能组织结构验收。

任务 54　结构验收

填充墙与零星构件施工完毕后，在柱和墙上，弹好 50 线（也有的施工单位设置 1m 线），作为验收测量的依据，也为装饰装修专业提供标高控制线。

结构验收的要求、步骤见项目 2 中任务 30 中的结构验收的要求。

任务 55　项目实践训练

一、综合训练任务

每人制作一根构造柱（主筋 12mm 圆钢，箍筋 6mm 圆钢，箍筋间距，加密区 100mm，其他 200mm）及一段圈梁钢筋（圈梁断面 240mm×240mm，主筋 12mm 圆钢，箍筋 6mm 圆钢，箍筋间距 200mm）。

二、时间要求

第 1 个半天进行钢筋制作与安装交底、示范，熟悉基本操作方法与工具使用方法，以后反复练习，第 2 周第 3 天上午完成任务，下午检测，记录成绩并进行评价。

钢筋制作安装方案由项目部集体完成，技术负责人执笔。在实施过程中修改，训练完成后上交。

三、训练组织

（一）人员组织

将学生按项目部分组，每组 6～8 人，按项目经理、技术负责人、施工员、质检员、安全员、材料员、预算员、资料员进行分工。

（二）岗位职责

（1）项目经理：对训练负全责，组织讨论施工方案，负责对项目部人员的组织管理与考核。

（2）技术负责人：负责起草施工方案，并进行技术交底。

（3）施工员：训练过程中的实施组织。

（4）质检员：组织对训练成果进行检测，并记录。

（5）安全员：进行训练安全注意事项交底，并检查落实。

（6）材料员：负责训练所需材料、工具的组织保管并归还。

（7）预算员：对材料用量进行计算，递交技术负责人编制方案，交材料员备料。

（8）资料员：保管训练及检测的技术资料。

四、钢筋制作安装的训练方法

（一）钢筋制作的训练

以构造柱钢筋及圈梁钢筋制作进行训练。

1. 材料

（1）构造柱与圈梁纵筋用Ⅰ级 4ϕ14 钢筋。

（2）构造柱与圈梁箍筋用Ⅰ级 ϕ6 钢筋。

2. 制作要求

（1）箍筋制作要求　箍筋内尺寸为 226mm×226mm，由此计算钢筋的下料长度。

（2）纵筋制作要求　实训楼层高度为 1740mm，由此计算钢筋的下料长度。

（二）钢筋安装的训练

1. 内容

（1）构造柱钢筋绑扎。

(2) 圈梁钢筋绑扎。

2. 要求

(1) 掌握大模板墙体钢筋绑扎的操作工艺。

(2) 掌握桩钢筋绑扎的操作工艺。

(3) 掌握现浇框架柱子钢筋绑扎的操作工艺。

(4) 掌握现浇框架梁钢筋绑扎的操作工艺。

(5) 掌握现浇框架板钢筋绑扎的操作工艺。

(6) 掌握现浇楼板钢筋绑扎的操作工艺。

(三) 质量与安全

(1) 掌握钢筋工程质量检验评定的标准与方法。

(2) 做好常见质量通病的防治工作。

(3) 遵守安全技术规程，做好安全生产。

五、实训教学的组织管理

(一) 实训方式

(1) 由实训指导教师对实训图纸进行讲解。

(2) 以实训小组（项目部）为单位进行，在实训基地训练。

(二) 组织管理

(1) 由系领导、指导教师组成实训领导小组，全面负责实训工作。

(2) 以班级为训练单位，班长全面负责，下设若干个项目部（6～8 人一组），各设项目经理、技术负责人、施工员、质检员、安全员、材料员、预算员、资料员各一名。项目经理负责安排本项目部各项实习事务工作。

(3) 实训指导教师负责指导训练。

六、实训考核与纪律要求

(一) 实训态度和纪律要求

(1) 学生要明确实训的目的和意义。

(2) 实训过程需谦虚、谨慎、刻苦、重视并积极自觉地参加实训；好学、爱护国家财产，遵守国家法令，遵守学校及施工现场的规章制度。

(3) 服从指导教师的安排，同时每个同学必须服从本班长与项目经理的安排和指挥。

(4) 项目部成员应团结一致，互相督促、相互帮助；人人动手，共同完成任务。

(5) 遵守学院的各项规章制度，不得迟到、早退、旷课。点名 2 次不到者或请假超过 2 天者，实训成绩为不及格。

(二) 实训成果要求

(1) 在实训过程中应按指导书上的要求达到实训的目的。学生必须每天编写实训日记，实训日记应记录当天的实训内容、必要的技术资料以及所学到的知识，实训日记要求当天完成。

(2) 实训过程结束后 2d 内，学生必须上交实训总结。实训总结应包括：实训内容、技术总结、实训体会等方面的内容，要求字数不少于 3000 字。

(三) 成绩评定

成绩由指导教师根据每位学生的实训日记、实训报告、操作成果得分情况以及个人在实训中的表现进行综合评定。

(1) 实训日记、实训报告：30%（按个人资料评分）占比。

（2）实训操作：60%（按项目部评分）占比。
（3）个人在实训中的表现：10%（按项目部和教师评价）占比。

课程小结

本次任务的学习内容是进行混凝土结构房屋的主体结构施工，并进行结构验收。通过对课程的学习，要求学生能组织混凝土结构房屋的施工与结构验收。

课外作业

（1）以项目部为单位，课外组织一次观摩混凝土结构施工活动。
（2）自学《混凝土结构工程施工质量验收规范》（GB 50204—2015）。

课后讨论

混凝土结构房屋施工程序有哪些？

学习情境13　室外抹灰装修施工

学习目标

能组织外墙保温与外墙抹灰施工。

关键概念

1. 外保温
2. 建筑节能
3. 冷桥
4. 空鼓、开裂

技能点与知识点

1. 技能点

外墙保温与外墙抹灰施工组织。

2. 知识点

（1）保温及保温材料。
（2）保温材料施工条件与施工要求。

提示

（1）结构层处于多层时，从内到外强度逐层降低时，结构较稳定，不容易空鼓开裂。当结构层从内到外强度逐层升高或两个强度较高的层间夹有低强度层时，结构不稳定，特别容易空鼓开裂。

（2）当结构层与抹灰层或保温层与抹灰层之间粘接可能不牢时，应刷界面剂，增加层间连接强度。

（3）解决由于膨胀收缩引起的裂缝的主要方法是设置分隔缝。

相关知识

1. 保温材料与抹灰材料
2. 建筑物的空鼓与开裂
3. 保温与抹灰构造

室外抹灰分一般抹灰与装饰抹灰两种。原来一般抹灰和室内抹灰大致相同，但是现在由于节能施工的需要，室外一般抹灰工程增加了外墙保温施工，因此要比室内抹灰复杂。

装饰抹灰包括水刷石、干黏石、拉毛等现在应用较少，故室外抹灰以外墙保温施工和外墙抹灰为主要学习任务。

任务 56　外墙保温施工

外墙保温，是由聚合物砂浆、玻璃纤维网格布、阻燃型模塑聚苯乙烯泡沫板（EPS）或挤塑板（XPS）等材料复合而成，集保温、防水、饰面等功能于一体。现场黏结施工，是满足当前房屋建筑节能需求，提高工业与民用建筑外墙保温水平的优选材料，也是对既有建筑节能改造的首选材料。

一、常用的外墙保温材料

（1）水泥基发泡材料　水泥基发泡材料属于无机混凝土类，热导率 0.042～0.051W/(m·K)，A1 级防火，阻燃，与建筑同寿命。

（2）岩棉板　岩棉板属于无机类气闭型保温材料，热导率 0.041～0.045W/(m·K)，防火，阻燃，吸湿性大，保温效果差。

（3）陶瓷　陶瓷属于保温板无机类，热导率 0.08～0.10W/(m·K)，防火，不燃，不吸水，施工方便，实用耐久。

（4）珍珠岩　珍珠岩等浆料属于无机类，热导率 0.07～0.09W/(m·K)，防火性好，耐高温，保温效果差，吸水性高。

（5）膨胀聚苯板　膨胀聚苯板（EPS 板）属于有机类，热导率 0.037～0.041W/(m·K)，保温效果好，价格便宜，强度稍差。

（6）挤塑聚苯板　挤塑聚苯板（XPS 板）属于有机类，热导率 0.028～0.03W/(m·K)，保温效果更好，强度高，耐潮湿，价格贵，施工时表面需要处理。

（7）胶粉聚苯颗粒保温浆料　胶粉聚苯颗粒保温浆料属于有机类，热导率 0.057～0.06W/(m·K)，阻燃性好，废品可回收，保温效果不理想，对基层平整度要求不高，可减少找平工序，施工时每次抹灰厚度不易超过 20mm。

（8）聚氨酯发泡材料　聚氨酯发泡材料属于有机类，热导率 0.025～0.028W/(m·K)，防水性好，保温效果好，强度高，价格较贵。

（9）酚醛树脂复合板有机类　酚醛树脂复合板属于有机类，热导率 0.029～0.03W/(m·K)，保温效果更好，强度高，耐潮湿，价格贵，施工时表面需要处理。

（10）无机活性墙体隔热保温材料　无机活性墙体隔热保温材料属于无机类，热导率 0.045～0.055W/(m·K)，保温效果更好，强度高，耐潮湿，施工方便。

二、外墙保温施工要求

1. 适用范围

以聚苯板为保温材料、聚合物黏结砂浆为黏结材料、聚合物抹面砂浆做抹面层、耐碱玻璃纤维涂塑网格布为增强材料并辅以卡固钉进行锚固的工业与民用建筑外墙外保温系统的施工和验收。

2. 施工人员要求

根据工程大小和进度要求，组织好施工队伍。在开工进场前，对施工人员进行思想、工艺、质量、安全教育，以确保工程质量和工程进度。

3. 产品材料要求

使用的所有材料技术性能，均应满足国家有关标准。

4. 施工环境的要求

正常施工操作环境温度为5～35℃。

三、外墙外保温施工要求

(1) 外墙和外门窗口施工及验收完毕，基面达到设计与相关规范的要求。

(2) 外墙外保温系统正常施工的环境温度为5～35℃。

(3) 施工现场应做到路通、水通、电通。

(4) 施工用架设工具及脚手架应满足施工需要（做到安全可靠）。

(5) 施工用移动配电箱、自来水管应按施工需要配置。

(6) 配电材料的垂直、水平运输设施，要求符合有关安全规程。

(7) 施工操作环境内的高压电线与施工现场的距离应符合有关规定，并有相应的防护设施。

(8) 清除待保温施工墙面上的一切障碍物。

(9) 粘贴保温板时风力不能超过5级。

(10) 为保证施工质量，施工面应避免长时间阳光直射。雨天不宜施工。

(11) 施工工具：开槽器、壁纸刀、螺丝刀、剪刀、墨斗、棕刷、电动搅拌器、塑料搅拌桶、冲击钻、电锤、抹子、托线板、2m靠尺等。

四、外墙外保温施工要点

(一) 基层清理

清理混凝土墙面上残留的浮灰、脱模剂油污等杂物及抹灰空鼓部位等，并进行修补。外墙各种洞口填塞密实。要求粘贴聚苯板表面平整度偏差不超过4mm，超过偏差时对突出墙面处进行打磨，对凹进部位进行找补。

(二) 墙面测量、弹线、挂线

根据建筑立面设计和外墙外保温技术要求，在墙面弹出外门窗水平、垂直控制线及伸缩线、装饰缝线等。在建筑外墙大角及其他必要处挂垂直基准线，每个楼层适当位置挂水平线，以控制聚苯板的垂直度和平整度。

(三) 粘贴翻包网格布

凡在粘贴的聚苯板侧边外露处都应做网格布翻包处理。将不小于200mm宽的网格布中的80mm宽用专用黏结砂浆牢固粘贴在基面上，后期粘贴聚苯板时在将剩余网格布翻包过来。

(四) 粘贴聚苯板

外保温用聚苯板标准尺寸为600mm×900mm、600mm×1200mm两种，非标准尺寸或局部不规则处可现场裁切，整块墙面的边角处应用最小尺寸超过300mm的聚苯板，聚苯板的拼缝不能留在门窗口的四角处。由于基层墙体的表面平整度不够好，因此宜采用点框粘法；当饰面为涂料做法时，黏结面积不小于40%。不得在板的侧面涂抹黏结砂浆。排板时按水平顺序排列，上下错缝粘贴，阴阳角处应做错茬处理。粘板时即使清除板边溢出的黏结砂浆，使板与板之间无“碰头灰”。板缝应拼严，缝宽超过2mm时用相应厚度的聚苯片填塞。拼缝高差不大于1.5mm，否则应先用砂纸或专用打磨机具打磨平整。

(五) 锚固件固定

采用机械锚固件固定聚苯板时，锚固件安装应至少在黏结砂浆使用24h后进行，用电锤在聚苯板表面向内打孔，孔径视锚固件直径而定，进墙深度不得小于设计要求。拧入或敲入锚固钉，钉头和圆盘不得超出板面。

(六) 接缝处理

聚苯板接缝处表面不平时，需要用衬有木方的粗砂纸打底。打磨动作要求为：呈圆周方向轻柔旋转，打磨后用刷子清除聚苯板表面的泡沫碎屑。

(七) 抹底层抹面砂浆

聚苯板粘贴及锚固件施工完毕并经验收合格后进行聚合物砂浆抹灰，在聚苯板面抹底层抹面砂浆，同时将翻包网格布压入砂浆中。门窗口四角和阴阳角部位所用的增强网格布随即压入砂浆中。

(八) 铺贴网格布

将网格布绷紧后贴于底层抹面砂浆上，用抹子由中间向四周把网格布压入砂浆得表层，要平整压实，严禁网格布皱褶。网格布不得压入过深。铺贴遇有搭接时，必须满足横向100mm，纵向80mm的搭接长度要求。在底层砂浆凝结前再抹一道抹面砂浆罩面，以仅覆盖网格布、微见网格布轮廓为宜。面层砂浆切忌不停揉搓，以免形成空鼓。

五、外墙外保温施工验收标准

(一) 施工质量检查方法与标准

(1) 每道工序完成后，用2m平板靠尺检查各方向的平整度，用线坠尺检查垂直度，标准为垂直与夹带度偏差不大于3mm。

(2) 保温层的厚度偏差用针刺法检查，测定保温芯板实际厚度是否符合设计要求。

(3) 随机抽样检查，每100m² 设一抽查点，若该点不符合设计要求，则增加抽样检查点为每30m² 设一点，并做好记录，待作数理统计，评定质量。

(4) 施工操作中的质量控制检查，由质量检查员组织进行，应控制施工质量的全过程，重点控制工序的质量，合格后方可进行下道工序施工。

(二) 外墙外保温施工工程质量评定验收标准

(1) 墙体表面光洁平整、无修补痕迹、无接茬、观感好。

(2) 阴阳角垂直方正，符合质量规定要求。立面垂直度及表面平整度允许偏差应符合表13-1规定。

表13-1 立面垂直度及表面平整度允许偏差

项次	项目		允许偏差/mm	检查方法
1	表面平整		3	用2m靠尺和楔形塞尺检查
2	垂直度	每层	4	用2m托线板检查
		全高	$4H/1000$ 且≤20	用经纬仪或吊线和尺检查
3	阴阳角垂直		3	用2m托线板检查
4	阴阳角方正		3	用200mm方尺和楔形塞尺检查
5	接缝高差		1.5	用直尺和楔形塞尺检查

(3) 整体墙表面无空鼓、无裂缝、无斑点、色泽均匀。

六、外墙外保温施工

(一) 执行工程质量的标准

(1) 系统执行标准检测：国家行业标准《膨胀聚苯板薄抹灰外墙外保温系统》(JG 149—2003)。

(2) 工程施工构造图集遵从国家行业颁发的《外墙外保温建筑构造》(10J121)

(3) 国家、地方、行业现行法律、法规、规范、标准。

（二）检验方法

（1）保温板、钢丝网的规格和各项技术指标，聚合物砂浆的使用要求，必须符合国家规范及有关标准的要求。

检验方法：检查出厂合格证。

（2）保温板必须与基层面黏结牢固，无松动和虚黏的现象。

检查数量：按楼层每 20m 长抽查一处（每处延长 3m），但每层不少于 3 处。

检查方法：观察和用手推拉检查。

（3）聚合物砂浆与保温板必须黏结紧密，无脱层、空鼓。面层无爆灰和裂缝。

检查数量：同上。

检查方法：用小锤轻击和观察检查。

（三）一般项目

（1）每块保温板与基层的总黏结面积不得小于 30%

检查数量：按楼层每 20m 长抽查一处，但不少于 3 处，每处检查不少于 2 块。

（2）每抹专用黏结及抹聚合物砂浆前检查界面剂是否已刷过（喷）过。

检查数量：同上。每处不少于 8 点。

检验方法：观察并触摸检查是否有黏手感。

（3）工程塑料固定件胀塞部分进入结构墙体且不小于（50±5)mm。

检查数量：同上。每处不少于 4 套。

检验方法：退出自攻螺丝，观察检查。

（4）保温板碰头缝不抹黏结剂。

检查数量：同上。

检验方法：观察检查。

（5）网格布应横向铺设，压贴密实，不能有空鼓、褶皱、翘曲、外露等现象；搭接宽度：左右不得小于 100mm，上下不得小于 80mm。

检查数量：同上。

检验方法：观察及尺量检查。

（6）聚合物砂浆保护层厚度不宜大于 4mm，首层不宜大于 5mm。

检查数量：同上。

检验方法：尺量检查。

注：检验应在砂浆凝结前进行。

（四）一般允许偏差项目

（1）保温板安装的允许偏差应符合表 13-2 的规定。

表 13-2　保温板安装的允许偏差

序号	项目		允许偏差/mm	检查方法
1	表面平整		3	用 2m 靠尺和楔形塞尺检查
2	垂直度	每层	5	用 2m 托线板检查
		全高	$H/100$ 且≤20	用经纬仪或吊线和尺量
3	阴、阳角垂直度		2	用 2m 找线板检查
4	阴、阳角方正度		2	用 2m 方尺和楔形塞尺检查
5	接缝高差		1	用直尺和楔形塞尺检查

（2）板安装允许偏差及检查方法。

（3）面砖饰面执行《建筑装饰装修工程质量验收规范》（GB 50210—2001）的规定。

七、成品保护

（1）门窗框、滴水槽、管道等残存的砂浆，应及时清理干净。

（2）翻拆架子时要防止破坏已抹好的保温，门窗、洞口、边、角、垛等造成破坏的保护措施，其他工种作业时不应污染和损坏墙面，严禁踩踏窗口，破坏棱角。

（3）各构造层在凝结硬化之前应防止水冲、撞击、振动，以保证各构造层足够的强度。

八、安全保证措施

（一）消防安全措施

（1）施工现场不得抽烟；应设定专门吸烟区，烟头不准随意抛扔。

（2）易燃易爆物品专库存放，远离火源热源，仓库严禁使用碘钨灯，照明使用高压水银灯，室内通风良好。

（3）严禁在施工现场焚烧施工垃圾。

（4）施工现场每个楼面配置灭火器，应位置明显，不随意变动。

（5）熟悉消防器材用法，安排专人检查，保持完好。

（二）用电安全措施

（1）所有用电，专人负责，严禁非电工人员接驳电源。

（2）接驳电源应先切断电源，严禁带电作业。

（3）所有电线须用双层胶皮护套线，电线须架空，架设应牢固，不得绑在金属管道或结构物上。

（4）使用空气开关或漏电开关，插头、插座保持完好，电气开关不能一物多用。

（5）机械设备、电气设备需有可靠接地，并不得带病运转和超负荷使用；手用电动工具要保持良好，使用时注意安全。

（三）施工安全措施

（1）施工现场须戴安全帽，不准穿拖鞋进入施工现场。

（2）高空作业时，穿防滑鞋、系好安全带，严禁在没有扶手的情况下顺攀沿物走动。

（3）使用电动工具时，要谨慎操作，方法得当，把握牢靠，被切割件要夹牢。

（四）收集资料

（1）重视资料收集，从施工开始，收集每一份需要收集的资料，如产品证书等，不等到最后需要时才开始收集。根据质检站质量验收规定内容，提前收集资料。

（2）平时进行的工作联系单、答复均应以书面形式进行，以便形成书面资料。

（3）书面资料存放有序，妥善保管，不得丢失。

九、优缺点

（一）外墙保温形式

（1）单一材料保温外墙：加气混凝土、烧结保温砖。

（2）复合保温外墙：按照保温材料设置位置的不同，可分为内保温、外保温、夹芯保温外墙、保温装饰一体化板材。

（3）其他保温砌块等。

（二）外墙内保温技术

墙内保温是将保温材料置于外墙体的内侧。

1. 优点

（1）对饰面和保温材料的防水、耐候性等技术指标的要求不甚高，纸面石膏板、石膏抹面砂浆等均可满足使用要求，取材方便。

（2）内保温材料被楼板所分隔，仅在一个层高范围内施工，不需搭设脚手架。

（3）在夏热冬冷和夏热冬暖地区，内保温可以满足要求。

（4）对于既有建筑的节能改造，特别是目前当房屋卖给个人后，整栋楼或整个小区统一改造有困难时，只有采用内保温进行改造的可能性大一些。因此，近几年，外墙内保温也得到广泛的应用。

2. 缺点

（1）由于圈梁、楼板、构造柱等会引起热桥，热损失较大。

（2）由于材料、构造、施工等原因，饰面层出现开裂。

（3）不便于用户二次装修和吊挂饰物。

（4）占用室内使用空间。

（5）对既有建筑进行节能改造时，对居民的日常生活干扰较大。

（6）墙体受室外气候影响大，昼夜温差和冬夏温差大，容易造成墙体开裂。

（三）外墙夹芯保温技术

外墙夹芯保温是将保温材料置于外墙的内、外侧墙片之间，内、外侧墙片可采用混凝土空心砌块。

1. 优点

（1）对内侧墙片和保温材料形成有效的保护，对保温材料的选材要求不高，聚苯乙烯、玻璃棉以及脲醛现场浇筑材料等均可使用。

（2）对施工季节和施工条件的要求不十分高，不影响冬期施工。在黑龙江、内蒙古、甘肃北部等严寒地区曾经得到一定的应用。

2. 缺点

（1）在非严寒地区，此类墙体与传统墙体相比要偏厚。

（2）内、外侧墙片之间需有连接件连接，构造较传统墙体复杂。

（3）外围护结构的“热桥”较多。在地震区，由于建筑中圈梁和构造柱的设置，“热桥”更多，保温材料的效率仍然得不到充分的发挥。

（4）外侧墙片受室外气候影响大，昼夜温差和冬夏温差大，容易造成墙体开裂和雨水渗漏。

十、施工条件

（1）施工现场的环境温度和基层墙体表面温度在施工及施工后24h内不得低于5℃，一般在5～35℃环境下施工。

（2）风力不得大于5级。

（3）基层墙面干燥。

（4）阴雨天不能施工。

（5）不能在强风环境中或夏季高温、阳光直射的墙面上施工，以避免材料在施工中失水过快而出现毛细裂缝。

（6）应避免尚未硬化的材料受到相对恶劣的气候条件的直接作用，特别是避免雨水的冲刷：必要时对新施工的墙面加以保护。

（7）应随时掌握后三天的天气情况，如若出现下雨天严禁施工。

（8）工序要求：外墙施工没有交叉作业。

（9）洁净度要求：基层墙面必须彻底清除表面的浮灰、污渍、脱模剂、空鼓、突出物及风化物等影响黏结强度的异物。

（10）平整度、垂直度要求：以2m的靠尺检查，最大偏差应小于4mm；超差部位应修补。

任务57　外墙抹灰施工

一、施工准备

外墙抹灰材料根据不被雨淋和被雨淋的区域不同而有所不同。被雨淋的区域用水泥砂浆抹灰，不被雨淋的区域用混合砂浆抹灰。

（一）材料准备

（1）胶结材料采用32.5普通硅酸盐水泥，砂采用中砂，含泥量不得超过3%；材料必须为经检验复试合格后的材料。

（2）抹灰用水泥砂浆一般用1∶3水泥砂浆：水泥（32.5）100kg，中砂300kg。

抹灰用混合砂浆一般用1∶3∶9的混合砂浆：水泥（32.5）100kg，石灰膏300kg，中砂900kg。

水泥砂浆与混合砂浆的配合比由试验确定。

（二）工具准备

刮尺、尺条、靠尺、甩水毛刷、木槎板、铁抹子。

二、操作工艺

（一）工艺流程

门窗框四周堵缝（塑钢窗用岩棉）→墙面清理→浇水湿润墙面→吊垂直、套方、抹灰饼、冲筋→弹灰层控制线→基层处理→抹灰层砂浆→抹罩面灰→养护。

（二）抹灰要点

大面积施工前应先做样板间，样板间经检查达标后方可大面积施工。通长墙、柱应拉通线贴饼、冲筋。抹门窗前先检查门窗框位置是否正确，与墙体连接是否牢固。连接处的缝隙、铝合金门窗和塑钢窗框周边用岩棉堵塞。

1．基层处理

（1）应把墙体基本表面的灰尘、污垢和油渍清理干净，并洒水湿润。

（2）混凝土表面比较光滑时，应对表面进行凿毛处理，或将表面清扫干净，用1∶1稀粥状水泥细砂浆（内掺10%的801胶水拌制），将其凝固在光滑的基层表面。

（3）在墙体与混凝土（框架柱、梁、板）连接处，必须用素水泥浆将玻璃丝布贴于混凝土与墙体的接缝处。

2．墙与混凝土连接处防裂

（1）先将墙面、混凝土面（框架柱、梁、板）清扫干净，并洒水湿润。

（2）在墙体与混凝土连接处（阴角和阳角），居中刮350mm宽，掺水重10%的801胶水泥浆一道（水灰比0.4～0.5），然后贴300mm宽玻璃丝布。

（3）玻璃丝布上再刮350mm宽掺801胶的水泥浆一道，3h后浇水养护3d，再进行打底抹灰。

3．抹底层砂浆

混凝土表面在抹底层前先浇水湿润，再在湿润的基层上刮掺水重10%的801胶水泥浆一道（水灰比0.4～0.5），紧跟抹M5水泥砂浆，厚度为8mm，并用靠尺刮平，找直，木抹子搓毛。

4. 抹面层砂浆

底层砂浆抹好后，第二天即可抹面层砂浆。抹灰前应先浇水湿润，抹时先薄薄地上一层砂浆，厚度稍为大于设计厚度，用靠尺竖刮平，木抹子搓毛，铁抹子溜光、压实。待其表面无明水时，用软毛刷蘸水垂直于地面的同一方向，轻刷一遍，以保证面层灰颜色一致。塑钢窗四周（内、外）留4mm左右凹槽。抹门窗护角：抹灰时应注意门窗护角为1∶2水泥砂浆，宽度不少于70mm，高度不少于2m。

5. 养护

抹灰结束24h内进行养护，每天不少于4次，以抹灰层处于湿润状态为佳，养护时间不得少于4d。

（三）外墙抹灰质量要求

（1）所有材料的品种、质量必须符合设计要求，各抹灰层之间，及抹灰层与基体之间必须黏结牢固，无脱层、空鼓，面层无爆灰和裂缝（风裂除外）等缺陷。表面光滑、洁净，颜色均匀，无抹纹，线角和灰线平直、方正清晰美观。

（2）护角应表面光滑、平顺，门窗框与墙体缝隙填塞密实，表面平整。

（3）孔洞、槽、盒尺寸正确、方正、整齐、光滑，管道后抹灰平整。分格条宽度、深度均匀一致，条平整光滑，棱角整齐，横平竖直、通顺。滴水线流水坡方向正确，滴水线顺直。

（四）装饰装修国家规范标准要求

（1）一般抹灰允许偏差：垂直度2mm，表面平整度2mm，阴阳角方正3mm，分格条直线度3mm。

（2）饰面砖粘贴允许偏差：立面垂直度内2mm、外3mm，表面平面度内、外3mm，阴阳角方正内、外3mm，接缝直线度2mm，接线高低差内0.5mm，外1mm，接线宽度1mm。

（五）成品保护及安全施工

（1）门窗框上残存砂浆应及时清理干净。

（2）塑钢门窗应检查保护膜的完整。

（3）翻拆架子要小心防止损坏已抹好的墙面。

（4）用脚手架抹外墙时必须有防护栏杆和挡脚板，并按规定挂安全网。

（5）脚手架必须满铺，不留探头板。

（6）不允许在脚手架上搭设木凳、木梯进行操作。

（7）脚手板上不得超载，灰槽应分散并平稳地布置在脚手板上。

（8）当用吊架施工时，操作人员必须戴好安全帽、系好安全带，严禁酒后作业，严禁在架子上追逐、吵闹。

课程小结

本次任务的学习内容是对基槽进行开挖施工，并进行验槽。通过对课程的学习，要求学生能参与结构验收。

课外作业

（1）以项目部为单位，课外模拟地基验槽进行一次活动。

（2）自学《土方与爆破工程施工及验收规范》（GB 50201—2012）。

课后讨论

结构验收的准备工作有哪些？

学习情境 14　涂膜防水施工

学习目标

能组织厨卫间涂膜防水施工。

关键概念

1. 涂膜防水

2. 厨房、卫生间防水

技能点与知识点

1. 技能点

厨卫间涂膜防水施工组织与管理。

2. 知识点

涂膜防水材料知识。

提示

涂膜防水是将液态防水材料涂在需要防止渗漏的部位，待溶剂挥发后，形成防水膜的防水材料。与卷材防水有相同处也有不同处。

相关知识

1. 卷材防水

2. 防水施工组织与管理

任务 58　涂膜防水施工

涂膜防水是在自身有一定防水能力的结构层表面涂刷一定厚度的防水涂料，经常温胶联固化后，形成一层具有一定坚韧性的防水涂膜的防水方法。

根据防水基层肋情况和适用部位，可将加固材料和缓冲材料铺设在防水层内，以达到提高涂膜防水效果、增强防水层的强度和耐久性的目的。涂膜防水由于防水效果好，施工简单、方便，特别适合于表面形状复杂的结构防水施工，因而得到广泛的应用．它不仅仅适用于建筑物的屋面防水、墙面防水，而且还广泛应用于地下防水以及其他工程的防水。

涂膜防水涂料主要有聚氨酯类防水涂料、丙烯酸类防水涂料、橡胶沥青类防水涂料、氯丁橡胶类防水涂料、有机硅类防水涂料以及其它防水涂料等品种，其作用是构成涂膜防水的主要材料，使建筑物表因与水隔绝，对建筑物起到防水与密封作用，同时还起到美化建筑物的装饰作用。

涂膜防水胎体增强材料，主要有玻璃纤维纺织物、合成纤维纺织物、合成纤维非纺织物等，其作用是增加涂膜防水层的强度，当基层发生龟裂时，可防止涂膜破裂或蠕变破裂；同时还可以防止涂膜流坠。

涂膜防水隔热材料，如聚苯乙烯板等，起隔热保温作用。

涂膜防水工程主要由底漆、防水涂料、胎体增强材料、隔热材料、保护材料组成。

涂膜防水底漆主要有合成树脂、合成橡胶以及橡胶沥青（溶剂型或乳液型）等材料，其作用为刷涂、喷涂或抹涂于基层表面，用作防水施工第一阶段的基层处理材料。

涂膜防水保护材料，如装饰涂料、装饰材料、保护缓冲材料等，其作用是保护防水涂膜免受破坏和装饰美化建筑物。

防止雨水、地下水、工业和民用的给排水、腐蚀性液体以及空气中的湿气、蒸气等侵入建筑物的材料。建筑物需要进行防水处理的部位主要是屋面、墙面、地面和地下室。

一、涂膜防水的必要性

建筑防水即为防止水对建筑物某些部位的渗透而从建筑材料和构造上所采取的措施。防水多使用在屋面、地下建筑、建筑物的地下部分和需防水的内室和储水构筑物等。按其采取的措施和手段的不同，分为材料防水和构造防水两大类。材料防水是靠建筑材料阻断水的通路，以达到防水的目的或增加抗渗漏的能力，如卷材防水、涂膜防水、混凝土及水泥砂浆刚性防水以及黏土、灰土类防水等。构造防水则是采取合适的构造形式，阻断水的通路，以达到防水的目的，如止水带和空腔构造等。主要应用领域包括房屋建筑的屋面、地下、外墙和室内；城市道路桥梁和地下空间等市政工程；高速公路和高速铁路的桥梁、隧道；地下铁道等交通工程；引水渠、水库、坝体、水利发电站及水处理等水利工程等等。随着社会的进步和建筑技术的发展，建筑防水材料的应用还会向更多领域延伸。

二、涂膜防水材料分类

(一) 按主要原料分类

防水材料品种繁多，按其主要原料分为 4 类。

(1) 沥青类防水材料　以天然沥青、石油沥青和煤沥青为主要原材料，制成的沥青油毡、纸胎沥青油毡、溶剂型和水乳型沥青类或沥青橡胶类涂料、油膏，具有良好的黏结性、塑性、抗水性、防腐性和耐久性。

(2) 橡胶塑料类防水材料　以氯丁橡胶、丁基-橡胶、三元乙丙橡胶、聚氯乙烯、聚异丁烯和聚氨酯等原材料，可制成弹性无胎防水卷材、防水薄膜、防水涂料、涂膜材料及油膏、胶泥、止水带等密封材料，具有抗拉强度高，弹性和延伸率大，黏结性、抗水性和耐气候性好等特点，可以冷用，使用年限较长。

(3) 水泥类防水材料　对水泥有促凝密实作用的外加剂，如防水剂、加气剂和膨胀剂等，可增强水泥砂浆和混凝土的憎水性和抗渗性；以水泥和硅酸钠为基料配置的促凝灰浆，可用于地下工程的堵漏防水。

(4) 金属类防水材料　薄钢板、镀锌钢板、压型钢板、涂层钢板等可直接作为屋面板，用以防水。薄钢板用于地下室或地下构筑物的金属防水层。薄铜板、薄铝板、不锈钢板可制成建筑物变形缝的止水带。金属防水层的连接处要焊接，并涂刷防锈保护漆。

防水涂料分四大类：硬性灰浆、柔性灰浆、丙烯酸酯、单组分聚氨酯。

(二) 按照材料性状分类

按照材料性状划分，防水材料主要有三类：

(1) 防水卷材，主要用于工程施工，如屋顶、外墙、地下室等。

(2) 911 聚氨酯防水材料，含有挥发性毒气，施工要求严格，且造价昂贵。

(3) 新型聚合物水泥基防水材料，材料由有机高分子液料和无机粉料复合而成，融合了有机材料弹性高和无机材料耐久性好的特点，涂覆后形成高强坚韧的防水涂膜，这种新型材料能与水泥基面完美的结为一体，经久不脱层，是家庭防水的常见选择材料。

三、各种涂膜防水材料的特点与使用方法

(一) 水泥基防水材料

新型聚合物水泥基防水材料市场上有两种：通用型 GS 防水材料、柔韧性 JS 防水材料。

1. 通用型防水材料特点

通用型防水材料由丙烯酸乳液和助剂组成的液料与由特种水泥、级配砂及特殊矿物质粉

末组成的粉料按特定比例组合而成的双组分防水材料。两种材料混合后发生化学反应，既形成表面涂层防水，又能渗透到底材内部形成结晶体阻遏水的通过，达到双重防水效果。产品突出黏结性能，适用于家庭室内地面、墙面的防水。

2. 柔韧型防水材料特点

柔韧型防水材料由丙烯酸乳液及精选助剂（液料）和优质水泥、级配砂及胶粉（粉料）按比例组成的双组分、强韧塑胶改性聚合物水泥基防水浆料。将粉料和液料混合后涂刷，形成一层坚韧的高弹性防水膜，该膜对混凝土和水泥砂浆有良好的黏附性，与基面结合牢固，从而达到防水效果。产品突出柔韧性能，能够抵御轻微的震动及一定程度的位移，是建设部推广的新型绿色环保产品，主要适应于土建工程施工环境。

3. 适用范围

（1）室内外水泥混凝土结构、砂浆砖石结构的墙面、地面。

（2）卫生间、浴室、厨房、楼地面、阳台、水池的地面和墙面防水。

（3）用于铺贴石材、瓷砖、木地板、墙纸、石膏板之前的抹底处理，可达到防止潮气和盐分污染的效果。

4. 基面（底材）处理

（1）底材必须坚固、平整、干净，无灰尘、油腻、蜡、脱膜剂等以及其他碎屑物质。

（2）面有孔隙、裂缝、不平等缺陷的，需预先用水泥砂浆修补抹平，伸缩缝建议粘贴塑胶条，节点须加一层无纺布，管口填充建议使用管口灌浆料填充。

（3）阴阳角处应抹成圆弧形（或V字形）。

（4）确保基面充分湿润，但无明水。

（5）浇筑的混凝土面（包括抹灰面）在施工前应让其干固完全。

5. 使用方法

（1）搅拌　先将液料倒入容器中，再将粉料慢慢加入，同时充分搅拌3～5min至形成无生粉团和颗粒的均匀浆料即可使用（最好使用搅拌器）。

（2）涂刷　用毛刷或滚刷直接涂刷在基面上，力度使用均匀，不可漏刷；一般需涂刷2遍（根据使用要求而定），每次涂刷厚度不超过1mm；前一次略微凝固后再进行后一次涂刷（刚好不粘手，一般间隔1～2h），前后垂直十字交叉涂刷，涂刷总厚度一般为1～2mm；如果涂层已经固化，涂刷另一层时先用清水湿润。

（3）养护　施工24h后建议用湿布覆盖涂层或喷雾洒水对涂层进行养护。

（4）检查（闭水试验）　卫生间、水池等部位请在防水层凝固后（夏天至少24h，冬天至少48h）储满水48h以检查防水施工是否合格。轻质墙体需做淋水试验。

（二）高弹防水涂料

高弹防水涂料是以高档丙烯酸乳液为基料，添加多种助剂、填充剂经科学加工而成的高性能防水涂料。它是普通防水涂料的升级产品，由于添加了多种高分子助剂，使得该产品的防水性能比普通防水产品更优，同时又具有高强度拉伸延展性，能覆盖裂缝。

1. 产品特点

（1）高度弹性，能抵御建筑物的轻微震动，并能覆盖由于热胀冷缩、开裂、下沉等原因产生的小于8mm的裂缝。

（2）可在潮湿基面上直接施工，适用于墙角和管道周边渗水部位。

（3）黏结力强，涂料中的活性成分可渗入水泥基面中的毛细孔、微裂纹并产生化学反应，与底材融为一体而形成一层结晶致密的防水层。

（4）环保、无毒、无害，可直接应用于饮用水工程。

（5）耐酸、耐碱、耐高温，具有优异的耐老化性能和良好的耐腐蚀性；并能在室外使用，有良好的耐候性；

2. 适用范围

适用于屋面和厕浴间、地下室、蓄水池、墙面的防水，防渗、防潮。

3. 普通基面处理

（1）表面必须平整、坚实、干净，无油污、脱模剂、浮尘以及其他松动物。

（2）对于较大的孔洞及裂缝应先用修补砂浆进行修补。

（3）预制板、板缝需专业密封处理后再进行施工。

（4）螺丝、螺栓建议先用环氧树脂或类似材料进行封闭。

（5）在使用克水孚高弹防水浆料之前，基面必须用清水充分湿润，但同时不能有积水。

（6）对于疏松多孔的底材，尤其是水泥纤维板等，必须在涂刷防水浆料之前，先进行界面处理。

4. 施工工艺

（1）将液体添加剂倒入干净的搅拌容器中，然后按比例一边搅拌一边缓慢加入粉料，充分搅拌3～5min直至生成无粉团的、均匀的胶浆，并在操作时间内用完。建议使用机械搅拌（400～500r/min），以取得最佳的搅拌效果。

（2）用辊子、刷子将浆料均匀涂刷于处理好的底材上，根据使用环境及性能要求涂刷2层或2层以上；一般工程防水层厚度为1mm，地下工程施工规范厚度要求为1.5～2mm。

（3）做完一层后，必须待其略为干固（刚好不粘手）后，再做第二层，一般需1～3h，具体情况视基面的密实度以及当时的气温而定。如果超过24h，或涂层已经固化，在其上涂刷第二层时，必须先用清水重新润湿表面。

（4）养护固化：浆料涂刷后第二天起，建议用细雾喷水或湿布覆盖涂层2～3d，再进行闭水试验；对于长期盛水的水池应待其空置两周后再盛水。

（5）搅拌好的浆料一般宜在1h内用完，出现凝固的材料不可再用。

（6）切勿掺水搅拌，也不要随意改变乳液的比例。

5. 注意事项

（1）施工温度应在5～35℃.

（2）调配好的浆料要在1h内用完。

（3）寒冷地区或低温条件下请注意产品的防冻贮存，液体组分的贮存温度不低于0℃。

（4）使用时，勿在本产品中掺入水分或其他材料。

（5）施工时请采用合适的防护措施，如手套等。

（三）防腐防水材料

1. 产品特点

（1）适用范围广：适用于大理石、文化石、人造石、斩假石、瓷砖、马赛克、碑刻等石材及砖产品的防水防腐。

（2）综合效果好：既可防水侵蚀，又可防潮、防霜冻、防青苔、抗风化、耐污染等综合效果。

（3）保持原风格：使用本品后对石材或砖面不产生任何颜色、质感、外观的改变，保持原有风格。

2. 施工方法

（1）清洁：清洗石材表面污染物，做到没有浮土和砂浆。

（2）干燥：让石材自然干燥，8h内不得接触雨水，24h候可进行施工安装。

(3) 喷涂：石材表面干透后，用喷枪、刷子、滚筒在石材表面均匀喷涂，直至被处理面完全饱和。

(4) 养护：24h内不沾水、不受污染。适于施工温度0～40℃。

3. 复合材料

在工业生产或者日常生活中，受建筑物沉降、变形、老化等因素的影响，不可避免的出现建筑设施或者密闭空间出现渗漏现象，影响了工业生产和日常生活。

高分子聚合物高耐候防水复合材料系列是专门针对建筑设施缝隙的防渗柔性薄膜材料，因其具有极强的粘着性能和延展率（延展率达到600%），在水泥、沥青等表面涂上后只能用机械的方法清除，能适应最恶劣的环境和气候，在技术厚度下使用寿命最少10年。

(1) 方便性：开桶就能用，不需要底漆，可以用毛刷或磙子涂抹。

(2) 快速性：涂一层0.25mm材料2h就可以防水（温度不低于4.5℃情况下）。

(3) 粘着力：几乎可以同时粘着于所有坚硬表面（金属、混凝土、玻璃、塑料等），一旦涂上，几乎只有用械力才能打掉。

(4) 老化性：有机高分子材料，抗老化性极好。而且对微小裂缝能自然愈合，具有自我修复裂缝的防水效果。

(5) 防腐性：具有极好的耐油、耐臭氧和其他多种介质等防腐性能。

(6) 延展率：延展率达到600%，能适应最恶劣的环境和气候。

(7) 反射率：白色涂层，可反射95%的太阳光能。

(8) 使用寿命：在技术厚度下使用寿命至少十年。

4. 应用范围

(1) 建筑设施的可移动部分，新、老部位搭接处。

(2) 轻钢车间、房屋，彩钢板的粘接、密封。

(3) 金属屋顶和粮库。

(4) 天窗周围、直角面、死角。

(5) 穿墙管道、烟筒、通气孔。

(6) 轻钢结构粘接、密封。

(7) 地下室、卫生间、浴室等的渗漏密封。

(四) 聚氨酯防水

聚氨酯防水涂料是一种液态施工的单组分环保型防水涂料，是以进口聚氨酯预聚体为基本成分，无焦油和沥青等添加剂。它与空气中的湿气接触后固化，在基层表面形成一层坚固的坚韧的无接缝整体防水膜。其特点如下。

(1) 能在潮湿或干燥的各种基面上直接施工。

(2) 与基面黏结力强，涂膜中的高分子物质能渗入到基面微细缝内，追随型强。

(3) 涂膜有良好的柔韧性，对基层伸缩或开裂的适应性强，抗拉性强度高。

(4) 绿色环保，无毒无味，无污染环境，对人身无伤害。

(5) 耐候性好，高温不流淌，低温不龟裂，优异的抗老化性能，能耐油、耐磨、耐臭氧、耐酸碱侵蚀。

(6) 涂膜密实，防水层完整，无裂缝，无针孔、无气泡、水蒸气渗透系数小，既具有防水功能又有隔气功能。

(7) 施工简便，工期短，维修方便。

(8) 根据需要，可调配各种颜色。

(9) 质轻，不增加建筑物负载。

（10）保质期：大于5年。环保性：满足《室内装修材料有害物质限量》（GB 18582—2008）标准。

（五）墙面防水

墙面防水是一种由独特配方调制而成的聚合物，不仅具有黏结强度高，抗渗性能好的特点，同时又不影响地砖、马赛克、木地板、石膏板等施工安装。

1. 产品特点

（1）浆料中的活性成分可渗入水泥基面中的微裂纹产生结晶，形成一道致密的防水层。能够覆盖小裂缝，抵御轻微的震荡。

（2）可在潮湿基面上施工，无需做砂浆保护层，即可直接粘贴瓷砖等后续工序。

（3）结晶体深入到底材毛细孔，抗渗抗压强度较高，具有迎水面和背水面的防水功能。

（4）无毒、无害，可直接用于饮水池和鱼池。

（5）涂层具有抑制霉菌生长的作用，能防止潮气盐分对饰面的污染。

2. 适用范围

（1）室内外的混凝土结构，预制混凝土结构，水泥抹底、砖墙、轻质砖墙结构。

（2）涂于铺贴石材、瓷砖、木地板、墙纸、石膏板之前的底材上作前置层处理，可达到防止潮气和盐分污染的效果：

（3）地下室、地铁站、隧道、人防工程、矿井、建筑物地基。

3. 基面准备

（1）底材必须坚固、平整、干净，无灰尘、油腻、蜡、脱模剂等以及其他碎屑物质。

（2）涂刷浆料之前，预先充分湿润底材，但不能有积水。

4. 施工工艺

（1）使用硬毛刷、滚筒或喷浆机将混合浆料均匀地涂刷或喷涂于潮湿的底材上。

（2）分层施工，第二层的涂刷方向应与第一层垂直，以利于达到最好的覆盖效果。

（3）每一层涂刷的厚度不可太厚，一次涂层厚度不得超过1mm，以利于养护固化。

5. 注意事项

（1）施工温度应在5～35℃。

（2）开调后的浆料1h内用完。

（3）在防水层上铺贴瓷砖建议采用瓷砖胶黏剂。

（4）使用时，勿在本产品中掺入水分或其他材料。

（5）液体组分的贮存温度不能低于0℃。

（6）施工前，请仔细阅读施工说明，以获得可靠和满意的施工效果。

（7）施工时请采用合适的防护措施，如手套等。

（8）执行标准与产品质量等级：《聚合物水泥防水涂料》（GB/T 23445—2009）。

（六）复合防水涂料

JS复合防水涂料又称为水泥基聚合物防水涂料、弹性水泥防水涂料。是由有机液料和无机粉料复合而成的双组分防水涂料。具有有机材料弹性和无机粉料耐久性的双重优点，是建设部推广的新型绿色环保产品，具有以下性能特点：

（1）水性涂料，无毒、无害，无污染，环保性能优异。

（2）涂膜具有较高抗拉强度、耐水性、低温柔性及抗裂性。

（3）可在潮湿基层上施工并黏结牢固。

（4）使用便捷，配料简单，操作方便，快速冷涂，工效高、工期短，适用于不规则屋面的防水处理，亦可在雨后的屋面立即施工。

（七）丙凝防水材料

丙凝又叫丙凝防水防腐材料，环保无毒，是一种高聚物分子改性基高分子防水防腐系统。由引入进口环氧树脂改性胶乳加入国内丙凝乳液及聚丙稀酸酯、合成橡胶、各种乳化剂、改性胶乳等所组成的高聚物胶乳。加入基料和适量化学助剂和填充料，经塑炼、混炼、压延等工序加工而成的高分子防水防腐材料，选用进口材料和国内优质辅料，按照国家行业标准最高等级批示生产的优质产品，列为建设部重点推广产品，国家小康住宅建设推荐产品；使用寿命长、施工方便，长期浸泡在水里寿命在50年以上。

丙凝防水防腐材料环保无毒型配制的水泥砂浆具有良好的耐蚀性、耐久性、抗渗性、密实性和极高的黏结力以及极强的防水防腐效果。可耐纯碱生产介质、尿素、硝铵、海水、盐酸及酸性盐腐蚀。它与砂、普通水泥或特种水泥配制成水泥砂浆，通过调和水泥砂浆浇铸或（喷涂、手工涂抹的方法），在混凝土及表面形成坚固的防水防腐砂浆层，属刚韧性防水防腐材料。与水泥、砂子混合可使灰浆改性，可用于建筑墙壁及地面的处理及地下工程防水层。

1. 适用范围

（1）适用于工业和民用建筑，内外墙、外墙、混凝土、地下室、水池、水塔、异形屋面、隧道、厕浴间、大坝等部位防水、防腐、防渗、防潮及渗漏修复工程。

（2）人防、地下工程及水利水电工程的防水、防腐、黏结补强和加固处理及防水防腐衬砌。

（3）地下室的内外墙、厕浴间、大坝的防渗面板、渠道、渡槽、桥面、地面游泳池、交货池、化工耐蚀耐碱仓储等。

（4）也可用于混凝土蓄水池的防水、抗渗、防腐。另外，在碱厂的结晶器和母液澄清桶、蒸馏塔内壁采用该产品防腐防水效果极佳。

2. 产品优点

可在潮湿面进行施工，这是国内一般溶剂型防水防腐材料难以奏效的。施工可采用搅拌混凝土内施工，由于物体对施工基面产生冲击力，增加了涂层对混凝土的黏结力，同时由于丙凝防水防腐材料充填了砂浆中的孔隙和细微裂缝，使涂层具有良好的抗渗性能。其黏结力比普通水泥砂浆高3～4倍，抗折强度比普通水泥砂浆高3倍以上，所以该砂浆抗裂性能更好。可在迎水面、背水面、坡面、异形面防水防腐防潮。黏结力强，不会产生空鼓、开裂、等现象。丙凝防水防腐材料环保无毒型既可用于防水防腐，也可用于堵漏、修补。可无找平层、保护层，一日内可完工，工期短，综合造价低。可在潮湿或干燥基层上施工，但基层不能有流水或积水。丙凝防水防腐材料为环保无毒，具有氯丁橡胶的通性：力学性能优良，耐日光、臭氧、大气和海水老化，耐油、酯、酸、碱及其他化学药品腐蚀，耐热，不延烧、能自熄，抗变形、抗震动、耐磨、气密性和抗水性好，总粘合力大。无毒、无害、可用于饮水池施工使用，施工安全、简单。外观为淡绿色液体。

（八）透气膜

防水透气膜是一种新型的高分子透气防水材料。从制作工艺上讲，防水透气膜的技术要求要比一般的防水材料高得多；同时从品质上来看，防水透气膜也具有其他防水材料所不具备的功能性特点。防水透气膜在加强建筑气密性、水密性的同时，其独特的透气性能，可使结构内部水汽迅速排出，避免结构滋生霉菌，保护物业价值，并完美解决了防潮与人居健康；水汽迅速排出，维护结构热工性能，是一种健康环保的新型节能材料。

1. 工作原理

一般的防水透气膜使用的透气薄膜是通过微孔原理，施工过程中容易磨损且易使微孔堵塞，导致无法透气或微孔变大导致材料渗漏，使材料失去本身该有的透气、防水功能。Dike防水透气膜，在高分子透气薄膜中添加了亲水基，通过亲水团的亲水特性使水滴无法穿透而水汽可以自由透过，保证产品本身透气防水性能的稳定性与使用寿命的耐久性。

2. 施工工艺

(1) 高分子薄膜材料中导入亲水基，使薄膜不但防水好，更具良好的透气性能，保证材料的耐久性与使用年限。

(2) 网格加强筋使材料纵横两个方向的拉伸强度都提高至700N/50mm，钉杠撕裂强度高达300N以上，施工过程不易破损。

3. 优点

(1) 坡屋顶防水透气膜加强建筑水密性的同时，使结构水汽迅速排出，保护围护结构热工性能，避免屋面霉菌滋生，改善居室空气质量。

(2) 坡屋顶防水透气膜铺设于保温层与顺水条之上，两顺水条之间防水透气膜自然下垂，钉眼在高点，雨水不易窜入，防水更有保障。

(3) 坡屋顶防水透气膜保护保温层，保温层之上不需要再做细石混凝土，可降低屋面造价。

(九) 聚氨酯灌浆料

油性聚氨酯灌浆防水材料是单组分、低黏度、斥水型、水活性、硬质聚氨酯注浆液，适用于终止高流速或高水压的涌水渗漏。其相关技术数据详见表14-1。

表14-1 聚氨酯灌浆料技术数据

性能	数值	标准
固化前		
HA Cut		
固含量	100%	ASTM D—1010
黏度	100mPa·s (25℃)	ASTM D—1638
密度	约1.12kg/dm^3	ASTM D—1638
闪点	>185℃	ASTM D—93
HA Cut Cat		
黏度	约15mPa·s (25℃)	ASTM D—1638
闪点	C.O.C. 160℃	
固化后		
密度	约1 kg/dm^3	ASTM D—3574
抗拉强度	约3.1 MPa	ASTM C—190—1963
抗压强度	约6.3MPa	
抗弯强度	约1.5MPa	
砂浆粘接强度	约0.7MPa (抗弯粘接强度)	
约1.8MPa (抗剪切粘接强度)		
与饮用水接触	WRC批准可用于饮用水	BS 6920

1. 应用领域

专用于停止高流速或高水压的涌水渗漏；用于终止隔墙中的渗漏水；填补岩石裂缝、粉碎性裂层断层、沙砾层、混凝土接缝以及裂缝，但是不适合移动缝渗漏的修补；在TBM前

(带有钻和爆破能力)，以及在潮湿条件下的NATM前，作为防水、加固的预注浆；隧道结构中高密度聚乙烯膜或低密度聚乙烯膜灌浆；与水泥和超细水泥组合形成组合灌浆；在干或湿的条件下，在帷幕中注入灌浆，在碎石中包容化学物；用于土体加固和碎石锚固；当出现高速水流时，在多孔结构背后作为帷幕灌浆。

2. 优点

HA Cut在接缝或裂缝中形成一种高强度的硬质垫；不易燃，无溶剂；可以选择不同的膨胀倍率和抗压强度；使用安全，单组分；调节催化剂，可以控制反应速度；固化物可耐多数有机溶剂、弱酸、碱和有机微生物。

3. 施工工艺

表面处理→钻孔（据实际情况确实孔距孔深）→准备树脂和灌浆设备→注浆→修复处理→现场清理。

四、涂膜防水保护材料发展趋势

(1) 传统的防水典型作法是三毡四油，已被淘汰。防水材料已发生了很大变化。

(2) 沥青基防水材料已向橡胶基、树脂基和高聚物改性沥青发展。

(3) 油毡的胎体由纸胎向玻纤胎或化纤胎方面发展。

(4) 密封材料和防水涂料由低塑性向高弹性、高耐久性方向发展。

(5) 防水层的构造亦由多层向单层发展。

(6) 施工方法由热熔法向冷贴切法发展。

(7) 非沥青高分子自黏胶膜防水卷材。

五、涂膜防水保护内容

(一) 水性涂料发展概况

我国防水涂料的研制和应用始于20世纪60年代，早期曾以各种化工下脚料为原料研制产品，如苯乙烯焦油防水涂料、“6511”轻屋盖防水涂料、乳化沥青防水涂料等，均因质量性能不稳定而停止发展。在同一时期，我国对于以高聚物改善石油沥青配置防水涂料方面，也进行了较大量的工作。60年代中期出现了氯丁橡胶-沥青防水涂料，70年代初期出现了再生橡胶-沥青防水涂料，并在工程上获得较成功的应用。1974年国家建委在江苏镇江召开了全国首次屋面防水涂料技术讨论会，对我国防水涂料作了一次历史性的总结，对再生橡胶—沥青防水涂料等品种作了鉴定和推荐。

1976年我国公布了《屋面防水涂料质量指标及试验方法》试行规定。1977年出现了水乳型再生胶沥青防水涂料，1978年起在工程上应用，成为国内使用量较大的一种防水涂料。以再生橡胶改善石油沥青研制的水乳型或溶剂型防水涂料，成为当时我国研制防水涂料的一条主要技术途径。随着我国合成高分子材料工业的稳定发展，以各种优质合成橡胶和合成树脂为原料研制的防水涂料，在80年代相继投入使用，如双组分聚氨酯防水涂料、丙烯酸酯类的浅色防水涂料、阳离子氯丁胶乳沥青防水涂料和硅橡胶防水涂料等，使我国防水涂料发展进入了一个新的时期。橡胶沥青类和合成高分子类防水涂料在我国防水工程应用中，正占有越来越大的比重。以石油沥青为主，通过高聚物进行改性的技术途径，在我国已有较长的历史，它原料来源广泛，成本较低，适用于量大面光的一般防水工程；以合成高分子材料为主制成的涂料，性能较优，但价格较高，适用于要求较高的防水工程。

随着防水涂料的发展，近几年来我国已分别为沥青类防水涂料、高聚物改性沥青类防水涂料和合成高分子类防水涂料的主要品种制定了国家和行业标准，规定了它们的试验方法和技术指标；国家标准《屋面工程技术规范》(GB 50207—2012)，对我国防水涂料的质量要求、涂膜防水工程设计要点、施工方法、工程验收和维护都作出了明确的规定。

（二）防水涂料的特点

（1）防水涂料在固化前呈黏稠状液态，因此施工时不仅能在水平面，而且能在立面、阴阳角及各种复杂表面，形成无接缝的完整的防水膜。

（2）使用时无需加热，既减少环境污染，又便于操作，改善劳动条件。

（3）形成的防水层自重小，特别适用于轻型屋面等防水。

（4）形成的防水膜有较大的延伸性、耐水性和耐候性，能适应基层裂缝的微小的变化。

（5）涂布的防水涂料，既是防水层的主体材料，又是胶黏剂，故黏结质量容易保证，维修也比较简便。尤其是对于基层裂缝、施工缝、雨水斗及贯穿管周围等一些容易造成渗漏的部位，极易进行增强涂刷、贴布等作业的实施。

任务59 厨卫间防水施工

一、施工程序安排

正确的施工程序是保证防水施工和工程质量的首要条件。防水层施工前，所有管道、预埋件的预埋、管、井道周边和施工洞的封堵应密实及所需预留洞、槽应准确无误，严禁防水层完成后再做上述工作。此外防水施工阶段或完成后，应做好成品保护工作，严禁损坏。严禁在防水层上堆放材料或推车行走。

厨卫间的管道、设备多，工作面狭小，防水层施工前必须将所有的管道安装牢固、封堵密实，防水层试水合格后，可先抹一层水泥砂浆找平层，然后再进行设备的安装和面砖的铺贴。

二、防水层施工环境气温条件

下列气温条件不宜进行防水施工：雨、雪天气或预计在防水层施工期间有雨、雪、霜、雾或大气湿度过大时；5级大风及其以上的天气。另施工温度宜在5～35℃之间，涂膜固化前有降雨可能时，应及时做好已完涂膜层的保护工作。

三、厨房卫生间材料选用

卫生间防水材料一般选用通用型K11防水涂膜＋柔韧性K11防水涂膜。

四、防水涂膜施工工艺

施工程序：基层处理→配料→清水润湿基面→刷涂料→验收→养护固化。

（一）基层处理（德高通用型K11防水浆料为例）

（1）基层必须牢固，基面应洁净、平整，基层阴阳角应做成圆弧形（阴角直径＞50mm，阳角直径＞10mm）。

（2）所有小孔隙、砂眼可用K11粉料加入清水或水泥胶泥浆拌成湿团状，将其抹平。

（3）对于较大的孔隙，例如V形切开的较大裂缝应用树脂水泥砂浆修整补平。

（4）涂抹浆料前，预先充分润湿基层，但不能积水。

（二）配料

（1）先将液体倒入容器，然后再将粉剂倒入液体中。

（2）充分搅拌至无沉淀的乳胶状。

（3）操作过程中应保持间断性的搅拌，以保证无沉淀产生为宜。

（三）防水层施工

（1）使用毛刷或喷浆机将混合浆料均匀涂于潮湿的基面，仔细检查有无瑕疵、漏洞。

（2）一般均需涂二层以上。第一层涂后可在1～2h进行第二层，当第一层仍未完全干透，但手触不会脱落，此时与二层之间将会有最好的结合。如果第一层已完全干透后才进行第二层，应喷洒少量清水。同层涂膜的先后搭插宽度宜为30～50mm。

涂料防水层的施工缝应注意保护，搭接缝宽度应大于100mm，接涂前应将其甩茬表面清理干净。涂刷程序应先做转角处、穿墙管道、变形缝等部位的涂料加强层，后进行大面积涂刷。

在阴阳角及底板增加一层胎体增强材料，并增涂2～4遍涂料。涂料防水层中铺贴的胎体增强材料，同层相邻的搭接宽度应大于100mm，上下层接缝应错开1/3幅宽。

(3) 每一层的厚度不可太厚，以利于养护固化。

(4) 当进行第二层时，毛刷的走向应与第一层成90°，以达到最好的覆盖。

(5) 施工完毕后，24h内禁止踩踏，全部防水层完全干固并进行蓄水试验后方可进行下道工序。

(四) 养护固化

(1) K11浆料涂后第二天起，用细雾喷水或湿布覆盖2～3d，对于长期盛水的水池应待其空置2周后才能盛水。

(2) 空气潮湿、不通风的地方，基层过于潮湿或仍在渗漏的部位的防水，固化较慢，会出现返潮现象。必要时可用鼓风机，促进防水层尽早固化。

五、厨、卫节点施工

(1) 在管道穿过楼板面四周预留10cm×10cm的V形槽口，取德高柔韧型K11封闭立管周边V形槽口，防水材料应向上铺涂，并超过套管上口。

(2) 在楼面靠近墙柱处，防水层高出楼面层不低于300mm。墙面与楼地面交接处和管道穿过楼地面的根部应增设附加防水层。加强层的尺寸，墙面与楼地面交接处，宽度和高度均不小于100mm。

(3) 用德高柔韧型K11对大面积满涂一遍，立面高度按设计要求即：厕浴间、厨房四周墙根防水层泛水高度250mm（高出地面完成面），其他墙面防水以可能溅到水的范围为基准向外延伸不应小于250mm，浴室花洒喷淋的临墙面防水高度不得低于1.8m，浴缸临墙不低于1.5m。

(4) 地面均向地漏（或明沟）方向做泛水，排水坡度为1%。地漏四周设置加强防水层，宽度不应小于150mm。防水层在地漏收头处，应用合成高分子密封胶进行防水密封。

(5) 房间四周除门洞外做混凝土上翻导墙，其高度为200mm。

(6) 用德高柔韧型K11对大面积再满涂一遍，毛刷的走向应与第一遍成90°。第二天用细雾喷水或湿布覆盖2～3d即可。

(7) 上述工序完成24h后即可注水，注水24h无渗漏即合格。

课程小结

本次任务的学习内容是涂膜防水材料与施工。通过对课程的学习，要求学生能组织涂膜防水施工与验收。

课外作业

(1) 以项目部为单位，调查周围的渗漏情况及相关材料的防水效果。

(2) 自学《屋面工程质量验收规范》(GB 50207—2012)。

课后讨论

怎样才能保证厨卫间不漏水？

学习情境 15　照明安装施工

学习目标

能参与照明安装施工验收。

关键概念

1. 照明设施
2. 明线敷设
3. 暗线敷设

技能点与知识点

1. 技能点

能参与照明安装施工验收。

2. 知识点

(1) 安全电压。

(2) 用电设施。

(3) 电缆与导线。

(4) 配电装置与配电线路。

提示

(1) 照明线路一般采用暗敷方式走线，电线穿越的管道在混凝土浇筑前埋设，现场管理人员必须做好会签工作。

(2) 照明电压一般采用 220V 的电压。

相关知识

1. 电学知识
2. 管线知识
3. 施工配合

任务 60　电工基本工具的使用

一、常用工具

(1) 剥线钳　用来剥削小直径导线绝缘层的专用工具。使用剥线钳时，将要剥削的绝缘层长度用标尺定好后，把导线放入相应的刃口中，切口大小应略大于导线芯线直径，否则会切断芯线；握紧绝缘手柄，导线的绝缘层即被割破，并自动弹出。

(2) 斜口钳　斜口钳主要用于剪断较粗的电线、金属丝及导线电缆，还可直接剪断低压带电导线。

(3) 尖嘴钳　在较窄小的工作环境中夹持轻巧的工件或线材，剪切、弯曲细导线。

(4) 钢丝钳　用来弯绞或钳夹导线线头，齿口用来固紧或起松螺母，刃口用来剪切导线或剖切导线绝缘层，铡口用来剪切电线芯线或钢丝等较硬金属线。

（5）电工刀　用来剖削电线线头、切割木台缺口、削制木榫的专用工具。剖削导线绝缘层时，使刀面与导线呈较小的锐角，以免割伤导线。应注意电工刀柄不带绝缘装置，不能带电操作，以免触电。

（6）螺丝刀　用来旋动头部带一字形或十字形槽的螺钉。

（7）手电钻　手电钻是一种头部有钻头、内部装有单相换向器电动机、靠旋转钻孔的手持式电动工具。

二、检测仪器

（1）验电器（验电笔）　用来检验导线和电气设备是否带电的一种常用检测工具。验电器测试范围为60～500V。验电器使用时手拿验电器以一个手指触及金属盖或中心螺钉，使氖管小窗背光朝自己，金属笔尖与被检查的带电部分接触，如氖灯发亮说明设备带电。灯愈亮则电压愈高，愈暗电压愈低。低压验电器的其他作用：

① 区别电压高低：测试时可根据氖管发光的强弱来判断电压的高低；

② 区别相线与零线：正常情况下，在交流电路中，当验电器触及相线时，氖管发光；当验电器触及零线时，氖管不发光；

③ 区别直流电与交流电：交流电通过验电器时，氖管里的两极同时发光；直流电通过验电器时，氖管两极只有一极发光；

④ 区别直流电的正、负极：将验电器连接在直流电的正、负极之间，氖管中发光的一极为直流电的负极。

（2）万用表的使用。其具体操作步骤如下。

① 直流（交流）电压的测量：

a. 将红表笔插入“V/Ω”插孔，黑表笔插入“COM”插孔；

b. 正确选择量程，将功能开关置于直流或交流电压量程档；如果事先不清楚被测电压的大小时，应先选择最高量程挡，根据读数需要逐步调低测量量程档；

c. 将测试笔并联到待测电源或负载上，从显示器上读取测量结果。

② 电阻的测量：

a. 将红表笔插入“V/Ω”插孔，黑表笔插入“COM”插孔；

b. 将功能开关置于Ω量程，将测试表笔并接到待测电阻上；

c. 从显示器上读取测量结果。

注意：测在线电阻时，须确认被测电路已关掉电源，同时电容已放完电时，方能进行测量。

③ 直流（交流）电流测量：

a. 将红表笔插入“mA”或“10～20A”插孔（当测量200mA以下的电流时，插入“mA”插孔；当测量200mA及以上的电流时，插入“10～20A”插孔），黑表笔插入“COM”插孔；

b. 将功能开关置A～量程，并将测试表笔串联接入到待测负载回路里；

c. 从显示器上读取测量结果。

三、导线的剖削与连接

导线绝缘层的剖削工具有电工刀、钢丝钳、剥线钳。具体可分为以下几种情况。

1. 塑料硬线绝缘层的剖削

（1）线芯截面为$4mm^2$及以下的塑料硬线用钢丝钳剖削塑料硬线绝缘层。用左手捏住导线，在需剖削线头处，用钢丝钳刀口轻轻切破绝缘层，但不可切伤线芯。用左手拉紧导线，右手握住钢丝钳头部用力向外勒去塑料层。

注意：在勒去塑料层时，不可在钢丝钳刀口处加剪切力，否则会切伤线芯。剖削出的线芯应保持完整无损，如有损伤，应剪断后，重新剖削。

(2) 线芯面积大于 $4mm^2$ 的塑料硬线用电工刀剖削塑料硬线绝缘层。在需剖削线头处，用电工刀以45°角倾斜切入塑料绝缘层，注意刀口不能伤着线芯。刀面与导线保持25°角左右，用刀向线端推削，只削去上面一层塑料绝缘，不可切入线芯。将余下的线头绝缘层向后扳翻，把该绝缘层剥离线芯，再用电工刀切齐。

2. 塑料软线绝缘层的剖削

塑料软线绝缘层用剥线钳或钢丝钳剖削。用钢丝钳剖削的方法与用钢丝钳剖削塑料硬线绝缘层方法相同；用剥线钳剖削的方法见剥线钳的使用。不可用电工刀剖削，因为塑料软线由多股铜丝组成，用电工刀容易损伤线芯。

3. 塑料护套线绝缘层的剖削

塑料护套线绝缘层用电工刀剖削。塑料护套线具有二层绝缘：护套层和每根线芯的绝缘层。在线头所需长度处，用电工刀刀尖对准护套线中间线芯缝隙处划开护套层，不可切入线芯。向后扳翻护套层，用电工刀把它齐根切去。在距离护套层5～10mm处，用电工刀以45°角倾斜切入内部各绝缘层，其剖削方法与塑料硬线剖削方法相同。

任务61 照明设备的安装

照明电路的组成包括电源的引入、单相电能表、漏电保护器、熔断器、插座、灯头、开关、照明灯具和各类电线及配件辅料。

一、照明开关和插座的接线

(1) 照明开关是控制灯具的电气元件，起控制照明电灯的亮与灭的作用（即接通或断开照明线路）。开关有明装和暗装之分，现家庭一般是暗装开关。

(2) 根据电源电压的不同，插座可分为三相四孔插座和单相三孔或二孔插座；家庭一般都是单相插座，实验室一般要安装三相插座。根据安装形式不同，插座又可分为明装式和暗装式，现家庭一般都是暗装插座。单相两孔插座有横装和竖装两种。横装时，接线原则是左零右相；竖装时，接线原则是上相下零；单相三孔插座的接线原则是左零右相上接地。另外在接线时也可根据插座后面的标识来接线，如L端接相线，N端接零线，E端接地线。

注意：根据标准规定，相线（火线）是红色线，零线（中性线）是黑色线，接地线是黄绿双色线。

二、照明开关和插座的安装

首先在准备安装开关和插座的地方钻孔，然后按照开关和插座的尺寸安装线盒，接着按接线要求，将盒内甩出的导线与开关、插座的面板连接好，将开关或插座推入盒内对正盒眼，用螺丝固定。固定时要使面板端正，并与墙面平齐。

三、灯座（灯头）的安装

插口灯座上的两个接线端子，可任意连接零线和来自开关的相线；但是螺口灯座上的接线端子，必须把零线连接在连通螺纹圈的接线端子上，把来自开关的相线连接在连通中心铜簧片的接线端子上。

四、漏电保护器的接线

电源进线必须接在漏电保护器的正上方，即外壳上标有“电源”或“进线”端；出线均接在下方，即标有“负载”或“出线”端。倘若把进线、出线接反了，将会导致保护器动作后烧毁线圈或影响保护器的接通、分断能力。

五、漏电保护器的安装

（1）漏电保护器应安装在进户线截面较小的配电盘上或照明配电箱内。安装在电度表之后，熔断器之前。

（2）所有照明线路导线（包括中性线在内），均必须通过漏电保护器，且中性线必须与地绝缘。

（3）应垂直安装，倾斜度不得超过5°。

（4）安装漏电保护器后，不能拆除单相闸刀开关或熔断器等。这样由于一是维修设备时有一个明显的断开点；二是在刀闸或熔断器起着短路或过负荷保护作用。

六、熔断器的安装

低压熔断器广泛用于低压供配电系统和控制系统中，主要用作电路的短路保护，有时也可用于过负载保护。常用的熔断器有瓷插式、螺旋式、无填料封闭式和有填料封闭式。使用时串联在被保护的电路中，当电路发生短路故障，通过熔断器的电流达到或超过某一规定值时，熔断器以其自身产生的热量使熔体熔断，从而自动分断电路，起到保护作用。

熔断器的安装要点：

（1）安装熔断器时必须在断电情况下操作。

（2）安装位置及相互间距应便于更换熔件。

（3）应垂直安装，并应能防止电弧飞溅到临近带电体上。

（4）螺旋式熔断器在接线时，为了更换熔断管时安全，下接线端应接电源，而连螺口的上接线端应接负载。

（5）瓷插式熔断器安装熔丝时，熔丝应顺着螺钉旋紧方向绕过去，同时注意不要划伤熔丝，也不要把熔丝绷紧，以免减小熔丝截面尺寸或拉断熔丝。

（6）有熔断指示的熔管，其指示器方向应装在便于观察一侧。

（7）更换熔体时应切断电源，并应换上相同额定电流的熔体，不能随意加大熔体。

（8）熔断器应安装在线路的各相线（火线）上，在三相四线制的中性线上严禁安装熔断器；单相二线制的中性线上应安装熔断器。

七、单相电能表（电度表）的安装

（一）单相电能表安装流程

单相电能表接线盒里共有四个接线桩，从左至右按1、2、3、4编号。直接接线方法是按编号1、3接进线（1接相线，3接零线），2、4接出线（2接相线，4接零线）。

注意：在具体接线时，应以电能表接线盒盖内侧的线路图为准。

（二）电能表的安装要点

（1）电能表应安装在箱体内或涂有防潮漆的木制底盘、塑料底盘上。

（2）为确保电能表的精度，安装时表的位置必须与地面保持垂直，其垂直方向的偏移不大于1°。表箱的下沿离地高度应在1.7～2m之间，暗式表箱下沿离地1.5m左右。

（3）单相电能表一般应装在配电盘的左边或上方，而开关应装在右边或下方。与上、下进线间的距离大约为80mm，与其他仪表左右距离大约为60mm。

（4）电能表的安装部位，一般应在走廊、门厅、屋檐下，切忌安装在厨房、厕所等潮湿或有腐蚀性气体的地方。现住宅多采用集表箱安装在走廊。

（5）电能表的进线出线应使用铜芯绝缘线，线芯截面不得小于1.5mm。接线要牢固，但不可焊接；裸露的线头部分，不可露出接线盒。

（6）由供电部门直接收取电费的电能表，一般由其指定部门验表，然后由验表部门在表头盒上封铅封或塑料封，安装完后，再由供电局直接在接线桩头盖上或计量柜门封上铅封或塑料封。未经允许，不得拆掉铅封。

任务62　照明电路安装要求

一、照明电路安装的技术要求

（1）灯具安装的高度，室外一般不低于3m，室内一般不低于2.5m。

（2）照明电路应有短路保护。照明灯具的相线必须经开关控制，螺口灯头中心触应接相线，螺口部分与零线连接。不准将电线直接焊在灯泡的接点上使用。绝缘损坏的螺口灯头不得使用。

（3）室内照明开关一般安装在门边便于操作的位置，拉线开关一般应离地2～3m，暗装翘板开关一般离地1.3m，与门框的距离一般为0.15～0.20m。

（4）明装插座的安装高度一般应离地1.3～1.5m。暗装插座一般应离地0.3m，同一场所暗装的插座高度应一致，其高度相差一般应不大于5mm，多个插座成排安装时，其高度应不大于2mm。

（5）照明装置的接线必须牢固，接触良好；接线时，相线和零线要严格区别，将零线接灯头上，相线须经过开关再接到灯头。

（6）应采用保护接地（接零）的灯具金属外壳，要与保护接地（接零）干线连接完好。

（7）灯具安装应牢固，灯具质量超过3kg时，必须固定在预埋的吊钩或螺栓上。软线吊灯的重量限于1kg以下，超过时应加装吊链。固定灯具需用接线盒及木台等配件。

（8）照明灯具须用安全电压时，应采用双圈变压器或安全隔离变压器，严禁使用自耦（单圈）变压器。安全电压额定值的等级为42V、36V、24V、12V、6V。

（9）灯架及管内不允许有接头。

（10）导线在引入灯具处应有绝缘保护，以免磨损导线的绝缘，也不应使其承受额外的拉力；导线的分支及连接处应便于检查。

二、照明电路安装的具体要求

（1）布局　根据设计的照明电路图，确定各元器件安装的位置，要符合相关要求，布局合理，结构紧凑，控制方便，美观大方。

（2）固定器件　将选择好的器件固定在网板上，排列各个器件时必须整齐。固定的时候，先对角固定，再两边固定。要求元器件固定可靠，牢固。

（3）布线　先处理好导线，将导线拉直，消除弯、折，布线要横平竖直、整齐，转弯成直角，并做到高低一致或前后一致，少交叉，应尽量避免导线接头。多根导线并拢平行走。而且在走线的时候要严格按照“左零右火”的原则（即左边接零线，右边接火线）。

（4）接线　由上至下，先串后并；接线正确，牢固，各接点不能松动，敷线平直整齐，无漏铜、反圈、压胶；每个接线端子上连接的导线根数一般不超过两根，且绝缘性能好，外形美观。红色线接电源火线（L），黑色线接零线（N），黄绿双色线专作地线（PE）；火线过开关，零线一般不进开关；电源火线进线接单相电能表端子“1”，电源零线进线接端子“3”，端子“2”为火线出线，端子“4”为零线出线。进出线应合理汇集在端子排上。

（5）检查线路　用肉眼观看电路，看有没有接出多余线头。参照设计的照明电路安装图检查每条线是否严格按要求来接，每条线有没有接错位，注意电能表有无接反，漏电保护器、熔断器、开关、插座等元器件的接线是否正确。

（6）通电　送电由电源端开始往负载依次顺序送电，先合上漏电保护器开关，然后合上控制白炽灯的开关，白炽灯正常发亮；合上控制日关灯开关，日光灯正常发亮；插座可以正常工作，电能表根据负载大小决定表盘转动快慢，负荷大时，表盘就转动快，用电就多。

（7）故障排除　操作各功能开关时，若不符合要求，应立即停电，判断照明电路的故障，可以用万用表欧姆挡检查线路，要注意人身安全和万用表档位。

任务 63　照明电路的常见故障及排除

照明电路的常见故障主要有断路、短路和漏电三种。

一、断路

相线、零线均可能出现断路。

（1）现象　断路故障发生后，负载将不能正常工作。三相四线制供电线路负载不平衡时，如零线断线会造成三相电压不平衡，负载大的一相相电压低，负载小的一相相电压增高；如负载是白炽灯，则会出现一相灯光暗淡，而接在另一相上的灯又变得很亮，同时零线断路负载侧将出现对地电压。

（2）产生断路的原因　主要是熔丝熔断、线头松脱、断线、开关没有接通、铝线接头腐蚀等。断路故障的检查：如果一个灯泡不亮而其他灯泡都亮，应首先检查是否灯丝烧断；若灯丝未断，则应检查开关和灯头是否接触不良、有无断线等。为了尽快查出故障点，可用验电器测灯座（灯头）的两极是否有电，若两极都不亮说明相线断路；若两极都亮（带灯泡测试），说明中性线（零线）断路；若一极亮一极不亮，说明灯丝未接通。对于日光灯来说，应对启辉器进行检查。如果几盏电灯都不亮，应首先检查总保险是否熔断或总闸是否接通，也可按上述方法及验电器判断故障。

二、短路

短路故障表现为熔断器熔丝爆断。

（1）现象　短路点处有明显烧痕、绝缘碳化，严重的会使导线绝缘层烧焦甚至引起火灾。

（2）造成短路的原因主要有以下几点。

① 用电器具接线不好，以致接头碰在一起。

② 灯座或开关进水，螺口灯头内部松动或灯座顶芯歪斜碰及螺口，造成内部短路。

③ 导线绝缘层损坏或老化，并在零线和相线的绝缘处碰线。

当发现短路打火或熔丝熔断时应先查出发生短路的原因，找出短路故障点，处理后更换保险丝，恢复送电。

三、漏电

1. 危害

漏电不但造成电力浪费，还可能造成人身触电伤亡事故。

2. 产生漏电的原因

主要有相线绝缘损坏而接地、用电设备内部绝缘损坏使外壳带电等。

漏电故障的检查：漏电保护装置一般采用漏电保护器。当漏电电流超过整定电流值时，漏电保护器动作切断电路。若发现漏电保护器动作，则应查出漏电接地点并进行绝缘处理后再通电。照明线路的接地点多发生在穿墙部位和靠近墙壁或天花板等部位。查找接地点时，应注意查找这些部位。

3. 漏电判断

（1）判断是否漏电　在被检查建筑物的总开关上接一只电流表，接通全部电灯开关，取下所有灯泡，进行仔细观察。若电流表指针摇动，则说明漏电。指针偏转的多少，取决于电流表的灵敏度和漏电电流的大小。若偏转多则说明漏电大。确定漏电后可按下一步继续进行检查。

（2）判断漏电类型　是火线与零线间的漏电，还是相线与大地间的漏电，或者是两者兼而有之。以接入电流表检查为例，切断零线，观察电流的变化：电流表指示不变，是相线与大地之间漏电；电流表指示为零，是相线与零线之间的漏电；电流表指示变小但不为零，则表明相线与零线、相线与大地之间均有漏电。

（3）确定漏电范围　取下分路熔断器或拉下开关刀闸，电流表若不变化，则表明是总线漏电；电流表指示为零，则表明是分路漏电；电流表指示变小但不为零，则表明总线与分路均有漏电。

（4）找出漏电点　按前面介绍的方法确定漏电的分路或线段后，依次拉断该线路灯具的开关，当拉断某一开关时，电流表指针回零或变小，若回零则是这一分支线漏电，若变小则除该分支漏电外还有其他漏电处；若所有灯具开关都拉断后，电流表指针仍不变，则说明是该段干线漏电。

任务 64　工艺要求

（1）元器件布置合理、匀称、安装可靠，便于走线。

（2）按原理图接线，接线规范正确，走线合理，无接点松动、露铜、过长、反圈、压绝缘层等现象。

任务 65　注意事项

一、注意事项

（1）接线认真仔细，安全文明操作。

（2）双联开关内的接线不要接错，以免发生短路事故的发生。

（3）电路发生故障，应先切断电源，然后进行检修。

二、巡回指导

（1）巡查学生预习效果，加强引导，提高分析能力。

（2）巡查学生的安装图设计方案是否合理，提出修改意见。

（3）检查元件安装是否规范。

（4）巡查是否按图施工，指导布线工艺、传授接线技巧。

（5）监督做好安全文明生产。

课程小结

本次任务的学习内容是家用照明安装施工。通过对课程的学习，要求学生能组织家用照明施工验收。

课外作业

复习学习过的课程。

参考文献

[1] 庞超明，蒋科，郑旭等．配合比参数对水泥浆体抗裂性能的影响．商品混凝土，2013，7：24-27.
[2] 宋功业．施工员工作指南．北京：化学工业出版社，2015.
[3] 姚荣光，陈志伟，王峰．保证预拌混凝土结构实体施工质量的预防和控制措施．混凝土，2013，10：57-58.
[4] 钱昆润，葛筠圃，张星．建筑施工组织设计．南京：东南大学出版社，2012.
[5] 杨海旭，王海飙，董希斌．无机盐离子对水泥水化性能的影响研究现状．哈尔滨工业大学学报，2008，12.
[6] 宋功业．建筑工程安全控制技术．北京，中国建材出版社，2015，4.
[7] 李洪斌．建筑现浇钢筋混凝土结构施工中的关键技术．商品与质量，2013，9.
[8] 姚刚．土木工程施工技术．北京：人民交通出版社，2010.
[9] 巩建飞，巩超，孟亚萍等．混凝土拌合物中随意加水对混凝土质量的影响．商品混凝土，2013，9：3-4.
[10] 宋功业．绿色混凝土施工技术与质量控制．北京：中国电力出版社，2015.
[11] 徐伟，李绍辉，王旭峰．施工组织设计计算．北京：中国建筑工业出版社，2011.